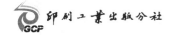

印刷工业出版分社

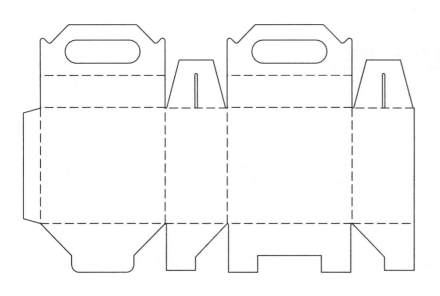

纸盒包装结构
绘图设计

盛治中　编著

文化发展出版社
Cultural Development Press
· 北京 ·

U0312716

图书在版编目（CIP）数据

纸盒包装结构绘图设计 / 盛治中编著 . — 北京 :
文化发展出版社，2022.12
ISBN 978-7-5142-3892-1

Ⅰ．①纸… Ⅱ．①盛… Ⅲ．①包装纸板—包装容器—
包装设计 Ⅳ．① TB484.1

中国国家版本馆 CIP 数据核字（2023）第 010045 号

纸盒包装结构绘图设计

盛治中　编著

出版人：宋　娜

责任编辑：杨　琪　　　　　责任校对：岳智勇
责任印制：邓辉明　　　　　封面设计：韦思卓
出版发行：文化发展出版社（北京市翠微路 2 号　邮编：100036）
发行电话：010-88275993　010-88275711
网　　址：www.wenhuafazhan.com
经　　销：全国新华书店
印　　刷：北京捷迅佳彩印刷有限公司

开　　本：787mm×1092mm　1/16
字　　数：493 千字
印　　张：19.5
版　　次：2023 年 7 月第 1 版
印　　次：2023 年 7 月第 1 次印刷

定　　价：68.00 元
ＩＳＢＮ：978-7-5142-3892-1

◆　如有印装质量问题，请与我社印制部联系　电话：010-88275720

前　　言

在印刷包装行业的纸盒结构领域，当前国内外市场所见的相关书籍多数以结构设计草图的形式展现，这一形式的缺点是缺乏细节指导意义，不能用于生产。本书可帮助读者借助有多年实践经验的包装工程师或绘图工程师的经验，转化为实用结构，来指导实际生产。

众所周知，一位合格的纸盒包装结构设计师，不但需要了解市场和客户的需求，更要熟悉纸盒的生产流程及工艺。当前，许多包装结构设计人员并不了解纸盒的整个生产流程，更多的是从美观角度出发，而忽略了生产单位的技术要求，从而造成后续加工困难与成本提高等问题。比如对刀模工艺缺乏了解，则在设计产品时会超出刀模制作极限；对模切工艺缺乏了解，则在设计产品时会影响模切的速度、精度、效率（例如无法自动清废等）；对糊盒工艺缺乏了解，则在设计产品时会产生无法自动糊盒的情况；等等。当然，掌握纸盒整个生产流程并不简单，需经年累月的实践。缩短包装结构工程师成长周期正是编写本书的初心。

本书作者从业二十多年，具备丰富的从刀模制作到产品完成全流程的生产实践经验。本书拆解了近千款盒型结构，用图示＋文字说明的方式讲解每款盒型的成型要点及注意事项，并结合实际生产中机械加工的适应性、便利性，耗时数年编著完成。

本书将纸盒包装结构的各部位关系参数化，读者只需依照本书所列方法，即可绘制出节约材料、开合顺利、锁扣安全、工艺简洁的纸盒，制作时可保证各工序流畅，避免爆线、漏灰、局部鼓凸、翘曲、缝隙松散等问题，最终完成成型密合、配合松紧适宜、适用于自动化机械顺畅成型的包装纸盒平面结构展开图。

本书的近千幅图例可作为包装结构设计师创作灵感之源，内中大量别出心裁的结构，既可以启迪设计师思路，也可以作为包装工程师的制作指南。每例图中详尽地展示了细节解构，可供读者参照使用，同时还可以供专业院校学生或包装工程一线人员作为作业图库或练习图集使用。所以，本书既是院校学生、包装结构设计人员的工具书，更是工程、工艺、绘图人员的实用查询手册。

本书所列的每款盒型均配有成型效果图，部分结构复杂的盒型还配有成型过程图，由于篇幅的限制，未在书中列出，而是通过文化发展出版社多媒体平台进行数字化展示，读者可以扫描每章首页的二维码，按章节、图例编号对应查看。例如，第43页的菱型（圆角）

翻盖盒,其平面结构展开图为第43页的图1-75,成型效果图则扫描本章首页(第1页)左上角的二维码,从文件夹中找到对应的图1-75a即可查看。

本书在出版过程中得到了文化发展出版社印刷工业出版分社社长李毅、责任编辑杨琪的大力支持与帮助,在此表示衷心感谢。

由于编者学识水平有限,加上时间仓促,本书难免存在诸多不完善之处,敬请读者多加指正。同时,希望本书的出版能起到抛砖引玉的作用,为促进我国纸盒包装行业的发展尽绵薄之力。

编者

2022年10月

C目录
CONTENTS

成型图

第一章 最常用的纸盒绘图设计

所谓最常用纸盒就是指普遍应用于食品、药品、日常生活用品及烟草类包装，能适应自动机械流水线封装的五种盒式。分别是：双插盒、扣底盒、自动扣底盒、双黏盒、烟草类包装盒。因其机械高速自动封装的使用属性，决定其结构及各细部的收纸位关系必须精准，以下分五节内容来详尽讲解。

第一节 双插盒

所谓双插盒即上下顶底均为压翼插扣结构的盒型，也称对插盒。双插盒是管式折叠盒中应用最广泛且最普遍的盒式，因其上下两端的盒盖都是由插舌插入盒身，凭盒头锁扣位锁住防尘压翼的锁肩位而完成盒盖封闭的一种盒式。其结构关系如图1-1所示，解析如下：先对展开图的各部位进行标注，以获得相关代号。

(1) 已知：纸厚＝T、盒长＝L、盒宽＝W、盒高＝H。该数据由客户提供。

(2) 图1-2为平面展开图：盒身主体部分由两份长"1""3"＋两份宽"2""4"＋黏位"5"共五部分组成，盒身通过黏位与"4"部的右内侧黏合完成矩形筒体封闭，设定黏位宽为E。则：

① 一般情况下E＝[10mm，16mm]，同时必须满足E＜W－T。具体数据可参考表1-1。

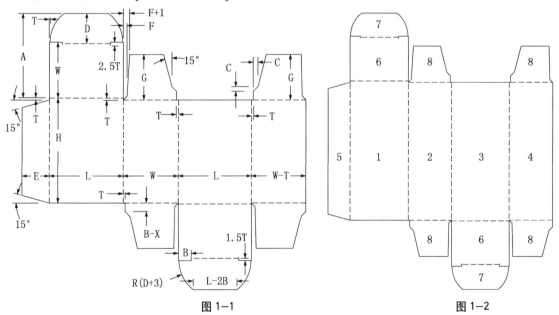

图1-1 　　　　　　　　　　　　　　　　图1-2

② 一般情况下为防止黏位在黏合后挡住耳朵位的内折，故黏位上下边应设计成向内斜15°。

③ 一般情况下黏位设计应保证成型后其与插舌垂直相接，这样利于插舌的插入，扫描本页二维码见效果图1-2b。

④ 黏位设计应避免成型后其与插舌水平相接，这样不利于插舌的插入，扫描本页首二维码见图1-2c，机包盒中应绝对避免采用该设计形式。

⑤ 卡纸及E、F瓦楞纸盒情况下，"4"部宽＝W－T；粗坑纸盒情况下，"4"部宽＝W－2。

(3) 如图1-2所示，整个盒头部＝盒盖部"6"＋插舌部"7"。

表 1—1　　　　　　　　　　　　　　　　　　　　　　　　　　单位：mm

盒宽 W	黏位宽 E	盒宽 W	黏位宽 E	盒宽 W	黏位宽 E	盒宽 W	黏位宽 E
W ≤ 10	E < W − T	20 < W ≤ 30	E = 11	40 < W ≤ 50	E = 13	60 < W ≤ 70	E = 15
10 < W ≤ 20	E = 10	30 < W ≤ 40	E = 12	50 < W ≤ 60	E = 14	W > 70	E = 16

(4) 盒盖的高 = 盒头锁扣刀到盒身压痕线的距离，它一般情况下等于 W，但在机包盒中应为 W − T。

(5) 盒盖的宽在一般情况下 = L。盒盖的基线应比耳朵位基线高出一个纸厚 T。

(6) 设定插舌高为 D，则一般情况下 D = [8mm，20mm]，具体数值随盒身宽度 W 的变化而适当选择，但同时必须满足 D < W − T。具体可参考下表 1-2：

表 1—2　　　　　　　　　　　　　　　　　　　　　　　　　　单位：mm

盒宽 W	插舌高 D	盒宽 W	插舌高 D	盒宽 W	插舌高 D	盒宽 W	插舌高 D
W ≤ 8	D < W − T	25 < W ≤ 30	D = 11	45 < W ≤ 50	D = 15	80 < W ≤ 100	D = 19
8 < W ≤ 15	D = 8	30 < W ≤ 35	D = 12	50 < W ≤ 60	D = 16	W > 100	D = 20
15 < W ≤ 20	D = 9	35 < W ≤ 40	D = 13	60 < W ≤ 70	D = 17		
20 < W ≤ 25	D = 10	40 < W ≤ 45	D = 14	70 < W ≤ 80	D = 18		

(7) 插舌的宽度为 L − 2T，即两边各收进一张纸位。

(8) 为方便插舌顺利插入盒身，插舌的前端应设计成倒圆角，倒圆角有两种形式：

①直接倒圆角：R = D − 3mm，即插舌两边留下 3mm 直边，以便插入盒身后可以形成张力。

②接圆弧：R = D + 3mm。

(9) 盒盖的左右前端与插舌相接处应设计形似正反阿拉伯数 7 字的锁扣刀位。设定 7 字锁扣刀长为 B，则：

①一般情况下 B = [4mm，9mm]，具体数值随盒身长度 L 的变化而适当选择，较多时候都选 B = 7mm。具体可参考下表 1-3：

表 1—3　　　　　　　　　　　　　　　　　　　　　　　　　　单位：mm

盒长 L	锁扣刀长 B	盒长 L	锁扣刀长 B	盒长 L	锁扣刀长 B
L ≤ 15	B = 4	25 < L ≤ 35	B = 6	45 < L ≤ 60	B = 8
15 < L ≤ 25	B = 5	35 < L ≤ 45	B = 7	L > 60	B = 9

②盒盖与插舌相接处压痕线应比锁扣刀缩进一张半纸厚位即 1.5T，以便插舌折转 90°时形成锁扣母位，如图 1-1 所示，效果扫描本章首页二维码见图 1-2a。

③为防止插舌折转 90°时 7 字锁扣刀与插舌压痕线相接处爆裂，7 字锁扣刀应加长超过压痕线一个纸厚位，即加长 T。

⑩ 如图 1-2 所示，防尘翼（耳朵位）由四个结构相同的部分组成，图中标示"8"部。

①为保障包装盒成型时盒盖的插舌能插进盒身，防尘翼的锁扣肩位（锁扣公位）应缩进一个纸厚位作为避位，以便防尘翼折转 90°时形成穿鼻位。效果扫描本章首页二维码见图 1-2d 画圈处。

②锁扣肩位长 = 锁扣刀长 B − X，一般情况下 X = [1.5mm，3mm]，较多时候都选 X = 2mm。具体可参考下表 1-4：

表 1-4
单位：mm

锁扣刀 B	X 取值	锁扣刀 B	X 取值	锁扣刀 B	X 取值	锁扣刀 B	X 取值
4 ≤ B ≤ 5	X = 1.5	6 ≤ B ≤ 7	X = 2	B = 8	X = 2.5	B = 9	X = 3

③锁扣肩位的上端一般应设计一个 45°角的伸展位，如图 1-1 所示 C，一般情况下 C = [2mm，3mm]，较多时候都选 C = 2.5mm。

④伸展位上端的刀位一般应设计成 15°斜角，如图 1-1 所示。

⑤设定防尘翼的高为 G，如图 1-1 所示。则 G 的数值一般应满足以下三个条件：

a. G < W 为保障防尘翼与盒头间单刀设计时装刀的需要。

b. G < L/2 为保障该盒式机包成型时防尘翼无重叠阻碍的需要。

c. G < A/2 为保障该盒式单刀排版设计时排版的需要，A= 盒盖 + 插舌。

⑥在纸张克重 <230g/m² 时，防尘翼与盒头间可以按单刀设计，扫描本章首页二维码见图 1-2e、图 1-2f 所示。

⑦为保障防尘翼折转 90°时，靠近盒头边不至于挤住盒身内侧，导致盒身成型不方正，一般在防尘翼与盒头间设计成缺口避位（也称盒头双刀位），同样扫码见图 1-2b 所示。

⑧为方便盒头双刀位的清废，缺口避位一般作敞口设计，即开口处比根部要宽 1 ～ 2mm，如图 1-1 所示，取值 F = [2mm，3mm]。

⑨为避免盒头双刀位的根部在折叠成型时爆裂，盒头双刀位根部的 45°斜刀与 7 字锁扣刀的长直刀相交处一般作圆弧过渡。扫描本章首页二维码见图 1-2g，圆弧半径：300g 以下纸张一般为 R0.5，300g 以上纸张 R 值要随纸张厚度变化而变化。绘图时刀位应过超线位 0.3 左右。

⑾双插盒的变形款式有多种：

①对插式：扫描本章首页二维码见图 1-2e。②反插式：见图 1-2。③飞机式：同样扫码见图 1-2f。④无缝反插式：同样扫码见图 1-2h。⑤增强盖反插式：同样扫码见图 1-2i、图 1-2j。⑥挂孔反插式：同样扫码见图 1-2k。

留意：a. 扫描本章首页二维码见图 1-2h 无缝反插式盒是防尘翼与盒盖间以蹼脚型联结设计形成无缝结构。

b. 同样扫码见图 1-2i 增强盖反插式盒是由其上部盒盖双层结构形成增强效果。

c. 这些款式盒的细部处理可按前述，需特别注意的是图 1-2i、图 1-2j、图 1-2k 中层叠关系的纸张层数变化带来的高低线数据的变化。局部解析如下：图 1-2h 对应图 1-3、图 1-2i 对应图 1-4、图 1-2k 对应图 1-5。（图 1-2a 至图 1-2k 均扫描本章首页二维码可见）

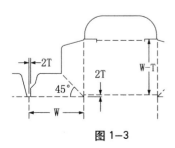

图 1-3

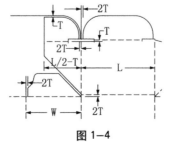

图 1-4

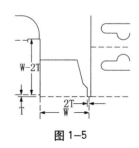

图 1-5

以上所述均为带锁扣刀插头，双插盒的另一类结构为不带锁扣刀插头，在这类结构中插舌与防尘翼的设置有所改变，见图 1-6。

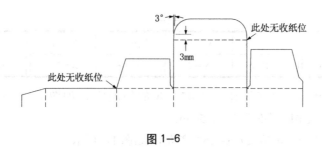

图 1-6

第二节 扣底盒

扣底盒也称锁底盒，是依靠盒底的襟片交叉叠合卡位实现锁扣的，扣底盒的结构有多种类型，有基础型扣底结构、通用型扣底结构、加强型扣底结构、斜立型扣底结构、平行四边形截面扣底结构、双挂型扣底结构、防拆型扣底结构、六边形截面扣底结构，以下举例一一解析。

一、基础型扣底结构

扣底盒也是管式折叠盒中应用较为广泛较为普遍的盒式，其盒底是由插扣舌之间上下层叠交叉卡位而完成锁扣封闭的。扣底盒的盒头部分可作多种结构形式选择，本节只讲解盒底扣位的结构关系，盒底最基本的结构关系如图1-7所示，解析如下：图1-8对展开图扣底的各部位进行标注，以获得相关代号。

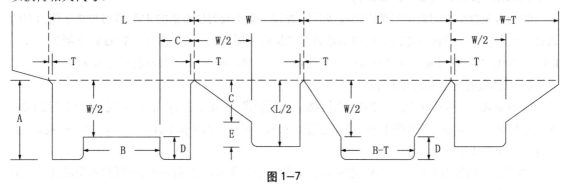

图 1-7

1. 已知：纸厚 = T、盒长 = L、盒宽 = W、盒高 = H。这些数据由客户提供。

2. 盒头部分的结构关系见双插盒一节。

3. 盒底部分如图1-8所示，由1、2、3、4部分构成，其中：

(1) 1 = 阴扣底主位。（主扣位）

(2) 3 = 阳扣底主位。（主扣位）

(3) 2 = 扣底侧翼。（辅助扣位）

(4) 4 = 扣底侧翼。（辅助扣位）

4. 成型时盒底各部分的层叠交叉卡位关系扫描本章首页二维码见图1-7a。

5. 盒底部分的细部结构关系见图1-7：

(1) 设主扣位的总高为A，则 A ≤ W - T。

(2) 设扣底阴位的宽为B，则一般情况下 B ≈

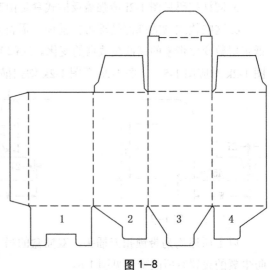

图 1-8

L/2，客户有要求时按要求做。

(3) 扣底阴位 B 部分左右位置居中。

(4) 设主扣位的扣插舌高为 D，则一般情况下 D = [8mm，22mm]，具体数值随盒身宽度 W 的变化而适当选择，但同时必须满足 D ＜ W/2 - T。具体可参考下表 1-5：

表 1-5　　　　　　　　　　　　　　　　　　　　　　　　　　　　　单位：mm

盒宽 W	插舌高 D	盒宽 W	插舌高 D	盒宽 W	插舌高 D	盒宽 W	插舌高 D
20 ＜ W ≤ 25	D = 8	40 ＜ W ≤ 45	D = 12	60 ＜ W ≤ 65	D = 16	80 ＜ W ≤ 85	D = 20
25 ＜ W ≤ 30	D = 9	45 ＜ W ≤ 50	D = 13	65 ＜ W ≤ 70	D = 17	805 ＜ W ≤ 90	D = 21
30 ＜ W ≤ 35	D = 10	50 ＜ W ≤ 55	D = 14	70 ＜ W ≤ 75	D = 18	W ＞ 90	D = 22
35 ＜ W ≤ 40	D = 11	55 ＜ W ≤ 60	D = 15	75 ＜ W ≤ 80	D = 19		

6. 图 1-8 中扣底侧翼"2"部，在图 1-7 中由 C + E 组成。

(1) C 的值从扣底阴位中得出，即 C =（L - B）/2。

(2) C + E 必须满足 ＜ L/2。

(3) E 部分的横向宽 = W/2。

7. 图 1-8 中阳扣底主位"3"部，在图 1-7 中由 W/2 + D 组成。

(1) 锁插舌的高度 D 的值与"1"部 D 值同。

(2) 锁插舌的横向位置在"3"部居中。

(3) 为方便成型，"3"部锁插舌的宽度应与"1"部扣底阴位 B 相适应，故锁插舌的宽度为 B - T。

(4) 在材料为瓦楞纸时，锁插舌宽度为 B - 1。

8. 为方便成型，扣底"1"、"2"、"4"部垂直于横向压线的直刀，都应缩进一个纸位"T"作为避位。

9. 为方便装刀，盒底避位要做一个过渡型设计，过渡型设计无非两种：

(1) 45°斜刀过渡。如图 1-9 中 D 处放大图所示。

(2) 小圆弧过渡。如图 1-9 中 C 处放大图所示。绘图时刀位应过超线位 0.3mm 左右。

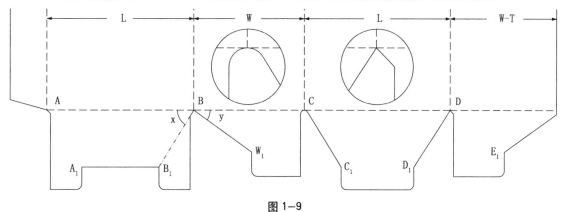

图 1-9

10. 为避免盒底接刀位在折叠成型时爆裂，盒底收纸位的 45°斜刀过渡处一般多作圆弧过渡。圆弧半径：300g 以下纸张一般为 R0.5，300g 以上纸张 R 值要随纸张厚度变化而变化。

11. 图 1-7 至图 1-9 所示均为扣底盒的最基础形态，在此基础上还有多种变化，但只要真正掌握了扣底盒基础形态的结构细节，其余变化便可融会贯通，以下作简要的解说。

二、通用型扣底结构

1. 图 1-10 中扣底的形态与图 1-7 扣底盒的最基础形态基本相同，只是扣底侧翼作了局部改变。

2. 图 1-10 中扣底侧翼的设置规则与基础形态相同，只是增加了 $\angle 1$ 部分。

3. 一般情况下 $\angle 1 \approx 15°$。

4. 设置 $\angle 1$ 时需保证 $\angle 6 \geqslant 90°$。

5. 当 L：W $\geqslant$ 2：1 时，可设置成 $\angle 2 = 45°$，如此则有 $\angle 2 = \angle 3 = \angle 4 = \angle 5 = 45°$。

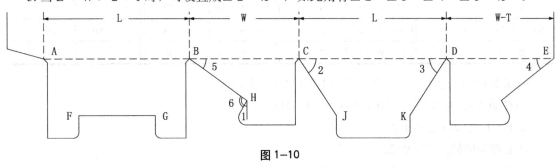

图 1-10

三、加强型扣底结构

1. 图 1-11 中扣底的形态与图 1-10 中扣底的形态基本相同，只是主扣底阴阳插舌作了局部改变。

2. 扣底盒最基础形态图 1-7 中，当 L：W $\geqslant$ 2：1 且 B $\geqslant$ 1.5W 时，扣底设置成图 1-11 形态。

3. $a + b + c = d + e + f - T$。

4. $a = c = d + T = f + T$；$e = b + T$。

5. 图 1-11 为平面展开图，成型效果扫描本章首页二维码见图 1-11a。

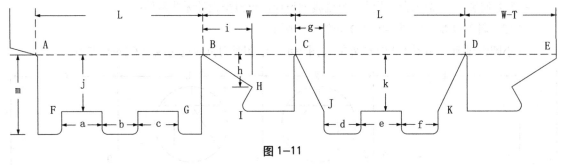

图 1-11

四、斜立型扣底结构

1. 图 1-12 是一个盒身为斜角造型的扣底盒。

2. 图 1-12 中扣底的形态与图 1-7 中扣底的形态基本相同，只是盒身与盒底的角度作了改变。

3. $\angle 1 > 90°$、$\angle 2 < 90°$、$\angle 3 = 90°$。

4. $\angle 1 + \angle 2 = 180°$。

5. $OA = O_1D = O_2D$，$PB = P_1B = P_2C$。

6. 图 1-12 为平面展开图，成型效果扫描本章首页二维码见图 1-12a。

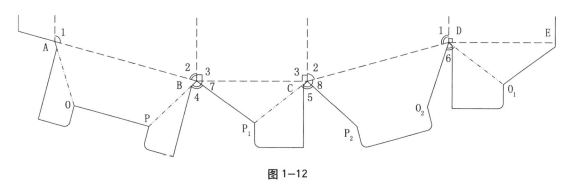

图 1—12

7. 在绘制此图时，只须按扣底盒的最基础形态作业，完成后通过 B 点、C 点旋转主扣底位以达到∠2 即可。

五、平行四边形截面扣底结构

1. 图 1-13 是一个底部为斜角造型的扣底盒。即该盒盒底为平行四边形。

2. 因该盒截面为平行四边形，故设计盒头部分时应留意造型为平行四边形，且倾向与底部相反。

3. G 点为 BC 的中点，I 点为 DE 的中点。

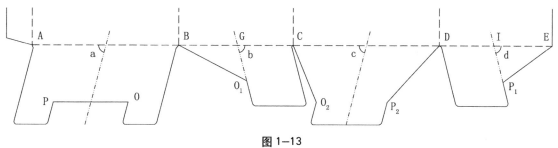

图 1—13

4. ∠a = ∠b = ∠c = ∠d；$OB = O_1B$，$O_1C = O_2C$，$PA = P_1E$，$P_2D = P_1D$。

5. 图 1-13 为平面展开图，成型效果扫描本章首页二维码见图 1-13a。

6. 在绘制此图时，可按图 1-14 所示步骤，即只须按扣底成型后的形态作业，①图为扣底四个部分叠合形态，完成①图后通过 B 点旋转 180°－∠a 达到②图，通过 C 点旋转∠a 达到③图，通过 D 点旋转 180°－∠a 达到④图，扣底部分即完成。

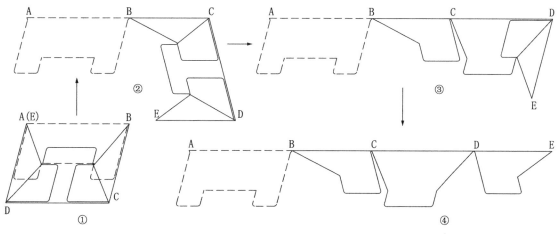

图 1—14

六、双挂型扣底结构

细节解析：

1. $\angle a + \angle b = 90°$，$\angle c \geqslant 90°$。

2. H 槽宽＝I 槽宽＝M 槽宽＝N 槽宽 $\geqslant$ 4T（一般为 3mm）。

3. 当 L：W $\geqslant$ 2：1 时，可设置成 $\angle a = 45°$，如此则有 $\angle a = \angle b = 45°$。

4. GB＝HB，IC＝JC，FA＝NE，KD＝MD。

5. 图 1-15 为平面展开图，成型效果扫描本章首页二维码见图 1-15a。

6. 在绘制此图时，亦可参考图 1-14 所示方法步骤。留意此图旋转角度均为 90°。

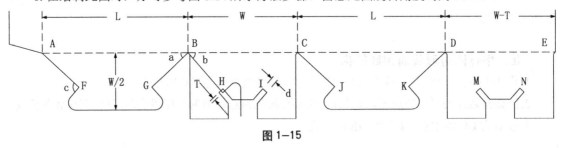

图 1-15

七、防拆型扣底结构

细节解析：

1. 图 1-16 所示扣底多用于酒盒结构。

2. 图 1-16 所示扣底也是从图 1-7 扣底盒的最基础形态变化而来，结构细部在图 1-16 中已标出。

3. Z $\geqslant$ 3T（一般为 3mm，客户有要求时按要求做）。

4. y ≈ L/2（客户有要求时按要求做），x＝（L－y）/2。

5. 需特别留意压线 FG 与插舌的收纸位值为 2T。

6. 图 1-16 为平面展开图，成型效果扫描本章首页二维码见图 1-16a。

7. 在绘制此图时，亦可参考图 1-14 所示方法步骤。留意此图旋转角度均为 90°。

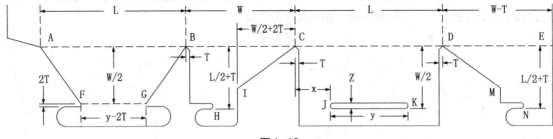

图 1-16

八、六边形截面扣底结构

细节解析：

1. 图 1-17 所示扣底底部为正六边形，多用于酒盒结构。

2. b ≈ L，a＝cos30° ×L，c＝a＋T。

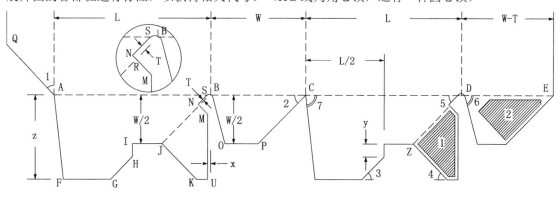

图1-17

3. ∠1 = 120°，∠2 = 120°，∠3 = 30°，∠4 = 60°，∠5 = 90°。

4. d的设定参看表1-5；e ≤ L。

5. 其余结构细部在图1-17中大多已标出。

6. 图1-17为平面展开图，成型效果扫描本章首页二维码见图1-17a。

7. 在绘制此图时，亦可参考图1-14所示方法步骤。留意此图旋转角度均为60°。

第三节 自动扣底盒

自动扣底盒也称自锁底盒，是依靠盒底的已经黏盒的襟片交叉卡位实现锁扣的，自动扣底盒也是管式折叠盒中应用较为广泛的盒式，因其盒底是由扣底改进而来，通过自动糊盒机对盒底相应压痕及相应部位进行翻折与胶合，使之胶合成型后仍保持平板折叠状态，使用时撑开盒体的同时，盒底自动完成锁扣封闭。相对于扣底盒只能手动包装成型的特性而言，自动扣底盒是最适合自动包装线使用的盒式之一。

自动扣底盒的盒头部分可作多种结构形式选择，本节只讲解盒底自动扣位的结构关系。如同上节讲解的扣底盒一样，自动扣底结构的变形类别很多，分别有：三棱柱管式、直四棱柱管式、截面是平行四边形的直四棱柱管式、斜四棱柱管式、六棱柱管式、八棱柱管式、带间隔结构的直四棱柱管式等，以下分别一一略述。

一、基础型扣底结构（内曲型）

自动扣底盒的盒底最基本最常用的是内曲型，结构关系如图1-18所示，解析如下图1-19对展开图的各部位进行标注，以获得相关代号。（HG线为角心锁，还有一种圆心锁）

图1-18

1. 已知：纸厚 = T、盒长 = L、盒宽 = W、盒高 = H。这些数据由客户提供。

2. 盒头部分的结构关系见双插盒一节。

3. 盒底部分如图 1-19 所示由 1、2、3、4 部分构成，其中：

(1) 1 = 扣底主位（主扣底片）。

(2) 3 = 扣底主位（主扣底片）。

(3) 2 = 扣底侧翼（辅助扣底片）。

(4) 4 = 扣底侧翼（辅助扣底片）。

4. 盒底各部分的层叠交叉卡位关系及成型过程如图 1-20 所示（底部成型效果扫描本章首页二维码见图 1-18a）。

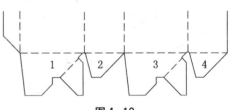

图 1-19

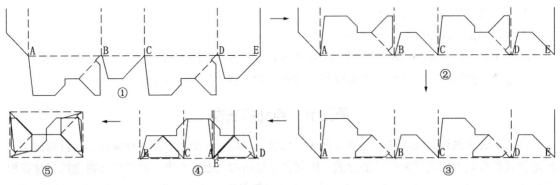

图 1-20

5. 盒底部分的细部结构关系见图 1-18：

(1) "1" 部 = "3" 部，"2" 部 = "4" 部。

(2) 设主扣位 "1" 部的总高为 A，则 $A \leqslant W - T$、$A \approx 4W/5$。

(3) AF 一般倾斜收进 3mm 左右，或倾斜 5° 左右，即 $\angle 7 \approx 85°$，客户有要求时按要求做。

(4) 线段 IH 垂直于线段 AB，且位于 AB 左右位置居中。

(5) 线段 IH 长为 3 ～ 5mm，即 y = [3mm，5mm]。

(6) 线段 GH 的水平夹角为 45°，即 $\angle 3 \leqslant 45°$。

(7) 线段 IJ 平行于线段 AB，且与 AB 间的距离为 W/2。

(8) 线段 JB 与线段 AB 间的夹角为 45°，即 $\angle 5 = 45°$。（在异型盒中则未必，详见后述）

(9) 线段 JK 与线段 JB 间的夹角为 90°，即 $\angle 4 = 45°$。

(10) 线段 MU 有两种设置方式：（客户有要求时按要求做）

①垂直于线段 AB，且收进 1 ～ 3mm 左右，即 x = [1mm，3mm]。

②倾斜收进 3mm 左右，或倾斜 5° 左右。

(11) 通常 $\angle MNS \geqslant 90°$，一般情况下取 =90°。（参看图 1-18 的放大部分）

(12) RB 距离一般为 3 ～ 6mm，具体要根据 L 的大小取值。

(13) 线段 SN 是在 RB 的位置向内偏移一个纸厚位 T。（参看图 1-18 的放大部分）

(14) 扣底侧翼 "2" 部的高为 W/2。

(15) 线段 PC 与线段 CB 间的夹角为 45°，即 $\angle 2 = 45°$。

(16) 线段 OB 与线段 BC 间的夹角为 65° ～ 75°，即 $65° \leqslant \angle 6 \leqslant 75°$。

(17) 线段 AQ 有两种设置方式：（客户有要求时按要求做）

①与垂直线的夹角小于45°，即∠1≤45°。

②与垂直线的夹角为65°～75°，即65°≤∠1≤75°，同时在Q处倒较大R的圆角。

6. 以上所述为自动扣底盒最基础形态的细节结构参数，在此基础上自动扣底盒的款式还有多种变化，但只要真正掌握了自动扣底盒基础形态的结构细节，其余变化便可融会贯通。

7. 关于自动扣底盒的盒底黏合作业线角度的计算

自动扣式盒底的关键结构是主扣底片中与纸盒底边呈夹角的一条折叠作业线（见图1-18中的BJ线与DZ线）的角度，该角以外部分（见图1-18中阴影区域"1"）将与相邻底片（见图1-18中阴影区域"2"）黏合形成自锁底。由图1-18中的讲解可知该角度（∠5）等于45°，然而，该结论只适用于底面为矩形的直四棱柱自动扣底盒，当底面不是矩形或盒身变为棱台或斜棱柱时，该角度就不是这个数值了，下面举例列出计算公式。

⑴ 图1-21是一个四棱台型自动扣底盒纸盒平面展开图，成型效果扫描本章首页二维码见图1-21a。（∠1+∠2）=底面角（α），∠3与∠4是四棱台身斜角，则黏合线角度：

∠2 = 1/2×（∠1+∠2+∠3－∠4）（公式1）。

在图1-18所示底面为矩形的直四棱柱自动扣底盒的结构中，是因为∠3=∠4=90°，∠1+∠2=90°，代入上述公式，得黏合线角度∠2 = 1/2×（∠1+∠2+∠3－∠4）= 1/2×（90°）=45°。

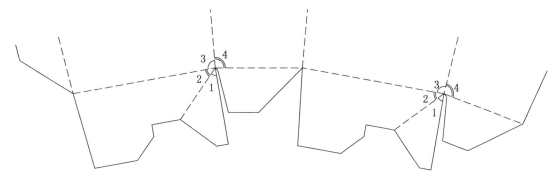

图1-21

⑵ 黏合线角度∠2 = 1/2×（∠1+∠2+∠3－∠4）的应用变化：自动扣底盒的两条盒底黏合作业线可以都设计在主扣底片中（图1-18与图1-21）；也可以都设计在辅助扣底片中（图1-28）；还可以将一条盒底黏合作业线设计在主扣底片中，另一条设计在辅助扣底片中，其平面展开图如下图1-22所示（成型效果扫描本章首页二维码见图1-22a）。无论如何设计，都要坚持只有与黏合线相邻的角才是公式中的∠3这个原则。（图1-22）

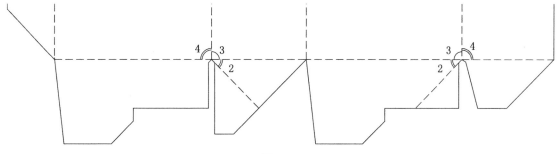

图1-22

二、三棱柱管式折叠纸盒自动扣底结构

（一） 正三角形截面直三棱柱管式

1. 图 1-23 是正三角形截面直三棱柱管式自动扣底盒的平面展开图。

2. CC_1 线、AA_1 线、CH 线为作业线，特别是 AA_1 线、CH 线仅为纸盒折叠胶合而设，而非产品成型压痕线。

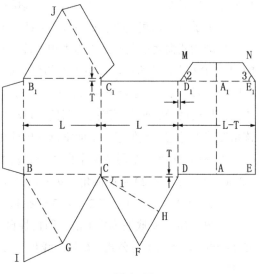

3. 根据上页公式 1：底面角 $\angle \alpha = 60°$，盒身角 $\angle 4 = \angle 3 = 90°$。则本图中的黏合线角 $\angle 1 = 1/2 \angle \alpha = 30°$。

4. $\angle MD_1E_1 = \angle D_1E_1N = \angle JC_1B_1 = \angle C_1JB_1 = \angle JB_1C_1 = \angle CBG = \angle BCG = \angle BGC = 60°$。

5. $\triangle BGI$ 为防尘翼，$\triangle CHF$ 为涂胶位。

6. 各个收纸位及高低线见图上标注。

7. $\triangle C_1JB_1$、$\triangle BGC$、$\triangle CDF$ 均由边长为 L 的等边 $\triangle$ 周边收进一张纸位 T 得来。

8. 图 1-23 为平面展开图，成型效果扫描本章首页二维码见图 1-23a。

图 1-23

（二） 非正三角形截面直三棱柱管式

1. 图 1-24 是盒头带保险扣的直角三角形截面直三棱柱管式自动扣底盒的平面展开图。

2. CC_1 线、AA_1 线、CH 线为作业线，特别是 AA_1 线、CH 线仅为纸盒折叠胶合而设，而非产品成型压痕线。

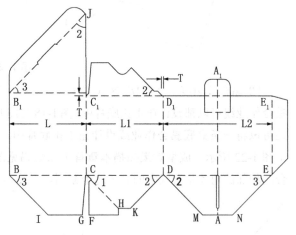

3. 因为底面角 $\angle \alpha = 90°$，盒身角 $= 90°$。所以本图中黏合线角 $\angle 1 = 1/2 \angle \alpha = 45°$。

4. 留意图中所有标注的 $\angle 2$、$\angle 3$ 应大小相等，即 $\angle B_1JC_1 = \angle CDK = \angle EDM$、$\angle C_1B_1J = \angle CBI = \angle DEN$。

5. $\angle B_1C_1J = \angle DCF = 90°$。

6. $\triangle CHF$ 为涂胶位。

7. 各个收纸位及高低线见图上标注。

图 1-24

8. $\triangle C_1JB_1$ 应由边长分别为 L、$L1$、$L2$ 的直角 $\triangle$ 周边收进一张纸位 T 得来。

9. 图 1-24 为平面展开图，成型效果扫描本章首页二维码见图 1-24a 与图 1-24b。

三、直四棱柱管式折叠纸盒自动扣底结构

（一）　基础型直四棱柱管式

1. 图 1-25 所示为四棱柱管式盒半底自动扣底结构的最基础形态。

2. 图 1-25 所示结构细部在图 1-18 中已全部标出。成型效果扫描本章首页二维码见图 1-18a。

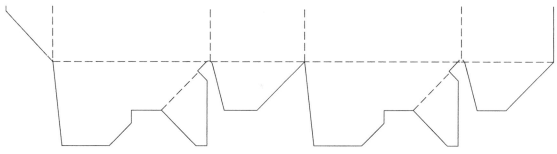

图 1—25

（二）　折转型直四棱柱管式

1. 图 1-26 所示为四棱柱管式盒半底自动扣底。

2. BF 线、DD_1 线、DG 线为作业线。

3. 因为底面角 $\angle \alpha = 90°$，盒身角 $\angle 4 = \angle 3 = 90°$。所以黏合线角 $\angle 1 = \angle 2 = 1/2 \angle \alpha = 45°$。

4. 图 1-26 所示扣底是从图 1-18 扣底盒的最基础形态变化而来，其结构细部在图 1-18 中大多已标出。

5. 盒身的黏位为"2"、"3"部。

6. 图 1-26 为平面展开图，成型效果扫描本章首页二维码见图 1-26a。

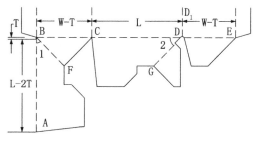

图 1—26

7. 在绘制此图时，亦可参看图 1-14 所示方法步骤。将"1"部绕 B 点旋转 90° 而已。

（三）　钩扣型直四棱柱管式

1. 图 1-27 所示为钩扣型直四棱柱管式盒自动扣底结构。

2. BB_1 线、DD_1 线、DK 线、BJ 线为作业线。

3. 因为底面角 $\angle \alpha = 90°$，盒身角 $\angle 4 = \angle 3 = 90°$。所以黏合线角 $\angle 1 = 1/2 \angle \alpha = 45°$。

4. 图 1-27 所示扣底是从图 1-18 扣底盒的最基础形态变化而来，其结构细部在图 1-27 及图 1-18 中大多已标出。

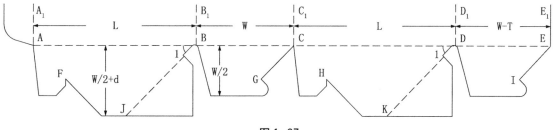

图 1—27

5. 成型时 G 点围绕 C 点旋转 90° 与 H 点重合，I 点围绕 A 点旋转 90° 与 F 点重合。

6. 留意"d"值的设置。

7. 图 1-27 为平面展开图，成型效果扫描本章首页二维码见图 1-27a。

8. 在绘制此图时，亦可参看图 1-14 所示方法步骤。

（四）辅助扣底片折转黏合型直四棱柱管式

1. 图 1-28 所示为四棱柱管式盒半底自动扣底结构。

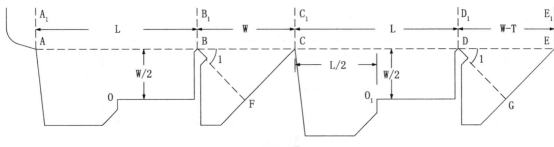

图 1-28

2. BB₁ 线、DD₁ 线、DG 线、BF 线为作业线。

3. 因为底面角 $\angle \alpha = 90°$，盒身角 $\angle 4 = \angle 3 = 90°$。所以黏合线角 $\angle 1 = 1/2 \angle \alpha = 45°$。

4. 图 1-28 所示扣底是从图 1-18 扣底盒的最基础形态变化而来，不过是将胶合作业线及涂胶位改在扣底侧翼而已。其结构细部在图 1-18 中大多已标出。

5. 图 1-28 为平面展开图，成型效果扫描本章首页二维码见图 1-28a。

（五）折转黏合线分设型直四棱柱管式

细节解析：

1. 图 1-29 所示为折转线分设型四棱柱管式盒半底自动扣底结构。

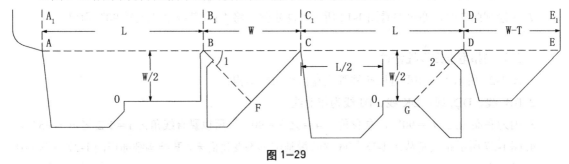

图 1-29

2. BB₁ 线、DD₁ 线、DG 线、BF 线为作业线。

3. 因底面角 $\angle \alpha = 90°$，盒身角 $\angle 4 = \angle 3 = 90°$。故黏合线角 $\angle 1 = \angle 2 = 1/2 \angle \alpha = 45°$。

4. 图 1-29 所示扣底是从图 1-28 扣底盒的形态变化而来，不过是将其中一个胶合作业线及涂胶位改在扣底主位而已。其结构细部在图 1-18 中大多已标出。

5. 图 1-29 为平面展开图，成型效果扫描本章首页二维码见图 1-29a。

（六）同位重型自动扣底式（全底板型）

1. 图 1-30 所示为四棱柱管式盒全底自动扣底结构；这是另一种自动扣底结构，由于它的主扣底片是一块整板，所以也称为增强式自动扣底；又因其胶合作业线都设置在扣底侧翼，所以又称为同位重型自动扣底式。

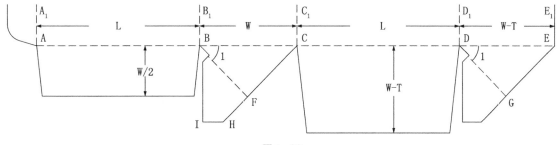

图 1-30

2. BB$_1$线、DD$_1$线、DG线、BF线为作业线。

3. 因为底面角∠a = 90°，盒身角∠4 = ∠3 = 90°。所以，图1-30中的黏合线角为∠1 = 1/2∠a = 45°。

4. 图1-30所示扣底是从图1-28扣底盒的形态变化而来，不过是将其中一个扣底主位改为半底而另一个扣底主位改为全底而已。其结构细部在图1-30及图1-18中大多已标出。

5. 图1-30为平面展开图，成型效果扫描本章首页二维码见图1-30a。

（七）异位重型自动扣底式（全底板型）

1. 图1-31所示为四棱柱管式盒全底自动扣底结构；这是另一种自动扣底结构，由于它的主扣底片是一块整板，所以也称为增强式自动扣底；又因其胶合作业线一个设置在扣底侧翼，另一个设置在半底扣底主位，所以又称为异位重型自动扣底式。

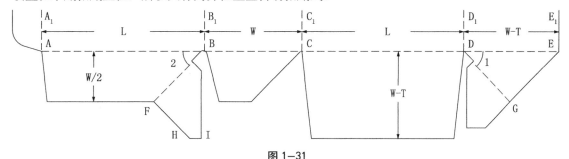

图 1-31

2. BB$_1$线、DD$_1$线、DG线、BF线为作业线。

3. 根据第11页公式1：底面角∠a = 90°，盒身角∠4 = ∠3 = 90°。所以图1-31中黏合线角∠1 = ∠2 = 1/2∠a = 45°。

4. 图1-31所示扣底是从图1-30扣底盒的形态变化而来，不过是将其中一个胶合作业线（BF）及涂胶位（BFHI）改在半底扣底主位而已。其结构细部在图1-31及图1-18中均已标出。

5. 图1-31为平面展开图，成型效果扫描本章首页二维码见图1-31a。

四、异型四棱柱（台）折叠纸盒自动扣底结构

（一）四棱台管式盒自动扣底结构

1. 图1-32所示为四棱台管式盒自动扣底结构。

2. 图 1-32 所示扣底也是从图 1-18 扣底盒的最基础形态变化而来，其结构细部在图 1-18 中大多已标出。

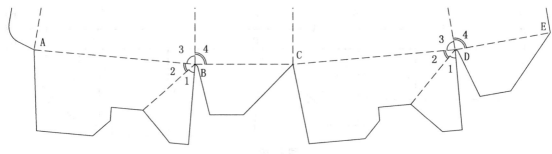

图 1-32

3. 绘制图 1-32 所示自动扣底结构的关键是确定∠2。（见第 11 页公式 1）

4. 因为底面角∠α = 90°，盒身角∠4 与∠3 的值已知（由客户给出）。所以图 1-32 中黏合线角∠2 的值也可知。图 1-32 按第 11 页公式 1 可确定黏合线角∠2 = 1/2（∠α + ∠3 - ∠4）。

5. 确定∠2 后绘出扣底部分，之后的过程亦可参看图 1-14 所示方法步骤。留意此图旋转角度为 90° - ∠3 与 90° - ∠4。

6. 留意此图尚缺盒体成型作业线，作业线分别为∠ABC、∠CDE 的角平分线。

7. 图 1-32 为平面展开图，成型效果扫描本章首页二维码见图 1-32a。

（二）斜四棱柱管式盒自动扣底结构

1. 图 1-33 所示为斜四棱柱管式盒自动扣底结构。

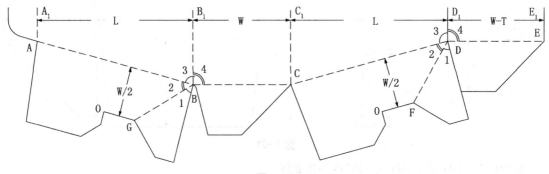

图 1-33

2. 图 1-33 所示扣底也是从图 1-18 扣底盒的最基础形态变化而来，其结构细部在图 1-18 中大多已标出。

3. BB₁ 线、DD₁ 线、BG 线、DF 线为作业线。

4. 绘制图 1-33 所示自动扣底结构的关键是确定∠2。（见第 11 页公式 1）

5. 因为底面角∠α = 90°，盒身角∠4 与∠3 的值已知（由客户给出）。所以图 1-33 中黏合线角∠2 的值也可知。图 1-33 按第 11 页公式 1 可确定∠2 = 1/2（∠α + ∠3 - ∠4）。

6. 确定∠2 后绘出扣底部分，之后的过程亦可参看图 1-14 所示方法步骤。留意此图旋转角度。

7. 图 1-33 为平面展开图，成型效果扫描本章首页二维码见图 1-33a。

（三）底截面是平行四边形的四棱柱管式盒自动扣底结构

1. 图 1-34 所示为底截面是平行四边形的四棱柱管式盒自动扣底结构。

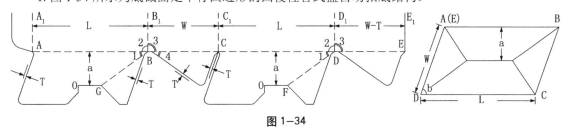

图 1-34

2. 图 1-34 所示扣底也是从图 1-18 扣底盒的最基础形态变化而来，其结构细部在图 1-18 中大多已标出。

3. BB_1 线、DD_1 线、BG 线、DF 线为作业线。

4. 绘制图 1-34 所示自动扣底结构的关键是确定∠2。（见第 11 页公式 1）

5. 因为∠b 已知（由客户给出或按样稿），∠3 = ∠4 = 90°。所以图 1-34 中黏合线角∠1 的值也可知。图 1-34 按前述第 11 页公式 1 可确定∠1 = 1/2（∠a + ∠2 - ∠3）。

6. 确定∠1 后绘出扣底部分，之后的过程亦可参看图 1-14 所示方法步骤。

7. 图 1-34 为平面展开图，成型效果扫描本章首页二维码见图 1-34a。

（四）底截面是平行四边形的斜四棱柱管式盒自动扣底结构

1. 图 1-35 所示为底截面是平行四边形的斜四棱柱管式盒自动扣底结构。

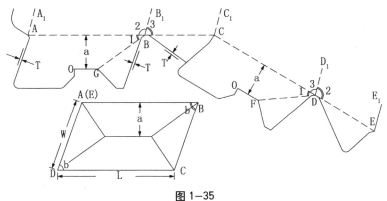

图 1-35

2. 图 1-35 所示扣底也是从图 1-18 扣底盒的最基础形态变化而来，其结构细部在图 1-18 中大多已标出。

3. BB_1 线、DD_1 线、BG 线、DF 线为作业线。

4. 绘制图 1-35 所示自动扣底结构的关键是确定∠1。（见第 11 页公式 1）

5. 因为∠b 已知（由客户给出或按样稿），∠2 与∠3 的值已知（由客户给出）。所以∠1 的值也可知。图 1-35 按第 11 页公式 1 可确定∠1=1/2（∠b + ∠2 - ∠3）。

6. 确定∠1 后绘出扣底部分，之后的过程亦可参看图 1-14 所示方法步骤。

7. 图 1-35 为平面展开图，成型效果扫描本章首页二维码见图 1-35a。

五、六棱柱折叠纸盒自动扣底结构

（一）正六棱柱折叠纸盒渐进式自动扣底结构

1. CC_1 线、FF_1 线为作业线，特别是 CO_2 线、FO_5 线仅为纸盒折叠胶合而设，而非成型压痕线。

2. 因为底面角 $\angle\,\alpha = 120°$，盒身角 $= 90°$。故图 1-36 中黏合线角 $\angle\,\delta = 1/2\,\angle\,\alpha = 60°$。

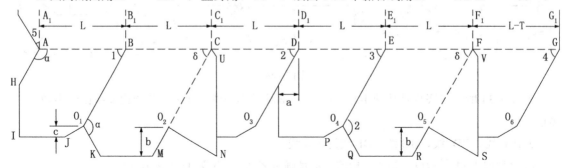

图 1-36

3. $\angle 1 = \angle 2 = \angle 3 = \angle 4 = \angle UCD = \angle VFG = 60°$。

4. 为方便成型 $\angle 5 \leqslant 90° - \angle 4$，$\angle JO_1K = \angle PO_4Q \geqslant 90°$。

5. 四边形 $FVSO_5$、四边形 $CUNO_2$ 为涂胶位。

6. 凹多边形 $CUNO_2MKO_1B$ 与凹多边形 $FVSO_5RQO_4E$ 的凸边是在边长为 L 的等边六边形上裁剪而来，其中点 O_2 与 O_5 为等边六边形中心点位。

7. $a \approx 1/4L$，$b \approx 1/3L$，$c \approx 5mm$。

8. 成型时点 O_1 与点 O_2、O_3、O_4、O_5、O_6 应重合。

9. 图 1-36 为平面展开图，成型效果扫描本章首页二维码见图 1-36a。

10. 在绘制此图时，亦可参看图 1-14 所示方法步骤。留意此图旋转角度均为 $60°$。

（二）正六棱柱折叠纸盒双挽式自动扣底结构

1. CC_1 线、FF_1 线、FN 线、CJ 线为作业线。

2. 因为 $\angle\,\alpha = 120°$，盒身角 $= 90°$。所以，图 1-37 黏合线角 $\angle\,\delta = 1/2\,\angle\,\alpha = 60°$。

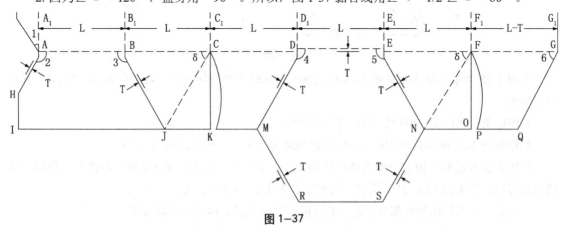

图 1-37

3. $\angle FNO$、$\angle CJK$ 为涂胶位。

4. 各个收纸位及高低线见图 1-37 标注。

5. 五边形 ABJIH、六边形 DENSRM 均由边长为 L 的等边六边形周边收进一张纸位 T 得来，五边形 ABJIH 是在等边六边形上裁剪而来，线段 IJ 为等边六边形中位线。

6. $\angle 2 = \angle 3 = \angle 4 = \angle 5 = 120°$，$\angle 6 = 60°$，$\angle 1 \leq 30°$。

7. 图 1-37 为平面展开图，成型效果扫描本章首页二维码见图 1-37a。

（三）正六棱柱折叠纸盒交叉式自动扣底结构

1. CC_1 线、FF_1 线、RS 线、CK 线、FZ 线为作业线。

2. 因为底面角 $\angle a = 120°$，盒身角 $= 90°$。故图 1-38 中黏合线角 $\angle \delta = 1/2 \angle a = 60°$。

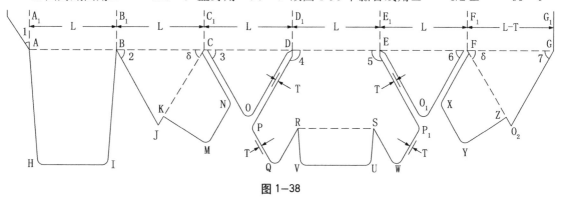

图 1-38

3. $\angle 2 = \angle 3 = \angle 6 = \angle 7 = 60°$，$\angle 4 = \angle 5 = 120°$，$\angle 1 \leq 30°$。

4. 梯形 RSUV、梯形 CKMN、梯形 FZYX 为涂胶位。

5. 留意成型时梯形 ABIH 与梯形 RSUV 黏接处的宽度。

6. 各个收纸位及高低线见图 1-38 标注。

7. 凹多边形 $DEP_1WSUVRQP$ 的凸边是由边长为 L 的等边六边形周边缩进一纸位后裁剪而来，其中线段 RS 为等边六边形中位线。

8. 成型时 K 点应与 R 点重合，Z 点应与 S 点重合。

9. 图 1-38 为平面展开图，成型效果扫描本章首页二维码见图 1-38a。

10. 在绘制此图时，亦可参看图 1-14 所示方法步骤。留意此图旋转角度均为 60°。

（四）正六棱柱折叠纸盒三黏式自动扣底结构

1. CC_1 线、FF_1 线、HK 线、CM 线、FW 线为作业线。

2. 因为 $a = 120°$，盒身角 $= 90°$。所以图 1-39 中黏合线角 $\angle \delta = 1/2 a = 60°$。

3. $\angle 1 \leq 30°$，$\angle 2 = \angle 4 = \angle 7 = \angle 9 = 30°$。

4. $\angle 3 = \angle 8 = 60°$，$\angle 5 = \angle 6 = 120°$。

5. 四边形 HKJI、CONM、FVUW 为涂胶位。

6. 各个收纸位及高低线见图 1-39 标注。

7. 六边形 DESRQP 为等边六边形，由边长为 L 的等边六边形周边收进一张纸位 T 得来，矩形 ABJI 是在等边六边形上裁剪而来，其中线段 HK 为等边六边形中位线。

8. 成型时 M 点应与 O 点重合，W 点应与 V 点重合。

9. 图 1-39 为平面展开图，成型效果扫描本章首页二维码见图 1-39a。

10. 在绘制此图时，亦可参看图 1-14 所示方法步骤。留意此图旋转角度均为 60°。

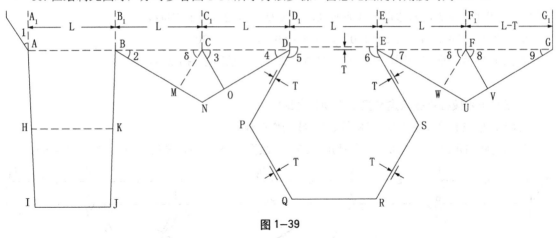

图 1—39

（五）正六棱柱折叠纸盒三黏挂扣式自动扣底结构

1. CC$_1$线、FF$_1$线、YS线、CP线、FH线为作业线，仅为纸盒折叠胶合而设，而非产品成型压痕线。

2. 因底面角∠α = 120°，盒身角 = 90°。所以图 1-40 中黏合线角∠δ = 1/2∠α = 60°。

3. ∠CDP = ∠FEH = 30°。

4. ⊿FJI、⊿CQR 及梯形 XUVW 为涂胶位。

5. 各个收纸位及高低线见图 1-40 标注。

6. 梯形 XUVW、六边形 DEKMNO 均由边长为 L 的等边六边形周边收进一张纸位 T 得来，梯形 XUVW+ 矩形 ABSY 是在等边六边形上裁剪而来，其中线段 YS 为等边六边形中位线。

7. 成型时 P 点应与 S 点重合，H 点应与 Y 点重合。

8. 图 1-40 为平面展开图，成型效果扫描本章首页二维码见图 1-40a。

9. 在绘制此图时，亦可参看图 1-14 所示方法步骤。留意此图旋转角度均为 60°。

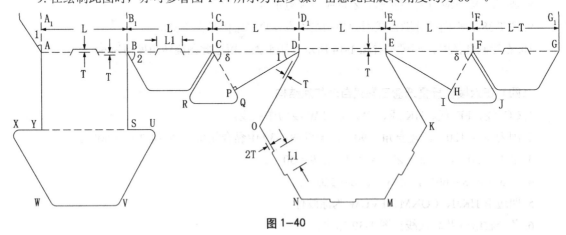

图 1—40

（六）六棱柱折叠纸盒三黏加防尘翼式自动扣底结构

1. CC$_1$线、FF$_1$线、FW 线、CM 线、HK 线为作业线。

2. 因底面角∠α = 120°，盒身角 = 90°。所以图 1-41 中黏合线角∠δ = 1/2∠α = 60°。

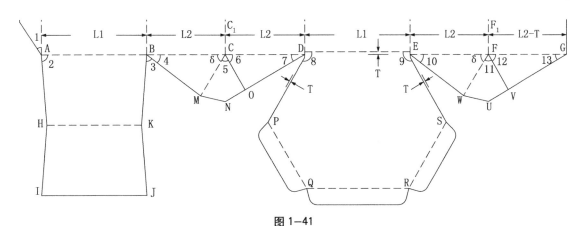

图 1—41

3. $\angle 1 \leqslant 30°$，$\angle 2 = 120° - \angle 4$，$\angle 3 \geqslant 60°$，$\angle 5 = \angle 6 = \angle 11 = \angle 12 = 60°$。$\angle 8 = \angle 9 = 120°$，$\angle 4 = \angle 7 = \angle 10 = \angle 13$。

4. 梯形 FVUW、CONM、HKJI 为涂胶位。

5. 各个收纸位及高低线见图 1-41 标注。

6. 六边形 DESRQP 均由边长为 L1、L2 的六边形周边收进一张纸位 T 得来，梯形 HKJI、ABKH 是在等边六边形上裁剪而来，其中线段 HK 为等边六边形中位线。

7. 成型时 K 点应与 M、O 点重合，H 点应与 W、V 点重合。

8. 图 1-41 为平面展开图，成型效果扫描本章首页二维码见图 1-41a。

9. 在绘制此图时，亦可参看图 1-14 所示方法步骤。留意此图旋转角度均为 60°。

六、正八棱柱折叠纸盒自动扣底结构

1. DD_1 线、HH_1 线、DR 线、HZ 线为作业线。

2. 因底面角 $\angle a = 135°$，盒身角 $= 90°$，故图 1-42 中黏合线角 $\angle \delta = 1/2 \angle a = 67.5°$。

3. $\angle 1 \leqslant 90° - \angle HIZ$，$\angle 2 = \angle 3 = \angle 5 = \angle 6 = 135°$，$\angle 4 = \angle 7 \leqslant 67.5°$。

4. $\angle DRQ$、$\angle HZY$ 为涂胶位。

5. 各个收纸位及高低线见图 1-42 标注。

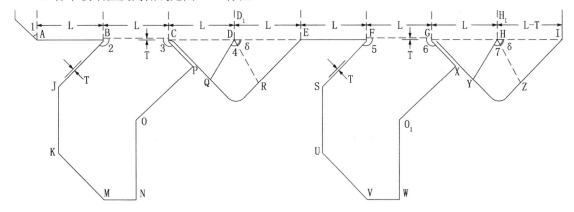

图 1—42

6. 凹多边形 BCPONMKJ 与凹多边形 $FGXO_1WVUS$ 由边长为 L 的等边八边形周边收进一张纸位 T 后裁剪而来。

7. 成型时 O 点应与 O₁ 点重合，O 点与 O₁ 点为正八边形的中心点。

8. 图 1-42 为平面展开图，成型效果扫描本章首页二维码见图 1-42a。

9. 在绘制此图时，亦可参看图 1-14 所示方法步骤。留意此图旋转角度均为 67.5°。

七、带间隔的四棱柱折叠纸盒自动扣底结构

（一）间隔为 2×2 的四棱柱折叠纸盒自动扣底结构

1. 图 1-43 盒型结构为 2×2 式间壁自动扣底盒，间壁自动扣底盒是在封底式间壁盒基础上加自动扣底而成。

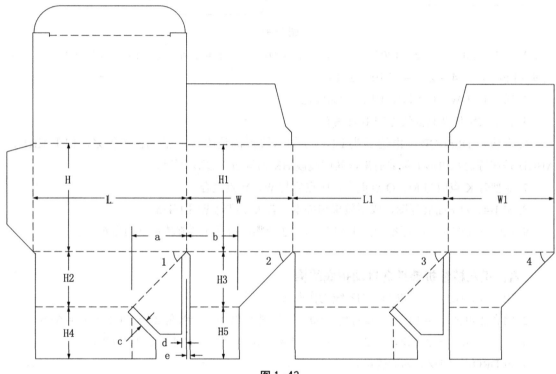

图 1-43

2. L（长）、W（宽）、H（高）的值已知（客户给出）。

3. 盒盖部分结构见前述，其余各个收纸位关系见下表 1-6：

表 1-6 （T＝纸厚，单位：mm）

L（长）	W（宽）	H（高）					其他				
L1 = L	W1 = W－T	H1 = H－T	H2 = W/2－T	H3 = W/2－T	H4 ≤ H－2T	H5 = H4	a = W/2－T	b = W/2	c ≥ 2T 或 2	d ≥ 2T 或 2	e ≥ T

(1) 当纸厚大于 1 时，c 的取值应等于 2T，但当纸厚小于 1 时，为利于装刀该双刀位应等于 2mm。

(2) ∠1 ＝∠2 ＝∠3 ＝∠4 ＝45°。

4. 图 1-43 为平面展开图，底部成型效果扫描本章首页二维码见图 1-43b，2×2 式间壁成型效果同样扫码见图 1-43a。

（二）间隔为 2×3 的四棱柱折叠纸盒自动扣底结构

1. 图 1-44 盒型结构为 2×3 式间壁自动扣底盒，间壁自动扣底盒是在封底式间壁盒基础上加自动扣底而成。

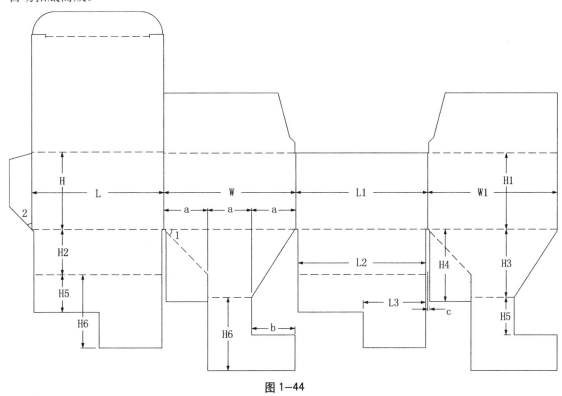

图 1-44

2. L（长）、W（宽）、H（高）的值已知（客户给出）。

3. 盒盖部分结构见前述，其余各个收纸位关系见图 1-44 及下表 1-7：

表 1-7 　　　　　　　　　　　　　　　　　　（T = 纸厚，单位：mm）

L（长）			W（宽）	H（高）						其他		
L1 = L	L2 = L - 2T	L3 = L/2 - T	W1 = W - T	H1 = H - T	H2 = W/3	H3 = L/2 - T	H4 ≤ L - 2	H5 = H6/2	H6 ≤ H - 2T	a = W/3	b = W/3 - T	c ≥ 2T 或 2

(1) 当纸厚大于 1 时，c 的取值应等于 2T，但当纸厚小于 1 时，为利于装刀该双刀位应等于 2mm。

(2) ∠1 = 45°、∠2 ≤ 44°。

4. 图 1-44 为平面展开图，底部成型效果扫描本章首页二维码见图 1-44a，2×3 式间壁成型效果同样扫码见图 1-44b。

（三）间隔为 3×2 的四棱柱折叠纸盒自动扣底结构

1. 图 1-45 盒型结构为 3×2 式间壁自动扣底盒，间壁自动扣底盒是在封底式间壁盒基础上加自动扣底而成。

2. L（长）、W（宽）、H（高）的值已知（客户给出）。

3. 盒盖部分结构见前述，其余各个收纸位关系见图 1-45 及下表 1-8：

表 1-8

（T ＝ 纸厚，单位：mm）

L（长）		W（宽）		H（高）							其他		
L1= L	L2 = L－2T	W1 = W－T	W2 = W－2T	H1 = H－T	H2 = W/2－T	H3 ≤ H－2T	H4= L/3	H5= H3	H6 = H7＋T	H8 ≤ W－2	a = L/3	b = W/2	c ≥ 2T 或 2

（1）当纸厚大于 1 时，L2 与 W2 之间的双刀位从上表来看等于 2T，但当纸厚小于 1 时，为利于装刀该双刀位应等于 2mm。

（2）c 的取值原则同上，$H7 \approx H3/2$、$\angle 1 = \angle 2 = 45°$、$\angle 3 \leq 44°$。

4. 图 1-45 为平面展开图，底部成型效果扫描本章首页二维码见图 1-45a，3×2 式间壁成型效果同样扫码见图 1-45b。

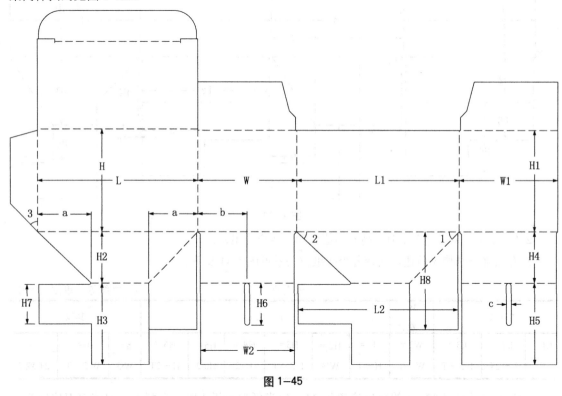

图 1-45

第四节 双黏盒

双黏盒顾名思义就是盒体的封闭方式是底盖双黏。即主体已黏封成型的管式折叠盒，在使用时其盒底、盒盖的襟片是依靠胶黏实现封装的，双黏盒也是管式折叠盒中应用较为普遍的盒式，日常生活用品中的肥皂盒、饼干盒、纸巾盒、药品盒等都属于双黏盒式。该类盒式也是最适合自动包装线使用的盒式之一。

双黏盒的结构变化不多，多数变化集中在盖底或防尘翼的收纸位上；类别的变化体现在开盒的方式上，比如盒身加开窗、盒盖加拉链刀、盒的边棱加扣位及齿刀等。双黏盒的结构非常简单，主要由盒体、盒盖、耳朵位（也称防尘翼）及盒体黏位构成。构成的细节主要体现在高低线与收纸位两点。

本章第一节讲解了盒盖利用插舌襟片锁扣与开启的结构形式，该结构的优点是开启方便与可反复开闭，缺点是密封性不强，防伪功能不足；还有几种最基本的开启形态分别是：（1）齿刀开启：这是家喻户晓的最简单的开封形式，餐巾盒就是采用这种齿刀开启形式；（2）拉链刀开启：这种结构的形态使用的范围非常广泛，可以采用在纸箱纸盒的一个面上或围绕纸盒一周的切开方法；还可以考虑为开封性和再封性双全的结构。很多酒盒就是采用拉链刀开启形式；（3）管口：这是一种最优异的结构。在纸箱纸盒的某一部位剥开黏合处作为倒出口。这种形态多用于食品液体类的容器包装如牛奶、饮料类。或在盒体的某一部位打洞作为倒出口或插入吸管。这几种最基本的开启形态的结构多出现在黏封的盒型中，尤其是双黏盒，本节介绍含前两种开启方式的双黏盒，在讲解结构前还需解释几个概念如下：

齿刀：也称撕口刀，是为方便包装盒开启而设计的间歇性切断的裁切刀，裁切位与间歇位的长度比例可根据纸张厚度及撕口的效果而设定。

拉链刀：为方便包装盒开启而设计的一种拉链式围带切断的裁切刀。具体设定及款式见图1-49讲解。

高低线：包装盒成型时，折叠纸张形成上下层关系，相应地折转纸张的压痕基线也应形成高低关系，该关系便称高低线，其数值＝纸厚×相应的层数。

收纸位：也称避位、收位，包装盒成型时折叠纸张之间有相抵触部分应设计裁切避开，该避开位即收纸位。

盒盖：顾名思义即包装盒的封盖部分。（比如图1-2中所标"6"）

耳朵位：也称防尘翼，是为填补盒盖封闭空隙的补充设计。（比如图1-2中所标"8"）

只要盒型纸张存在层叠关系，为保障成型方正就需设置高低线；本节双黏盒高低线分两种：盖底为全覆盖时有层叠关系，需两层高低线；盖底为半覆盖时没有层叠关系，只需一层高低线。本节就这几类内容通过各举一例讲解。

一、基础型黏封结构

图1-46为平面展开图，成型效果扫描本章首页二维码见图1-46a。

1. 该盒型结构没有插扣式纸盒的插入结构，依靠黏合剂把盒盖上襟片与内折襟片黏合在一起。这种盒子适合盛放粉状和颗粒状的产品。是一种坚固的纸盒。由于它少了插入结构，以及在它的净面积里几乎没有被切掉浪费的部分，因此它是一种最节约材料的纸盒结构。这种盒盖的封口性能较好，适合高速全自动包装机。

2.L（长）、W（宽）、H（高）的值已知（客户给出）。

3. 各收纸位及高低线见图1-46及表1-9：

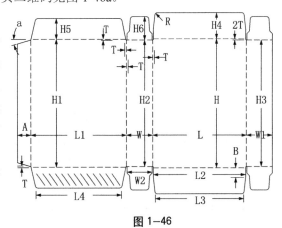

图1-46

表 1-9   （T = 纸厚，单位：mm）

L（长）				W（宽）		H（高）						其他
L1 = L	L2 = L − 2T	L3 ≈ L − 3	L4 ≈ L − 6	W1 = W − T	W2 = W − 2T	H1 = H − 2T	H2 = H − 4T	H3 = H − 4T	H4 = W − T	H5 ≈ 2W/3	H6 = H5 + T	B ≈ 6 ～ 10

（1）留意 H6 应小于 L/2。

（2）为避免盒盖部分刀与压线交汇处成型时爆线，此类双刀位最好作圆弧过渡。

4. 本例中的盒盖或底为全覆盖，主要体现在盒盖 H4 的值，当该值近似等于盒宽 W 时，盒盖襟片（H4）与内折襟片（H5）构成上下层叠关系，所以就有两层高低线设置，一层高低线是 H = H1 + 2T，另一层高低线是 H1 = H2 + 2T。

5. 盒身黏位 A 值的设置见第一节讲解（表 1-1）及 ∠a 的设置也参见第一节讲解。

6. 黏封盒盖有两种黏合方式：

（1）单条涂胶，即仅内折襟片涂胶，如上图 1-46 底部结构的胶水线（上部的胶水线为方便标注尺寸线而删除）。

（2）双条涂胶，即内折襟片及耳朵位均涂胶，如下图 1-48 底部结构的胶水线（上部的胶水线为方便标注尺寸线而删除）。

7. 该双黏基础盒型的结构为上下对称，绘图时只需绘出上或下半部，然后上下镜像复制即可。

二、易拆型带间隙刀设置的双黏结构

（一）边棱齿刀开启型黏封盒

图 1-47 为平面展开图，成型效果扫描本章首页二维码见图 1-47a，开盒效果同样扫码见图 1-47b。

1. 该盒型结构与图 1-46 的双黏基础盒型相同。只不过为了开盒便利，在盒身靠边棱处居中增加了按抠位设计及将该边棱由压痕改为齿刀而已。

2. 该盒型详细结构在上图 1-46 已标出，此处不再重复。

3. 图 1-47 中所标注的齿刀规格只适用于 300g 卡纸材料，当材料发生变化时，齿刀规格也要改变，具体规格要依据测试效果而定。

4. 该盒型的耳朵位（防尘翼）形状与上图 1-46 略有不同，但只要满足耳朵位两侧的收纸位 ≥ 纸厚 T，以及耳朵位的高度 ≤ L/2，就不影响成型效果。

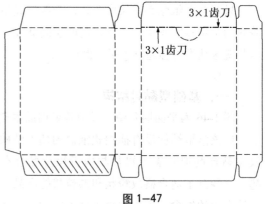

图 1-47

（二）侧边棱拉链刀半开盖型黏封盒

图 1-48 为平面展开图，开盒效果扫描本章首页二维码见图 1-48a。

1. 该双黏盒型结构为了开盒便利，在盒身侧面靠边棱处分中增加了按抠位设计及将该边棱由压痕改为拉链刀。

2. L（长）、W（宽）、H（高）、A 的值已知（客户给出）。

3. 各个收纸位及高低线见图 1-48 及下表 1-10 标注。

4. 留意 B 的值在表 1-10 中为 "W/2 或 30" 取其中的小值，如 W = 50mm，则取 B ≈ 25mm；如 W = 100mm 时，则取 B ≈ 30mm。

5. 留意 D 的值在表 1-10 中为 "3 或 2T" 取其中的大值，如 T = 4mm，则取 D ≈ 2 × 4mm；如 T = 0.5mm，则取 D ≈ 3mm。

6. 该盒型的耳朵位（防尘翼）形状与上图 1-46 大有不同，但只要耳朵位两侧的收纸位 ≥ 纸厚 T，以及耳朵位的高度 H6 ≤ L/2，就不影响成型效果。

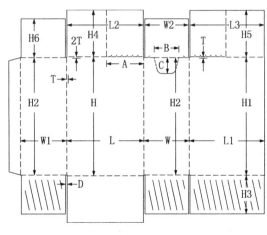

图 1—48

表 1—10　　　　　　　　　　　　　　　　　　　　（T ＝纸厚，单位：mm）

L（长）			W（宽）		H（高）						其他			
L1 =	L2 =	L3 =	W1 =	W2 ≤	H1 =	H2 =	H3 ≈	H4 =	H5 =	H6 ≤	A =	B ≈	C ≈	D ≈
L - T	L - 2T	L - 3T	W	W - 2T	H - 2T	H - 4T	2W/3	W - T	W - T	L/2	已知	W/2 或 30	25	3 或 2T

7. 该盒型的外盖（L2）、内折衬盖（L3）形状与上图 1-46 略有不同，但只要满足表 1-10 中所列条件，就不影响成型效果。

8. 关于拉链刀的绘图设计见下图 1-49 所示：

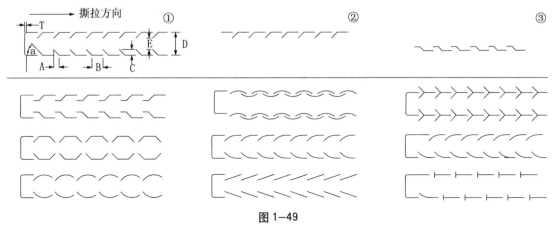

图 1—49

（1）图 1-49 中①为双链拉链刀（也称全拉链刀），②为单链拉链刀（也称半拉链刀），③为单双链通用拉链刀。

（2）图 1-49 中三款拉链刀的撕开方向均为从左向右。需留意撕开端突出纸边设计，见图中①的最左侧 "T"。

（3）图 1-49 中①③款多用在纸板中部，②款多用在产品边棱。

（4）图 1 - 49 中 A B C D E 的取值需依据所用材料的种类与厚度而变化，当材料为 300g 卡纸时，A = [1mm，2mm]、B = [3mm，5mm]、C=A、D ≥ B + 2C（在此基础上可根据需要调节）、E ≥ B（在此基础上可根据需要调节）。

（5）图 1-49 中分隔线以下各款的取值要求与①款基本相同。

（三）侧面拉链刀全开盒型黏封盒

图 1-50 为平面展开图，成型效果扫描本章首页二维码见图 1-50a。

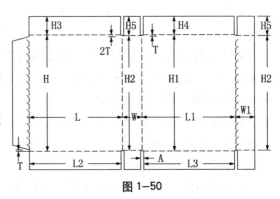

图 1-50

1. 该双黏盒型结构为了开盒便利，将盒身的两条侧面边棱由压痕改为拉链刀。

2. L（长）、W（宽）、H（高）、A 的值已知（客户给出）。

3. 各收纸位及高低线见图 1-50 及下表 1-11：

表 1-11   （T = 纸厚，单位：mm）

L（长）			W（宽）	H（高）					其他
L1 =	L2 =	L3 =	W1 =	H1 =	H2 =	H3 ≤	H4 =	H5 =	A ≈
L	L−T	L−2T	W−T	H−2T	H−4T	W−T	W−T	W−T	3 或 2T（取其中的大值）

4. 留意 A 的值在表 1-11 中为 "3 或 2T" 取其中的大值，如 T = 4mm，则取 A ≈ 2 × 4mm；如 T = 0.5mm，则取 A ≈ 3mm。

5. 两侧的单链拉链刀的绘图设计按图 1-49 中所述，留意两条拉链刀的撕开方向需镜像设置。

6. 该盒型的耳朵位（防尘翼）形状与上图 1-46 大有不同，但只要满足耳朵位两侧的收纸位 ≥ 纸厚 T，以及耳朵位的高度 H5 ≤ L/2，就不影响成型效果。

7. 该盒型的外盖（L2）、内折衬盖（L3）形状与上图 1-46 略有不同，但只要满足表 1-11 中所列的条件，就不影响成型效果。

（四）顶（底）面拉链刀全开盒型黏封盒

图 1-51 为平面展开图，成型效果扫描本章首页二维码见图 1-51a。

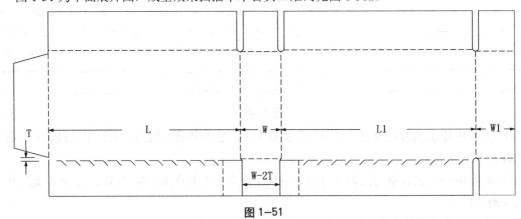

图 1-51

1. 该盒型结构与图 1-50 的盒型基本相同。只不过是将盒身的两条侧面边棱拉链刀改为顶面（或底面）边棱拉链刀而已。

2. 该盒型主要结构在上图 1-50 已标出，此处不再重复。需留意拉链刀撕开端突出纸边设计。

3. 两侧的单链拉链刀的绘图设计按图 1-49 中所述，留意两条拉链刀的撕开方向需镜像设置。

（五）黏位外置齿刀开启可再封型黏封盒

图 1-52 为平面展开图，成型效果扫描本章首页二维码见图 1-52a 和图 1-52b。

1. 该双黏盒型为了开盒便利与多次使用反复开闭，将盒身黏位部分设计成外置，并在黏位上设计齿刀撕开，如此一来，该盒型便成了侧面开盒。

2. L（长）、W（宽）、II（高）、A、B 的值已知（客户给出）。

3. 各收纸位及高低线见图 1-52 及下表 1-12：

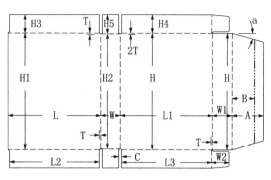

图 1-52

表 1-12　　　　　　　　　　　　　　　　　（T ＝ 纸厚，单位：mm）

L（长）			W（宽）		H（高）					其他	
L1 =	L2 =	L3 =	W1 =	W2 ≈	H1 =	H2 =	H3 ≤	H4 =	H5 =	C ≈	∠a ≈
L	L－3T	L－2T	W＋T	W－T	H－2T	H－4T	W－T	W－T	W－T	3 或 2T	15°

4. 留意 C 的值在表 1-12 中为"3 或 2T"取其中的大值，如 T ＝ 4mm，则取 C ≈ 2 × 4mm；如 T ＝ 0.5mm，则取 C ≈ 3mm。

5. 所有图中未注明（表中未列）尺寸均不影响成型效果，可酌情自行给出。

6. 该盒型的耳朵位（防尘翼）形状与上图 1-46 大有不同，但只要满足耳朵位两侧的收纸位 ≥ 纸厚 T，以及耳朵位的高度 H5 ≤ L/2，就不影响成型效果。

7. 该盒型的外盖（L3）、内折衬盖（L2）形状与上图 1-46 略有不同，但只要满足表 1-12 中所列条件，就不影响成型效果。

（六）拉链刀开启可再封型黏封盒

图 1-53 为平面展开图，成型效果扫描本章首页二维码见图 1-53a，开盒效果同样扫码见图 1-53b。

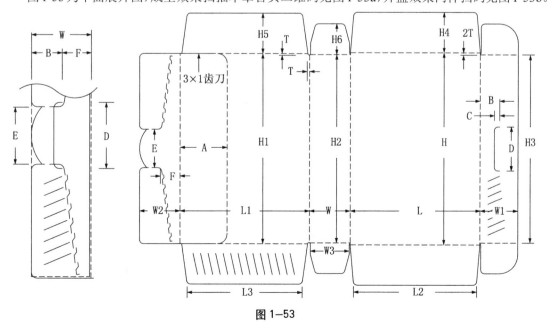

图 1-53

1. 该盒型主体结构与图1-46的双黏基础盒型大致相同。为了开盒便利与多次使用反复开闭，将盒身黏位部分设计成拉链刀式开盒侧，并在该侧设计插扣舌，盒身黏位对面增加了插扣口设计。

2. L（长）、W（宽）、H（高）、A的值已知（客户给出）。

3. 各个收纸位及高低线见图1-53及下表1-13：

表1-13　　　　　　　　　　　　　　　　　（T＝纸厚，单位：mm）

L（长）			W（宽）			H（高）						其他				
L1＝	L2≈	L3≈	W1＝	W2＝	W3＝	H1＝	H2＝	H3＝	H4＝	H5≈	H6≤	B≈	C≈	D≈	E≈	F≈
L＋T	L－3	L－6	W－T	W－T	W－2T	H－2T	H－4T	H－4T	W－T	2W/3	H5－T	W/2	4T	E＋4T	20～25	W－B

细节解析：

（1）留意H6应小于L/2。

（2）为避免盒盖部分刀与压线交汇处成型时爆线，此类双刀位最好作圆弧过渡。

4. 本例中的盒盖或底为全覆盖，主要体现在盒盖H4的值，当该值近似等于盒宽W时，盒盖襟片（H4）与内折襟片（H5）构成上下层叠关系，所以就有两层高低线设置，一层高低线是H＝H1＋2T，另一层高低线是H1＝H2＋2T。

5. 反复开闭的插扣位设计见图1-53右侧的盒身黏合后刀线套位重叠放大图所示。

6. 右侧盒身黏合胶水线的设计需留意不可超过拉链刀覆盖的范围，否则不利于开盒；见图1-53右侧的盒身黏合后刀线套位重叠放大图所示。

7. 该双黏基础盒型的结构为上下对称，故绘图设计时只需绘出上或下半部，然后上下镜像复制即可。

8. 拉链刀的绘图设计按图1-49中所述。

9. 所有图中未注明（表中未列）尺寸均不影响成型效果，可参考前述酌情自行给出。

（七）盒身开窗齿刀开启型黏封盒

图1-54为平面展开图，成型效果扫描本章首页二维码见图1-54a。

1. 该盒型结构属易开式的结构，是纸盒随着流通方面的变化发展而来的包装结构。由于单手就能操作取出内容物，所以已经成为现代消费者喜爱的包装形式。

2. L（长）、W（宽）、H（高）的值已知，图1-54的下侧虚线为胶水线，该图胶水线应上下对称，为标注尺寸线方便，该图上半部胶水线被省略。

3. 各个收纸位关系及高低线见图1-54及下表1-14标注。

4. 所有图中未注明（表中未列）尺寸均不影响成型效果，可酌情自行给出。

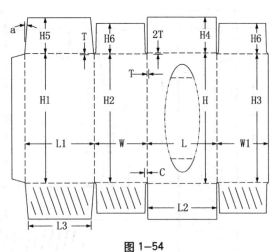

图1-54

表 1-14　　　　　　　　　　　　　　　　　　　　　　　（T = 纸厚，单位：mm）

L（长）			W（宽）	H（高）						其他
L1 = L	L2 = L - 2T	L3 ≈ L - 6	W1 = W - T	H1 = H - 2T	H2 = H - 4T	H3 = H - 4T	H4 ≤ W - T	H5 ≤ W - T	H6 ≤ L/2	C ≥ 2 或 2T

细节解析：

（1）留意 H5 ≥ W - H4（适用于盒盖为半覆盖，即 H4 ≈ 2W/3）。

（2）留意 C 的值在表 1-14 中为"2 或 2T"取其中的大值，如 T = 4mm，则取 C ≈ 2 × 4mm；如 T = 0.5mm，则取 C ≈ 2mm。

（3）为避免 C 处根部刀与压线交汇处成型时爆线，此类双刀位最好作圆弧过渡。

（八）盒身两面连窗齿刀开启型黏封盒

图 1-55 为平面展开图，成型效果扫描本章首页二维码见图 1-55a。

1.该盒型结构属易开式的结构，是纸盒随着流通方面的变化发展而来的包装结构。由于单手就能操作取出内容物，所以已经成为现代消费者喜爱的包装形式。

2.L（长）、W（宽）、H（高）的值已知（客户给出）。

3.各个收纸位关系及高低线见图 1-55 及表 1-15：

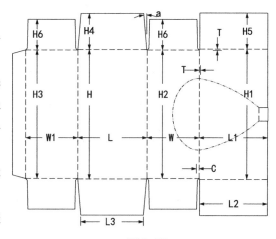

图 1-55

表 1-15　　　　　　　　　　　　　　　　　　　　　　　（T = 纸厚，单位：mm）

L（长）			W（宽）	H（高）						其他
L1 = L	L2 = L - 2T	L3 ≈ L - 6	W1 = W - T	H1 = H - 2T	H2 = H - 4T	H3 = H - 4T	H4 ≤ W - T	H5 ≤ W - T	H6 ≤ L/2	C ≥ 2 或 2T

（1）留意 H5 ≥ W - H4（适用于盒盖为半覆盖，即 H4 ≈ 2W/3）。

（2）该盒型如用于卡纸则 C ≥ 2mm，如用于瓦楞纸则 C ≥ 2T。

（3）为避免 C 处根部刀与压线交汇处成型时爆线，此类双刀位最好作圆弧过渡。

（4）留意 C 的值在表 1-15 中为"2 或 2T"取其中的大值，如 T = 4mm，则取 C ≈ 2 × 4mm；如 T = 0.5mm，则取 C ≈ 2mm。

4.所有图中未注明（表中未列）尺寸均不影响成型效果，可酌情自行给出。

（九）盒盖全拉链刀开启型黏封盒

图 1-56 为平面展开图，成型效果扫描本章首页二维码见图 1-56a。

1.该双黏盒型结构属盒盖全拉链刀开启型结构。

2.L（长）、W（宽）、H（高）的值已知。

3. 各个收纸位关系及高低线见图 1-56 及下表 1-16 标注。

4. 所有图中未注明（表中未列）尺寸均不影响成型效果，可参考本节基础盒型酌情自行给出。

5. 拉链刀的绘图设计按图 1-49 中所述。

6. 该盒型的耳朵位（防尘翼）形状与上图 1-46 大有不同，但只要满足耳朵位两侧的收纸位 ≥ 纸厚 T，以及耳朵位的高度 H5 ≤ L/2，就不影响成型效果。

7. 该盒型的外盖（L2）、内折衬盖（L3）形状与上图 1-46 略有不同，但只要满足表 1-16 中所列条件，就不影响成型效果。

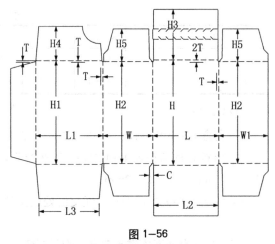

图 1-56

表 1-16   （T = 纸厚，单位：mm）

L（长）			W（宽）	H（高）					其他
L1 =	L2 =	L3 ≈	W1 =	H1 =	H2 =	H3 =	H4 ≤	H5 ≤	C ≥
L	L − 2T	L − 6	W − T	H − 2T	H − 4T	W − T	W − T	L/2	2 或 2T

(1) 留意，当盒盖为半覆盖时（即 H3 ≈ 2W/3），则 H4 ≥ W − H3。

(2) 该盒型如用于卡纸则 C ≥ 2mm，如用于瓦楞纸则 C ≥ 2T。

(3) 为避免 C 处根部刀与压线交汇处成型时爆线，此类双刀位最好作圆弧过渡。

(4) 留意 C 的值在表 1-16 中为"2 或 2T"取其中的大值，如 T = 4mm，则取 C ≈ 2 × 4mm；如 T = 0.5mm，则取 C ≈ 2mm。

（十）盒盖单链拼接开启型黏封盒

图 1-57 为平面展开图，成型效果扫描本章首页二维码见图 1-57a。

1. 该双黏盒型结构属盒盖单链拼接开启型结构。

2. L（长）、W（宽）、H（高）的值已知。

3. 各个收纸位关系及高低线见图 1-57 及下表 1-17 标注。

4. 所有图中未注明（表中未列）尺寸均不影响成型效果，可酌情自行给出。

5. 拉链刀的绘图设计按图 1-49 中所述，留意盒盖上下两层的拉链刀拼接重合。

6. 该盒型上部的耳朵位（防尘翼）形状与前述均有不同，多出了插扣设计，所以需满足耳朵位高度 H7 + H8 = L。

7. 该盒型的外盖（L2）、内折衬盖（L3）形状与上图 1-56 略有不同，但只要满足表 1-17 中

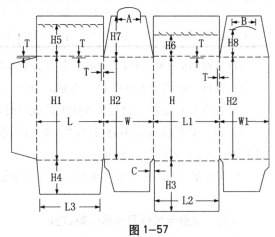

图 1-57

所列条件，就不影响成型效果。

表 1—17　　　　　　　　　　　　　　（T＝纸厚，单位：mm）

L（长）		W（宽）	H（高）								其他	
L2＝	L3≈	W1＝	H1＝	H2＝	H3＝	H4≤	H5＝	H6＝	H7＝	H8＝	A≤B≤	C≥
L－2T	L－6	W－T	H－T	H－3T	W－T	W－T	W－H6	W－H5	L－H8	L－H7	W/2	2或2T

（1）留意这款盒盖为半覆盖，留意盒盖部分高低线只有一层。

（2）该盒型如用于卡纸则 C ≥ 2mm，如用于瓦楞纸则 C ≥ 2T。

（3）为避免 C 处根部刀与压线交汇处成型时爆线，此类双刀位最好作圆弧过渡。

（4）留意 C 的值在表 1-17 中为"2 或 2T"取其中的大值，如 T ＝ 4mm，则取 C ≈ 2 × 4mm；如 T ＝ 0.5mm，则取 C ≈ 2mm。

（十一）盒身全拉链刀开启型黏封盒

图 1-58 为平面展开图，成型效果扫描本章首页二维码见图 1-58a。

1. 该盒型结构与图 1-56 的基本相同。只不过在盒身增加了围绕纸盒一周切开的拉链刀而已。

2. 该盒型主要结构在图 1-56 已标出，此处不再重复。需留意拉链刀撕开端突出纸边设计。

3. 盒身拉链刀的绘图设计按图 1-49 中所述，留意盒身黏位拉链刀需与黏合面重合。

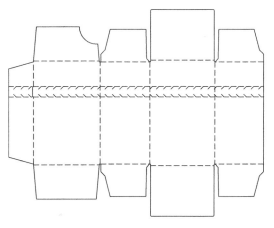

图 1—58

三、抱黏及盒身切口翻盖型黏封结构

（一）盒底加抱黏型黏封盒

图 1-59 为平面展开图，成型效果扫描本章首页二维码见图 1-59a。

1. 该盒型结构与图 1-56 的盒型基本相同。只不过在盒身增加了围绕纸盒一周切开的拉链刀而已。

2. L（长）、W（宽）、H（高）的值已知（客户给出）。

3. 各个收纸位及高低线见图 1-59 及下表 1-18 标注。

4. 留意 B 的值在表 1-18 中为"3 或 2T"取其中的大值，如 T ＝ 4mm，则取 B ≈ 2 × 4mm；如 T ＝ 0.5mm，则取 B ≈ 3mm。

5. 该盒型的外底（L2）形状与前述不同，但只要满足表 1-18 中所列条件，就不影响成型效果。

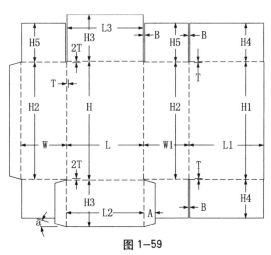

图 1—59

表 1-18 （T ＝纸厚，单位：mm）

L（长）			W（宽）	H（高）					其他		
L1 ＝	L2 ＝	L3 ＝	W1 ＝	H1 ＝	H2 ＝	H3 ≈	H4 ＝	H5 ≤	A ＝	B ≈	∠a ≈
L－T	L＋2T	L－2T	W－T	H－2T	H－4T	W－T	2W/3	L/2	[12，25]	3 或 2T	15°

（二）三边胶黏型黏封盒

图 1-60 为平面展开图，成型效果扫描本章首页二维码见图 1-60a。

1. 该双黏盒型结构与前述不相同之处在于黏接方式，前述各盒型均为外盖（底）与内折衬襟（底）叠黏封闭，该双黏盒型是外盖与另三面的黏合襟片搭黏封闭，多用于分装小盒的中盒，比如烟草包装中的条盒。

2. L（长）、W（宽）、H（高）的值已知（客户给出）。用于烟包的具体数据将在下节讲解。

3. 各个收纸位及高低线见图 1-60 及下表 1-19 标注。

4. 留意 A 的值在表 1-19 中为"3 或 2T"取其中的大值，如 T ＝ 4mm，则取 A ≈ 2 × 4mm；如 T ＝ 0.5mm，则取 A ≈ 3mm。

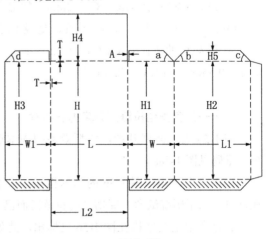

图 1-60

5. 该盒型的耳朵位（防尘翼）形状与上图 1-46 大有不同，但只要满足耳朵位两侧的收纸位 ≥ 纸厚 T，以及耳朵位的高度 H5 ≤ L/2，就不影响成型效果。

表 1-19 （T ＝纸厚，单位：mm）

L（长）		W（宽）	H（高）					其他				
L1 ＝	L2 ＝	W1 ＝	H1 ＝	H2 ＝	H3 ＝	H4 ＝	H5 ≈	A ＝	∠a ≤	∠b ≤	∠c ≤	∠d ≤
L	L－2T	W－T	H－2T	H－2T	H－2T	W－T	[12，25]	3 或 2T	45°	45°	45°	45°

（三）盒身开切口的翻盖型黏封盒

图 1-61 为平面展开图，成型效果扫描本章首页二维码见图 1-61a。

1. 该双黏盒型结构与图 1-46 所示的基础盒型近似。只不过在盒身三面增加了切开刀而背面设置了翻折线而已。

2. L（长）、W（宽）、H（高）、A、B 的值已知。用于烟包的具体数据将在下节讲解。

3. 各个收纸位及高低线见图 1-61 及下表 1-20 标注。

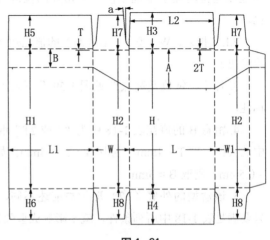

图 1-61

4. 所有图中未注明（表中未列）尺寸均不影响成型效果，可参考本节基础盒型的设置酌情自行给出。

表 1-20　　　　　　　　　　　　　　　　　　　　　（T = 纸厚，单位：mm）

L（长）		W（宽）	H（高）								其他		
L1 = L－T	L2 = L－2T	W1 = W－T	H1 = H－2T	H2 = H－4T	H3 = W－T	H4 = W－T	H5 ≤ W－T	H6 ≤ W－T	H7 ≤ W－T	H8 ≤ W－T	A = 已知	B = 已知	∠a≈ 5°

（四）盒身开切口侧向翻盖型黏封盒

图 1-62 为平面展开图，成型效果扫描本章首页二维码见图 1-62a。

1. 该双黏盒型结构与图 1-46 所示的基础盒型近似。只不过在盒身三面增加了切开刀而侧面设置了翻折线而已。

2. L（长）、W（宽）、H（高）、A、B、C、R1、R2 的值已知（客户给出）。用于烟包的具体数据将在下节讲解。

3. 各个收纸位及高低线见图 1-62 及下表 1-21：

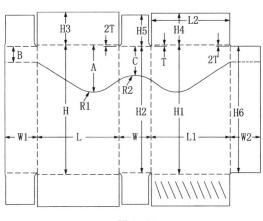

图 1-62

表 1-21　　　　　　　　　　　　　　　　　　　　　（T = 纸厚，单位：mm）

L（长）		W（宽）		H（高）						其他				
L1 = L－T	L2 = L－3T	W1 = W－T	W2 ≤ W－T	H1 = H－2T	H2 = H－4T	H3 = W－T	H4 = W－T	H5 ≤ W－T	H6 ≤ H－6T	A = 已知	B = 已知	C = 已知	R1 = 已知	R2 = 已知

4. 所有图中未注明（表中未列）尺寸均不影响成型效果，可参考本节基础盒型的设置酌情自行给出。

第五节　烟草类包装盒

烟草类包装盒也是印刷包装中较为普遍的盒式，同样是应用于自动包装线使用的盒式之一。烟草类包装盒从规格上分为小盒与中盒，中盒也称条装盒（简称条盒），结构上大致分为两类；小盒属终端消费包装，结构上大致分为十二类，即普通翻盖、横包翻盖、软包烟包、八角翻盖烟包、圆角翻盖烟包、前圆后方翻盖、棱型（圆角）翻盖、三角（圆角）翻盖、滑盖烟包、侧推烟包、侧翻烟包、带内卡翻盖烟包。以下先从小盒开始分别一一讲解。

在讲解结构之前，还得先介绍卷烟烟支的尺寸种类，因为关系到卷烟包装的小盒尺寸。卷烟烟支从直径大小可分细支、中支、粗支（即常规卷烟），细支直径 5.4mm（周长为 17mm），粗支直径 7.8mm（周长为 24.5mm），中支则是粗细介于普通和细支之间，具体数据：19mm＜中支烟＜23mm。从烟支长度上看，常规卷烟长度为 84mm，中支为 89mm；细支卷烟一般长 94～99mm，中支卷烟比大部分细支卷烟短 5～10mm。

一、小盒类烟包

（一）普通翻盖

图 1-63 为平面展开图，成型效果扫描本章首页二维码见图 1-63a。

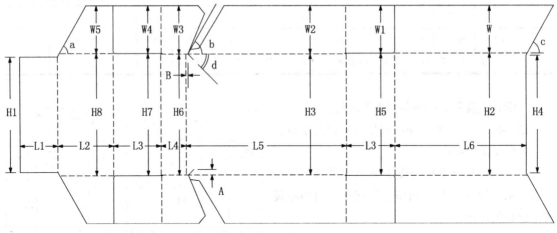

图 1-63

1. 该盒型结构多用于 230g 卡纸。

2. 由于烟草包装机大致分为 GDX 型、FK 型两类，所以该烟包盒型尺寸也可分为 GDX 型、FK 型。又因为香烟的尺寸相对是统一的，型号只有粗支、中支、细支，所以，烟包的结构关系与其他包装盒不同，每部分的尺寸数据基本是固定的；这就是本节提供的结构尺寸是具体的数据的原因。

3. 各个部位尺寸及高低线见图 1-63 及下表 1-22：

表 1-22 （单位：mm）

L						W					
L1 =	L2 =	L3 =	L4 =	L5 =	L6 =	W =	W1 =	W2 =	W3 =	W4 =	W5 =
12	26	22.5	11.5	75	61	21.5	21.5	21.75	21.75	21.5	21.5
H								其他			
H1 =	H2 =	H3 =	H4 =	H5 =	H6 =	H7 =	H8 =	A=	B=	∠a=	∠c=	∠d=
52	55	54.5	53	55	54.5	55	55	2.5	0.5	60°	60°	45°

4. 高低线细部设计的详细尺寸如图 1-64 中 A、B 放大图所示。

5. 黏位针齿（胶水线）细部设计的要求如图 1-64 所示。种类大致有三类：普通平行线型、交叉"井"字型及"U"字型。

(1) 由于香烟包装机相对统一，故一般烟包大都是固定尺寸，所不同的只有 L1、L4、L5 可变，其余都不变。

(2) GDX 型、FK 型的差别在于：GDX 型烟包的背面尺寸为 L4 + L5 = 86.5，而正面尺寸为 L2 + L6 = 87；FK 型烟包的背面尺寸为 L4 + L5 = 87，正面尺寸也为 L2 + L6 = 87。

(3) A 的尺寸在 2.5 ～ 4mm 间取值。

(4) B 的尺寸在 0 ～ 1mm 间取值。

（5）L4 尺寸在 11 ～ 12.5mm 间取值，L4 + L5 值相对固定，即 GDX 型为 86.5mm，FK 型为 87mm。

（6）当产品成型后开叉口部位漏缝时，可调整前八字刀位，即 ∠a 所在刀位。

（7）当单刀排版后达不到色位要求时，可调整最外侧直刀位，即可改变 W 值。

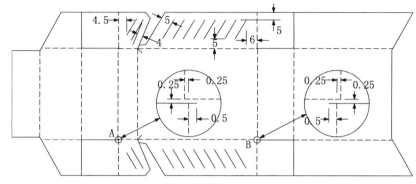

图 1—64

① 为利于回弹海绵的安装，黏位针齿离刀位的距离一般应大于或等于 5mm。

② 为保证底模的使用强度，黏位针齿离线位的距离应大于或等于 4.5mm。

③ 黏位针齿的排列形状可以如图 1-64，也可以是"井"形，波浪形等。

6. 开叉口的细部结构有多种，详细结构如图 1-65 所示。

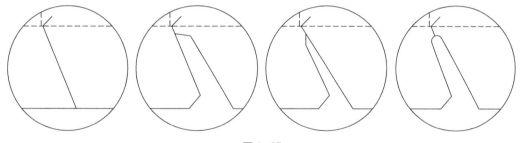

图 1—65

7. 为保证成型效果（开叉口部位不漏缝），盒头、尾八字刀细部设计的要求如图 1-66 所示。

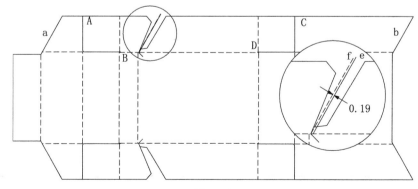

图 1—66

（1）e 线是 a 线在盒体成型后的位置，在该平面展开图中，即是由 a 线以 A 点为基点旋转 180° 在 B 点落下所得。

（2）f 线是 b 线在盒体成型后的位置，在该平面展开图中，即是由 b 线以 C 点为基点旋转

180°在 D 点落下所得。

(3) 盒体成型后开叉口部位不漏缝的要求，在该平面展开图中的体现即是 f 线反向超过 e 线 0.2mm 左右为宜。

8. 该盒型结构为上下对称，故绘图设计时只需绘出上或下半部，然后上下镜像复制即可。

（二）横包翻盖小盒

在烟卓包装的小盒类别中，有一类非主流的、不是纵向折叠黏封的结构，在行业内称为横包，也就是横向折转黏封烟包小盒。就整体结构而言，横包与第四节讲解的双黏盒属于同一类，只不过在双黏盒的盒身正侧面加设了开盒刀线，在盒身背面加设了开盒翻转压痕而已。本节收集讲解所有烟包种类，不应遗漏烟包小盒的这一类型，所以同样归于此处讲解详细尺寸。

图 1-67 为平面展开图，成型效果扫描本章首页二维码见图 1-67a。

1. 该盒型结构多用于 230g 卡纸。

2. 各个部位尺寸及高低线见图 1-67 及下表 1-23 标注。

(1)由于香烟包装机相对统一，故一般横包大都是固定尺寸，所不同的只有 H1、H2、H5、H6 可变，其余都不变。

(2)一般横包的背面尺寸为 H5 + H6 = 86.9mm，而正面尺寸为 H1 + H2 = 87.7mm。

(3)F 的尺寸在 2.5～4mm 间取值，G 的尺寸是连接点至压痕的距离（连接点宽 0.4mm）。

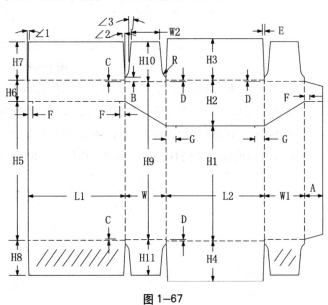

图 1-67

3. 黏位针齿细部设计的要求见前述（普通翻盖），具体效果扫描本章首页二维码见图 1-67a 的底部黏合襟片所示（顶部镜像设置）。

表 1-23　　　　　　　　　　　　　　　　　（单位：mm）

L		W			H						
L1 =	L2 =	W =	W1 =	W2 =	H1 =	H2 =	H3 =	H4 =	H5 =	H6 =	H7 =
54.7	55	23	22.7	16	62.7	25	22.5	22	75.7	11.2	21.3

H				其他							
H8 =	H9 =	H10 =	H11 =	A =	B =	C =	D =	E =	G =	∠1 =	∠2 =	∠3 =
19	86.1	21.7	19.4	10.3	2.4	0.4	0.8	0.85	5.5	1°	3°	5°

（三）横包侧向翻盖小盒

1. 该盒型是横包的一种，就整体结构而言，还是与第四节讲解的双黏盒属于同一类，只不过开盒翻转压痕设置在侧面而已。本节收集讲解所有烟包种类，不应遗漏烟包小盒的这一类型，所

以同样归于此处讲解详细尺寸。图 1-68
为平面展开图，成型效果扫描本章首页
二维码见图 1-68a。

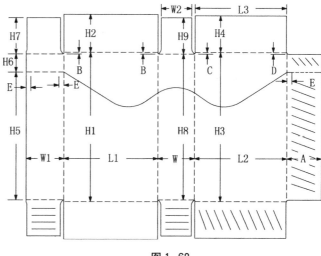

图 1-68

2. 该盒型结构多用于 230g 卡纸。

3. 该盒型结构为上下镜像对称（开
盒刀线除外），各个部位尺寸及高低线
见图 1-68 及下表 1-24 标注。

（1）由于香烟包装机相对统一，故一
般横包大都是固定尺寸，所不同的只有
H1、H2、H5、H6 可变，其余都不变。

（2）一般横包的背面尺寸为 H5
+ H6 = 85.3mm，而正面尺寸为 H1 =
86.5mm。

（3）E 的尺寸在 2.5 ～ 4mm 间取值，G 的尺寸是连接点至压痕的距离（连接点宽 0.4mm）。

4. 黏位针齿细部设计的要求见前述（普通翻盖），具体效果扫描本章首页二维码见图 1-68a
的底部黏合襟片所示（顶部镜像设置）。

表 1-24 （单位：mm）

L			W			H			
L1 =	L2 =	L3 =	W =	W1 =	W2 =	H1 =	H2 =	H3 =	H4 =
55	54.7	54.1	23	22.7	18.5	86.5	22.5	85.9	21.5
H					其他				
H5 =	H6 =	H7 =	H8 =	H9 =	A =	B =	C =	D =	
74.4	10.9	21	85.3	21	22	0.6	0.3	0.8	

（四）软包及软包硬化烟包

1. 软包硬化烟包：
图 1-69 为软包硬化平
面展开图，成型效果
扫描本章首页二维码见
图 1-69a。

（1）该盒型结构多
用于 200g 以下卡纸，压
痕多为半切反压刀。

（2）各个部位尺寸
及高低线见图 1-69 及下
表 1-25：

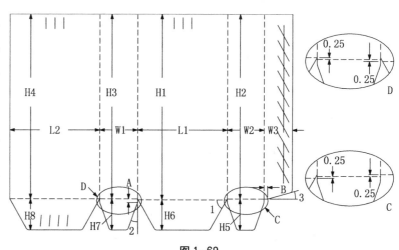

图 1-69

表 1-25   （单位：mm）

L		W			H								其他			
L1 =	L2 =	W1 =	W2 =	W3 =	H1 =	H2 =	H3 =	H4 =	H5 =	H6 =	H7 =	H8 =	A＝B	∠1 =	∠2 =	∠3 =
50.5	50.5	21	21	16	84.5	84.25	84.25	84	16.75	16.5	16.75	17	＝2	60°	20°	15°

（3）高低线细部设计的详细尺寸如图 1-69 中放大图所示。

（4）黏位针齿设计的要求见前述（普通翻盖），留意此盒有四处需加胶水线，如图 1-69 所示。

2. 不切角软包（GDX500 不切角软包结构）

图 1-70 为不切角软包平面展开图，成型效果扫描本章首页二维码见图 1-70a。

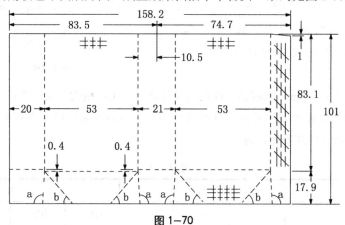

图 1-70

（1）该盒型结构多用于 175g 以下卡纸（90g 以下卡纸无须压痕，只切外框即可）。

（2）各个部位尺寸及高低线见上图 1-70 标注。

（五）八角翻盖烟包

图 1-71 为平面展开图，成型效果扫描本章首页二维码见图 1-71a。

1. 该盒型尺寸可分为 GDX 型、FK 型。

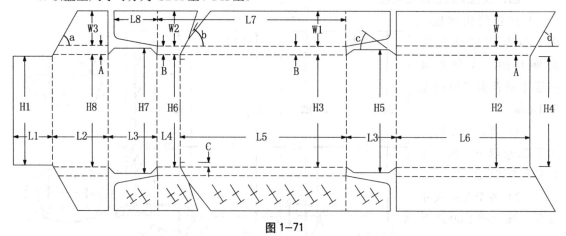

图 1-71

2. 各个部位尺寸及高低线见图 1-71 及下表 1-26：

表1-26 (单位：mm)

L								W				H
L1 = 17	L2 = 26	L3 = 22.5	L4 = 11.5	L5 = 75	L6 = 61	L7 = 86	L8 = 20	W = 15.25	W1 = 15.5	W2 = 15.5	W3 = 15.25	H1 = 48
H								其他				
H2 = 49.5	H3 = 49.5	H4 = 48.5	H5 = 54.2	H6 = 49.5	H7 = 54.2	H8 = 49.5	A = 4	B = 3.75	C = 3	∠a = 60°	∠b = 80°	∠d = 35°

(1) 由于香烟包装机相对统一，故一般烟包大都是固定尺寸，所不同的只有 L1、L4、L5 可变，其余都不变。

(2) GDX 型、FK 型的差别在于：GDX 型烟包的背面尺寸为 L4 + L5 = 86.5mm，而正面尺寸为 L2 + L6 = 87mm；FK 型烟包的背面尺寸为 L4 + L5 = 87mm，而正面尺寸也为 L2 + L6 = 87mm。

(3) C 的尺寸在 2.5 ～ 4mm 间取值。

(4) L4 尺寸在 10 ～ 12.5mm 间取值，L4 + L5 值相对固定，即 GDX 型为 86.5mm，FK 型为 87mm。

(5) 当产品成型后开叉口部位漏缝时，可调整前八字刀位，即 ∠a 所在刀位。

(6) 当单刀排版后达不到色位要求时，可调整刀位，即可改变 W 值。

(7) ∠a = ∠d = 60°，∠c = 35°。

3. 上图 1-71 的下侧虚线为胶水线，该图胶水线应上下对称，为标注尺寸线方便，上半部胶水线被省略，黏位针齿（胶水线）细部设计的要求见前述（普通翻盖），效果如图 1-71 所示。

4. 开叉口的细部结构见前述（普通翻盖）。

5. 成型效果（开叉口部位不漏缝）对盒头、尾八字刀细部设计的要求见前述（普通翻盖）。

（六）圆角翻盖烟包

图 1-72 为平面展开图，成型效果扫描本章首页二维码见图 1-72a。

1. 该盒型尺寸可分为 GDX 型、FK 型。

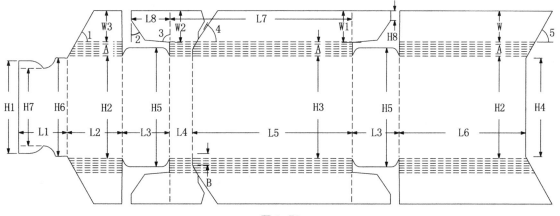

图 1-72

2. 各个部位尺寸及高低线见图 1-72 及下表 1-27：

表 1-27 　　　　　　　　　　　　　　　　　　　　　　（单位：mm）

L								W				H
L1 =	L2 =	L3 =	L4 =	L5 =	L6 =	L7 =	L8 =	W =	W1 =	W2 =	W3 =	H1 =
23	26	22.5	11	76	61	86.5	18.5	14.4	14.4	14.4	14.4	43
H								其他				
H2 =	H3 =	H4 =	H5 =	H6 =	H7 =	H8 =	A =	∠1 =	∠2 =	∠3 =	∠4 =	∠5 =
47.5	47.5	45.75	55.2	45.5	36	4.5	6.6	60°	35°	85°	60°	60°

(1) 由于香烟包装机相对统一，故一般烟包大都是固定尺寸，所不同的只有 L1、L4、L5 可变，其余都不变。

(2) GDX 型、FK 型的差别在于：GDX 型烟包的背面尺寸为 L4 + L5 = 86.5mm，而正面尺寸为 L2 + L6 = 87mm；FK 型烟包的背面尺寸为 L4 + L5 = 87mm，而正面尺寸也为 L2 + L6 = 87mm。

(3) B 的尺寸在 2.5 ～ 4mm 间取值。

(4) L4 尺寸在 10 ～ 12.5mm 间取值，但 L4 + L5 值相对固定，GDX 型为 86.5mm，FK 型为 87mm。

(5) 当产品成型后开叉口部位漏缝时，可调整前八字刀位，即 ∠a 所在刀位。

(6) 当单刀排版后达不到色位要求时，可调整刀位，即可微量改变 W 值。

3. 圆角装饰线设计详细尺寸如图 1-72 所示：每组由 7 根压线组成，总宽 6.6mm，两线间距为 1.1mm。

4. 黏位针齿（胶水线）、开叉口细部设计的要求见前述（普通翻盖）。

5. 成型效果（开叉口部位不漏缝）对盒头、尾八字刀细部设计的要求见前述（普通翻盖）。

（七）前圆后方翻盖

图 1-73 为平面展开图，成型效果扫描本章首页二维码见图 1-73a。

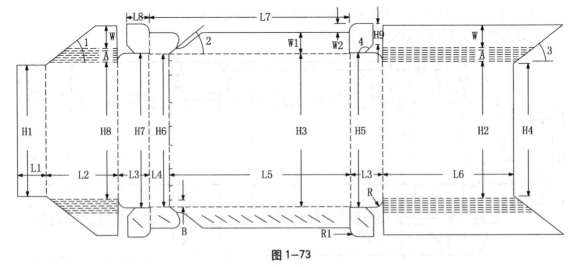

图 1-73

1. 该盒型结构多用于 230g 卡纸。且多用于细支烟，盒型尺寸可分为细长支与细短支。

2. 具体数据要依香烟包装机而定，以下以 83mm 细短支为例，各个部位尺寸及高低线见图 1-73

及下表1-28：

表1-28 （单位：mm）

L								W			H	
L1 =	L2 =	L3 =	L4 =	L5 =	L6 =	L7 =	L8 =	W =	W1 =	W2 =	H1 =	H2 =
23	26.8	12	7.8	77.9	58.9	84.8	8.8	8.12	7.65	3.23	47.4	49.5

H								其他					
H3 =	H4 =	H5 =	H6 =	H7 =	H8 =	H9 =	A =	∠1 =	∠2 =	∠3 =	∠4 =	R =	R1 =
55.3	47.9	55.9	55.3	55.9	H2	7.5	5	37°	37°	37°	135°	3	3

（1）由于香烟包装机相对统一，故一般烟包大都是固定尺寸，所不同的只有L1、L4、L5、L6可变，其余都不变。

（2）表1-28所列为细短支前圆后方翻盖烟包：即背面尺寸为L4 + L5 = 85.7mm，而正面尺寸也为L2 + L6 = 85.7mm；当L5、L6同时加长14mm，则变为97mm细长支前圆后方翻盖烟包：即背面尺寸为L4 + L5 = 99.7mm，而正面尺寸也为L2 + L6 = 99.7mm。

（3）B的尺寸在2.5～4mm间取值，L4的尺寸在7～10mm间取值，但L4 + L5的值相对固定。

3. 圆角装饰线设计详细尺寸如图1-73所示：每组由7根压线组成，总宽5mm，两线间距为0.83mm。

4. 黏位针齿（胶水线）、开叉口细部设计的要求见前述（普通翻盖）。

5. 成型效果（开叉口部位不漏缝）对盒头、尾八字刀细部设计的要求见前述（普通翻盖）。

（八）菱型（圆角）翻盖

截面图见图1-74，平面图见图1-75，成型效果扫描本章首页二维码见图1-75a至图1-75c。

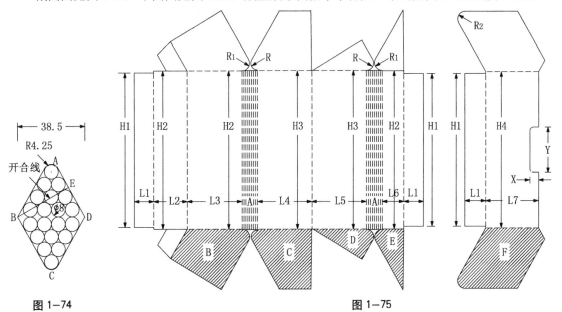

图1-74　　　　　　　　　　　　　　　　　图1-75

1. 该盒型结构多用于230g卡纸。

2. 图1-74是内装20支直径7.8mm常规烟支的菱形圆角翻盖烟包成型截面图，该图是绘制平面展开图的基础。

3. 图 1-75 的左图是该菱形圆角翻盖烟包外盒部分的平面展开图，右图是内衬卡部分。

4. 图 1-75 的全部尺寸均依据图 1-74。尤其是上下端面襟片的绘制，图 1-75 中阴影部分"C"可直接从图 1-74 中提取梯形 BCDE；图 1-75 中阴影部分"D"可直接从图 1-74 中提取△BEA；"B"阴影部分是依据"C"部分将不与盒身联结的三边缩进 0.25mm 而来；同样，"E"阴影部分是依据"D"部分将不与盒身联结的两边缩进 0.25mm 而来；而图 1-75 中阴影部分"F"则是图 1-74 中提取菱形 ABCD 将四边缩进 0.5mm 而得（"F"所在图案为内卡）。

5. 该盒型尺寸可分为粗支型、中支型，加长支型、短支型。下面以 84mm 普通粗支为例，各个部位尺寸及高低线见图 1-75 及表 1-29：

表 1-29
（单位：mm）

L							H	
L1 =	L2 =	L3 =	L4 =	L5 =	L6 =	L7 =	H1 =	H2 =
11	18.8	31	31	31	13.5	30.75	85	87

H		其他						
H3 =	H4 =	A =	R =	R1 =	R2 =	X =	Y =	
87.5	86	8.8	3.8	4.0	4.2	5	25	

6. 圆角装饰线设计详细尺寸如图 1-75 所示"A"处：每组由 9 根压线组成，总宽 8.8mm，两线间距为 1.1mm。

7. 当内装烟支由粗支型改中支型时，应先绘制如图 1-74 的成型截面图，再根据成型截面图改变平面展开图。

8. 当内装烟支由短支型改加长支型时，则只需改变图 1-75 中 H1 ～ H4 的尺寸即可。

9. 该盒型结构为上下对称，故绘图设计时只需绘出上或下半部，然后上下镜像复制即可。

（九）三角（圆角）翻盖

截面见图 1-76，平面图见图 1-77，成型效果扫描本章首页二维码见图 1-77a 至图 1-77c。

1. 该盒型结构多用于 230g 卡纸。

2. 图 1-76 是内装 21 支常规烟支的三角形圆角翻盖烟包成型截面图，该图是绘制平面展开图的基础。

3. 图 1-77 的左图是该三角形圆角翻盖烟包外盒部分的平面展开图，右图是内衬卡部分。

4. 图 1-77 的全部尺寸均依据图 1-76。尤其是上下端面襟片的绘制，图 1-77 中阴影部分"C"可直接从图 1-76 中提取外围圆角三角形；图 1-77 中阴影部分"D""E"是依据"C"部分将不与盒身联结的两边缩进 0.25mm 后再按中线分为对称的两半而来。

5. 圆角装饰线设计详细尺寸如图 1-77 所示"A"处：每组由 9 根压线组成，总宽 8.8mm，两线间距为 1.1mm。

6. 该盒型尺寸可分为粗支型、中支型，加长支型、短支型。下面以 84mm 普通粗支为例，各个部位尺寸及高低线见图 1-77 及下表 1-30：

表 1-30 (单位：mm)

L					H			
L = 40	L1 = 15	L2 = 39.5	L3 = 38.8	L4 = 25	H1 = 84	H2 = 86	H3 = 86.5	H4 = 12

H		其他						
H5 = 26	H6 = 78	A = 8.8	B = 3	R = 4.2	R1 = 3.9	R2 = 15	R3 = 9	

7. 当内装烟支由粗支型改中支型时，应先绘制如图 1-76 的成型截面图，再根据成型截面图改变平面展开图。

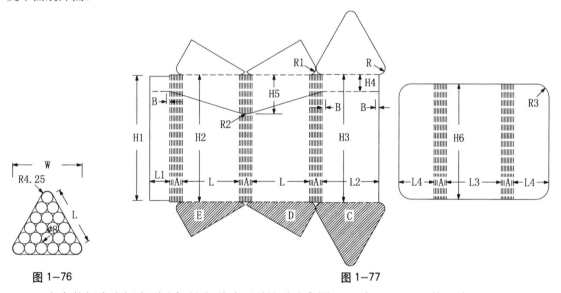

图 1-76 图 1-77

8. 当内装烟支由短支型改加长支型时，则只需改变图 1-77 中 H1 ～ H4 的尺寸即可。

9. 该盒型结构为上下对称，故绘图设计时只需绘出上或下半部，然后上下镜像复制即可。

（十）滑盖烟包

平面图见图 1-78，成型效果扫描本章首页二维码见图 1-78a 至图 1-78d。

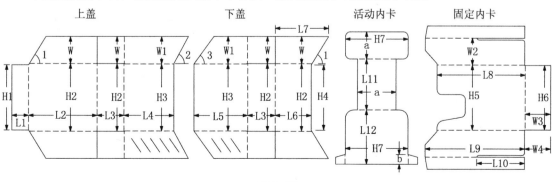

图 1-78

1.这是一款开盒方式较为新颖的烟包，滑抽上盖到位后再翻转打开的烟包，翻盖后回推盒盖可以保持开盒呈展示状态，故具有展示功能（扫描本章首页二维码见图1-78d）。该盒型结构多用于230g卡纸。

2.图1-78是该结构的平面展开图，由上盖、下盖、活动内卡、固定内卡四个部件组成。

3.该盒型尺寸可分为粗支型、中支型，加长支型、短支型。下面以84mm普通粗支为例，各个部位尺寸及高低线见图1-78及下表1-31：

表 1-31 （单位：mm）

L												W	
L1 =	L2 =	L3 =	L4 =	L5 =	L6 =	L7 =	L8 =	L9 =	L10 =	L11 =	L12 =	W =	W1 =
12	57	22.8	42	45	30	44.5	75	85	41	41.5	44	22	22.25
W			H							其他			
W2 =	W3 =	W4 =	H1 =	H2 =	H3 =	H4 =	H5 =	H6 =	H7 =	a =	b =	∠1 =	∠2 =	∠3 =
21.8	21.5	22	52	55	54.5	53	53	52.5	53	32.5	8	57.8°	61°	53.1°

(1) 外盒所有四个耳朵位高低线与普通翻盖相同（参看图1-64中的放大图）。

(2) 留意相关尺寸关系，如L10与L11相关联，L7与L12相关联，等等。

(3) 内卡部分所有图中未注明（表中未列）尺寸均不影响成型效果，可酌情自行给出。

4.黏位针齿（胶水线）细部设计的要求见前述（普通翻盖），效果如图1-78所示。

5.当内装烟支由粗支型改中支型时，应先绘制如图1-76的成型截面图，再根据成型截面图改变平面展开图。

6.当内装烟支由短支型改加长支型时，则外盒只需改变图1-78中L2+L6、L4+L5－H4的尺寸即可；内卡部分还需改变相关联的L8、L9、L11等尺寸。

7.该盒型结构为上下对称，故绘图设计时只需绘出上或下半部，然后上下镜像复制即可。

8.该盒型的打开过程扫描本章首页二维码见图1-78a至图1-78c所示。

（十一） 侧推烟包

图1-79为平面展开图，成型效果扫描本章首页二维码见图1-79a。

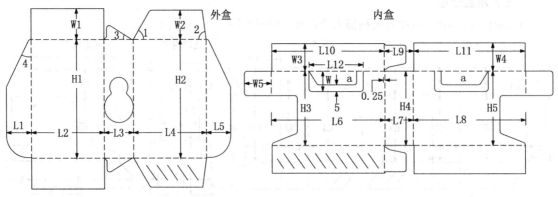

图 1-79

1.这是一款开盒方式较为新颖的烟包，是通过外盒侧面的按压窗口推动内盒而使内盒向外平移打开的香烟包装。该盒型结构多用于 230g 卡纸。

2. 图 1-79 是该结构的平面展开图，由外盒、内盒两个部件组成。

3. 该盒型尺寸可分为粗支型、中支型，加长支型、短支型。下面以 84mm 普通粗支为例，各个部位尺寸及高低线见图 1-79 及下表 1-32：

表 1-32　　　　　　　　　　　　　　　　　　　　（单位：mm）

L												W	
L1 =	L2 =	L3 =	L4 =	L5 =	L6 =	L7 =	L8 =	L9 =	L10 =	L11 =	L12 =	W =	W1 =
19	56	23	56	19	86.5	21.5	86.5	22	86	86	41	15	22.75

W			H					其他			
W2 =	W3 =	W4 =	W5 =	H1 =	H2 =	H3 =	H4 =	H5 =	∠1 =	∠2 =	∠3 =	∠4 =
21.5	20.5	21	20.5	88	87.5	54.5	54.5	55	59°	80°	29°	30°

(1) 外盒所有四个耳朵位高低线与普通翻盖数值相同。

(2) 留意相关尺寸关系，如 H3 与 L2 相关联，L7 与 L3 相关联，∠3 + ∠1 ≤ 90°，等等。

(3) 所有图中未注明（表中未列）尺寸均不影响成型效果，可酌情自行给出。

4. 黏位针齿（胶水线）细部设计的要求见前述（普通翻盖），效果如图 1-79 所示。

5. 当内装烟支由粗支型改中支型时，应根据中支的直径计算成型截面图尺寸，再根据截面图改变平面展开图。

6. 当内装烟支由短支型改加长支型时，则外盒只需改变图 1-79 中 H1、H2 的尺寸即可；内卡部分还需改变相关联的 L6、L8 等尺寸。

7. 该盒型结构为上下对称，故绘图设计时只需绘出上或下半部，然后上下镜像复制即可。

8. 留意该盒型的限位设置是由内盒的外撇限位襟片"a"与外盒的内折襟片"L1""L5"在内外盒套合后构成勾连实现锁定。

9. 该盒型的各部件成型及套合后效果扫描本章首页二维码见图 1-79a 至图 1-79d 所示。

（十二）侧翻烟包

图 1-80 为平面展开图，套合示意见图 1-81，成型效果扫描本章首页二维码见图 1-80a 至图 1-80d。

1. 这是一款开盒方式较为新颖的烟包，是通过外盒侧面的按压窗口推动内盒而使内盒向外翻转打开的香烟包装。该盒型结构多用丁 230g 卡纸。

2. 图 1-80 是该结构的平面展开图，由外盒封套、中间层盒、内盒三个部件组成。

3. 该盒型尺寸可分为粗支型、中支型，细支型。下面以 99mm 细长支为例，各个部位尺寸及高低线见图 1-80 及下表 1-33 标注。

4. 黏位针齿（胶水线）细部设计的要求见前述（普通翻盖），效果如图 1-79 所示。

5. 当内装烟支由细支型改中支型时，应根据中支的直径计算成型截面图尺寸，再根据截面图改变平面展开图。

6. 当内装烟支由长支型改为短支型时，则外盒只需改变图 1-80 中 H1、H2、H3、H4 及 L8、L10、L11、L12 的尺寸即可。

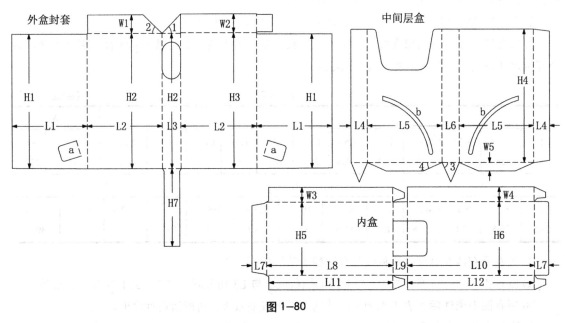

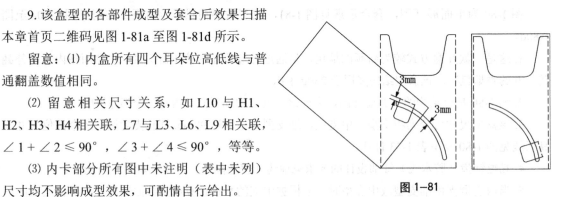

图 1-80

7. 该盒型结构成型值得关注的点是限位襟片 a 与导向槽 b 的配合，其设置尺寸可参看图 1-81 所示。

8. 该盒型结构为上下对称，故绘图设计时只需绘出上或下半部，然后上下镜像复制即可。

表 1-33　　　　　　　　　　　　　　　　　　　　　　（单位：mm）

L												W	
L1 =	L2 =	L3 =	L4 =	L5 =	L6 =	L7 =	L8 =	L9 =	L10 =	L11 =	L12 =	W1 =	W2 =
57.8	58.5	14.75	12.7	57.5	13	11	97.5	11.5	98	96.2	97.7	13.75	14

W			H							其他			
W3 =	W4 =	W5 =	H1 =	H2 =	H3 =	H4 =	H5 =	H6 =	H7 =	∠1 =	∠2 =	∠3 =	∠4 =
11.5	11.5	6.3	100.4	101	101.5	99.5	54.5	55	58	44°	43°	65°	23°

9. 该盒型的各部件成型及套合后效果扫描本章首页二维码见图 1-81a 至图 1-81d 所示。

留意：（1）内盒所有四个耳朵位高低线与普通翻盖数值相同。

（2）留意相关尺寸关系，如 L10 与 H1、H2、H3、H4 相关联，L7 与 L3、L6、L9 相关联，∠1 + ∠2 ≤ 90°，∠3 + ∠4 ≤ 90°，等等。

（3）内卡部分所有图中未注明（表中未列）尺寸均不影响成型效果，可酌情自行给出。

图 1-81

（十三）带内卡翻盖烟包

图 1-82 为平面展开图，成型效果扫描本章首页二维码见图 1-82a。

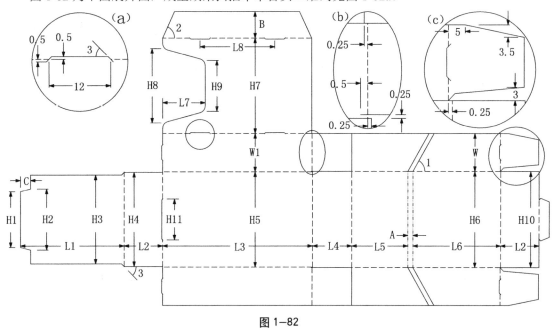

图 1-82

1. 该盒型结构多用于 230g 卡纸。

2. 各个部位尺寸及高低线见图 1-82 及下表 1-34：

表 1-34　　　　　　　　　　　　　　　　　　　　　　　　　　（单位：mm）

L								W		H		
L1 =	L2 =	L3 =	L4 =	L5 =	L6 =	L7 =	L8 =	W =	W1 =	H1 =	H2 =	H3 =
61	22.25	87.5	22.5	33	52	25	44	21.5	21.75	32	35	51

H							其他					
H4 =	H5 =	H6 =	H7 =	H8 =	H9 =	H10 =	H11 =	A =	B =	C =	∠1 =	∠2 =	∠3 =
54	54.5	55	54.25	43	29	55	23	3	15	6	60°	65°	45°

（1）该型烟包尺寸应注意成型纸张层次关系，如 W1 = 21.75mm 加放大图 a 中的 0.5 凸位即为 22.25mm，比 L4 小 0.25mm，为合理尺寸。

（2）该型烟包的背面尺寸为 L3 = 87.5mm，而正面尺寸为 L5 + L6 + A = 88mm。

3. 高低线细部设计的详细尺寸如图 1-82 中放大图 b、图 c 所示。

4. 黏位针齿（胶水线）细部设计的要求见前述（普通翻盖），留意此盒有三处需加胶水线。

（十四）对抽型烟包

1. 这是一款开盒方式较为新颖的烟包，将外盒向两侧外拉到头（有限位设置），则露出带抽取窗口的内盒。该盒型结构多用于 230g 卡纸。

2. 图 1-83 是该结构的平面展开图，由外盒 1、外盒 2、内盒三个部件组成。

3. 该盒型尺寸可分为粗支型、中支型，加长支型、短支型。下面以 84mm 普通粗支为例，各个部位尺寸及高低线见图 1-83 及下表 1-35 标注。

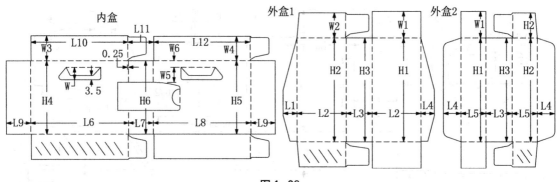

图 1-83

4. 黏位针齿（胶水线）细部设计的要求见前述（普通翻盖），效果如图 1-83 所示。

5. 当内装烟支由粗支型改中支型时，应根据中支的直径计算成型截面图尺寸，再根据截面图改变平面展开图。

6. 当内装烟支由短支型改加长支型时，则内外盒只需改变图 1-83 中 H1、H2、H3 与 L6、L8 的尺寸即可。

7. 该盒型结构为上下对称，故绘图设计时只需绘出上或下半部，然后上下镜像复制即可。

8. 该盒型的限位设置与图 1-79 机制相同。

9. 该盒型的成型效果扫描本章首页二维码见图 1-83a、图 1-83b 所示。

表 1-35　　　　　　　　　　　　　　　　　　　　　　　　　（单位：mm）

L												W
L1 =	L2 =	L3 =	L4 =	L5 =	L6 =	L7 =	L8 =	L9 =	L10 =	L11 =	L12 =	W =
12	43	23	15.5	22	87	22	87.5	21.5	86.5	22.5	87	10.5

W						H					
W1 =	W2 =	W3 =	W4 =	W5 =	W6 =	H1 =	H2 =	H3 =	H4 =	H5 =	H6 =
22.75	21.5	21.5	21.5	12.8	5.7	89	88.5	88.5	63	63.5	63

(1) 外盒所有四个耳朵位高低线与普通翻盖数值相同。

(2) 留意相关尺寸关系，如 W5 与 L1 相关联，L7 与 L3 相关联，H1、H2、H3 与 L6、L8 相关联，等等。

(3) 内卡部分所有图中未注明（表中未列）尺寸均不影响成型效果，可酌情自行给出。

二、条盒类

（一）条盒 1

图 1-84 为平面展开图，成型效果扫描本章首页二维码见图 1-84a。

1. 该盒型结构多用于 230g 卡纸。

2. 该盒型尺寸可分为 GDX 型、FK 型。

3. 各个部位尺寸及高低线见图 1-84 及下表 1-36 标注。

4. 防尘翼及高低线细部设计的详细尺寸如图 1-84 中左侧局部放大处所示。

5. 黏位针齿设计的要求见前述（普通翻盖），此盒如图 1-84 所示，留意左半部需加胶水线。

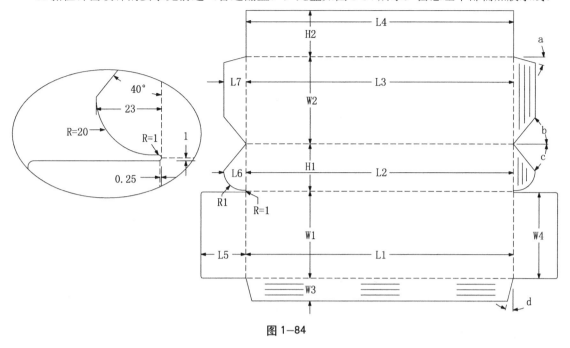

图 1-84

6. 该盒型结构为左右对称，故绘图设计时只需绘出左或右半部，然后左右镜像复制即可。

表 1-36　（单位：mm）

L							W				H		其他
L1 =	L2 =	L3 =	L4 =	L5 =	L6 =	L7 =	W1 =	W2 =	W3 =	W4 =	H1 =	H2 =	R1 =
281.5	281	281	281	46.5	23	23	88.5	88.5	23	87.5	48	47	20

(1) 由于香烟包装机相对统一，故一般条盒大都是固定尺寸，所不同的只有 W3 可变，其余都不变。

(2) $\angle a = \angle d = 15°$，$\angle b = \angle c = 50°$。

(3) 当单刀排版后达不到色位要求时，可调整刀位，即可改变 W3、L5、L7 值。

（二）条盒 2

图 1-85 为平面展开图，成型效果扫描本章首页二维码见图 1-85a。

1. 该盒型结构多用于 230g 卡纸，尺寸可分为 GDX 型、FK 型。

2. 各个部位尺寸及高低线见图 1-85 及下表 1-37：

表 1-37　（单位：mm）

L							W				H		其他
L1 =	L2 =	L3 =	L4 =	L5 =	L6 =	L7 =	W1 =	W2 =	W3 =	W4 =	H1 =	H2 =	R1 =
269	268.5	268.5	269	45	36	36	87	86.5	23	86	45.5	45	3

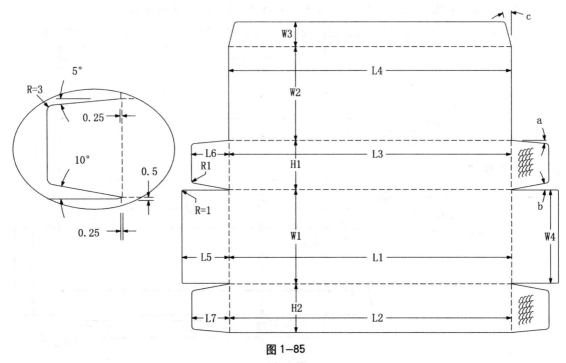

图 1—85

(1)由于香烟包装机相对统一，故一般条盒大都是固定尺寸，所不同的只有 W3 可变，其余都不变。

(2) $\angle a = 5°$，$\angle b = 10°$，$\angle c = 15°$。

(3) 当单刀排版后达不到色位要求时，可调整刀位，即可改变 W3、L5、L6、L7 值。

4. 防尘翼及高低线细部设计的详细尺寸如图 1-85 所示。

5. 黏位针齿设计的要求见前述（普通翻盖），此盒如图 1-85 所示，留意左半部需加胶水线。

6. 该盒型结构为左右对称，故绘图设计时只需绘出左或右半部，然后左右镜像复制即可。

成型图

第二章 盘式折叠纸盒绘图设计

盘式折叠纸盒，从造型上定义为盒盖位于最大盒面的折叠纸盒，即高度相对较小；从结构上定义为由一张纸板以盒底为中心，周边纸板呈角折叠成型，角隅处通过锁、黏或其他方法封闭成型；需要时，一个体板可以延伸组成盒盖。

盘式纸盒（纸箱）具有盘形的结构。其实除了管式纸盒以外，大多数包装都在此种结构中，盘式纸盒（纸箱）用途很广。食品、杂货、纺织品成衣和礼品都可以采用这种包装。它的最大优点是一般不需要用黏合剂而是用纸盒本身结构上增加切口来进行栓接和锁定的方法使纸盒成型和封口，盒身面积小，有便于运送和仓库留存以及经济性良好等优点。

本章将盘式折叠纸盒分为两大类讲解，一类是敞口盘式盒，另一类是连盖盘式盒。敞口盘式盒再分成单层边壁类与双层边壁类，而无论单双边壁类均将矩形与非矩形分开讲解；连盖盘式盒除分成单层边壁类与双层边壁类外，将成系列地讲解各类连盖盘式盒相近结构。

第一节 敞口盘式盒

一、单层边壁类盘式盒

（一）箕型盘式

1. 普通箕型盘式

该盒型有两种成型形态，一是端板向边黏合（图2-1为平面展开图，成型图效果扫描本页二维码见图2-1a）；二是边板向端黏合（图2-2为平面展开图，成型图效果同样扫码见图2-2a）。

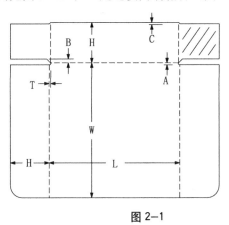

图 2-1   图 2-2

(1) 该盒型结构为端板向边黏合盘式盒，多用于瓦楞纸，部分用于卡纸。

(2) L（长）、W（宽）、H（高）的值已知（客户给出）。

(3) 各个收纸位关系及高低线见图2-1标注（T＝纸厚，单位：mm）。

(4) 留意A、B、C的值均为"2或2T"取其中大值，如T＝4，则取值2×4mm；如T＝0.5mm，则取值2mm。

(5) 该基础盒型的结构左右对称，故绘图设计时只需绘出左或右半部，然后左右镜像复制即可。

(6) 所有图2-1中未注明尺寸均不影响成型效果，可酌情自行给出。

（7）留意图 2-1 与图 2-2 所列均为黏位襟片内黏，故黏位折线低于壁板折线一张纸厚"T"；当黏位襟片外黏时，高低线的方向相反。

2. 毕尔斯（Beers）箕型盘式

该盒型也有两种成型形态，一是端板向边黏合，黏盒作业线可设在端板（图 2-3 为平面展开图，成型过程扫描本章首页二维码见图 2-3a 至图 2-3c），黏盒作业线也可设在边壁（图 2-4 为平面展开图，成型过程同样扫码见图 2-4a 至图 2-4b）；二是边板向端黏合，同样黏盒作业线可设在边壁（图 2-5 为平面展开图，成型过程同样扫码见图 2-5a 至图 2-5c），黏盒作业线也可设在端板（图 2-6 为平面展开图，成型过程同样扫码见图 2-6a 至图 2-6b）；各个收纸位关系及高低线见平面图标注。

（1）端板向边黏合

图 2-3 结构解析：

①该盒型结构为端板向边黏合盘式盒，与图 2-1 相较，差异在于端板增加了"A""B"两条黏盒作业线而已。

②L（长）、W（宽）、H（高）的值已知（客户给出），T = 纸厚。

③各个收纸位关系及高低线与图 2-1 相同，"A""B"两条黏盒作业线的角度见图 2-3 标注。

④图 2-3 为平面展开图，黏盒成型过程扫描本章首页二维码见图 2-3a 与图 2-3b，成型图效果同样扫码见图 2-3c。

⑤留意各平面图所列均为黏位襟片内黏，故黏位折线低于壁板折线一张纸厚"T"；当黏位襟片外黏时，高低线的方向相反。

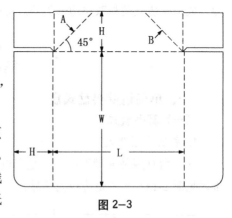

图 2-3

图 2-4 结构解析：

①该盒型结构为端板向边黏合盘式盒，与图 2-3 相较，差异只在于两条黏盒作业线移至边壁而已。

②L（长）、W（宽）、H（高）的值已知（客户给出），T = 纸厚。

③各个收纸位关系及高低线与图 2-1 相同，"A""B"两条黏盒作业线的角度见图 2-4 标注。

④图 2-4 为平面展开图，黏盒成型过程扫描本章首页二维码见图 2-4a，成型图效果同样扫码见图 2-4b。

⑤留意平面图所列均为黏位襟片内黏，故黏位折线低于壁板折线一张纸厚"T"；当黏位襟片外黏时，高低线的方向相反。

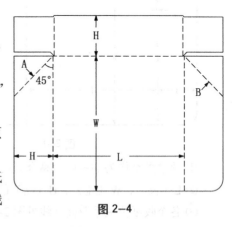

图 2-4

（2）边板向端黏合

图 2-5 结构解析：

①该盒型结构为边板向端黏合盘式盒，与图 2-2 相较，差异在于边板增加了"A""B"两条黏盒作业线而已。

②L（长）、W（宽）、H（高）的值已知（客户给出），T＝纸厚。

③各个收纸位关系及高低线与图 2-2 相同，"A""B"两条黏盒作业线的角度见图 2-5 标注。

④图 2-5 为平面展开图，黏盒成型过程扫描本章首页二维码见图 2-5a 与图 2-5b，成型图效果同样扫码见图 2-5c。

⑤留意平面图所列均为黏位襟片内黏，故黏位折线低于壁板折线一张纸厚"T"；当黏位襟片外黏时，高低线的方向相反。

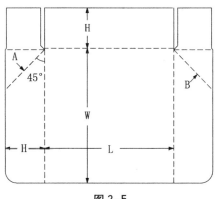

图 2—5

图 2-6 结构解析：

①该盒型结构为边板向端黏合盘式盒，与图 2-5 相较，差异在于"A""B"两条黏盒作业线移到了端板而已。

②L（长）、W（宽）、H（高）的值已知（客户给出），T＝纸厚。

③各个收纸位关系及高低线与图 2-2 相同，"A""B"两条黏盒作业线的角度见图 2-6 标注。

④图 2-6 为平面展开图，黏盒成型过程扫描本章首页二维码见图 2-6a，成型图效果同样扫码见图 2-6b。

⑤留意平面图所列均为黏位襟片内黏，故黏位折线低于壁板折线一张纸厚"T"；当黏位襟片外黏时，高低线的方向相反。

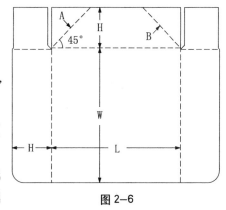

图 2—6

3. 锁扣成型的箕型盘式

该盒型有两种成型形态，一是端板向边扣合（图 2-7 为平面展开图，成型图效果扫描本章首页二维码见图 2-7a）；二是边板向端扣合（图 2-8 为平面展开图，成型图效果同样扫码见图 2-8a）。

（1）端板向边扣合

图 2-7 结构解析：

①L（长）、W（宽）、H（高）的值已知（客户给出），T＝纸厚。

②各个收纸位关系及高低线见图 2-7。

③留意图 2-7 中 ABCDEF 的取值需满足：A＝B，C＝D，E＝F，∠a＝∠b。

④留意平面图所列均为扣位襟片外锁，故扣位折线高于壁板折线一张纸厚"T"；当黏位襟片内锁时，高低线的方向相反。

⑤所有图中未注明尺寸均不影响成型效果，可酌情自行给出。

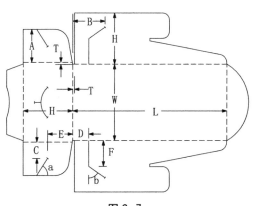

图 2—7

（2）边板向端扣合

图 2-8 结构解析：

①L（长）、W（宽）、H（高）的值已知（客户给出），T = 纸厚。

②各个收纸位关系及高低线见图 2-8。

③留意图 2-8 中 ABCDEF 的取值需满足：A ≤ L/2，B = C，E ≤ D/2。

④留意平面图所列均为扣位襟片外锁，故扣位折线高于壁板折线一张纸厚"T"；当黏位襟片内锁时，高低线的方向相反。

⑤所有图中未注明尺寸均不影响成型效果，可酌情自行给出。

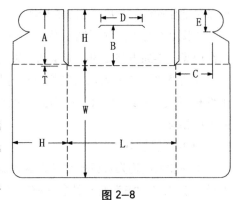

图 2-8

（二）方形盘式

1. 单层端壁边壁布莱伍德纸盒（brightwood box）

该盒型表面上看是有两种成型形态，一是边板向端黏合（扫描本章首页二维码见图 2-9a），二是端板向边黏合（同样扫码见图 2-9b）；实际上通过观察平面展开图 2-9 可知，该结构为上下左右均对称，其实质是一种形态，当图 2-9 的 L（长）、W（宽）尺寸数值互换时其成型效果则由图 2-9a 变成了图 2-9b（扫码可见）。

（1）L（长）、W（宽）、H（高）的值已知（客户给出），T = 纸厚。

（2）各个收纸位关系及高低线见图 2-9 标注。（图中未注明尺寸均不影响成型效果，可自行给出）

（3）留意：①图 2-9 中 L1、W1、H1、H2、A、B 的取值必须满足 W1 ≤ W - 2T，H1 ≤ W/2，H2 ≤ H - 2T。

②A 的值为"2 或 2T"取其中的大值，如 T = 4mm，则取 A ≈ 2 × 4；如 T = 0.5mm，则取 A ≈ 2mm。

③该盒型如用于卡纸则 B ≥ 2T，如用于瓦楞纸则 B ≥ 2mm。

④当该盒型结构成型黏位襟片为内黏时（图 2-9a），展开图上 L1 的取值应为 L - 2T。当黏位襟片外黏时，高低线的方向相反，即展开图上 L1 的取值应为 L + 2T。

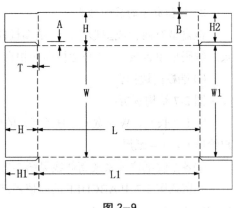

图 2-9

（4）该盒型结构为上下左右均对称，绘图时只需绘制 1/4，然后镜像复制即可。

2. 普通毕尔斯（Beers）盘式盒

（1）该盒型结构为普通毕尔斯（Beers）盘式盒，属于盘式自动折叠纸盒结构之一，可用于瓦楞纸、卡纸。有人把该盒型细分成八种结构：①边板向端黏合，边板作业线，内黏（扫描本章首页二维码见图2-10a）；②边板向端黏合，边板作业线，外黏（同样扫码见图2-10b）；③边板向端黏合，端板作业线，内黏（同样扫码见图2-10c）；④边板向端黏合，端板作业线，外黏（同样扫码见图2-10d）；⑤端板向边黏合，边板作业线，内黏（同样扫码见图2-10c）；⑥端板向边黏合，边板作业线，外黏（同样扫码见图2-10f）；⑦端板向边黏合，端板作业线，内黏（同样扫码见图2-10g）；⑧端板向边黏合，端板作业线，外黏（同样扫码见图2-10h）。

其实通过观察平面展开图2-10可知，该结构为上下左右均对称，其实质是一种形态，当图2-10的L（长）、W（宽）尺寸数值互换时其成型效果则由"边板向端黏合"变成了"端板向边黏合"，作业线也由"边板"移到"端板"；至于黏位襟片是"内黏"还是"外黏"则取决于图2-10中"L1"的取值是"L－2T"还是"L＋2T"而已。

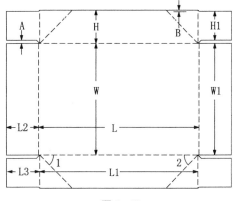

图 2-10

实际上，毕尔斯（Beers）盘式盒从本质上讲有两类结构，一是如图2-10的四角黏合毕尔斯盘式盒，当然变化型可以分为直角四角、锥形四角等，本节陆续讲解；二是六角黏合毕尔斯盘式盒，将在下节中讲解。

（2）L（长）、W（宽）、H（高）的值已知（客户给出）。

（3）各个收纸位关系及高低线见图2-10及下表2-1：

表 2-1 　　　　　　　　　　　　　　（T＝纸厚，单位：mm）

L（长）			W（宽）	H（高）	其他			
L1＝ L＋2T	L2＝ H	L3＝ H＋T	W1＝ W－2T	H1≤ H－2T	A≥ 2或2T	B＝ 2或2T	∠1＝ 45°	∠2＝ 45°

解析：①L3的取值必须满足 L3 ≤ W/2。

②留意A的值在表2-1中为"2或2T"取其中的大值，如 T＝4mm，则取 A≈2×4mm；如 T＝0.5mm，则取 A≈2mm。

③该盒型如用于卡纸则 B ≥ 2T，如用于瓦楞纸则 B ≥ 2mm。

④表2-1中∠1、∠2的取值为直身盘式（长方体）适用，在锥型盘式盒中，该取值就不适用了，具体见下图2-11、图2-12的讲解。

⑤表2-1中L2＝H为齐口盘式；当L2＞H时，则形成端板突出的盘式盒，类似效果如图2-11、图2-12所示。

（4）该盒型结构的黏合成型过程有"内折成型""外折成型"两种方式，扫描本章首页二维码见图2-10i、图2-10j、图2-10k所示。

留意：①前者（同样扫码见图2-10l）为毕尔斯内折盒，后者（同样扫码见图2-10m、图2-10n）为毕尔斯外折盒（同样扫码见效果图，其中图2-10m、图2-10n均为外折盒，差异只在于图2-10m黏位襟片是"外黏"图2-10n是"内黏"）。

②由于毕尔斯折叠盒的黏合襟片与有折叠斜线的体板黏合，所以只能点黏于体板内侧（内折叠式）或外侧（外折叠式）的三角区域，故绘制胶水线应留意。

3. 锥型盘式盒

(1) 锥型盘式盒中作业线角度的设置。

①内折成型作业线角度 θ 的设置（图 2-11）：$\theta = 1/2(a + \gamma1 - \gamma2)$ **（公式 2）**。

长方体内折叠式自动盘式纸盒（扫描本章首页二维码见图 2-101 所示），其底面角 a 及盒身角 $\gamma1$、$\gamma2$ 均为 90°，内折叠板上作业线与盒底线的角度为 45°。为使一般盘式自动内折叠式纸盒的折叠体板在纸盒成型后可以向盒内平折，折叠斜线与盒底边线所构成的角度叫内折叠角，用 θ 表示。$\theta = 1/2(a + \gamma1 - \gamma2)$。

如果毕尔斯纸盒的折叠斜线没有设计在侧板或端板上，而是设计在端板襟片或侧板襟片上，此时，该襟片上两条折线所构成的角度为内折叠余角，用 θf 表示。$\theta f = 1/2(\gamma1 + \gamma2 - a)$。

②外折成型作业线角度 θ′ 的设置（图 2-12）：$\theta' = 1/2(\gamma1 + \gamma2 - a)$（公式 3）。

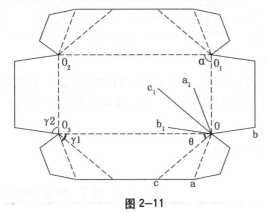

图 2-11

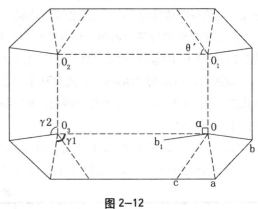

图 2-12

为使一般盘式自动外折叠纸盒的折叠体板在纸盒成型后可以向盒外平折，折叠斜线与盒底边线所构成的角度叫外折叠角，用 θ′ 表示。$\theta' = 1/2(\gamma1 + \gamma2 - a)$。

如果毕尔斯纸盒的外折叠角设计在侧板襟片或端板襟片上，则令该襟片上两条折线所构成的角度为外折叠余角，用 θf′ 表示，$\theta f' = 1/2(a + \gamma1 - \gamma2)$。

(2) 锥型布莱伍德盘式盒

①该盒型结构为锥型布莱伍德盘式盒，图 2-13 为平面展开图，成型效果扫描本章首页二维码见图 2-13a。

②L（底长）、W（底宽）、H（端壁高）、H1（边壁高）的值已知（客户给出），T = 纸厚。

③各个收纸位关系及高低线见图 2-13 标注（图中未注明尺寸均不影响成型效果，可自行给出即可）。

留意：该盒成型需满足∠1≤∠2；AB = AC。当 H = H1 时才有∠3 = ∠4。

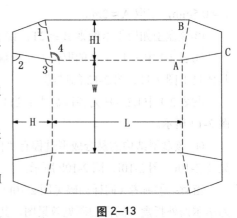

图 2-13

（3）锥型毕尔斯盘式盒

①该盒型结构为锥型毕尔斯盘式盒，图2-14为平面展开图，成型过程扫描本章首页二维码见图2-14a，成型效果同样扫码见图2-14b。

②L（底长）、W（底宽）、H（端壁高）、H1（边壁高）的值已知（客户给出），T＝纸厚。

③各个收纸位关系及高低线见图2-14标注。（图中未注明尺寸均不影响成型效果，可自行给出即可）。

留意：a. 该盒型只是在图2-13的基础上添加了四条外折黏盒作业线而已；b. 按图2-12所示，外折成型作业线角度 $\theta' = 1/2 (\gamma 1 + \gamma 2 - a)$；c. $\angle 1 \leq \angle 2$。

④该盒型结构为上下左右均对称，绘图时只需绘制1/4，然后镜像复制即可。

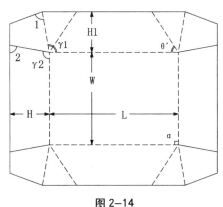

图2-14

4. 四角黏合蹀襟锥型盘式盒

（1）该盒型图2-15为平面展开图，成型效果扫描本章首页二维码见图2-15a。

（2）L（底长）、L1（盘口长）、W（底宽）、W1（盘口宽）、H（端壁高）、H1（边壁高）的值已知（客户给出），T＝纸厚。

（3）各个收纸位关系及高低线见图2-15标注。（图中未注明尺寸均不影响成型效果，可自行给出即可）。

留意：该盒成型需满足$\angle 1 \leq \angle 2$；AB＝AC。

当H＝H1时才有$\angle 3 = \angle 4$。

（4）该盒型结构为上下左右均对称，绘图时只需绘制1/4，然后镜像复制即可。

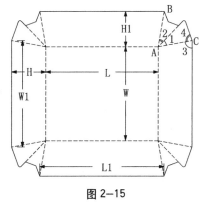

图2-15

5. 四角黏合底边曲拱锥型盘式盒

（1）该盒型图2-16为平面展开图，成型效果扫描本章首页二维码见图2-16a。

（2）L（底长）、L1（盘口长）、W（底宽）、W1（盘口宽）、H（端壁高）、H1（边壁高）的值已知（客户给出），T＝纸厚。

（3）各个收纸位关系及高低线见图2-16标注。（图中未注明尺寸均不影响成型效果，可自行给出即可）

该盒成型需满足$\angle 1 \leq \angle 2$；AB＝AC。

当H＝H1时才有$\angle 3 = \angle 4$。

（4）该盒型结构为上下左右均对称，绘图时只需绘制1/4，然后镜像复制即可。

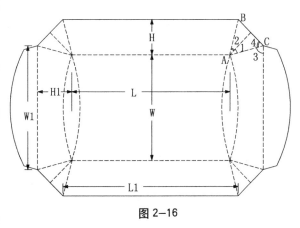

图2-16

6. 带平台边缘锥型盘式盒

⑴ 图 2-17 为平面展开图，成型效果扫描本章首页二维码见图 2-17a。

⑵ L（底长）、L1（盘口长）、W（底宽）、W1（盘口宽）、H（端壁高）、H1（边壁高）的值已知（客户给出），T = 纸厚。

⑶ 各个收纸位关系及高低线见图 2-17 标注。

①该盒成型需满足∠1 = ∠2；∠3 = ∠4；AB = AC。

②O 点位置是从 O_1 以 AC 为法线镜像而得；O_1 则是 AC 旋转∠1 后与边线延长交点。

③在一般情况下，D 的取值与 E、F 相同；D = [10，15]。

④R = D 或 E 的圆弧是以 B、C 点为圆心绘制的。

⑤所有图中未注明尺寸均不影响成型效果，可酌情自行给出。

⑷ 该盒型结构为上下左右均对称，绘图时只需绘制 1/4，然后镜像复制即可。

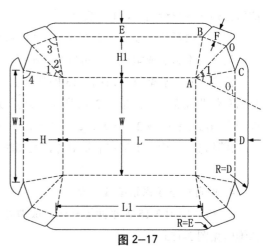

图 2-17

7. 角部锁合盘式盒

⑴ 图 2-18 为平面展开图，成型效果扫描本章首页二维码见图 2-18a。

⑵ L（长）、W（宽）、H（高）的值已知（客户给出），T = 纸厚。

⑶ 各个收纸位关系及高低线见图 2-18 标注。

留意：① A ≈ 2H/3；B = H - A - 1。

②C 的值为"2 或 2T"取其中的大值，如 T = 4mm，则取 C ≈ 2 × 4mm；如 T = 0.5mm，则取 C ≈ 2mm。

③L1 = L - 2T；W1 = W - 2T。

④所有图中未注明尺寸均不影响成型效果，可酌情自行给出。

⑷ 该盒型结构为上下左右均对称，绘图时只需绘制 1/4，然后镜像复制即可。

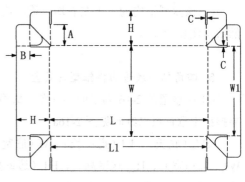

图 2-18

8. 角部插扣盘式盒

⑴ 图 2-19 为平面展开图，成型效果扫描本章首页二维码见图 2-19a。

⑵ L（长）、W（宽）、H（高）的值已知（客户给出），T = 纸厚。

⑶ 各个收纸位关系及高低线见图 2-19 标注。

留意：① A ＜ W/2；B = [12mm，15 mm]；C ≈ H/3；D ≤ C；E = F ≈ H/3。

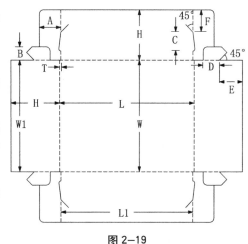

② L1 = L - 2T；W1 = W - 2T。

③所有图中未注明尺寸均不影响成型效果，可酌情自行给出。

④当端壁或边壁添加窄幅襟片时，则形成带标签折翼盘式盒，效果扫描本章首页二维码见图2-19b所示。

(4) 该盒型结构为上下左右均对称，绘图时只需绘制 1/4，然后镜像复制即可。

图 2-19

9. 角边别扣盘式盒

(1) 图 2-20 为平面展开图，成型效果扫描本章首页二维码见图2-20a。

(2) L（长）、W（宽）、H（高）的值已知，T = 纸厚。

(3) 各个收纸位关系及高低线见图2-20标注。

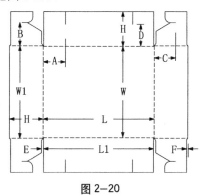

留意：① A ≈ L/4；B = A；C ≈ 2H/3；D ≤ C；F = T。

② L1 = L - 2T；W1 = W + 2T。

③ E 取值为"2 或 2T"，取其中的较大值；如 T = 4mm，则取 E ≈ 2 × 4mm；如 T = 0.5mm，则取 E ≈ 2mm。

④所有图中未注明尺寸均不影响成型效果，可自行给出。

(4) 该盒型结构为上下左右均对称，绘图时只需绘制 1/4，然后镜像复制即可。

图 2-20

10. kliklok 式盘式盒（1）

(1) 图 2-21 为平面展开图，成型效果扫描本章首页二维码见图2-21a。

(2) L（长）、W（宽）、H（高）的值已知（客户给出），T = 纸厚。

(3) 各个收纸位关系及高低线见图2-21标注。

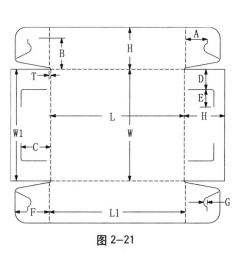

留意：① A = [L/6，L/4]；一般情况下取值为"20mm"左右即可。

② B = [2H/3，3H/4]；C ≈ 3H/4，D = A - 2T。

③ E 取值为"20 或 ≤ D"，取其中的较小值。

④ F ＜ W/2；F = D + E - 2mm；G = [2mm，3mm]。

⑤ L1 = L + 2T；W1 = W - 2T。

⑥所有图中未注明尺寸均不影响成型效果，可酌情自行给出。

图 2-21

(4) 该盒型结构为上下左右均对称，绘图时只需绘制 1/4，然后镜像复制即可。

11. kliklok 式盘式盒（2）

该 kliklok 盘式盒与图 2-21 的差别在于两端板增加了标签折翼襟片，而由于该襟片的存在增加了端板的强度，故其插扣的开口位无须转角，只需直线开口并延伸至襟片，即可方便地插扣成型。

(1) 图 2-22 为平面展开图，成型效果扫描本章首页二维码见图 2-22a。

(2) L（长）、W（宽）、H（高）的值已知（客户给出），T = 纸厚。

(3) 各个收纸位关系及高低线见图 2-22 标注。

① A = [L/6, L/4]；B = [2H/3, 3H/4]；
D = A - 2T。

② C < W/2；C = D + 20mm。

③ E = [2mm，3mm]；F = [12mm，16mm]。

④ L1 = L + 2T；W1 = W - 2T。

⑤所有图中未注明尺寸均不影响成型效果，可酌情自行给出。

(4) 该盒型结构为上下左右均对称，绘图时只需绘制 1/4，然后镜像复制即可。

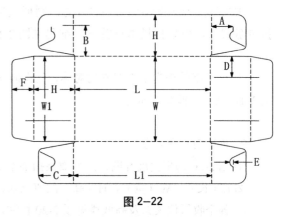

图 2—22

12. kliklok 式盘式盒（3）

该 kliklok 盘式盒与图 2-21 的差别在于边壁两端襟片与端板的锁扣方式，图 2-21 中是襟片下端别挂锁扣，图 2-23 是襟片上端仰钩锁扣成型。

(1) 图 2-23 为平面展开图，成型效果扫描本章首页二维码见图 2-23a。

(2) L（长）、W（宽）、H（高）的值已知，T = 纸厚。

(3) 各个收纸位关系及高低线见图 2-23 标注。

留意：① A = [L/6, L/4] 或取值为"20mm"，取其中的较小值。

② B ≈ H/3；C < W/2；C ≈ A + [12mm，16mm]；
D = B + 2mm。

③ E ≈ A - 2T；F = C - E - T + 2mm。

④ L1 = L + 2T；W1 = W - 2T。

(4) 该盒型结构为上下左右均对称，绘图时只需绘制 1/4，然后镜像复制即可。

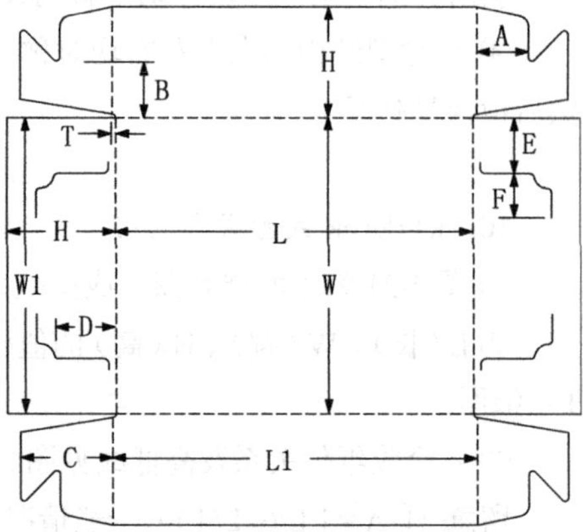

图 2—23

13. kliklok 式盘式盒（4）

该 kliklok 盘式盒与图 2-22 的差别在于边壁两端襟片增设了折转三角片与端板的标签折翼襟片同步折转形成锁扣。

(1) 图 2-24 为平面展开图，成型效果扫描本章首页二维码见图 2-24a。

(2) L（长）、W（宽）、H（高）的值已知（客户给出），T = 纸厚。

(3) 各个收纸位关系及高低线见图 2-24 标注。

留意：① A =〔L/6，L/4〕或取值为"20mm"，取其中的较小值。

② B＜W/2；B =〔12mm，16mm〕+ A；C =〔12mm，16mm〕；D ≈ 2C/3。

③ E ≈ 2D/3；G = A - 2T；F = B - G + 2 mm。

④ L1 = L + 2T；W1 = W - 2T。

⑤所有图中未注明尺寸均不影响成型效果，可酌情自行给出。

(4) 该盒型结构为上下左右均对称，绘图时只需绘制 1/4，然后镜像复制即可。

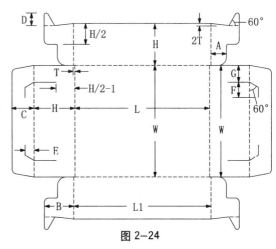

图 2—24

14. kliklok 式盘式盒（5）

该 kliklok 盘式盒与图 2-23 的差别在于边壁两端襟片与端板是上下双插入锁扣方式，适用于较深的盘式盒，一般情况下，当 H ≥ 90mm 时，适合采用该结构。

(1) 图 2-25 为平面展开图，成型效果扫描本章首页二维码见图 2-25a。

(2) L（长）、W（宽）、H（高）的值已知（客户给出），T = 纸厚。

(3) 各个收纸位关系及高低线见图 2-25 标注。

留意：① A =〔L/6，L/4〕或取值为"20mm"，取其中的较小值。

② B ≈ 3H/5；C＜W/2；C ≈ A +〔12mm，16 mm〕。

③ D = B + 2mm；E ≈ A - 2T；F = C - E - T + 2mm；L1 = L + 2T；W1 = W - 2T。

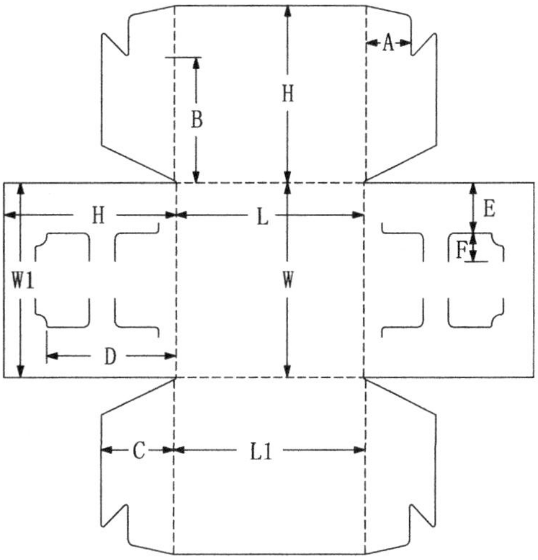

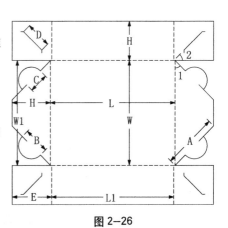

图 2—25

15. 锚锁式盘式盒

(1) 图 2-26 为平面展开图，成型效果扫描本章首页二维码见图 2-26a。

(2) L（长）、W（宽）、H（高）的值已知，T = 纸厚。

(3) 各个收纸位关系及高低线见图 2-26 标注。

留意：①一般情况下 ∠1 = ∠2 ≈ 45°，A 的取值由 ∠1 的值决定。

② B ≈ A/2；C ≈ 2B/3；D = B。

③ E＜W/2；E ≈ H。

④ L1 = L - 2T；W1 = W + 2T。

图 2—26

⑤所有图中未注明尺寸均不影响成型效果，可酌情自行给出。

（4）该盒型结构为上下左右均对称，绘图时只需绘制 1/4，然后镜像复制即可。

16. 双锁式盘式盒

该盘式盒与图 2-26 的差别在于多了一重插入锁扣方式，适用于较深的盘式盒，一般情况下，当 H ≥ 90mm 时，适合采用该结构。

（1）图 2-27 为平面展开图，成型效果扫描本章首页二维码见图 2-27a。

（2）L（长）、W（宽）、H（高）、H1（外端板高）的值已知（客户给出），T = 纸厚。

（3）各个收纸位关系及高低线见图 2-27 标注。

留意：①一般情况下 A ≈ W/2。

②B = [12mm，20mm]；C = W - A；D = B + 2mm。

③E ≈ H/3；F = E + 1；G = [3mm，5mm]。

④L1 = L - 2T；W1 = W + 2T。

⑤插扣位"1"处的参考线是由"2"旋转复制而来；将"2"按以"O"为圆心，顺时针旋转 90°复制即得。

⑥所有图中未注明尺寸均不影响成型效果，可酌情自行给出。

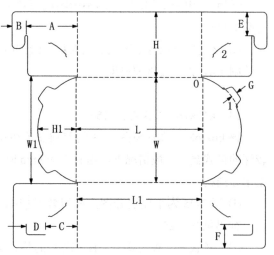

图 2-27

（4）该盒型结构为左右均对称，绘图时只需绘制 1/2，然后镜像复制即可。

17. 内折翼压锁式盘式盒（1）

（1）图 2-28 为平面展开图，成型效果扫描本章首页二维码见图 2-28a。

（2）L（长）、W（宽）、H（高）的值已知（客户自给出），T = 纸厚。

（3）各个收纸位关系及高低线见图 2-28 标注。

留意：①一般情况下 ∠1 = ∠2 = ∠3 = ∠4 = 45°。

②A = 3T；B = [20mm，25mm]。

③L1 = L + 6T；W1 = W - 2T。

④所有图中未注明尺寸均不影响成型效果，可酌情自行给出。

（4）该盒型结构为上下左右均对称，绘图时只需绘制 1/4，然后镜像复制即可。

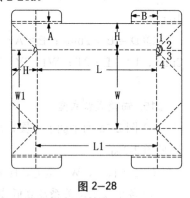

图 2-28

18. 内折翼压锁式盘式盒（2）

该盘式盒与图 2-28 的差别在于端板少了一根辅助折盒线，内折压锁翼多了个中心开窗避位，内折成型较为方便些，绘图时其结构关系与图 2-28 相同。

（1）图 2-29 为平面展开图，成型效果扫描本章首页二维码见图 2-29a。

（2）L（长）、W（宽）、H（高）的值已知（客户自给出），T＝纸厚。

（3）各个收纸位关系及高低线见图 2-29 标注。

留意：①一般情况下 $\angle 1 = \angle 2 = 45°$。

②$A = 3T$。

③$L1 = L + 6T$；$W1 = W - 2T$。

④所有图中未注明尺寸均不影响成型效果，可酌情自行给出。

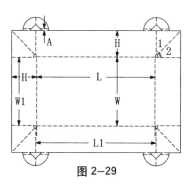

图 2-29

（4）该盒型结构为上下左右均对称，绘图时只需绘制 1/4，然后镜像复制即可。

19. 外折翼压锁式盘式盒（1）

该盘式盒与图 2-29 的差别在于压锁襟翼要求向外翻折压锁，向外翻折则意味着角部的折盒线在盒内叠置，绘图时其结构关系与图 2-29 的不同主要体现在高低线的设置。

（1）图 2-30 为平面展开图，成型效果扫描本章首页二维码见图 2-30a。

（2）L（长）、W（宽）、H（高）的值已知，T＝纸厚。

（3）各个收纸位关系及高低线见图 2-30 标注。

留意：①一般情况下 $\angle 1 = \angle 2 = 45°$；$A = 3T$。

②$L1 = L - 2T$；$W1 = W - 6T$。

③所有图中未注明尺寸均不影响成型效果，可自行给出。

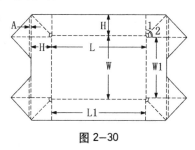

图 2-30

（4）该盒型结构为上下左右均对称，绘图时只需绘制 1/4，然后镜像复制即可。

20. 外折翼压锁式盘式盒（2）

该盘式盒与图 2-28、图 2-29、图 2-30 的差别在于不是通过角部压锁，而是通过端板的襟片外折压住折叠后的角部蹼翼，然后端板沿折痕外凸固定外折襟片从而实现压锁成型。

（1）图 2-31 为平面展开图，成型效果扫描本章首页二维码见图 2-31a。

（2）L（长）、W（宽）、H（高）的值已知（客户给出），T＝纸厚。

（3）各个收纸位关系及高低线见图 2-31 标注。

留意：①一般情况下 $\angle 1 = \angle 2 = 45°$；$A = 3T$。

②$L1 = L + 6T$；$W1 = W - 2T$。

③所有图中未注明尺寸均不影响成型效果，可酌情自行给出。

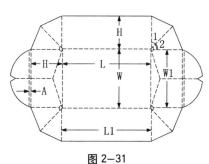

图 2-31

（4）该盒型结构为上下左右均对称，绘图时只需绘制 1/4，然后镜像复制即可。

21. 丁形锁直身盘式盒

该盘式盒与图 2-31 的差别在于端板不是设置外凸折痕从而固定外折襟片，而是通过端板外折襟片的前端插入折叠后角部蹼翼与端壁的间隙实现压锁成型。

(1) 图 2-32 为平面展开图，成型效果扫描本章首页二维码见图 2-32a。

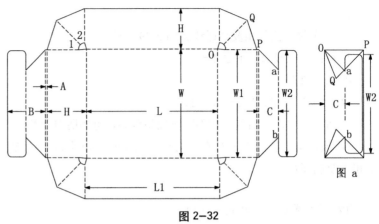

图 a

(2) L（长）、W（宽）、H（高）的值已知（客户给出），T = 纸厚。

(3) 各个收纸位关系及高低线见图 2-32 标注。

图 2-32

留意：①该图成型的要点在于外折襟片上 a、b 两点的确定，图 a 是端面外折襟片与角部蹼翼折转后（镜像）的位置重叠图，通过图 a 可得出 a、b 两点及"C"的值（a 点只能在 △OPQ 之外选点，同时就决定了"C"的值）。

②一般情况下 ∠1 = ∠2 = 45°；A = 3T；C < B ≤ H。

③L1 = L + 6T；W1 = W − 2T；W2 < W1。

④所有图中未注明尺寸均不影响成型效果，可酌情自行给出。

(4) 该盒型结构为上下左右均对称，绘图时只需绘制 1/4，然后镜像复制即可。

22. 丁形锁斜壁（锥型）盘式盒

该盘式盒与图 2-32 的差别在于该盒成型后四壁倾斜（四角锥台型），而实现压锁成型方式相同。

(1) 图 2-33 为平面展开图，成型效果扫描本章首页二维码见图 2-33a。

(2) L（底长）、L1（口沿长）、W（底宽）、W1（口沿宽）、H（边壁高）、H1（端壁高）的值已知（客户给出），T = 纸厚。

(3) 各个收纸位关系及高低线见图 2-33 标注。

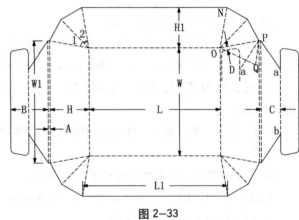

图 2-33

留意：①该图成型的要点同样在于外折襟片上 a、b 两点的确定，图中 OP 线下侧虚线是端面外折襟片与角部蹼翼折转后（镜像）的位置重叠图，通过图中虚线参考图可得出 a、b 两点及"C"的值（同样，a 点只能在 △OPQ 之外选点，同时就决定了"C"的值）。

②一般情况下 ∠1 = ∠2；A = 3T；C < B < H；D ≥ 3T。

③无论 H1 是否等于 H 都必须 OP = ON（H1 ≠ H 只表示端板与边壁的斜度不同）。

④所有图中未注明尺寸均不影响成型效果，可酌情自行给出。

(4) 该盒型结构为上下左右均对称，绘图时只需绘制 1/4，然后镜像复制即可。

23. 亚瑟锁扣盘式盒

(1) 图 2-34 为平面展开图，成型效果扫描本章首页二维码见图 2-34a。

(2) L（长）、W（宽）、H（高）的值已知（客户给出），T = 纸厚。

(3) 各个收纸位关系及高低线见图 2-34 标注。

留意：

① A + B = W；一般情况下：A − B = W/2。

② C = H/2 − 1mm。

③ L1 = L + 2T；W1 = W − 2T。

④ 所有图中未注明尺寸均不影响成型效果，可酌情自行给出。

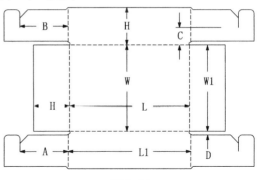

图 2-34

(4) 该盒型结构为左右对称，绘图时只需绘制 1/2，然后镜像复制即可（留意亚瑟锁扣不是上下对称）。

24. 角部加固型盘式盒

(1) 图 2-35 为平面展开图，成型过程及效果扫描本章首页二维码见图 2-35a。

(2) L（长）、W（宽）、H（高）、C 的值已知（客户给出），T = 纸厚。

(3) 各个收纸位关系及高低线见图 2-35 标注。

留意：

① A = H/2 + 2T；B = H/2 + T。

② C = 客户给出；D = "3T" 或取值为 "2mm"，取其中的较大值。

③ 一般情况下：E ≤ A/2；F = A + T；G = H − T；I = E − T；J = "2T" 或取值为 "2mm"，取其中的较大值；K = 2T；L1 = L − 2T；W1 = W − 2T。

④ 所有图中未注明尺寸均不影响成型效果，可酌情自行给出。

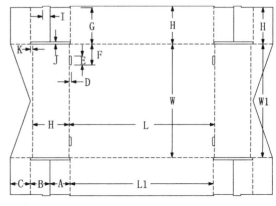

图 2-35

(4) 该盒型结构为左右对称，绘图时只需绘制 1/2，然后镜像复制即可（留意本图的四个华克锁设计巧妙）。

（三）非矩形盘式盒

1. 三角形盘式盒

(1) 图 2-36 为平面展开图，成型效果扫描本章首页二维码见图 2-36a。

(2) L（边长）、H（边高）的值已知（客户给出），T = 纸厚。

(3) 该盒胶黏成型结构简单，收纸位关系及高低线见图 2-36 标注：A = L − 2T；B = H − 2T；∠1 = ∠2 = ∠3 = 90°。

2. 六角形盘式盒

(1) 图 2-37 为平面展开图，成型效果扫描本章首页二维码见图 2-37a。

(2) L（边长）、H（边高）的值已知（客户给出），T＝纸厚。

(3) 该盒胶黏成型且结构比较简单，收纸位关系及高低线见图 2-37 标注：A＝B＝L－2T；

∠1＝∠2＝∠3＝90°。

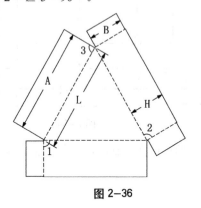
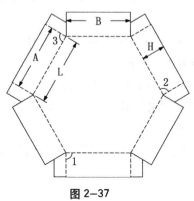

图 2—36　　　　　　　　　　　　　图 2—37

3. 八角形盘式盒

(1) 图 2-38 为平面展开图，成型效果扫描本章首页二维码见图 2-38a。

(2) L（边长）、H（边高）的值已知（客户给出），T＝纸厚。

(3) 该盒胶黏成型且结构比较简单，收纸位关系及高低线见图 2-38 标注：A＝B＝L－2T；

∠1＝∠2＝∠3＝∠4＝90°。

4. 纸杯

(1) 图 2-39 为平面展开图，成型效果扫描本章首页二维码见图 2-39a。

(2) 已知（客户给出）：纸杯的口沿直径为 2a，底部直径为 2b，纸杯的斜高为 c（见图 2-39 中左图所示）。

(3) 该结构简单，放纸位及尺寸计算见图 2-39 标注。

留意：①展开后的纸杯扇形侧面是圆环的一部分，叫作"**断环**"。断环外圆的半径：R＝a×c／（a－b）。

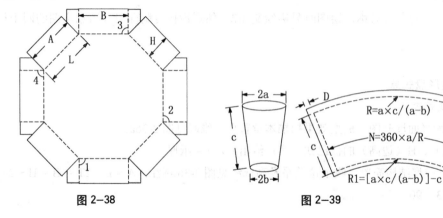

图 2—38　　　　　　　　　　　　　图 2—39

②断环内圆的半径：R1 ＝ a × c / （a － b）－ c 。（即外圆向内偏移"c"）

③扇形圆心角度数：N ＝ 360 × 2 π a / 2 π R ＝ 360 × a / R。

④杯口卷沿放纸位"A"、杯底封底放纸位"B"、杯身卷接放纸位"D"这三个参数由客户给出。

⑤纸杯的杯底部分未在图 2-39 给出：半径为 b ＋ 放纸位"B"的圆。

5. 提篮型盘式盒

成型效果扫描本章首页二维码见图 2-40a。

(1) 已知条件如图 2-40 所示：提篮的口沿尺寸长 × 宽为 L1×W1，底部尺寸长 × 宽为 L×W（R），提篮的斜高为 H。

(2) 绘制平面展开图如图 2-41 所示：该结构简单，难点在于四个转角（扇形 abcd）区域的绘制。

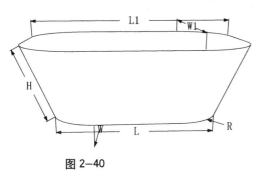

图 2-40

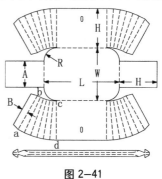

图 2-41

①扇形 abcd 区域的绘制可参看图 2-39 的绘制：

外圆的半径：R1 ＝（L1/2）× H / [（L1/2）－ L/2]。内圆的半径 ＝ R1 － H 。

总圆心角度数：N ＝ 360 ×（L1/2）/ R1。扇形 abcd 圆心角度数 ＝ N/4。

② A ＝ W － 2R ；B ＝ [12mm，16mm] 。

③提手及穿孔位相应设置即可。

④所有图中未注明尺寸均不影响成型效果，可酌情自行给出。

二、双壁类盘式盒

（一）矩形盘式盒

1. walker lock 式盘式盒

walker lock 式盘式盒也叫华克锁式盘式盒，该盒型属于双层端板单层边壁盘式盒，内层端板上设置插扣公位，而对应的盒底上设置插扣母位，内层端板翻转 180° 时裹夹边壁延伸襟片插扣母位从而实现锁扣成型，故该盒型也称自扣盘式盒。

(1) 图 2-42 为平面展开图，成型效果扫描本章首页二维码见图 2-42a。

(2) L（长）、W（宽）、H（高）的值已知（客户给出），T ＝ 纸厚。

(3) 各个收纸位关系及高低线见图 2-42 标注。

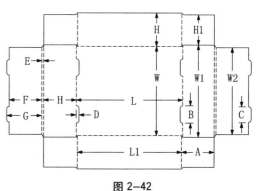

图 2-42

留意：①图 2-42 单一端板上设置了 2 个华克锁，但不是每个盒子都需设置 2 个华克锁；华克锁设置数量与华克锁所在边的宽度 W 值相关，当 W≤100mm 时，分中设置 1 个华克锁即可；当 100mm＜W≤200mm 时，可按"1-2-1"位置关系设置 2 个华克锁；当 W＞200 时，可按"1-2-2-1"位置关系设置 3 个华克锁。

②华克锁的尺寸设置：母位长度 B = [25mm，35mm]，母位宽度 D = E ≥ 2T；公位长度 C = B - T，公位宽度 = T + 1mm。

③裹夹边壁襟片的双线设置：E = 2T 或"2mm"（取其中较大值，即材料是卡纸时 E = 2mm，是坑纸时 E = 2T）。

④A 首先需＜W/2，其次要避开华克锁插扣位 B（长度无法避开时则做缺角避空位处理），一般取值≤H。

⑤F = H - T；G = H + 1；H1 = H - 2T。L1 = L - 2T；W1 = W + 2T；W2 = W - 2T；A＜W/2。

⑥所有图中其他未注明尺寸均不影响成型效果，可酌情自行给出。

(4) 该盒型结构为上下左右对称，绘图时只需绘制 1/4，然后镜像复制即可。

2. walker lock 式盘式盒变型款

该盘式盒与图 2-42 的差别有 3 处：一是华克锁数量设置不同；二是插扣母位设置不同；三是端板外壁设置不同。

(1) 图 2-43 为平面展开图，成型过程及效果扫描本章首页二维码见图 2-43a。

(2) L（长）、W（宽）、H（高）的值已知（客户给出），T = 纸厚。

(3) 各个收纸位关系及高低线见图 2-42 中标注，此处只讲解与图 2-42 有差别的 3 处。

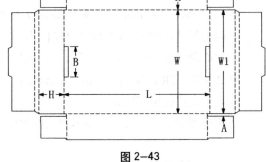

留意：①华克锁设置数量规则在上面已讲，此处补充：B≤W/3。

图 2-43

②华克锁的插扣母位在图 2-42 为开口型，在图 2-43 为全封闭型，两者的尺寸设置规则相同，锁扣效果也相同。差异只体现在成型后的效果上，前者成型后盒体底部带支脚，后者平底（无支脚）。

③端板外壁设置：在图 2-42 中，端板外壁与边壁襟片间是单刀设置（共刀），为避免成型时边壁襟片与底板干扰，故需将端板外壁的两端外移一张纸位，以形成折转后边壁襟片下方的避空位；好处是印后工艺中该处无须清废，坏处是成型后端板外壁的两端超边。在图 2-43 中，端板外壁与边壁襟片间的双刀设置就是为避免成型干扰而设计的避空位，利弊与前者相反；此处 A=T 或"2"（取其中较大值）。

3. 双端壁单边壁折锁式盘式盒

该盘式盒与图 2-43 的差别在于该盒型的底部并未设置华克锁的插扣母位，而是通过对向两个边壁襟片折转后的再折转拼接形成插扣母位，从而端板内壁的插扣公位配合锁定成型。

(1) 图 2-44 为平面展开图，成型效果扫描本章首页二维码见图 2-44a。

（2）L（长）、W（宽）、H（高）的值已知，T＝纸厚。

（3）各个收纸位关系及高低线见图 2-44 中标注。华克锁设置规则在图 2-42 中已讲，此处只介绍不同点。

留意：① A＝W/2；B＝C－1mm（C 的取值与华克锁的长度相关）。

② D＝H－2T；F＝H－T＋1mm；L1＝L－2T。

③所有图中其他未注明尺寸均不影响成型效果，可酌情自行给出。

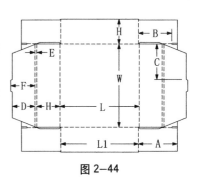

图 2-44

（4）该盒型结构为上下左右对称，绘图时只需绘制 1/4，然后镜像复制即可。

4. 双端壁单边壁黏合式盘式盒（brightwood box）

该盘式盒与图 2-43 的差别在于该盒型未设置华克锁的插扣结构，而是通过端板内壁与边壁襟片黏合成型。

（1）图 2-45 为平面展开图，成型过程及效果扫描本章首页二维码见图 2-45a。

（2）L（长）、W（宽）、H（高）的值已知（客户给出），T＝纸厚。

（3）各个收纸位关系及高低线见图 2-45 中标注。

留意：① A≤W/2；B≤H－T；C＝2T。

② L1＝L－2T；W1＝W；W2＝W－2T。

③其他未注明尺寸均不影响成型效果，可酌情自行给出。

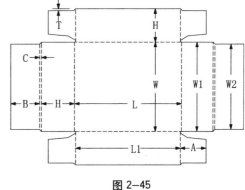

图 2-45

5. 双端壁单边壁压锁式盘式盒

该盘式盒是通过端板内壁的延伸襟片与设置在底板压扣位锁定成型。

（1）图 2-46 为平面展开图，成型效果扫描本章首页二维码见图 2-46a。

（2）L（长）、W（宽）、H（高）的值已知（客户给出），T＝纸厚。

（3）各个收纸位关系及高低线见图 2-46 中标注。

① A≤W/2；B＝H－T；C＝[12mm，16mm]；D＝2T；E＝C＋1mm；F＝[3mm，5mm]。

② L1＝L－2T；W1＝W；W2＝W－2T。

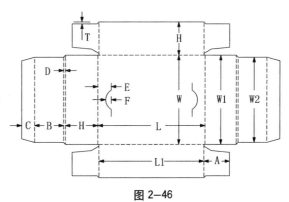

图 2-46

③所有图中其他未注明尺寸均不影响成型效果，可酌情自行给出。

（4）该盒型结构为上下左右对称，绘图时只需绘制 1/4，然后镜像复制即可。

6. 双端壁单边壁华克锁式盘式盒

该盘式盒总体前低后高，前端板华克锁成型，后端板如用正常华克锁则较浪费材料；现后端壁开槽，边壁延伸襟片穿过后与边壁的插扣母位形成侧向华克锁而锁定成型。

(1) 图2-47为平面展开图，成型效果扫描本章首页二维码见图2-47a。

(2) L（长）、W（宽）、H（高）、H1（前端高）的值已知（客户给出），T = 纸厚。

(3) 各个收纸位关系及高低线见图2-47中标注。华克锁及双线设置规则见图2-42讲解，此处不重复。

① A = H1 − T ；B = W/2 − T − 1mm；C = W/2 + 1mm；D ≈ 2H/3；E= W/2；F = D −2T。

② W1 = W − 2T。

③所有图中其他未注明尺寸均不影响成型效果，可酌情自行给出。

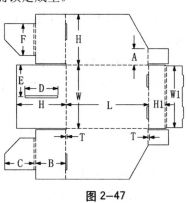

图2-47

7. 三端壁单边壁前华克锁后锚锁插扣式盘式盒

该盘式盒与图2-47的差别在于该盒型后端壁未设置华克锁，而是在两边壁的延伸襟片上设置插扣结构，将后端壁夹在中间插扣成型。

(1) 图2-48为平面展开图，成型效果扫描本章首页二维码见图2-48a。

(2) L（长）、W（宽）、H（高）、H1（前端高）的值已知（客户给出），T = 纸厚。

(3) 各个收纸位关系及高低线见图2-48中标注。华克锁及双线设置规则见图2-42讲解，本图的讲解重点是插扣结构（该插扣结构一般称为"锚锁"，有时也泛称"舌锁"）。

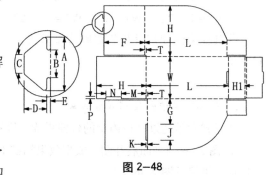

图2-48

留意：①一般情况下：A = [25mm，30 mm]，同时需满足 H/4 ≤ A ≤ H/2；由此可知，当 H > 120mm 时，应设置 2 个插扣结构（H 指代插扣结构所在的边长）。

②B ≈ A/2；C ≤ B − 4T；D = [12mm，25mm]。

③E 的取值应视穿过纸张的层数而定：一般情况下插扣结构只穿过一张纸，则 E = 2T 或 "1.5"（取其中较大值）。具体到本图中，插扣结构穿过两层纸，则 E = 3T 或 "2mm"（取其中较大值）。

④J = A − 2T（卡纸时 J = A − 2mm）；K = 2T 或 "2mm"（取其中较大值）。

⑤G 的取值与 "A" "B" 的位置对应；M = G − 2T；N = J + 4T；P = K + T。

⑥所有图中其他未注明尺寸均不影响成型效果，可酌情自行给出。

8. 端边双壁黏合式盘式盒

该盘式盒与图2-45的差别在于该盒端壁与边壁均是双层结构，但边壁与端壁都是通过内壁黏合成型。

（1）图 2-49 为平面展开图，成型效果扫描本章首页二维码见图 2-49a。

（2）L（长）、W（宽）、H（高）的值已知，T＝纸厚。

（3）各个收纸位关系及高低线见图 2-49 中标注。

① $A \leqslant W/2$ ；$B \leqslant H-T$ ；$C＝2T$ 。

② $L1＝L-2T$ ；$L2＝L-4T$ ；$W1＝W$ ；$W2＝W-2T$ 。

③所有图中其他未注明尺寸均不影响成型效果，可酌情自行给出。

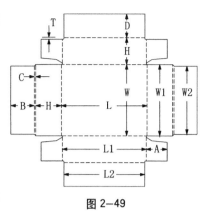

图 2-49

（4）该盒型结构为上下左右对称，绘图时只需绘制 1/4，然后镜像复制即可。

9. 端边双壁压锁式盘式盒

该盘式盒与图 2-49 的差别在于不是黏合成型，而是通过最外缘襟片在盒底交叠压锁成型。

（1）图 2-50 为平面展开图，成型效果扫描本章首页二维码见图 2-50a。

（2）L（长）、W（宽）、H（高）的值已知，T＝纸厚。

（3）各个收纸位关系及高低线见图 2-50 中标注。

① $A \leqslant W/2$ ；$B＝H-T$ ；$C＝[\,12mm，16mm\,]$ 。

② $D＝2T$ ；$E＝B＝H-T$ ；$F＝C$ 。

③ $L1＝L-2T$ ；$L2＝L-4T$ ；$W1＝W$ ；$W2＝W-2T$ 。

④ $45° \leqslant \angle 1＝\angle 2 \leqslant 75°$ 。

⑤所有图中其他未注明尺寸均不影响成型效果，可酌情自行给出。

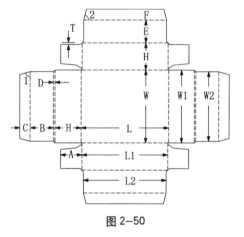

图 2-50

（4）该盒型结构为上下左右对称，绘图时只需绘制 1/4，然后镜像复制即可。

10. 端边双壁压锁式盘式盒

该盘式盒与图 2-50 的差别在于该盒不是襟片在盒底交叠压锁，而是通过襟片在盒端板内壁钩扣压锁成型。

（1）图 2-51 为平面展开图，成型效果扫描本章首页二维码见图 2-51a。

（2）L（长）、W（宽）、H（高）的值已知，T＝纸厚。

（3）各个收纸位关系及高低线见图 2-51 中标注。

留意：① $A \leqslant W/2$ ；$B＝H-T$ ；$C \approx W/2$ ；$D \approx H/4$ ；$E＝B＝H-T$ ；$F \approx A-C/4$ ；$G \approx H/2$ 。

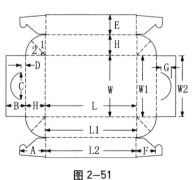

图 2-51

② $L1＝L-2T$ ；$L2＝L-4T$ ；$W1＝W$ ；$W2＝W-2T$ ；$\angle 1＝\angle 2＝45°$ 。

③图中其他未注明尺寸均不影响成型效果，可酌情自行给出。

11. 端边双壁双底压锁式盘式盒

该盘式盒的成型固定方式是通过端板内壁的延伸襟片在盒底拼抵实现双底效果压锁成型。

(1) 图 2-52 为平面展开图，成型过程及效果扫描本章首页二维码见图 2-52a。

(2) L（长）、W（宽）、H（高）的值已知（客户给出），T = 纸厚。

(3) 各个收纸位关系及高低线见图 2-52 中标注。

留意：① $A \leqslant W/2$；$B = H - T$；$C = 2T$；$D = B = H - T$；$E = (L - 4T)/2$。

② $L1 = L - 2T$；$L2 = L - 4T$；$W1 = W$；$W2 = W - 4T$。

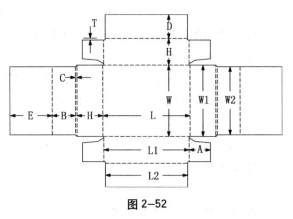

图 2-52

③所有图中其他未注明尺寸均不影响成型效果，可酌情自行给出。

(4) 该盒型结构为上下左右对称，绘图时只需绘制 1/4，然后镜像复制即可。

12. 端边双壁双底压锁式盘式盒

该盘式盒的成型固定方式与图 2-52 相同，是通过内壁的延伸襟片在盒底拼抵实现双底效果压锁成型。不同的是本图双底效果是由端板与边壁的 4 份延伸襟片拼扣而成，成型后效果更紧凑牢固。

(1) 图 2-53 为平面展开图，成型过程及效果扫描本章首页二维码见图 2-53a。

(2) L（长）、W（宽）、H（高）的值已知（客户给出），T = 纸厚。

(3) 各个收纸位关系及高低线见图 2-53 中标注。

留意：① $A = H - T$；$B = (W - 3T)/2$；$C = 2T$；$D = A = H - T$；$E \geqslant 12mm$。

②$\angle 1 = \angle 2$；F 的取值无限制，只需留意 F=G 即可。

③ $L1 = L - 2T$；$L2 = L - 4T$；$W1 = W$；$W2 = W - 4T$。

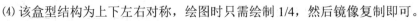

图 2-53

④所有图中其他未注明尺寸均不影响成型效果，可酌情自行给出。

(4) 该盒型结构为上下左右对称，绘图时只需绘制 1/4，然后镜像复制即可。

13. Kwikset 式盘式盒

该盘式盒的边壁内壁先翻转 180°黏合，端板内壁在翻转裹夹角部蹼襟后，其两侧的延伸襟片与边壁内壁的空缺位拼合形成锁扣成型。

(1) 图 2-54 为平面展开图，成型过程及效果扫描本章首页二维码见图 2-54a。

（2）L（长）、W（宽）、H（高）的值已知（客户给出），T＝纸厚。

（3）各个收纸位关系及高低线见图2-54中标注。

① A＝［12mm，16 mm］；B＝A＋1mm；C＝3T；D＝H－T；E＝［12mm，16 mm］；F≤H－2T。

② ∠1＝∠2＝45°；∠3＝∠4≈85°；L1＝L；L2＝L－2B；W1＝W；W2＝W－2T。

③所有图中其他未注明尺寸均不影响成型效果，可酌情自行给出。

（4）该盒型结构为上下左右对称，绘图时只需绘制1/4，然后镜像复制即可。

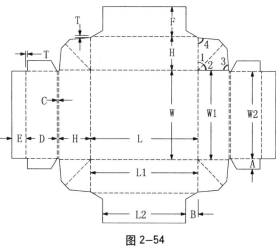

图 2-54

14. Kwikset 式带加强片盘式盒

该盘式盒与图 2-54 结构基板相同，只是边板内壁两端多了个加强襟片而已。

（1）图 2-55 为平面展开图，成型过程及效果扫描本章首页二维码见图 2-55a。

（2）L（长）、W（宽）、H（高）的值已知（客户给出），T＝纸厚。

（3）所有的收纸位关系参看图2-54的解析，这里只标"J""G""L3""W3"。

留意：① G≈B；J＝G；L3＝L－4T；W3＝W2－2mm。

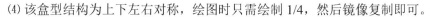

图 2-55

15. Kwikset 式带角黏片盘式盒

该盘式盒也是边壁内壁先翻转180°黏合，然后∠2所在的蹼角侧翻转180°向端板外壁的内侧黏合，端板内壁在翻转裹夹蹼角后，其两侧的凸出位与边壁内壁的空缺位形成侧向华克锁锁扣成型。

（1）图 2-56 为平面展开图，成型过程及效果扫描本章首页二维码见图 2-56a。

（2）L（长）、W（宽）、H（高）的值已知（客户给出），T＝纸厚。

（3）各个收纸位关系及高低线见图 2-56 中标注。

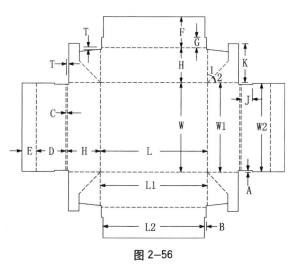

图 2-56

①A＝2T 或 2mm；B＝A＋1mm；C＝3T；D＝H－T；E＝[12mm，16mm]；F＝H－2T。

②∠1＝∠2＝45°；J＝G≈H/3；K＜W/2。

③L1＝L－2T；L2＝L－2B；W1＝W；W2＝W－2T。

④所有图中其他未注明尺寸均不影响成型效果，可酌情自行给出。

(4) 该盒型结构为上下左右对称，绘图时只需绘制 1/4，然后镜像复制即可。

16. 端边双壁蹼襟胶黏盘式盒

该盘式盒也是边壁内壁先翻转 180°黏合，再 a、b 翻转 180°，然后∠2 所在的蹼角侧向端板外壁的内侧黏合，端板外壁折转 90°直立，端板内壁在翻转裹夹蹼角后，端板内壁前端襟片与底板黏合成型。

(1) 图 2-57 为平面展开图，成型过程及效果扫描本章首页二维码见图 2-57a。

(2) L（长）、W（宽）、H（高）的值已知（客户给出），T＝纸厚。

(3) 各个收纸位关系及高低线见图 2-57 中标注。

①A＝H－T；B＝[12mm，16mm]；C＝3T；D＝H－T；∠1＝∠2＝45°。

②L1＝L－4T；L2＝L－6T；W1＝W；W2＝W－4T。

③所有图中其他未注明尺寸均不影响成型效果，可酌情自行给出。

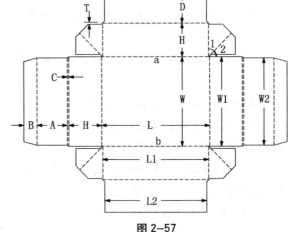

图 2-57

(4) 该盒型结构为上下左右对称，绘图时只需绘制 1/4，然后镜像复制即可。

17. 锥型双壁盘式盒

该盘式盒的成型是 4 个襟翼向端板壁内侧黏合而成的。

(1) 图 2-58 为平面展开图，成型过程及效果扫描本章首页二维码见图 2-58a。

(2) L（底长）、L1（口沿长）、W（底宽）、W1（口沿宽）、H（斜高）的值已知（客户给出），T＝纸厚。

(3) 各个收纸位关系及高低线见图 2-58 中标注。

留意：①A≤W/2；B＝D＝H－T；C＝3T；∠1＝∠2；∠3＝∠4。

②L2、W2 的取值：端板与边壁的内折部分，不相连的其他三边均需向内偏移，偏移量依据纸张层数而定。所以，L2≈L－4T；W2≈W－4T。

③所有图中其他未注明尺寸均不影响成型效果，可自行给出。

(4) 该盒型结构为上下左右对称，绘图时只需绘制 1/4，然后镜像复制即可。

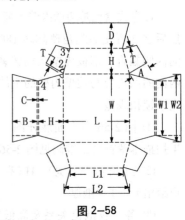

图 2-58

18. 双端壁边壁减震墙盘式盒

(1) 图 2-59 为平面展开图，成型过程及效果扫描本章首页二维码见图2-59a。

(2) L（长）、W（宽）、H（高）、D（墙厚）的值已知（客户给出），T＝纸厚。

(3) 各收纸位关系及高低线见图 2-59 中的标注。

留意：① $A = H - T$；$B = D + T$；$C = 3T$；$E = H - T$；$F = [12mm，16mm]$；$G \leqslant W/2$。

② $J \leqslant (W - 2D)/2$；$M \approx E/2$；$K \geqslant M$；$L1 = L - 2T$，$L2 = L - 4T$；$W2 = W - 4T$。

(4) 该盒型结构为上下左右对称，绘图时只需绘制 1/4，然后镜像复制即可。

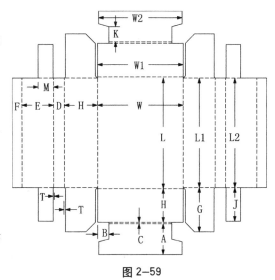

图 2-59

19. 端边壁减震墙盘式盒

(1) 图 2-60 为平面展开图，成型过程及效果扫描本章首页二维码见图2-60a。

(2) L（长）、W（宽）、H（高）、C（端壁墙厚）、D（边壁墙厚）的值已知（客户给出），T＝纸厚。

(3) 各个收纸位关系及高低线见图2-60中标注。

留意：① $A = H - T$；$B = [12mm，16mm]$；$E = H - T$；$(W - 2D)/2 \leqslant F < W - 2D$；$G \leqslant W/2$。

② $L1 = L - 2T$，$L2 = L - 4T$；$L3 = L - 2C + 2T$。$W1 = W + 2T$；$W2 = W - 2D - 2T$。

③ $15° \leqslant \angle 1 \leqslant 44°$；$15° \leqslant \angle 2 \leqslant 44°$。

(4) 该盒型结构为上下左右对称，绘图时只需绘制 1/4，然后镜像复制即可。

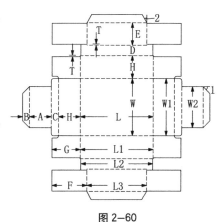

图 2-60

20. 相框式展示盘式盒（fame view tray）

(1) 图 2-61 为平面展开图，成型效果扫描本章首页二维码见图2-61a。

(2) L（长）、W（宽）、H（高）、C（端壁墙厚）、D（边壁墙厚）的值已知（客户给出），T＝纸厚。

(3) 各个收纸位关系及高低线见图2-61中标注。

留意：① $A = H - T$；$B = [12mm，16mm]$；$E = H - 2T$；$F \leqslant (W - 2D)/2$；$G \leqslant C - 2T$。

② $H1 = H - T$；$J = C - 3T$；$K = 2T$；$L1 = L - 2T$；$L2 = L - 4T$；$L3 = L - 2C$。

③ $W1 = W$；$W2 = W - 2D - 2T$；$\angle 1 = \angle 2 \leqslant 45°$。

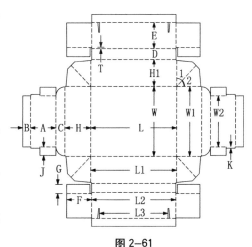

图 2-61

21. 减震墙盘式盒

(1) 图 2-62 为平面展开图,成型效果扫描本章首页二维码见图 2-62a。

(2) L(长)、W(宽)、H(高)、C(端壁墙厚)、D(边壁墙厚)的值已知(客户给出),T = 纸厚。

(3) 各个收纸位关系及高低线见图 2-62 中标注。

① $A = H - 2T$;$B = [12mm,16mm]$;$E = H - T$;$F = B$。

② $G \leqslant W - 2T$;$H1 = H - T$;$J < L/2 - 3T$。

③ $L1 = L - 2T$;$L2 = L - 4T$;$L3 = L - 2C - 2T$。

④ $W1 = W - 2T$;$W2 = W - 2D + 2T$。

⑤所有图中其他未注明尺寸均不影响成型效果,可酌情自行给出。

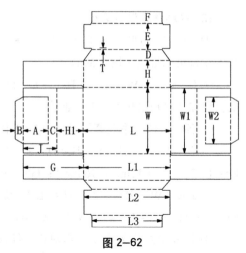

图 2-62

22. 带亚瑟扣减震墙盘式盒

(1) 图 2-63 为平面展开图,成型效果扫描本章首页二维码见图 2-63a。

(2) L(长)、W(宽)、H(高)、C(端壁墙厚)、D(边壁墙厚)的值已知(客户给出),T = 纸厚。

(3) 各个收纸位关系及高低线见图 2-63 中标注。

留意:① $A = H - T$;$B = [12mm,16mm]$。

② $G = H/2 + 1mm$;$H1 = H - T$;$J = W/2 - D$。

③ $L1 = L - 2T$,$L2 = (W - 2D)/2 + 2T$;$L3 = L - 2C - 2T$;$E = H - 2T$;$F = B$。

④ $W1 = W - 2T$;$W2 = W - 2D - 2T$。

(4) 该盒型结构为上下左右对称,绘图时只需绘制 1/4,然后镜像复制即可。

(5) 本图中的亚瑟扣也叫琼斯扣,其实类似的襟片搭扣的方式并不只有亚瑟扣,其他的扣合连接方式如图 2-64 所示。

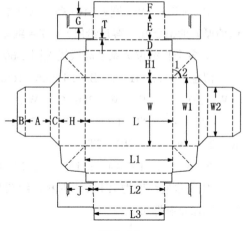

图 2-63

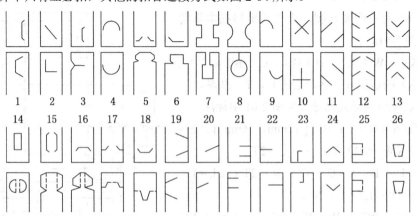

图 2-64

23. 端边壁减震墙加琼斯锁扣盘式盒

（1）图2-65为平面展开图，成型效果扫描本章首页二维码见图2-65a。

（2）L（长）、W（宽）、H（高）、C（端壁墙厚）、D（边壁墙厚）的值已知（客户给出），T＝纸厚。

（3）各个收纸位关系及高低线见图2-65中标注。

① A＝H－T；B＝［12mm，16mm］；E＝H－2T；F＝W/2－D；G≤W/2。

②H1＝H－T；45°≤∠1＝∠2≤75°。

③ L1＝L－2T；L2＝L－4T；L3＝L－2C＋2T。

④ W1＝W－2T；W2＝W－2D－2T。

（4）该盒型结构为上下左右对称，绘图时只需绘制1/4，然后镜像复制即可。

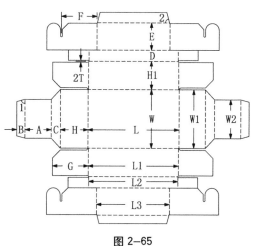

图 2-65

24. 高低边双壁华克锁盘式盒

（1）图2-66为平面展开图，成型效果扫描本章首页二维码见图2-66a。

（2）L（长）、W（宽）、H（高）、H1（低边高）、H2（内半壁高）、G的值已知，T＝纸厚。

（3）各个收纸位关系及高低线见图2-66中标注。华克锁的设置见图2-42的讲解。

① A＝H－T；B＝2T；C≈H2/2；D＝2T；E＝3T。

② F＝C＋1mm；G＝H1－T；I≤L/2；J＝G＋T；K＝H1－T。

③ L1＝L；L2＝L－2T；L3＝L－4T。

④ W1＝W－2T；W2＝W－4T。

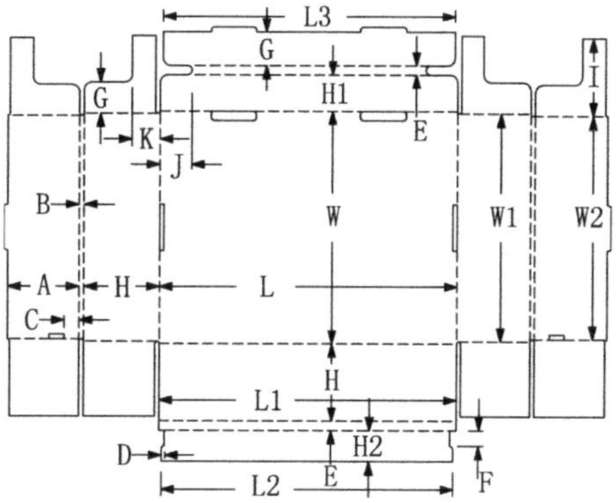

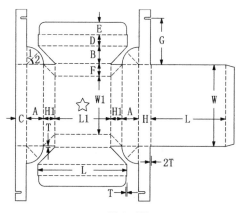

图 2-66

25. 双底相框式展示盘式盒

（1）图2-67为平面展开图，成型效果扫描本章首页二维码见图2-67a。

（2）外尺寸：L（长）、W（宽）、H（高）；内尺寸：L1、W1、H1的值已知（客户给出），T＝纸厚。

（3）各个收纸位关系及高低线见图2-67中标注。亚瑟扣的设置见图2-63的讲解。

① A＝（L－L1）/2；B＝（W－W1）/2；C＝H－T。

② D＝H1＝H－T；E＝［12mm，16mm］；E＜B－T。

③ F＝H1；G＝L/2；∠1＝∠2＝45°。

图 2-67

26. walker lock 式双墙盘式盒

(1) 图 2-68 为平面展开图，成型效果扫描本章首页二维码见图 2-68a。

(2) L（长）、W（宽）、H（高）的值已知（客户给出），T = 纸厚。

(3) 各个收纸位关系及高低线见图 2-68 中标注。华克锁的设置见图 2-42 的讲解。

① A ≤ W/2；B = [25mm，35mm]；C = B - T；D = E ≥ 2T；F = H - T；G = H + 1mm。

② L1 = L - 2T；L2 = L - 2E；W1 = W；W2 = W - 2E。

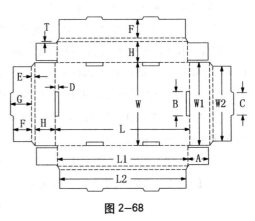

图 2-68

27. 外方内燕尾槽式双墙盘式盒

(1) 图 2-69 为平面展开图，成型效果扫描本章首页二维码见图 2-69a。

(2) L（长）、W（宽）、H（高）、A（端墙宽）、D（槽底宽）的值已知（客户给出），T = 纸厚。

(3) 各收纸位关系及高低线见图 2-69 中标注。

① B = [12mm，16mm]，C 取值是直边分别为 "H" "（H - D）/2" 的直角三角形的斜边长。

② E = A - 2T；F = L - （L - D）/2 - T；G ≤ W/2；K ≈ L2/8；M = 2T 或 2；N = 2T。

③ J = K - T；L1 = L - 2T；L2 = L - 2E - 2T；W1 = W；W2 = W - 2T。

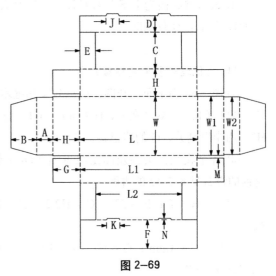

图 2-69

28. 外方内锥式（方形漏斗）盘式盒

图 2-70 是一款两端斜度不同的漏斗型内腔盘式盒，该盒型绘制平面图的稍难点在于两侧斜面端线角度与长度的确定，即图中 ∠1、∠2 的度数及相关长度的值。

(1) 图 2-70 为平面展开图，成型效果扫描本章首页二维码见图 2-70a。

(2) L（长）、W（宽）、H（高）、A（端斜面长）、B（端斜面长）、C（槽底宽）的值已知，T = 纸厚。

(3) 各个收纸位关系及高低线见图 2-70 中标注。这里加入参考图 2-71 重点讲两侧斜面端线的绘制。

① 由图 2-71 的下图可知：A 斜端面折转后与斜边面交汇于底面的 o 点，直角三角形 △orz 中，已知斜边 oz = A，直角边 rz = H，可计算出 or = a；

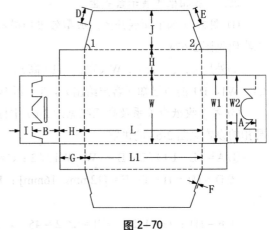

图 2-70

即可确定图 2-71 上图中"o"点的位置 [纵向 = a，横向 b =（W－C）/2]。

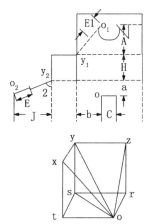

②直角三角形 ∠ otx 中已知直角边 tx = H，直角边 ot =（W－C）/2，可以计算出 ox 的值（即图 2-70 中"J"）；又因为"o_2"点与"o"点成型重合，故"o_2"点纵向也是 a；即可以确定线 y_2o_2 及 ∠ 2 的值。

③线 y_1o_1 的值可以直接绘出（当然，也可以以线 y_1o_1 的长为半径，在 y_2 点绘圆，以交点确定 o_2 位置）。

④E ≈ 线 y_2o_2 的 1/3；F ≥ 2T；G ≤ W/2；I = [10mm，15mm]；L1 = L－2T；L2 = L－2E－2T；W1 = W；W2 = W－2T。

⑤所有图中其他未注明尺寸均不影响成型效果，可酌情自行给出。

(4) 该盒型结构为上下对称，绘图时只需绘制 1/2，然后镜像复制即可。

图 2-71

29. 外方内棱式双墙盘式盒

(1) 图 2-72 为平面展开图，成型效果扫描本章首页二维码见图 2-72a。

(2) L（长）、W（宽）、H（高）、A（端墙宽）、B（中棱高）、∠C（中棱角度）、D（槽底宽）的值已知（客户给出），T = 纸厚。

(3) 各收纸位关系及高低线见图 2-72 中标注。

留意：① E = H－2T；B 的值已知，所以，∠C 所在三角形的高可知，则 ∠C 所在三角形的斜边"K"的值可以计算出，则 ∠C 对应的三角形缺口边长也可以计算出（最便捷的方法是绘制该三角形后测量出），设结果为"x"。

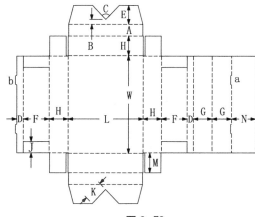

②F 为直边分别为"H""（L－2D－x）/2"的直角三角形的斜边长。

图 2-72

③G = K－T；J = A－2T；N =（L－x）/2－T；a ≈ W/8；b = a－1mm。

30. 外圆内方式双墙盘式盒

(1) 图 2-73 为平面展开图，成型效果扫描本章首页二维码见图 2-73a。

(2) L（长）、W（外圆宽）、W1（内方宽）、H（高）的值已知（客户给出），T = 纸厚。

(3) 各个收纸位关系及高低线见图 2-73 中标注。

留意：① A = H × π；B = H－T。

②L1 = L + 2T；L2 = L－2T；D = W1/2。

③所有图中其他未注明尺寸均不影响成型效果，可酌情自行给出。

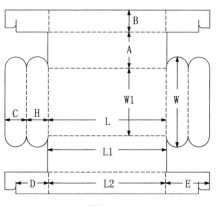

(4) 该盒型结构为左右对称，绘图时只需绘制 1/2，然后镜像复制即可。

图 2-73

31. 端边双壁内设立轴盘式盒

(1) 图 2-74 为平面展开图，成型效果扫描本章首页二维码见图 2-74a。

(2) T = 纸厚。

(3) 本图盒型的收纸位关系及高低线的设置在图 2-63 中讲解过（将图 2-63 中的减震墙去掉即是本盒型），所以，此处主要介绍盒型中简单而巧妙的立轴结构。

留意：A = B；C = D + T；E 的作用是增加立轴的强度。其他参数可自行给出。

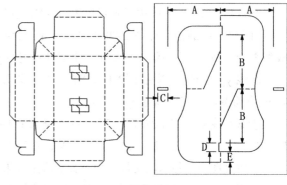

图 2-74

32. 端边双壁内间隔盘式盒

(1) 图 2-75 为平面展开图，成型效果扫描本章首页二维码见图 2-75a。

(2) L（长）、W（宽）、H（高）、A（内间隔长）、∠1（内间隔倾角）的值已知（客户给出），T = 纸厚。

(3) 各收纸位关系及高低线见图 2-75 中标注。

留意：① B 的取值与∠1 的值相关，当∠1 = 45° 时，B = H - 2T。

② C = H - T；D = （W - 4T）/ 2；E = H - 2T；F = D - 2T；G ≤ L1/2；J = H - T。

③ L1 = L - 2T；L2 = L - 4T；W1 = W - 2T；W2 = W - 4T。

④所有图中其他未注明尺寸均不影响成型效果，可酌情自行给出。

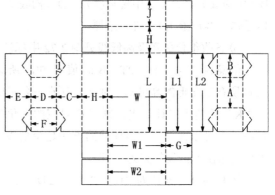

图 2-75

(4) 该盒型结构为上下左右对称，绘图时只需绘制 1/4，然后镜像复制即可。

33. 端边壁减震墙内间隔盘式盒

(1) 图 2-76 为平面展开图，成型效果扫描本章首页二维码见图 2-76a。

(2) L（外长）、L1（内腔长）、W（外宽）、W1（内腔宽）、H（外高）、A（内间隔长）的值已知（客户给出），T = 纸厚。

(3) 各个收纸位关系及高低线见图 2-76 中标注。该盒型结构简单，条件已基本给出，可调节的参数不多。

① B = L1；C = （L - A）/ 2；D = H - T。

② E = （W - 3T）/ 2；a、b 的取值可变，需满足 ≤（H - T）/ 2；a + b = （H - T）。

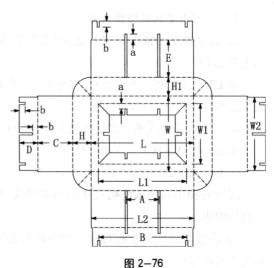

图 2-76

③ $L2 = L - 2T$；$W2 = W - 2T$；$H1 = H - T$。

④所有卡槽宽度均≥3T，其他未注明尺寸均不影响成型效果，可酌情自行给出。

(4) 该盒型结构为上下左右对称，绘图时只需绘制1/4，然后镜像复制即可。

34. 端边壁减震墙内间隔减震墙盘式盒

(1) 图2-77为平面展开图，成型效果扫描本章首页二维码见图2-77a、图2-77b（背面成型图）。

(2) L（外长）、L1（内腔长）、W（外宽）、W1（内腔宽）、H（外高）、a（内窗长）、b（内窗宽）的值已知（客户给出），T＝纸厚。

(3) 各个收纸位关系及高低线见图2-77中标注。该盒型结构简单，条件已基本给出，可调节的参数不多。

① $A =（W - 3T）/2$；$C = H - 3T$；$B =（W - 5T）/2$；$D =（L - L1）/2 + b +（L1 - 3b）/4$。

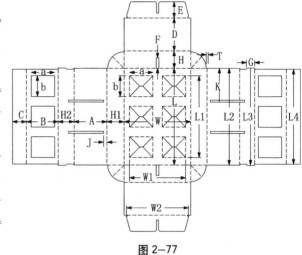

② $E = H - 3T$；$F ≈ H/2$；$G = F - 2mm$；$2T < J ≤（W - W1）/2$；$K = D - T$。

③ $L2 = L - 2T$；$L3 = L + 2$；$L4 = L - 6T$；$W2 = W - 2J + 2$；$H1 = H - T$；$H2 = H - 2T$。

图2-77

④ 所有卡槽宽度均≥3T，卡槽对扣深度尺寸设置见图2-76中ab取值，其他未注明尺寸均不影响成型效果，可酌情自行给出。

35. 双边壁3×4内间隔盘式盒

(1) 图2-78为平面展开图，成型效果扫描本章首页二维码见图2-78a、图2-78b（成型过程图）。

(2) L（长）、W（宽）、H（高）的值已知（客户给出），T＝纸厚。

(3) 各个收纸位关系及高低线见图2-78中标注。（以下按内间隔等分介绍尺寸关系。）

留意：① $A = L/2$；$B = L/4$；$C =（W - 7T）/3 + 2T$；$D =（W - 7T）/3 + T$。

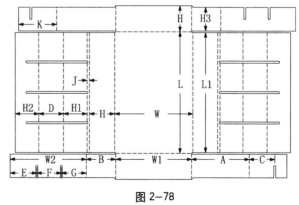

② $E = F = G =（W - 7T）/3 + T$；$J = 2T$；$K =（W - 4T）/2$。

③ $L1 = L - 2T$；$W1 = W - 2T$；$H1 = H - T$；$H2 = H - T$。

图2-78

④所有卡槽宽度均≥T，卡槽对扣深度尺寸设置见图2-76中ab取值，其他未注明尺寸均不影响成型效果，可酌情自行给出。

(4) 该盒型结构为180°旋转对称，绘图时只需绘制1/2，然后旋转复制即可。

36. 双端壁内挖窗间隔盘式盒

(1) 图 2-79 为平面展开图，成型效果扫描本章首页二维码见图 2-79a。

(2) L（长）、W（宽）、H（高）、H1（端高）以及镂空窗的值已知（客户给出），T = 纸厚。

(3) 各个收纸位关系及高低线见图 2-79 中标注。（该结构简单，条件已基本给出，可介绍的尺寸关系少）

① A = H1；B、C、D、E 的取值可变，只需满足 B + D = C + E = H − H1 − T 即可。

② W1 = W − 2T；W2 = W − 4T。

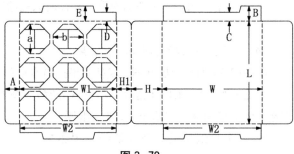

图 2-79

③其他未注明尺寸均不影响成型效果，可酌情自行给出。

(4) 该盒型结构为左右对称，绘图时只需绘制 1/2，然后镜像复制即可。

37. 双壁 walker lock 式斜口盘式盒

该华克锁盘式盒与图 2-42、图 2-68 的差别在于该盒成型后不是平口结构，而是端板前低后高的斜口盘式盒（扫描本章首页二维码见图 2-80a）。在图 2-80 平面展开图中则体现为边壁不是矩形而是梯形。本图只介绍边壁及后端板襟翼的绘制方法，至于整体盒型的绘制可看图 2-42、图 2-68 中介绍。

(1) 图 2-80 为平面展开图，成型效果扫描本章首页二维码见图 2-80a。

(2) L（长）、W（宽）、H（后端高）、H1（前端高）的值已知（客户给出），T = 纸厚。

(3) 边壁的绘制见图 2-81 中标注。

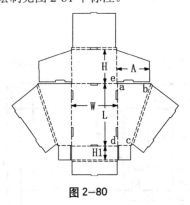

图 2-80

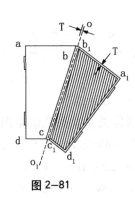

图 2-81

留意：①绘制直角梯形 abcd：线 ab = H，线 ad = L，连线 bc 为斜边。

②将线 bc 向外偏移 T 得镜像法线 OO_1。

③以法线 OO_1 镜像复制直角梯形 abcd（连同华克锁的插扣母位一起复制），可得直角梯形 $a_1b_1c_1d_1$。

④将线 a_1b_1、线 a_1d_1、线 c_1d_1 向内偏移 T 得阴影区域即为边壁的内板，处理好该区域与边壁外板的接头细节以及按要求移动复制的插扣母位形成插扣公位即完成边壁的绘制。

⑤端板襟翼绘制：将直角梯形 abcd 旋转 90° 复制，以 a 点提取，以 e 点放置；再将旋转复制后的 bc 线向内偏移 T，以距 ab 线为 A 的距离裁剪，即得后端板襟翼。

(4) 该盒型结构为左右对称，绘图时只需绘制 1/2，然后镜像复制即可。

38. 双壁前端斜壁后端琼斯锁扣斜口盘式盒

该华克锁盘式盒与图 2-80 的差别在于该盒成型后前端板是向内倾斜的（扫描本章首页二维码见图 2-82a）。该图边壁的绘制方法与图 2-80 平面展开图相同，可参看图 2-81 中介绍；该图后端板亚瑟扣的绘制方法可参看图 2-63 中介绍；故本图只展示草图不做详细讲解。

(1) 图 2-82 为平面展开图，成型效果同样扫码见图 2-82a。

(2) L（长）、W（宽）、H（后端高）、H1（前端高）的值已知（客户给出），T = 纸厚。

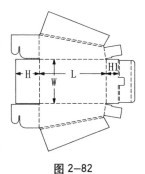

图 2-82

39. 水果包装托盘式盒（1）

该盒型的本质是一款单层边壁三层端壁两端夹亚瑟扣的华克锁盘式盒。只不过本图边壁增加了可插扣的半盖襟片，盒身边壁与底板设置了一批已知的透气孔（不存在结构关系），端壁上沿及底部设置了层叠放置使用的插扣孔及凸位而已。关于本图华克锁盘式盒的主体结构关系，可参看图 2-42 中介绍；亚瑟扣的绘制方法可参看图 2-63 中介绍；故本图只介绍各插扣位设置中应注意的细节结构关系。

(1) 图 2-83 为平面展开图，成型过程及效果扫描本章首页二维码见图 2-83a。

(2) L（长）、W（宽）、H（高）、A（半盖宽）及所有透气孔的值已知（客户给出），T = 纸厚。

(3) 各插扣位设置中应注意的细节结构绘制见图 2-83 中标注。

留意：①插扣公位 B 应与插扣母位 D 的宽度相适应：A/3 ≥ B = [20mm，25 mm]；D = B + 1mm。

②插扣避位宽度 C ≈ B + 4mm。

③插扣避位深度 K 应与插扣公位的高度 N 相适应：N = [15mm，20mm]；K = N + 2mm。

④插扣公位的位置 G 应与插扣母位的位置 J 相适应：G ≈ A/2；J = G + T。

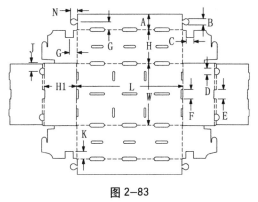

图 2-83

⑤端壁底部插扣孔应与上沿凸位的位置相适应（一般都分中设置），尺寸设置则有：F = [25mm，35mm]；E = F - 2mm。

40. 水果包装托盘式盒（2）

图 2-84 盒型大体与图 2-83 相同。表面的差异是将可插扣的半盖襟片从边壁换到本图的端壁，而华克锁换到了边壁；而实质的差异在于本图是双边壁双端壁华克锁盘式盒（图 2-83 是单边壁三端壁夹亚瑟扣华克锁盘式盒）。具体体现在边壁内折板的两端增设了折转后可以扣进端壁上沿凸位孔的襟翼，从而形成双端板。至于本图端壁上沿及底部设置了层叠放置使用的插扣孔及凸位与图 2-83 相同。关于本图华克锁盘式盒的主体结构关系，可参看图 2-42 中介绍；故本图只介绍部分插扣位设置中应注意的位置结构关系（尺寸细节见图 2-83 讲解）。

（1）图 2-84 为平面展开图，成型过程及效果扫描本章首页二维码见图 2-84a。

（2）L（长）、W（宽）、H（高）、半盖及盒底透气孔的值已知（客户给出），T＝纸厚。

（3）插扣位结构位置关系绘制见图 2-84 中标注。（端壁上沿及底部设置了层叠放置用的插扣孔及凸位，标注略）

留意：①插扣公位 A 应与插扣母位 B 的宽度相适应：B ≈ L/4。

②襟翼插扣公位位置 C ＝ D － J（J ＝ 2T）。

③襟翼插扣公位长度 F ＝ E/2。

④襟翼的长度 K ＝ L/2 － J。

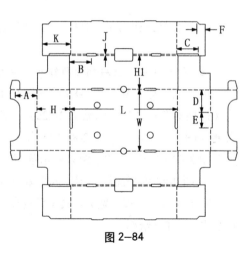

图 2-84

41. 水果包装托盘式盒（3）

图 2-85 盒型是端板两端襟翼向边壁内侧黏合，然后端板半盖襟片两端襟翼折转后再在边壁外侧黏合成型；结构相对简单，只有几个参数需留意。

（1）图 2-85 为平面展开图，成型效果扫描本章首页二维码见图 2-85a。

（2）L（长）、W（宽）、H（高）、A（半盖宽）及盒底透气孔的值已知（客户给出），T ＝ 纸厚。

（3）插扣位结构位置关系绘制见图 2-85 中标注。

①半盖襟片长：W2 ＝ W ＋ 2T；W1 ＝ W － 2T。

②B ≤ H；C ≤ L/2；D ＝ H － T。

③E ＝ F ≥ 2T；G ≥ A。

（4）该盒型上下左右对称，只需绘制 1/4 后镜像复制。

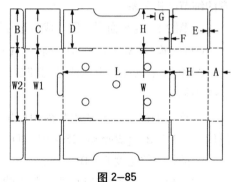

图 2-85

42. 水果包装托盘式盒（4）

图 2-86 盒型是两端带提手位四角带加强角的黏合成型盘式盒。即端板两端折转形成三角加强角，襟翼转向边壁内侧形成华克锁扣合；然后边壁襟片折转后再在端壁外侧黏合成型。

（1）图 2-86 为平面展开图，成型效果扫描本章首页二维码见图 2-86a。

（2）L（长）、W（宽）、H（高）、W1 的值已知（客户给出），T ＝ 纸厚。

（3）各个收纸位及尺寸关系见图 2-86 中标注。（端壁上沿及底部设置了层叠放置用的插扣孔及凸位，标注略）

留意：①W1 的值决定加强角的大小：A ＝ 直角三角形的斜边长（两直角边长 ＝ W/2 － W1/2）。

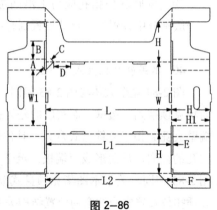

图 2-86

②襟片插扣位置 B＝D≈H/2；C＝A（旋转 45°）。

③E≥2T；F≤H。

④H1＝H－T；L1＝L－2T；L2＝L＋2T。

⑤其他未注明尺寸均不影响成型效果，可酌情自行给出。

(4) 该盒型结构为左右对称，绘图时只需绘制 1/2，然后镜像复制即可。

43. 水果包装托盘式盒（5）

图 2-87 盒型也是带提手位端板两端襟翼向边壁内侧黏合，然后端板半盖襟片两端襟翼折转后再在边壁外侧黏合成型；结构相对简单，只有几个参数需留意。

(1) 图 2-87 为平面展开图，成型效果扫描本章首页二维码见图 2-87a。

(2) L（长）、W（宽）、H（高）、A（半盖宽）的值已知（客户给出），T＝纸厚。

(3) 各个收纸位及尺寸关系见图 2-87 中标注。（端壁上沿及底部设置了层叠放置用的插扣孔及凸位，标注略）

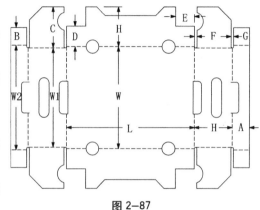

图 2-87

留意：①半盖两端襟翼高度 B 与边壁避空后高度 D 相适应：B＋D≤H。

②C＜L/2（需留意角部避空边壁缺口）；E≥A；F≥2T；G≥2T。

③W1＝W－2T；W2＝W；提手位在端壁分中设置，长度＝[90mm，120mm]，宽度＝[30mm，40mm]。

(4) 该盒型结构为上下左右对称，绘图时只需绘制 1/4，然后镜像复制即可。

（二）非矩形盘式盒

1. 三角形盘式盒

图 2-88 盒型结构相对简单，只有几个参数需留意。

(1) 图 2-88 为平面展开图，成型效果扫描本章首页二维码见图 2-88a。

(2) L（边长）、H（高）的值已知（客户给出），T＝纸厚。

(3) 各个收纸位及尺寸关系见图 2-88 中标注。

留意：①L1＝L－T；H1＝H－T；A＝B≈L/2；C＝2T。

②其他未注明尺寸均不影响成型效果，可酌情自行给出。

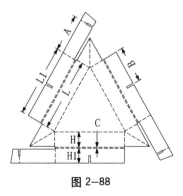

图 2-88

2. 底面平行四边形压锁盘式盒

图 2-89 盒型是底面平行四边形端边壁直立减震墙盘式盒，其结构实质与去掉亚瑟扣的图 2-63 结构相同，只需留意端壁绘制依据的是边长而不是盒型实际的宽度。

(1) 图 2-89 为平面展开图，成型效果扫描本章首页二维码见图 2-89a。

（2）L（边壁长）、W（端壁长）、H（高）、∠1及A、B的值已知（客户给出），T＝纸厚。

（3）各个收纸位及尺寸关系见图2-89中标注。

留意：① ∠2＝∠3；∠5＝∠6；∠4＝∠7＝∠1。

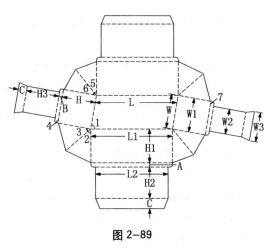

② L1＝L；L2＝L－2B；W1＝W；W2＝W－2A；W3＝W－A。

③ H1＝H－T；H2＝H－2T；H3＝H－T；C＝［12mm，16mm］。

（4）该盒型结构为180°旋转对称，绘图时只需绘制1/2，然后旋转复制即可。

图2-89

3. 各面均为平行四边形压锁盘式盒

图2-90盒型与图2-89的表面差异是减震墙与双壁的区别，本质差异在于本盒型不但底面是平行四边形，其边壁与端壁也是平行四边形，即本盒成型后无论从哪个面来看都是斜立的，而图2-89结构的四壁是直立的。

（1）图2-90为平面展开图，成型效果扫描本章首页二维码见图2-90a。

（2）L（边壁长）、W（端壁长）、H（高）、∠1、∠2、∠3的值已知，T＝纸厚。

（3）各个收纸位及尺寸关系见图2-90中标注。

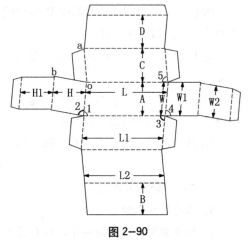

解析：本图成型的必要条件是线oa等于线ob，当∠2＝∠3时则有：

① L1＝L－2T；L2＝L－4T；W1＝W；W2＝W－4T；∠2＝∠3＝∠4＝∠5。

② H1＝H－T；C＝H；D＝H－T；B＝A－3T。

③当∠2≠∠3时，保证线oa等于线ob，则C、D的值需根据∠3＝∠5重新计算。

图2-90

（4）该盒型结构不可以旋转复制。

4. 六边形压锁盘式盒

图2-91盒型是底面为六边形的双壁盘式盒，内壁折转时裹夹襟翼，前端襟片在盒底上交叠压锁成型。

（1）图2-91为平面展开图，成型效果扫描本章首页二维码见图2-91a。

（2）L（边长）、H（高）的值已知（客户给出），T＝纸厚。

（3）各个收纸位及尺寸关系见图2-91中标注。本图盒型结构相对简单，只需留意：

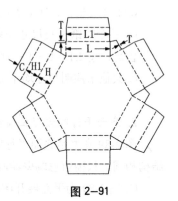

图2-91

①L1＝L－2T；H1＝H－T；C＝[12mm，16mm]。

②其他未注明尺寸均不影响成型效果，可酌情自行给出。

(4) 该盒型是正六边形时，可以以正六边形的中心点旋转120°复制。

5. 带亚瑟扣六边形压锁盘式盒

图2-92盒型与图2-91一样，都是底面为六边形的双壁盘式盒，内壁折转时裹夹襟翼，前端襟片在盒底上交叠压锁成型。差异只在于本图盒型一是双壁增加了壁厚（减震墙）；二是内壁设置了带亚瑟扣的襟翼，这使得前端襟片没交叠压锁之前该盒子就能完成边壁固定。

(1) 图2-92为平面展开图，成型过程及效果扫描本章首页二维码见图2-92a。

(2) L（边长）、H（高）、A（壁厚）的值已知，T＝纸厚。

(3) 各个收纸位及尺寸关系见图2-92中标注。本图盒型结构相对简单，只需留意：

①L1＝L－2T；H1＝H－T；E＝[12mm，16mm]。

②B＝A＋2T；C、D的值及相关亚瑟扣的设定可参看图2-63中的解析。

③其他未注明尺寸均不影响成型效果，可自行给出。

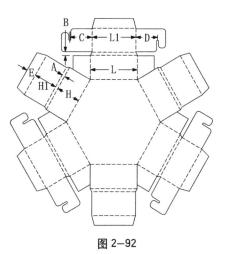

图 2-92

(4) 该盒型是正六边形时，可以以正六边形的中心点旋转120°复制。

6. 六角反棱柱盘式盒

图2-93盒型是底面为正六边形侧壁为六角反棱柱盘式盒，侧壁之间依靠襟翼黏合成型。绘制该盒型的难易程度依给定的条件而定：如果给出了侧壁三角形的斜高，则绘制平面展开图相当容易；如果给出的是整个盒子的高，则绘制平面展开图还需经过简单的三角计算；下面讲解后者，则前者自现。

(1) 图2-93为平面展开图，图2-94为辅助参考图，成型效果扫描本章首页二维码见图2-93a。

(2) L（边长）、A（侧高）的值已知（客户给出），T＝纸厚。

(3) 各个收纸位及尺寸关系见图2-93中标注。

解析：正六角反棱柱盘式盒的侧壁由12个全等的等腰三角形构成，在已知该等腰三角形的底边长为L的前提下，只需算出"高"即可绘制出该等腰三角形，再设置黏合襟片即绘制出了整个平面展开图。具体到本图中，则只需算出图2-93中"A"的值即可。

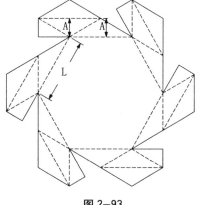

图 2-93

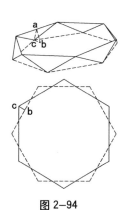

图 2-94

①六角反棱柱盘式盒口沿实际是将盒底旋转了30°（见图 2-94 的下图）。

②通过图 2-94 的上图可知：盒口沿边的中点 a 在底面的投影点为 b，与底面的角点 c 构成直角三角形；直角边 ab = H，直角边 cb 可通过下图直接测出，则斜边 ac 可得出；线 ac 等于图 2-93 中"A"。

③依据图 2-93 可轻易绘制 12 个全等的等腰三角形侧壁及相应的黏合襟片。

④其他未注明尺寸均不影响成型效果，可酌情自行给出。

⑷ 该盒型是正六边形，只需绘制 1/6，再以正六边形的中心点旋转 60°复制即可。

7. 压锁式六角盘式盒

图 2-95 盒型是底面为六边形的局部双壁盘式盒，内壁折转时裹夹襟翼，前端襟片在盒底上交叠压锁成型。

⑴ 图 2-95 为平面展开图，成型效果扫描本章首页二维码见图 2-95a。

⑵ L（长）、L1、L2、L3、L4、L5（各边长）、H（高）的值已知（客户给出），T = 纸厚。

⑶ 各个收纸位及尺寸关系见图 2-95 中标注。本图盒型结构相对简单，按之前内容即可绘制出。

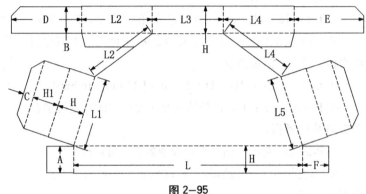

图 2-95

①H1 = H − T；A = H − 2T；B = H − T；C = [12mm，16mm]；D ≤ L1 − F；E ≤ L5 − F；F ≤ L5/2 。

②其他未注明尺寸均不影响成型效果，可酌情自行给出。

8. 角锁式双壁八角盘式盒

图 2-96 盒型是底面为八边形的双壁盘式盒，内壁折转时裹夹襟翼，前端襟片在盒底上交叠压锁成型。

⑴ 图 2-96 为平面展开图，成型效果扫描本章首页二维码见图 2-96a。

⑵ L（边长）、H（高）的值已知（客户给出），T = 纸厚。

⑶ 各个收纸位及尺寸关系见图 2-96 中标注。本图盒型结构相对简单，可参考上图绘制。

①H1 = H − T；H2 = H − 2T；H3 = H − 3T；A ≤ L/2。

②其他未注明尺寸均不影响成型效果，可酌情自行给出。

⑷ 该盒型可以镜像复制。

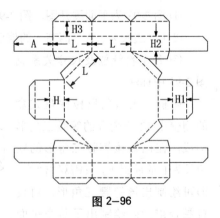

图 2-96

第二节　连盖盘式盒

所谓连盖盘式盒就是指盒盖与底盒同一纸板连体设置的盘式盒。

一、矩形类连盖盘式盒

（一）方形盘式

1. 布莱伍德（brightwood）式连盖盘式盒（压翼式）

（1）图 2-97 为平面展开图，成型效果扫描本章首页二维码见图 2-97a。

（2）L（长）、W（宽）、H（高）的值已知，T = 纸厚。

（3）各个收纸位及尺寸关系见图 2-97 中标注。

① A ≤ W/2；B = 2T 或"2mm"（取其中较大值）；C = D = [12mm，16mm]；R = [8mm，10 mm]。

② L1 = L - 2T；L2 = L - 2T；H1 = H - T；W1 = W；W2 = W - 2T。

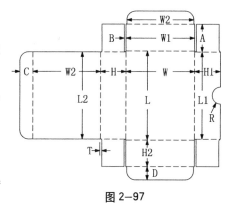

图 2-97

2. 六处角黏布莱伍德（brightwood）全盖盘式盒

图 2-98 盒型也称六角布莱伍德盒，同样意指底盒四角与盖盒二角依靠襟片黏合成型。

（1）图 2-98 为平面展开图，成型效果扫描本章首页二维码见图 2-98a。

（2）L（长）、W（宽）、H（高）的值已知（客户给出），T = 纸厚。

（3）各个收纸位及尺寸关系见图 2-98 中标注。

① A ≤ W/2；B ≤ W/2；C ≤ W/2；R = [8，10]。

② L1 = L - 2T；L2 = L - 4T；L3 = L4 = L - 6T；H1 = H2 = H3 = H4 = H - T；W1 = W - T。

③襟翼折转避位按图 2-97 中的"B"设置。

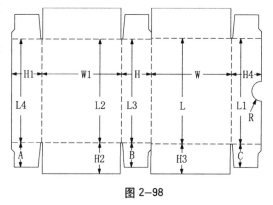

图 2-98

3. 六处角黏布莱伍德（brightwood）半深盖盘式盒

图 2-99 盒型与图 2-98 的差异仅在于盒盖的高度（浅盖型），同是底盒四角与盖盒二角依靠襟片黏合成型。

（1）图 2-99 为平面展开图，成型效果扫描本章首页二维码见图 2-99a。

（2）L（长）、W（宽）、H（高）、H1（盖高）的值已知（客户给出），T = 纸厚。

（3）各个收纸位及尺寸关系见图 2-99 中标注。

① A ≤ W/2（A 一般取值等于 H1）；B ≤ W/2；C ≤ W/2（B、C 一般取值等于 H2）。

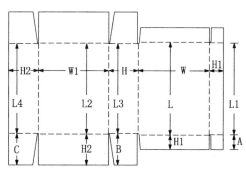

图 2-99

②L1＝L－2T；L2＝L－4T；L3＝L4＝L－6T；H2＝H－T；W1＝W－T。

③襟翼折转避位按前述设置亦可，其他未注明尺寸均不影响成型效果，可酌情自行给出。

（4）该盒型结构为上下对称，绘图时只需绘制 1/2，然后镜像复制即可。

4. 带两侧折翼六处角黏布莱伍德（brightwood）半盖盘式盒

图 2-100 盒型与图 2-99 的差异在于底盒的两侧多设置了折翼，另外盖盒的黏合襟翼改设在两侧也带来了高低线与收纸位的变化。

（1）图 2-100 为平面展开图，成型效果扫描本章首页二维码见图 2-100a。

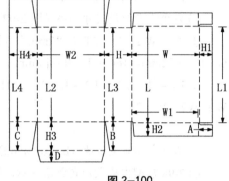

（2）L（长）、W（宽）、H（高）、H1（盖高）的值已知（客户给出），T＝纸厚。

（3）各个收纸位及尺寸关系见图 2-100 中标注。

①A 一般等于 H1；B ≤ W2/2；C ≤ W2/2；（B、C 一般取值等于 H3）；D＝[12mm，16mm]。

② L1＝L；L2＝L－2T；L3＝L4＝L－4T；H2＝H1；H3＝H4＝H－T；W1＝W－T；W2＝W－2T。

③襟翼折转避位按前述设置亦可，其他未注明尺寸均不影响成型效果，可酌情自行给出。

图 2－100

（4）该盒型结构为上下对称，绘图时只需绘制 1/2，然后镜像复制即可。

5. 带三侧折翼六处角黏布莱伍德（brightwood）半盖盘式盒

图 2-101 盒型与图 2-100 的差异在于底盒的三边都设置了折翼，另外盖盒的黏合襟翼改变也带来了高低线与收纸位的变化。

（1）图 2-101 为平面展开图，成型效果扫描本章首页二维码见图 2-101a。

（2）L（长）、W（宽）、H（高）、H1（盖高）的值已知（客户给出），T＝纸厚。

（3）各个收纸位及尺寸关系见图 2-101 中标注。

①A 一般等于 H1；B ≤ W1/2（B 一般取值等于 H3）；C ≤ W1/2（C 一般取值等于 H4）。

②D＝[12mm，16mm]；∠1＝∠2＝45°。

③L1＝L－2T；L2＝L－4T；L3＝L4＝L－6T。

④H2＝H－T；H3＝H1；H4＝H－T；W1＝W－T。

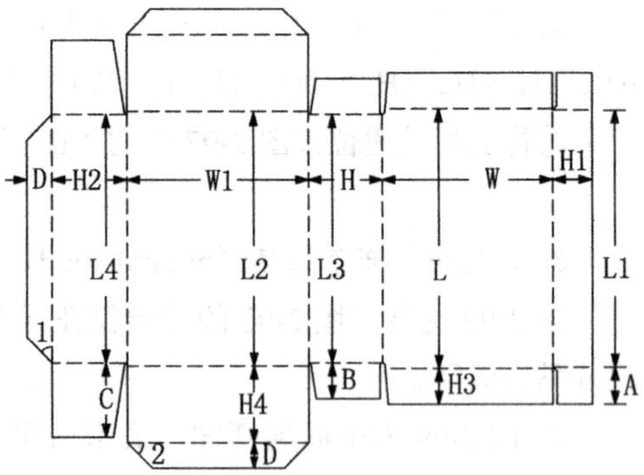

图 2－101

⑤襟翼折转避位按前述设置亦可，其他未注明尺寸均不影响成型效果，可酌情自行给出。

（4）该盒型结构为上下对称，绘图时只需绘制 1/2，然后镜像复制即可。

6. 带撕拉线三折翼六角黏布莱伍德（brightwood）半盖盘式盒

图 2-102 盒型与图 2-101 的差异在于盖盒的前端设置了一个带撕拉齿刀的黏封襟片。

（1）图2-102为平面展开图，成型效果扫描本章首页二维码见图2-102a。

（2）L（长）、W（宽）、H（高）、H1（盖高）的值已知（客户给出），T＝纸厚。

（3）各收纸位及尺寸关系见图2-102中标注。

①A一般等于H1；B≤W1/2（B一般取值等于H4）；C≤W1/2（C一般取值等于H3）。

②D＝[12mm，16mm]；E＝[12mm，16mm]。

③L1＝L－2T；L2＝L－4T；L3＝L4＝L－6T。

④H2＝H－T；H3＝H－2T；H4＝H1；W1＝W－T。

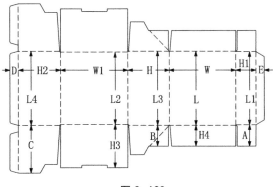

图2-102

⑤襟翼折转避位按前述设置亦可，其他未注明尺寸均不影响成型效果，可酌情自行给出。

7. 带折翼四角黏毕尔斯连盖盘式盒

如同上一节中所述，毕尔斯（Beers）盘式盒属于盘式自动折叠纸盒结构之一，最显著的特点就在于设置了自动黏合作业线。从图2-103a中可以了解该盒型黏合过程。

（1）图2-103为平面展开图，成型过程扫描本章首页二维码见图2-103a，成型效果同样扫码见图2-103b。

（2）L（长）、W（宽）、H（高）的值已知，T＝纸厚。

（3）各个收纸位及尺寸关系见图2-103中标注。

①A≤L/2（一般等于H1）；B≤L/2（B一般取值等于H1）；C＝[12mm，16mm]（C取值需大于R）。

②D＝[12mm，16mm]；E＝H2－T；R＝[8mm，10mm]；∠1＝∠2＝45°。

③L1＝L－2T；L2＝L－2T；H1＝H；H2＝H－T；W1＝W－2T；W2＝W－T。

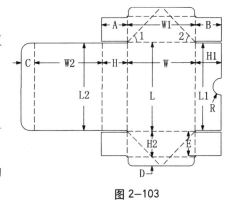

④襟翼折转避位按前述设置亦可，其他未注明尺寸均不影响成型效果，可酌情自行给出。

图2-103

（4）该盒型结构为上下对称，绘图时只需绘制1/2，然后镜像复制即可。

8. 带折翼四角黏毕尔斯连盖盘式盒

图2-104盒型与图2-103的差异在于自动黏合作业线的改变，再就是后壁黏合襟片设置的改变也带来收纸位的变化。

（1）图2-104为平面展开图，成型过程扫描本章首页二维码见图2-104a，成型效果同样扫码见图2-104b。

（2）L（长）、W（宽）、H（高）的值已知，T＝纸厚。

（3）各个收纸位及尺寸关系见图 2-104 中标注。

① A ≤ W/2（一般等于 H1）；B ≤ L/2（B 一般取值等于 H1）；C = [12mm，16mm]。

② D = [12mm，16mm]；∠1 = ∠2 = 45°；∠3 = [60°，75°]。

③ L1 = L2 = L3 = L - 2T；H1 = H；H2 = H - T；W1 = W - 2T；W2 = W - T。

④襟翼折转避位按前述设置亦可，其他未注明尺寸均不影响成型效果，可酌情自行给出。

（4）该盒型结构为上下对称，绘图时只需绘制 1/2，然后镜像复制即可。

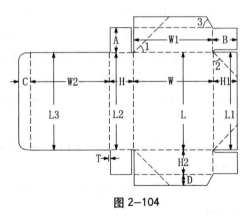

图 2-104

9. 带防尘翼四角黏毕尔斯连盖盘式盒

图 2-105 盒型与图 2-103 的差异在于盖盒两侧设置了防尘翼，再就是前后黏合襟片设置的改变也带来收纸位的变化。从图 2-105a 中可以了解该盒型黏合过程。

（1）图 2-105 为平面展开图，成型过程扫描本章首页二维码见图 2-105a，成型效果同样扫码见图 2-105b。

（2）L（长）、W（宽）、H（高）的值已知，T = 纸厚。

（3）各个收纸位及尺寸关系见图 2-105 中标注。

① A ≤ W/2（一般等于 H1）；B ≤ L/2（B 一般取值等于 H1）；C = [12mm，16mm]。

② D ≤ H - T；∠1 = ∠2 = 45°；∠3 = [60°，75°]。

③ L1 = L2 = L - 2T；L3 = L - 4T；H1 = H2 = H - T；W1 = W - 2T；W2 = W - T。

④襟翼折转避位按前述设置亦可，其他未注明尺寸均不影响成型效果，可酌情自行给出。

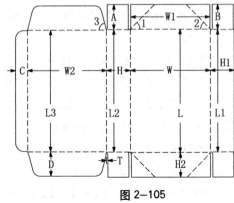

图 2-105

（4）该盒型结构为上下对称，绘图时只需绘制 1/2，然后镜像复制即可。

10. 六处角黏毕尔斯（Beers）连盖盘式盒

图 2-106 盒型也称六角毕尔斯盒，同样意指底盒四角与盖盒二角依靠襟片黏合成型。图 2-106 盒型与图 2-98 的差异在于设置了自动黏合作业线。

（1）图 2-106 为平面展开图，成型效果扫描本章首页二维码见图 2-106a。

（2）L（长）、W（宽）、H（高）的值已知（客户给出），T = 纸厚。

（3）各个收纸位及尺寸关系见图 2-106 中标注。

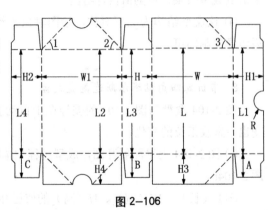

图 2-106

①A≤W/2（一般等于 H1）；B＝C≤W1/2－R（B 一般取值等于 H4）。

②∠1＝∠2＝∠3＝45°；R＝[8mm，10mm]。

③L1＝L－2T；L2＝L－4T；L3＝L4＝L－6T；H1＝H2＝H3＝H4＝H－T；W1＝W－T。

④襟翼折转避位按前述设置亦可，其他未注明尺寸均不影响成型效果，可酌情自行给出。

⑤扫描本章首页二维码查看图 2-107a 可以了解该类盒型黏合过程。

11. 带锚锁六处黏毕尔斯连盖盘式盒

图 2-107 盒型与图 2-106 的差异在于盖盒前端设置了可以插扣的锚锁结构，使得该盒型封闭牢固。图 2-107a 中可以了解该盒型黏合过程。

(1) 图 2-107 为平面展开图，成型过程扫描本章首页二维码见图 2-107a，成型效果同样扫码见图 2-107b。

(2)L（长）、W（宽）、H（高）的值已知，T＝纸厚。

(3) 各个收纸位及尺寸关系见图 2-107 中标注。

①A≤W1/2（一般等于 H1）；B＝C≤W/2（B、C 一般取值等于 H2）。

②∠1＝∠2＝∠3＝45°。

③L1＝L2＝L－2T；L3＝L＋4T；L4＝L＋2T；H1＝H2＝H－T；W1＝W－T；W2＝W－2T。

④锚锁详细结构可参看图 2-48 讲解。

⑤襟翼折转避位按前述设置亦可，其他未注明尺寸均不影响成型效果，可酌情自行给出。

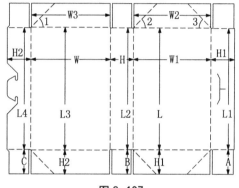

图 2-107

12. 二蹼角六处黏毕尔斯连盖盘式盒

图 2-108 盒型与图 2-106 的差异在于自动黏合作业线的改变，再就是前后壁黏合襟片设置的改变（后壁蹼角）也带来收纸位的变化。

(1) 图 2-108 为平面展开图，成型过程扫描本章首页二维码见图 2-108a，成型效果同样扫码见图 2-108b。

(2)L（长）、W（宽）、H（高）的值已知（客户给出），T＝纸厚。

(3) 各个收纸位及尺寸关系见图 2-108 中标注。

①A 取值一般等于 H1；B 一般取值等于 H2。

②∠1＝∠2＝∠3＝45°。

③L1＝L2＝L－2T；L3＝L＋4T；L4＝L＋2T。

④H1＝H2＝H－T；W1＝W－2T；W2＝W＋T。

⑤襟翼折转避位按前述设置亦可，其他未注明尺寸均不影响成型效果，可酌情自行给出。

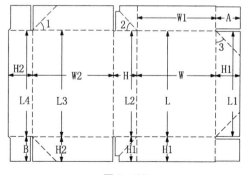

图 2-108

13. 四蹼角六处黏毕尔斯连盖盘式盒

图 2-109 盒型与图 2-106 的差异也是自动黏合作业线的改变,且前后壁黏合襟片均为蹼角设置带来收纸位的变化。

(1) 图 2-109 为平面展开图,成型效果扫描本章首页二维码见图 2-109a。

(2) L(长)、W(宽)、H(高)的值已知(客户给出),T = 纸厚。

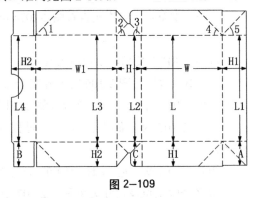

(3) 各个收纸位及尺寸关系见图 2-109 中标注。

① A 取值一般等于 H1;B 一般取值等于 H2。

② ∠1 = ∠2 = ∠3 = ∠4 = ∠5 = 45°。

③ L1 = L2 = L - 2T;L3 = L + 4T;L4 = L + 2T。

④ H1 = H2 = H - T;W1 = W + T。

⑤襟翼折转避位按前述设置亦可。

图 2-109

14. 带外折翼六处黏毕尔斯连盖盘式盒

图 2-110 盒型与前图的差异在于盖盒与底盒的前端壁均增加了折翼(盖盒内折,底盒外折),带来收纸位的变化主要体现在宽度方面(增加了一张纸)。从图 2-110a 中可以了解该盒型黏合过程。

(1) 图 2-110 为平面展开图,成型过程扫描本章首页二维码见图 2-110a,成型效果同样扫码见图 2-110b。

(2) L(长)、W(宽)、H(高)的值已知(客户给出),T = 纸厚。

(3) 各个收纸位及尺寸关系见图 2-110 中标注。

① A ≤ W1/2(一般等于 H1);B ≤ H;C ≤ L4/2(一般取值 H2)。

② ∠1 = ∠2 = ∠3 = 45°。

③ L1 = L2 = L - 2T;L3 = L + 2T;L4 = L。

④ H1 = H2 = H - T;W1 = W - 2T;W2 = W + 2T。

⑤襟翼折转避位按前述设置亦可,其他未注明尺寸均不影响成型效果,可酌情自行给出。

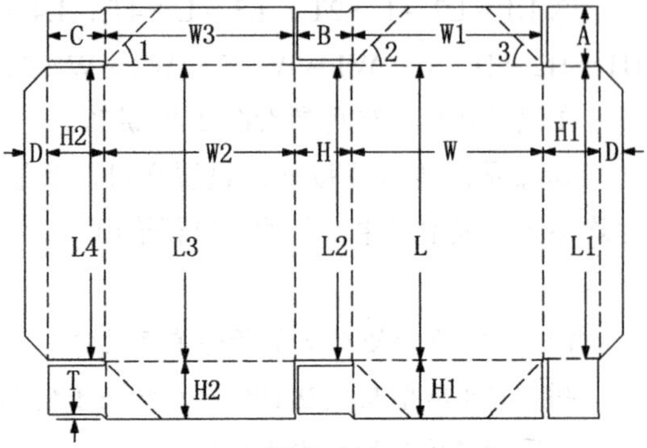

图 2-110

15. 三边防尘翼盖 kliklok 式盘式盒

图 2-111 盒型与图 2-23 的差异增加了一个三边带防尘翼的盒盖,除了增加的盖盒与底盒尺寸结构关系外,其底盒锁扣细节收纸位与图 2-23 并无变化。

(1) 图 2-111 为平面展开图,成型效果扫描本章首页二维码见图 2-111a。

(2) L(长)、W(宽)、H(高)的值已知(客户给出),T = 纸厚。

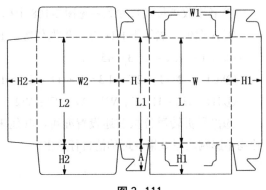

图 2-111

(3) 各个收纸位及尺寸关系见图 2-111 中标注。（此处只介绍盖盒与底盒尺寸结构关系，锁扣细节见图 2-23。）

① A 取值一般小于 W/2。（具体见图 2-23）

② L1 = L + 2T；L2 = L + 4T；W1 = W − 2T；W2 = W + T；H1 = H2 = H − T。

③ 襟翼折转避位按前述设置亦可，其他未注明尺寸均不影响成型效果，可酌情自行给出。

(4) 该盒型结构为上下对称，绘图时只需绘制 1/2，然后镜像复制即可。

16. 带锚锁 kliklok 式连盖盘式盒

图 2-112 盒型与图 2-111 的差异只在于盖盒与底盒的前端板设置了锚锁而已，盖盒端板两端的襟片与侧壁也改为黏合结构，由此尺寸关系略有变化，其底盒锁扣细节收纸位与图 2-23 无变化。

(1) 图 2-112 为平面展开图，成型效果扫描本章首页二维码见图 2-112a。

(2) L（长）、W（宽）、H（高）的值已知（客户给出），T = 纸厚。

(3) 各个收纸位及尺寸关系见图 2-112 中标注。（此处只介绍盖盒与底盒尺寸结构关系，底盒成型锁扣细节见图 2-23 介绍，锚锁设置细节见图 2-48 介绍。）

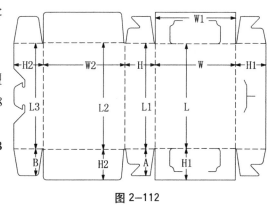

图 2-112

① A 取值一般小于 W/2（具体见图 2-23）；B 取值一般等于 H2。

② L1 = L + 2T；L2 = L + 4T；L3 = L + 2T；W1 = W − 2T；W2 = W + T；H1 = H2 = H − T。

③ 襟翼折转避位按前述设置亦可，其他未注明尺寸均不影响成型效果，可酌情自行给出。

17. 窝进盖 kliklok 式连盖盘式盒

图 2-113 盒型与图 2-111 的差异在于盖盒改为四片摇翼连续窝进结构，由此盖盒的结构与尺寸关系都发生变化，但其底盒锁扣细节收纸位与图 2-23 无变化。

(1) 图 2-113 为平面展开图，成型效果扫描本章首页二维码见图 2-113a。

(2) L（长）、W（宽）、H（高）的值已知（客户给出），T = 纸厚。

(3) 各个收纸位及尺寸关系见图 2-113 中标注。（此处只介绍盖盒思路，底盒成型锁扣细节见图 2-23 介绍。）

① 窝进盖成型后效果见图 2-113 右侧图所示：阴影部分为窝进的局部。

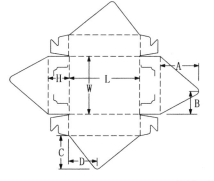

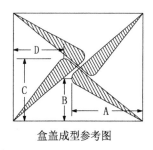

盒盖成型参考图

图 2-113

② A > L/2，B < W/2，C > W/2，D < L/2。具体的数值需根据具体的尺寸及效果调整。

③ 襟翼折转避位按前述设置亦可，其他未注明尺寸均不影响成型效果，可酌情自行给出。

18. 带亚瑟扣 kliklok 式连盖盘式盒

图 2-114 盒型前端壁的钩锁与图 2-23 一样，后端壁内侧成型添加了亚瑟扣襟翼，包裹型单层盒盖的末梢设置了锚锁，所有的细节收纸位在前文均讲解过。

(1) 图 2-114 为平面展开图，成型效果扫描本章首页二维码见图 2-114a。

(2) L（长）、W（宽）、H（高）的值已知，T = 纸厚。

(3) 各个收纸位及尺寸关系见图 2-114 中标注。（此处只介绍盒型整体尺寸关系。）

①底盒前端壁的成型锁扣细节见图 2-23 介绍。

②边壁襟翼亚瑟扣的设置见图 2-63 介绍。

③盒盖末梢的锚锁设置见图 2-48 介绍。

④H1 = H；H2 = H - T；H3 = H + T；H4 = H - T；
W1 = W。

⑤襟翼折转避位按前述设置亦可，其他未注明尺寸均不影响成型效果，可酌情自行给出。

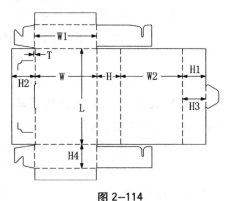

图 2-114

19. 带插扣盖三折翼 kliklok 式盘式盒

图 2-115 盒型底盒前端壁设置了卡锁，单层盒盖的末梢设置了双向插扣锁。

(1) 图 2-115 为平面展开图，成型效果扫描本章首页二维码见图 2-115a。

(2) L（长）、W（宽）、H（高）的值已知（客户给出），T = 纸厚。

(3) 各收纸位及尺寸关系见图 2-115 中标注。

① A = B ≈ L/6；C = [25mm，30mm]；
2C ≤ D ≤ 3C；E = D + 2mm。

② F = C + 2mm；∠1 = ∠2 = 45°；R ≈ H/2；R1 = R - 1mm。

③ L1 = L2 = L - 2T；W1 = W - T；H1 = H2 = H - T。

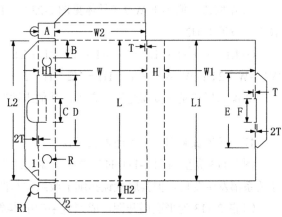

图 2-115

20. 三边防尘翼盖 kliklok 式挂锁盘式盒

图 2-116 盒型是底盒侧壁设置了挂锁成型，盖盒三边设置防尘翼。

(1) 图 2-116 为平面展开图，成型效果扫描本章首页二维码见图 2-116a。

(2) L（长）、W（宽）、H（高）的值已知（客户给出），T = 纸厚。

(3) 各个收纸位及尺寸关系见图 2-116 中标注。

① A ≤ H；B ≈ 2H/3；C = B；D ≈ H/2。

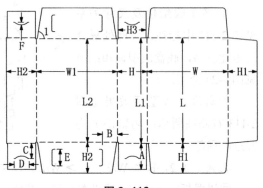

图 2-116

② $E = D + 2$ ； $F = [3mm，5mm]$ ； $\angle 1 \approx 60°$ 。

③ $L1 = L - 2T$ ； $L2 = L - 4T$ ； $W1 = W - T$ ； $H1 = H2 = H - T$ ； $H3 = H - 2T$ 。

④襟翼折转避位按前述设置亦可，其他未注明尺寸均不影响成型效果，可酌情自行给出。

(4) 该盒型结构为上下对称，绘图时只需绘制 1/2，然后镜像复制即可。

21. 盖前壁胶封底盒边壁真锁式（true lock style）托盘盒

图 2-117 盒型是底盒侧壁设置了真锁成型，盖盒两侧设置了内插防尘翼，盖盒的前端板设置了一个带撕拉齿刀的外黏黏封襟片（开启撕拉后的使用，前端板可以内插）。

(1) 图 2-117 为平面展开图，成型效果扫描本章首页二维码见图 2-117a\ 图 2-117b。

(2) L（长）、W（宽）、H（高）的值已知（客户给出），
$T =$ 纸厚。

(3) 各个收纸位及尺寸关系见图 2-117 中标注。

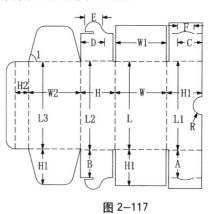

① A、B 一般取值 W/2，只需满足 $A + B = W$ 即可。 $C \approx$
$2H/3$ ； $D = C - 2mm$ 。

② $E \approx H/2$ ； $F = E + 2mm$ ； $\angle 1 = [60°，75°]$ ； $R =$
$[8mm，10mm]$ 。

③ $L1 = L2 = L + 2T$ ； $L3 = L - 2T$ ； $W1 = W - 2T$ ； $W2$
$= W + T$ ； $H1 = H - T$ ； $H2 > R$ 。

图 2-117

④襟翼折转避位按前述设置亦可，其他未注明尺寸均不
影响成型效果，可酌情自行给出。

(4) 该盒型结构为上下对称，绘图时只需绘制 1/2，然后镜像复制即可。

22. 带锚锁与夏洛特插扣 kliklok 盘式盒

图 2-118 盒型的底盒侧壁除设置了成型钩锁外，还设置了与盖盒侧翼配合的夏洛特插扣，盖盒的端板设置了与底盒端板配合的锚锁。

(1) 图 2-118 为平面展开图，成型效果扫描本章首页二维码见图 2-118a。

(2) L（长）、W（宽）、H（高）的值已知（客户给出）， $T =$ 纸厚。

(3) 各个收纸位及尺寸关系见图 2-118 中标注。
（钩锁、锚锁的设置要点见图 2-23 与图 2-48，此
处只介绍盒型整体尺寸关系与夏洛特插扣的配合
关系。）

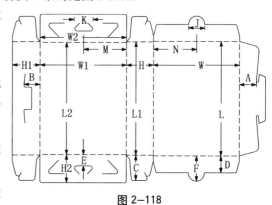

① A、B 一般取值 H/2，只需满足 $A + B \leqslant H$
即可。 $C \leqslant H$ 。 $D \approx H/2$ 。

② D、E 一般取值 H/2，只需满足 $D + E \leqslant H$
即可。 $F < H$ 。

图 2-118

③ M、N 一般取值 W/2，只需满足 $M = N$ 即可； $J = [20mm，25mm]$ ； $K = J + 2mm$ 。

④ $L1 = L - 2T$ ； $L2 = L - 4T$ ； $W1 = W - T$ ； $H1 = H2 = H - T$ 。

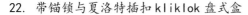

⑤襟翼折转避位按前述设置亦可，其他未注明尺寸均不影响成型效果，可酌情自行给出。

（4）该盒型结构为上下对称，绘图时只需绘制 1/2，然后镜像复制即可。

23. klikweb 式托盘盒

图 2-119 盒型的成型是将蹼角折转至端板外壁并将突出位插入卡孔后再折转端板折翼完成扣合，后壁同样。盒盖与底盒的扣合是将单层盖上设置的插片插入底盒折翼上设置的插扣刀位。

（1）图 2-119 为平面展开图，成型效果扫描本章首页二维码见图 2-119a。

（2）L（长）、W（宽）、H（高）的值已知（客户给出），T = 纸厚。

（3）各个收纸位及尺寸关系见图 2-119 中标注。

①A 的取值与 F 关联，A、F 取值一般 < H，只需满足 A = F 即可。

②B 的取值与 E 的值相关联，一般 B、E 在 15mm ～ 20mm 间取值，只需满足 B ≤ E 即可。

③C 的取值与 D 关联，只需满足 C = D 即可。

④G = [5mm，7mm]；I = [15mm，20mm]；J = [2mm，3mm]；K 取值小于折翼的宽度。

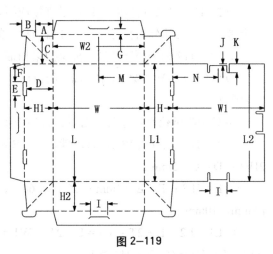

图 2-119

⑤M、N 一般取值 W/2，只需满足 M = N 即可。

⑥L1 = L + 2T；L2 = L；W1 = W − T；W2 = W + 2T；H1 = H2 = H − T。

（4）该盒型结构为上下对称，绘图时只需绘制 1/2，然后镜像复制即可。

24. 双层盖减震墙 klikweb 式托盘盒

图 2-120 盒型与图 2-119 的插扣方式相同，差异在于本图底盒四壁设置了减震墙，盒盖也改为双层结构了。

（1）图 2-120 为平面展开图，成型效果扫描本章首页二维码见图 2-120a。

（2）L（长）、W（宽）、H（高）、A（边壁墙厚）、B（端壁墙厚）的值已知（客户给出），T = 纸厚。

（3）各个收纸位及尺寸关系见图 2-120 中标注。（此处只介绍盒型整体尺寸关系，插扣的设置参看图 2-119。）

①L1 = L − 2A。

②W1 = W；W2 = W − T；W3 = W + 2T；W4 = W − 2B。

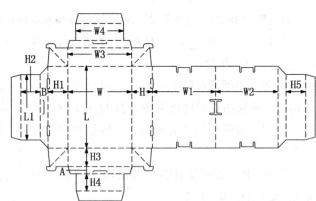

图 2-120

③H1 = H3 = H − 2T；H2 = H4 = H5 = H − 3T。

④插扣的设置参看图 2-119，其他未注明尺寸均不影响成型效果，可酌情自行给出。

25. 包裹式klikweb托盘盒

(1) 图 2-121 为平面展开图，成型效果扫描本章首页二维码见图 2-121a。

(2) L（长）、W（宽）、H（高）的值已知（客户给出），T = 纸厚。

(3) 各个收纸位及尺寸关系见图2-121中标注。

① A = B ≈ W/4；C、D 一般取值 H/2，只需满足 C + D = H 即可。

② E 一般等于 A + [12mm，20mm]；F = C + 1mm；G ≈ W/2；J = G - 2mm。

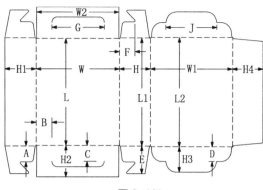

图 2-121

③ L1 = L + 2T；L2 = L + 4T；W1 = W - T；W2 = W - 2T；H1 = H2 = H3 = H - T。

④其他未注明尺寸均不影响成型效果，可酌情自行给出。

26. 连盖华克锁型盘式盒

图 2-122 盒型是一款三边双壁华克锁成型的单层插舌盖盘式盒。

(1) 图 2-122 为平面展开图，成型效果扫描本章首页二维码见图 2-122a。

(2) L（长）、W（宽）、H（高）的值已知，T = 纸厚。

(3) 各个收纸位及尺寸关系见图 2-122 中标注。（此处只介绍盒型整体尺寸关系，华克锁的设置参看图 2-42。）

① A = B = 2T；C ≈ L/4 - 10mm；D 的取值与 C 相关，一般只需满足 D ≤ C 即可。

② E 的长度与 D 一样需避开华克锁的插扣位，还需满足 E ≤ W/2；F = 2T。

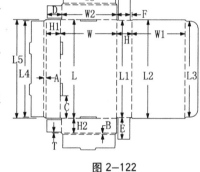

图 2-122

③ L1 = L - 2T；L2 = L；L3 = L - 2B - 2；L4 = L - 2B；L5 = L 。

④ W1 = W - A；W2 = W - T；W3 = W - A - T；H1 = H - T；H2 = H - T 。

⑤除华克锁外，其他未注明尺寸均不影响成型效果，可酌情自行给出。

27. 三边防尘翼盖华克锁型盘式盒

(1) 图 2-123 为平面展开图，成型效果扫描本章首页二维码见图 2-123a。

(2) L（长）、W（宽）、H（高）的值已知，T = 纸厚。

(3) 各个收纸位及尺寸关系见图 2-123 中标注。（此处只介绍盒型整体尺寸关系，华克锁的设置参看图 2-42）。

① L1 = L - 2T；L2 = L - 6T；W1 = W - T；W2 = W - 2T；H1 = H；H2 = H - T 。

②除华克锁外，其他未注明尺寸均不影响成型效果，

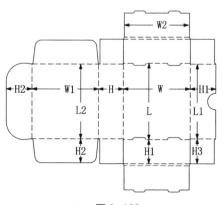

图 2-123

可酌情自行给出。

28. 两侧防尘翼盖华克锁型盘式盒

(1) 图 2-124 为平面展开图，成型效果扫描本章首页二维码见图 2-124a。

(2) L（长）、W（宽）、H（高）的值已知（客户给出），T = 纸厚。

(3) 各个收纸位及尺寸关系见图 2-124 中标注。（此处只介绍盒型整体尺寸关系，华克锁的设置参看图 2-42。）

① L1 = L − 2T；L2 = L − 6T；W1 = W2 = W；W3 = W − 2T；H1 = H − T；H2 = H；∠1 = [60°，75°]。

② 除华克锁外，其他未注明尺寸均不影响成型效果，可酌情自行给出。

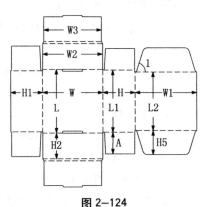

图 2-124

29. 双盖亚瑟扣加华克锁型盘式盒

(1) 图 2-125 为平面展开图，成型效果扫描本章首页二维码见图 2-125a。

(2) L（长）、W（宽）、H（高）的值已知，T = 纸厚。

(3) 各个收纸位及尺寸关系见图 2-125 中标注。（此处只介绍盒型整体尺寸关系，华克锁的设置参看图 2-42，亚瑟扣的设置参看图 2-63。）

① L1 = L − 2T；W1 = W3 = W；W2 = W − T；W4 = W − 2T；H1 = H2 = H − 2T。

② 除华克锁与亚瑟扣外，其他未注明尺寸均不影响成型效果，可酌情自行给出。

(4) 该盒型结构为上下对称，绘图时只需绘制 1/2，然后镜像复制即可。

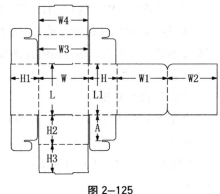

图 2-125

30. 两侧防尘翼盖双前壁底盒华克锁型盘式盒

(1) 图 2-126 为平面展开图，成型效果扫描本章首页二维码见图 2-126a。

(2) L（长）、W（宽）、H（高）的值已知（客户给出），T = 纸厚。

(3) 各个收纸位及尺寸关系见图 2-126 中标注。（此处只介绍盒型整体尺寸关系，华克锁的设置参看图 2-42）

① A ≤ H；B 的长度需避开华克锁的插扣位，一般取值≤ H1；C ≥ 2T；D ≥ 2T；E ≥ C。

② L1 = L；L2 = L − 2T；W1 = W − 2T；W2 = W；H1 = H − T；H2 = H − 2T；H3 = H −

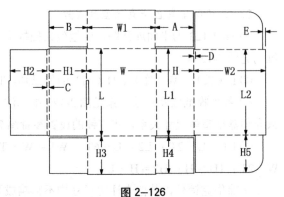

图 2-126

T；H4 = H - 2T；H5 = H - T。

③除华克锁外，其他未注明尺寸均不影响成型效果，可酌情自行给出。

(4) 该盒型结构为上下对称，绘图时只需绘制 1/2，然后镜像复制即可。

31. 带拉链刀两侧防尘翼盖双前壁底盒华克锁型盘式盒

(1) 图 2-127 为平面展开图，成型效果扫描本章首页二维码见图 2-127a。

(2) L（长）、W（宽）、H（高）的值已知（客户给出），T = 纸厚。

(3) 各个收纸位及尺寸关系见图 2-127 中标注。（此处只介绍盒型整体尺寸关系，华克锁的设置参看图 2-42。）

① A ≤ H；B 的长度需避开华克锁插扣位，取值≤ H1；C ≥ 2T；D ≥ 2T；E ≥ C。

② L1 = L；L2 = L - 2T；W1 = W - 2T；W2 = W；H1 = H - T；H2 = H - 2T；H3 = H - T；H4 = H - 2T；H5 = H - T。

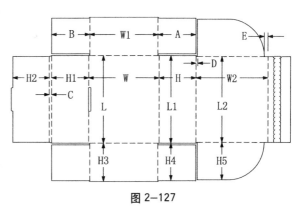

图 2-127

③除华克锁外，其他未注明尺寸均不影响成型效果，可酌情自行给出。

(4) 该盒型结构为上下对称，绘图时只需绘制 1/2，然后镜像复制即可。

32. 带三面插扣两侧防尘翼盖双前壁底盒华克锁型盘式盒

(1) 图 2-128 为平面展开图，成型效果扫描本章首页二维码见图 2-128a。

(2) L（长）、W（宽）、H（高）的值已知（客户给出），T = 纸厚。

(3) 各个收纸位及尺寸关系图 2-128 中标注。（此处只介绍盒型整体尺寸关系，华克锁的设置可以参看图 2-42。）

① A ≤ H；B 的长度需避开华克锁的插扣位，一般取值≤ H1；C ≥ 2T；D = T；E = T。

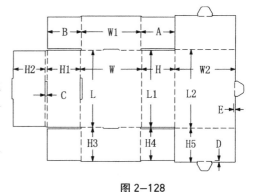

图 2-128

② L1 = L；L2 = L - 2T；W1 = W - 2T；W2 = W；H1 = H - T；H2 = H - 2T；H3 = H - T；H4 = H - 2T；H5 = H - T。

③除华克锁外，其他未注明尺寸均不影响成型效果，可酌情自行给出。

(4) 该盒型结构为上下对称，绘图时只需绘制 1/2，然后镜像复制即可。

33. 带耳锁盖双前壁底盒华克锁盘式盒

(1) 图 2-129 为平面展开图，成型效果扫描本章首页二维码见图 2-129a。

(2) L（长）、W（宽）、H（高）的值已知（客户给出），T = 纸厚。

(3) 各个收纸位及尺寸关系见图 2-129 中标注。（此处只介绍盒型整体尺寸关系与耳锁的设置，华克锁的设置参看图 2-42。）

①有耳锁的情况下：A 一般取值 2.5T。

②B、C 的长度首先需 < W/2，一般取值 ≤ H。

③L1 = L − 2T；L2 = L；L3 = L − 2T；L4 = L − 3T；W1 = W + T；W2 = W；W3 = W − 2T。

④H1 = H2 = H − T；H3 = H − 2T；H4 = H。

（4）耳锁的绘制要点：以线 ab（延长线）与线 cd 的交点为圆心，以 H − T 为半径绘制圆；与设定的纵横直线剪切、倒圆角后可得图 2-129 所示耳锁图形，因此，R1 = H − T；R2 = [8mm，15mm]。

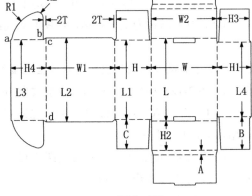

图 2-129

（5）耳锁有三种形态：图 a 为圆弧形，图 b 为弧度梯形，图 c 为梯形。详细结构如图 2-130 所示。

留意：①半圆弧式设计是最常用的结构，适用于一般产品。

②圆弧的圆心为线 ab 与线 cd 的交点，半径大小为 H − T。

③图 2-130 中的图 b、图 c 形式设计适用于 H 值过大产品或客户特别要求产品。

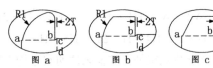

图 a　　图 b　　图 c

图 2-130

（6）除华克锁外，其他未注明尺寸均不影响成型效果，可酌情自行给出。该盒型结构为上下对称，绘图时只需绘制 1/2，然后镜像复制即可。

34. 带耳锁盖双前壁底盒华克锁盘式盒

图 2-131 盒型与图 2-129 的差异仅在于底盒的前端板改为双壁（成型后加上盖盒的前壁为三层壁），所以，绘图设置除底盒前壁增加一重华克锁，其他与上图 2-129 相同。

（1）图 2-131 为平面展开图，成型效果扫描本章首页二维码见图 2-131a。

（2）L（长）、W（宽）、H（高）的值已知（客户给出），T = 纸厚。

（3）各个收纸位及尺寸关系见图 2-131 中标注。（此处只介绍盒型整体尺寸关系，华克锁的设置参看图 2-42，耳锁的设置参看图 2-129。）

①有耳锁的情况下：A 一般取值 2.5T。B、C 的长度首先需 < W/2，一般取值 ≤ H。

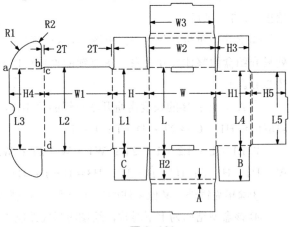

图 2-131

②L1 = L − 2T；L2 = L；L3 = L − 2T；L4 = L − 3T；L5 = L − 2A；W1 = W + T；W2 = W；W3 = W − 2T。

③H1 = H2 = H − T；H3 = H5 = H − 2T；H4 = H。

（4）除华克锁与耳锁外，其他未注明尺寸均不影响成型效果，可酌情自行给出。该盒型结构为上下对称，绘图时只需绘制 1/2，然后镜像复制即可。

35. 两侧防尘翼带耳锁盖华克锁底盒盘式盒

图 2-132 盒型与图 2-129 的差异在于盖盒改为带两侧防尘翼，由此绘图在高度参数设置和收纸位细节与图 2-129 大不相同。

(1) 图 2-132 为平面展开图，成型效果扫描本章首页二维码见图 2-132a。

(2) L（长）、W（宽）、H（高）的值已知（客户给出），T = 纸厚。

(3) 各个收纸位细节及尺寸关系见图 2-132 中标注。（此处只介绍盒型整体尺寸关系，华克锁的设置参看图 2-42，耳锁的设置参看图 2-129。）

① 有耳锁的情况下：A 一般取值 2.5T。B、C 的长度首先需 < W/2，一般取值 ≤ H。

② L1 = L − 2T；L2 = L − 2A；L3 = L − 2T；L4 = L − 3T；W1 = W + T；W2 = W；W3 = W − 2T。

③ H1 = H2 = H − T；H3 = H − 2T；H4 = H；H5 ≤ H − T。∠1 = [60°，75°]。

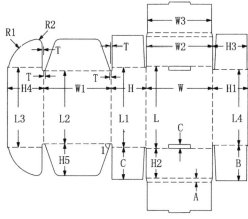

图 2-132

(4) 除华克锁与耳锁外，其他未注明尺寸均不影响成型效果，可酌情自行给出。该盒型结构为上下对称，绘图时只需绘制 1/2，然后镜像复制即可。

36. 两侧防尘翼带耳锁盖底盒双前壁华克锁盘式盒

图 2-133 盒型与图 2-131 的差异在于盖盒改为带两侧防尘翼，高度参数设置与收纸位细节与图 2-131 大不相同。

(1) 图 2-133 为平面展开图，成型效果扫描本章首页二维码见图 2-133a。

(2) L（长）、W（宽）、H（高）的值已知（客户给出），T = 纸厚。

(3) 各个收纸位细节及尺寸关系见图 2-133 中标注。（此处只介绍盒型整体尺寸关系，华克锁的设置参看图 2-42，耳锁的设置参看图 2-129。）

① 有耳锁的情况下：A 一般取值 2.5T。B、C 的长度首先需 < W/2，一般取值 ≤ H。

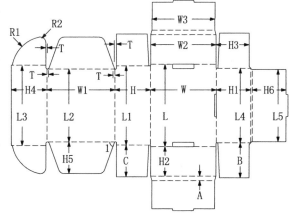

图 2-133

② L1 = L − 2T；L2 = L − 2A；L3 = L − 2T；L4 = L − 3T；L5 = L − 2A；W1 = W + T；W2 = W；W3 = W − 2T。

③ H1 = H2 = H − T；H3 = H − 2T；H4 = H；H5 ≤ H − T。∠1 = [60°，75°]。

(4) 除华克锁与耳锁外，其他未注明尺寸均不影响成型效果，可酌情自行给出。该盒型结构为上下对称，绘图时只需绘制 1/2，然后镜像复制即可。

37．两侧防尘翼带耳锁盖底盒带内托华克锁盘式盒

图 2-134 盒型与图 2-132 的差异在于前端板增加设置了内部开窗垫卡，其盒体参数和收纸位细节与图 2-132 相同。

(1) 图 2-134 为平面展开图，成型效果扫描本章首页二维码见图 2-134a。

(2) L（长）、W（宽）、H（高）、H1（垫卡高）及 B、C 的值已知（客户给出），T = 纸厚。

(3) 垫卡收纸位细节及尺寸关系见图 2-134 中标注。（此处只介绍增设的内部开窗垫卡尺寸关系，盒型整体尺寸关系参看图 2-132，华克锁的设置参看图 2-42，耳锁的设置参看图 2-129。）

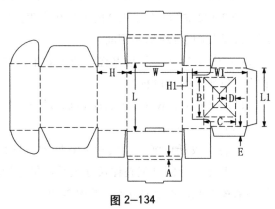

图 2-134

① W1 = W - T；L1 = L - 2A - 2T；D = H1 - T；E = H1 - T。

38．两侧防尘翼带耳锁盖底盒带架空内托华克锁盘式盒

图 2-135 盒型与图 2-132 的差异在于前端板增加设置了内部架空垫卡，该架空垫卡将盒内容积分成了上下两层，便于产品的分层放置。其盒体参数和收纸位细节与图 2-132 相同。

(1) 图 2-135 为平面展开图，成型过程扫描本章首页二维码见图 2-135a，成型效果同样扫码见图 2-135b。

(2) L（长）、W（宽）、H（高）、H1（垫卡高）及 B、C 的值已知（客户给出），T = 纸厚。

(3) 垫卡收纸位细节及尺寸关系见图 2-135 中标注。（此处只介绍增设的内部垫卡尺寸关系，盒型整体尺寸关系参看图 2-132，华克锁的设置参看图 2-42，耳锁的设置参看图 2-129。）

① W1 = W - 2T；L1 = L - 2A - 3T；D = （W - 4T - C）/ 2；E = （L - 2A - 2T - B）/ 2；H2 = H - 2T。

(4) 除华克锁与耳锁外，其他未注明尺寸均不影响成型效果，可酌情自行给出。

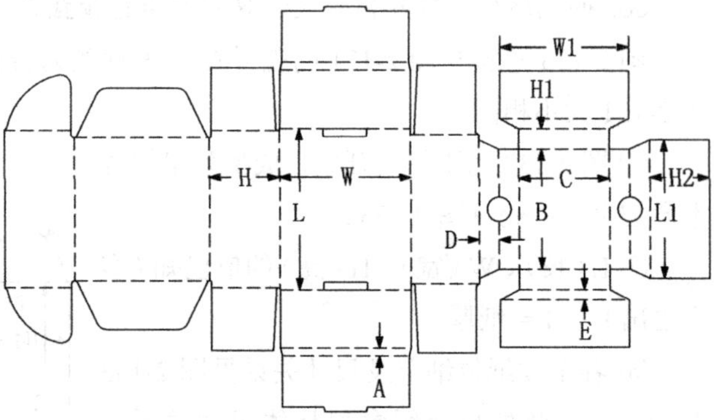

该盒型结构为上下对称，绘图时只需绘制 1/2，然后镜像复制即可。

图 2-135

39．两侧防尘翼带耳锁盖底盒带 W 型间隔华克锁盘式盒

图 2-136 盒型与图 2-132 的差异在于前端板增加设置了 W 型间隔垫卡，该 W 型间隔将盒内容积分成了多份，便于产品的放置。其盒体参数和收纸位细节与图 2-132 相同。

(1) 图 2-136 为平面展开图，成型效果扫描本章首页二维码见图 2-136a。

(2) L（长）、W（宽）、H（高）、H1（垫卡高）及 B 的值已知（客户给出），T = 纸厚。

(3) 垫卡收纸位细节及尺寸关系见图 2-136 中标注。（此处只介绍增设的 W 型间隔尺寸关系，

盒型整体尺寸关系参看图2-132，华克锁的设置参看图2-42，耳锁的设置参看图2-129。）

① W1的值可通过绘制两直角边为"（W－4T－2B）/ 4""H1"的直角三角形，测出其斜边即为"W1"；也可以通过三角计算得出。

② 同样，W2的值可通过绘制两直角边为"（W－4T－2B）/ 4""H"的直角三角形，测出其斜边即为"W2"；也可以通过三角计算得出。

③ L1 = L－2A－3T。

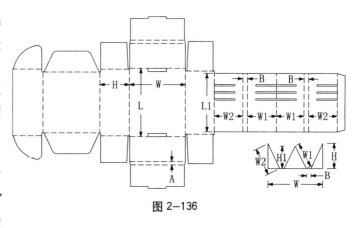

图2-136

40. 带1×2内间壁华克锁盘式盒

图2-137盒型是双壁华克锁成型增设了间隔垫卡的单层插舌盖盘式盒。

(1) 图2-137为平面展开图，成型效果扫描本章首页二维码见图2-137a。

(2) L（长）、W（宽）、H（高）、B、C、F的值已知（客户给出），T＝纸厚。

(3) 各个收纸位及尺寸关系见图2-137中标注。（此处只介绍间隔垫卡尺寸关系，华克锁盒体的设置参看图2-42及本系列前述内容。）

① A＝2T；D＝H－2T；E＝J＝（W－C－2T）/ 2；K＝A＋B＋T；N＝C＋1 mm。

② L1＝L；L2＝L－2T；L3＝L－2A－T；L4＝L－2A。

③ W1＝W－2T；W2＝W；H1＝H－T；H2＝H－2T；H3＝H－3T。

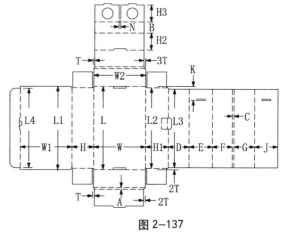

图2-137

41. 带1×4内间壁华克锁盘式盒

图2-138盒型是双壁华克锁成型增设了间隔垫卡的单层插舌盖盘式盒。

(1) 图2-138为平面展开图，成型效果扫描本章首页二维码见图2-138a。

(2) L（长）、W（宽）、H（高）、B、C、F的值已知（客户给出），T＝纸厚。

(3) 各个收纸位及尺寸关系见图2-138中标注。（此处只介绍间隔垫卡尺寸关系，华克锁盒体的设置参看图2-42。）

图2-138

①A = 2T；D = H - 2T；E = （L - 10T）/ 4；G = W - B - 4T；J = F + T。

②L1 = L；L2 = L - 2T；L3 = L - 4T；L4 = L - 2A。

③W1 = W - 2T；W2 = W；H1 = H - T。

④除华克锁盒体外，其他未注明尺寸可根据前述酌情自行给出。

42. 两侧防尘翼盖盒底盒双前壁带插扣华克锁盘式盒

图 2-139 盒型是三边双壁华克锁成型盖盒两侧防尘翼前壁带插扣盘式盒。

(1) 图 2-139 为平面展开图，成型效果扫描本章首页二维码见图 2-139a。

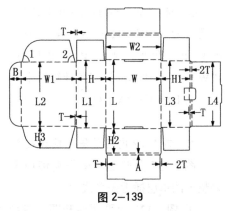

图 2-139

(2) L（长）、W（宽）、H（高）的值已知（客户给出），T = 纸厚。

(3) 各个收纸位及尺寸关系见图 2-139 中标注。（此处只介绍盖盒尺寸关系，华克锁盒体的设置参看图 2-42 及本系列前述内容。）

①A = 2T；B < H - T。∠1 = ∠2 = [60°，75°]。

②L1 = L3 = L - 2T；L2 = L - 2A - 2；L4 = L - 2A。

③W1 = W - 2T；W2 = W；H1 = H2 = H - T。

④除华克锁盒体外，其他未注明尺寸可根据前述酌情自行给出。

(4) 该盒型结构为上下对称，绘图时只需绘制 1/2，然后镜像复制即可。

43. 双前壁外盖华克锁盘式盒

图 2-140 盒型是盖盒底盒均为华克锁成型盘式盒。

(1) 图 2-140 为平面展开图，成型效果扫描本章首页二维码见图 2-140a。

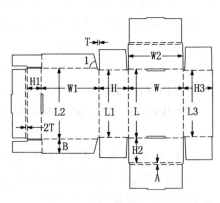

图 2-140

(2) L（长）、W（宽）、H（高）、H1（外盖高）的值已知（客户给出），T = 纸厚。

(3) 各个收纸位及尺寸关系见图 2-140 中标注。（此处只介绍盖盒主尺寸关系，华克锁盒体的设置参看图 2-42 及本系列前述内容。）

①A = 2T；B = H1；∠1 = [60°，75°]。

② L1 = L3 = L - 2T；L2 = L + 2T；W1 = W + 2T + 2 mm；W2 = W；H2 = H3 = H - T。

③除华克锁盒体外，其他未注明尺寸可根据前述酌情自行给出。

(4) 该盒型结构为上下对称，绘图时只需绘制 1/2，然后镜像复制即可。

44. 双边壁侧向华克锁盘式盒

图 2-141 盒型的华克锁与常规稍有差异，本图盒型华克锁其一是侧向的，其二是插扣母位是设置在襟片上的。

（1）图 2-141 为平面展开图，成型效果扫描本章首页二维码见图 2-141a。

（2）L（长）、W（宽）、H（高）的值已知（客户给出），T = 纸厚。

（3）各个收纸位及尺寸关系见图 2-141 中标注。（此处只介绍盖盒主尺寸关系，华克锁盒体的设置参看图 2-42 及本系列前述内容。）

① A = B = 2T；L1 = L3 = L；L2 = L - 2T；L4 = L - 4T。

② W1 = W2 = W3 = W - T；H1 = H2 = H - T；H3 = H - 2T；H4 = H5 = H - 3T。

③除华克锁盒体外，其他未注明尺寸可根据前述酌情自行给出。

（4）该盒型结构为上下对称，绘图时只需绘制 1/2，然后镜像复制即可。

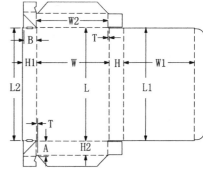

图 2-141

45. 角部华克锁托盘盒

图 2-142 盒型的华克锁与常规稍有差异，图 2-142 盒型华克锁插扣公位是设置在角部襟片上的。

（1）图 2-142 为平面展开图，成型效果扫描本章首页二维码见图 2-142a。

（2）L（长）、W（宽）、H（高）的值已知（客户给出），T = 纸厚。

（3）各个收纸位及尺寸关系见图 2-142 中标注。（此处只介绍盖盒主尺寸关系，华克锁盒体的设置参看图 2-42 及本系列前述内容。）

① A = H2 + T；B = H2 - T；L1 = L；L2 = L - 2T；W1 = W - T；H1 = H2 = H - T。

②除华克锁设置外，其他未注明尺寸可根据前述酌情自行给出。

图 2-142

46. 底盖均为华克锁成型盘式盒

图 2-143 盒型的华克锁与常规稍有差异，图 2-143 盒型盖盒属常规华克锁结构，底盒插扣公位设置在角部襟片上，斜穿侧壁孔后成型。

（1）图 2-143 为平面展开图，成型效果扫描本章首页二维码见图 2-143a。

（2）L（长）、W（宽）、H（高）、H1（外盖高）的值已知（客户给出），T = 纸厚。

（3）各个收纸位及尺寸关系见图 2-143 中标注。（此处只介绍盖盒主尺寸关系，华克锁盒体的设置参看图 2-42 及本系列前述内容。）

① A 的取值要与 B 相适应，B = A + 4mm（B 的

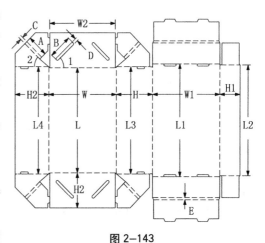

图 2-143

取值要确保孔两端距边 ≥ 10mm）。

② C = D = 2T；E = 2T；∠1 = ∠2 = 45°；H2 = H − T。

③ L1 = L + 2E + 2T；L2 = L + 2E；L3 = L4 = L + 2T；W1 = W + T；W2 = W − 2T。

④除华克锁设置外，其他未注明尺寸可根据前述酌情自行给出。

47. 底盖均为双壁盘式盒

图 2-144 盒型的侧壁先折转黏合，端壁折转裹夹侧壁襟翼后两端支撑翼卡入内壁留空完成支撑。

(1) 图 2-144 为平面展开图，成型效果扫描本章首页二维码见图 2-144a。

(2) L（长）、W（宽）、H（高）的值已知（客户给出），T = 纸厚。

(3) 各个收纸位及尺寸关系见图 2-144 中标注。

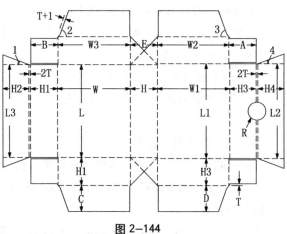

① A ≤ L1/2 − R；B < L/2；C = H − 2T；D = H − T；E = H + 2T。

② L1 = L + 4T；L2 = L + 2T；L3 = L − 2T；R = [8mm，10mm]；∠1 = ∠4 ≈ 30°；∠2 = ∠3 = 90° − ∠1。

图 2-144

③ W1 = W + 2T；W2 = W；W3 = W − 2T；H1 = H − 2T；H2 = H − 3T；H3 = H；H4 = H − T。

④其他未注明尺寸可根据前述酌情自行给出。

(4) 该盒型结构为上下对称，绘图时只需绘制 1/2，然后镜像复制即可。

48. 端壁带弧形撕拉开口盘式盒

图 2-145 盒型是底盒四角襟片从折线或撕拉刀处切分成八片，分别与盖盒、底盒黏合成型；撕拉开启后盒型的各边缘呈现活泼的弧形。

(1) 图 2-145 为平面展开图，成型效果扫描本章首页二维码见图 2-145a。

(2) L（长）、W（宽）、H（高）的值已知（客户给出），T = 纸厚。

(3) 各个收纸位及尺寸关系见图 2-145 中标注。

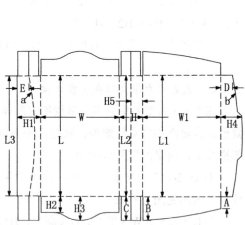

① A = D = E = H/2；B = H − T；C ≤ W/2；弧 a = b。

图 2-145

② L1 = L + 2T；L2 = L3 = L − 2T；W1 = W + T；H1 = H − T；H2 ≥ H/2；H3 = H4 = H − T；H5 = H/2。

③其他未注明尺寸可根据前述酌情自行给出。

(4) 该盒型结构为上下对称，绘图时只需绘制 1/2，然后镜像复制即可。

49. 盒盖撕拉开窗盘式盒

图 2-146 盒型是盖前壁局部黏封，设置了可撕拉齿刀或拉链刀的撕拉开启盘式盒。

(1) 图 2-146 为平面展开图，成型效果扫描本章首页二维码见图 2-146a。

(2) L（长）、W（宽）、H（高）、A 的值已知（客户给出），T = 纸厚。

(3) 各个收纸位及尺寸关系见图 2-146 中标注。

① $B \geq R$；$C \leq W/2$；$R = [\ 8mm，10mm\ ]$。

② $L1 = L - 4T$；$L2 = L - 2T$；$W1 = W + T$；$W2 = W - 2T$。

③ $H1 = H2 = H - T$；$H3 = H - T$；$H4 = H - 2T$。

④ 其他未注明尺寸可根据前述酌情自行给出。

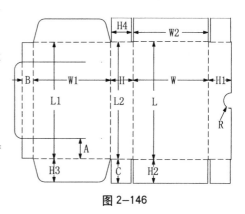

图 2-146

50. 带撕拉窗对插盒型集装盘式盒

图 2-147 盒型的两侧壁是压翼插舌结构（对插盒结构），设置了侧面开启可撕拉的齿刀或拉链刀后则变为撕拉开启盘式盒，盒盖与撕拉区域是黏合的。

(1) 图 2-147 为平面展开图，成型效果扫描本章首页二维码见图 2-147a。

(2) L（长）、W（宽）、H（高）、A 的值已知（客户给出），T = 纸厚。

(3) 各个收纸位及尺寸关系见图 2-147 中标注。（此处只介绍盒体主尺寸关系，压翼插舌结构参看第一章第一节。）

① $B = [\ 25mm，30mm\ ]$；$C \approx 2H/3$；$D = C - 1mm$；$E = B - 2mm$。

② $L1 = L + 2T$；$L2 = L$；$L3 > A + 2T$；$W1 = W - T$；$W2 = W + T$。

③ $H1 = H - T$；$H2 = H - 2T$；$H3 \leq H - T$。

④ 其他未注明尺寸可根据前述自行给出。

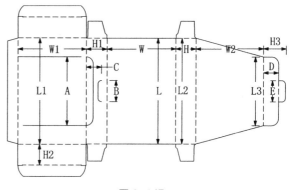

图 2-147

51. 带撕拉窗可重复启合双黏型集装盘式盒

图 2-148 盒型两侧壁与底盒前端壁的涂胶线区域是黏合区（双黏盒结构），设置了侧面开启可撕拉的齿刀或拉链刀则变为撕拉开启盘式盒。

(1) 图 2-148 为平面展开图，成型效果扫描本章首页二维码见图 2-148a。

(2) L（长）、W（宽）、H（高）、A 的值已知（客户给出），T = 纸厚。

(3) 各个收纸位及尺寸关系见图 2-148 中标

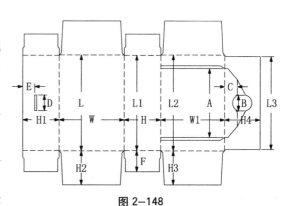

图 2-148

注。（此处只介绍盒体主尺寸关系，双黏盒结构参看第一章第四节。）

①B = [20mm，25mm]；C ≈ H/3；D = B + 1mm；E = C - T - 2mm；F ≤ W/2。

②L1 = L - 2T；L2 = L + 2T；L3 = L - 2；W1 = W + T。

③H1 = H2 = H3 = H4 = H - T。

④其他未注明尺寸可根据前述酌情自行给出。

52. 双盖对插盒型相框式托盘盒

图2-149盒型主体也是压翼插舌结构（对插盒结构），当盒身窗口是展示窗时（去掉开窗内折壁再黏裱透明胶片），则该盒为加双层保护壁的管式盒（上下两端为开启端）。设置了相框式开窗后则变为双层盖的盘式盒。

(1) 图2-149为平面展开图，成型效果扫描本章首页二维码见图2-149a。

(2) L（长）、W（宽）、H（高）、A、B的值已知（客户给出），T = 纸厚。

(3) 各个收纸位及尺寸关系见图2-149中标注。（此处只

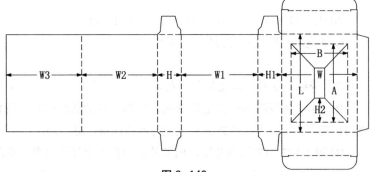

图2-149

介绍盒体主尺寸关系，压翼插舌结构参看第一章第一节。）

①W1 = W + T；H1 = H - 2T；H2 = H - 3T。

②其他未注明尺寸可根据前述第一章第一节自行给出。

(4) 该盒型结构为上下对称，绘图时只需绘制1/2，然后镜像复制即可。

53. 带插扣相框式托盘盒

图2-150盒型主体也是双黏盒结构，当盒身窗口是展示窗时（去掉开窗内折壁再黏裱透明胶片），则该盒为加双层保护壁的管式盒（上下两端为开启端）。设置了相框式开窗后则变为双层盖的盘式盒。

(1) 图2-150为平面展开图，成型效果扫描本章首页二维码见图2-150a。

(2) L（长）、W（宽）、H（高）、A、B的值已知（客户给出），T = 纸厚。

(3) 各个收纸位及尺寸关系见图2-150中标注。（此处只介绍盒体主尺寸关系，双黏盒结构参看第一章第四节。）

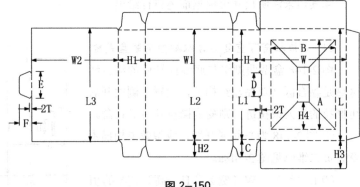

图2-150

① B = [20mm，25mm]；

C ≈ H2；D = [25mm，30mm]；E = D + 2mm；F = [15mm，20mm]，同时需满足F < H。

②L1 = L − 4T；L2 = L − 2T；L3 = L − 1；W1 = W + T；W2 = W。

③H1 = H + T；H2 ≈ 2H/3；H3 = H4 = H − T。

④其他未注明尺寸可根据前述酌情自行给出。

(4) 该盒型结构为上下对称，绘图时只需绘制 1/2，然后镜像复制即可。

54. 相框式 kwikset 型平盖盘式盒

图 2-151 盒型的底盒主体与图 2-61 相近，不同处在于本图盒型是四边端襟片在盒底压锁成型。另外就是本图盒型设置了双层带插扣的盒盖。

(1) 图 2-151 为平面展开图，成型效果扫描本章首页二维码见图 2-151a。

(2) L（长）、W（宽）、H（高）、A、B 的值已知（客户给出），T = 纸厚。

(3) 各收纸位及尺寸关系见图 2-151 中标注。

① C = B − T；D = A − 2T；E = [25mm，30 mm]；F = [15mm，20mm]；F < H；G = A − 2T；J = E；K = A − T。

② L1 = L；L2 = L − 1mm；L3 = L − 2T；L4 = L − 2T；L5 = L − 2A；W1 = W − 2B；W2 = W；W3 = W + T。

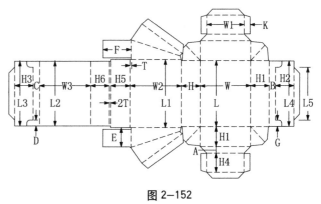

图 2-151

③ H1 = H − 2T；H2 = H3 = H4 = H − 3T。

④其他未注明尺寸可根据前述自行给出。

(4) 该盒型结构为上下对称，绘图时只需绘制 1/2，然后镜像复制即可。

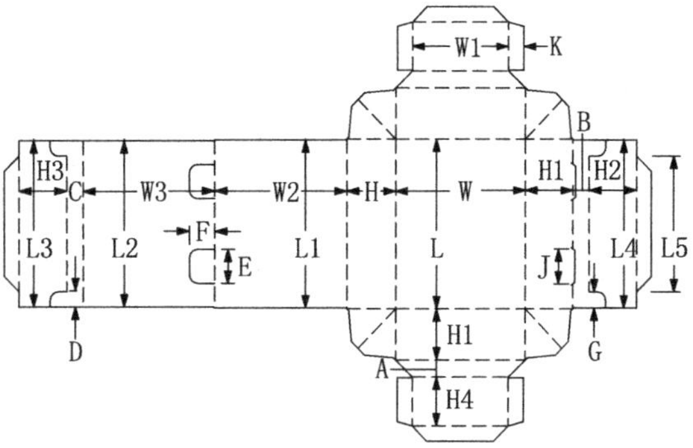

55. 相框式 kwikset 型斜口盖盘式盒

图 2-152 盒型的底盒主体与图 2-151 相同，不同处在于图 2-152 盖盒不是平盖，而是双层端壁、双层侧壁以及双层顶板的斜口盖盒。

(1) 图 2-152 为平面展开图，成型效果扫描本章首页二维码见图 2-152a。

(2) L（长）、W（宽）、H（高）、H5（盖高）、A、B 的值已知（客户给出），T = 纸厚。

(3) 各个收纸位及尺寸关系见图 2-152 中标注。（此处只介绍盒体主尺寸关系，斜口盖侧壁的绘制参看图 2-81 的介绍。）

① C = B − T；D = A − 2T；E = H5 − T；F < L1/2；G = A − 2T；K = A − T。

图 2-152

② L1 = L + 4T；L2 = L；L3 = L − 2T；L4 = L − 2T；L5 = L − 2A；W1 = W − 2B；W2 = W；W3 = W + T。

③ H1 = H − 2T；H2 = H3 = H4 = H − 3T；H6 = H5 − 2T。

④其他未注明尺寸可根据前述酌情自行给出。

(4) 该盒型结构为上下对称，绘图时只需绘制 1/2，然后镜像复制即可。

56. 亚瑟扣相框式双盖盘式盒

图 2-153 盒型主体与图 2-151 相同，都是相框式平盖盘式盒，最终都是四边端襟片在盒底压锁成型。不同处在于本图的前后端壁设置了亚瑟扣固定成型。

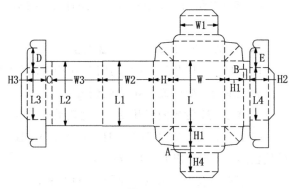

图 2-153

(1) 图 2-153 为平面展开图，成型效果扫描本章首页二维码见图 2-153a。

(2) L（长）、W（宽）、H（高）、A、B的值已知（客户给出），T = 纸厚。

(3) 各个收纸位及尺寸关系见图 2-153 中标注。（此处只介绍盒体主尺寸关系，亚瑟扣的绘制参看图 2-63 介绍。）

① $C = B - T$；$D = W/2 - B$；$E = W/2 - B$。

② $L1 = L$；$L2 = L - 1mm$；$L3 = L - 2A$；$L4 = L - 2A$；$W1 = W - 2B$；$W2 = W$；$W3 = W + T$。

③ $H1 = H - 2T$；$H2 = H3 = H4 = H - 3T$。

④其他未注明尺寸可根据前述酌情自行给出。

(4) 该盒型结构为上下对称，绘图时只需绘制 1/2，然后镜像复制即可。

57. 锥台型连盖盘式盒

图 2-154 盒型是侧壁两端襟片与前后端壁黏合成型的锥台型连盖盘式盒。

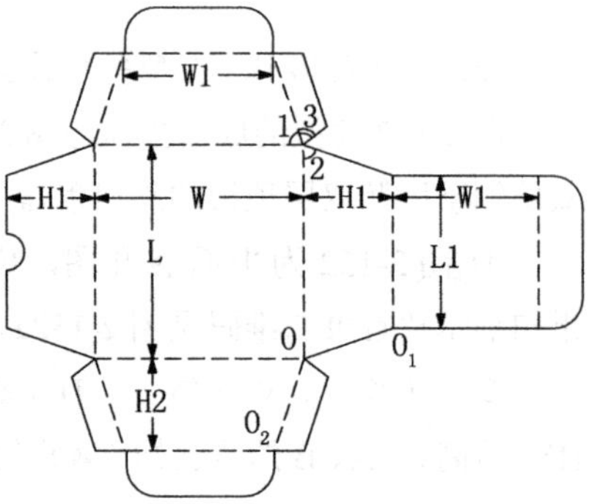

(1) 图 2-154 为平面展开图，成型效果扫描本章首页二维码见图 2-154a。

(2) L（底长）、L1（口沿长）、W（底宽）、W1（口沿宽）、H1（端壁高）、H2（侧壁高）的值已知（客户给出），T = 纸厚。

(3) 各个收纸位及尺寸关系见图 2-154 中标注。

①当 H1 = H2 时，$\angle 1 = \angle 2$。

②当 H1 ≠ H2 时，$\angle 1 \neq \angle 2$。

③无论哪种情况下，都需满足：线 OO_1 长 = 线 OO_2 长；$\angle 3 < \angle 2$。

④其他未注明尺寸可根据前述酌情自行给出。

图 2-154

58. 亚瑟扣锥台型平盖盘式盒

图 2-155 盒型与图 2-58 结构基本相同，是在图 2-58 的基础上增加设置了亚瑟扣与带防尘翼的平盖。

(1) 图 2-155 为平面展开图，成型过程扫描本章首页二维码见图 2-155a，成型效果同样扫码见

图 2-155b。

（2）L（底长）、L1（口沿长）、W（底宽）、W1（口沿宽）、
H1（端壁高）、H2（侧壁高）的值已知（客户给出），T＝纸厚。

（3）各个收纸位及尺寸关系见图 2-155 中标注。（更多细
节可参看图 2-58 的设置）

① 当 H1＝H2 时， ∠1＝∠2； 当 H1≠H2 时，
∠1≠∠2。无论哪种情况下，都需满足：线 OO_1 长＝OO_2 长。

②∠3＝∠2；∠5＝∠4；（∠3、5 比较容易错误设
置成 90°）。

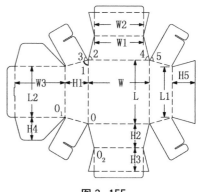

图 2-155

③L2＝L1-2T；W2＝W1-2T；H3＝H5＝H2-T；H4＜H1-2T。

④亚瑟扣的设置参考图 2-63 的介绍，其他未注明尺寸可根据前述酌情自行给出。

59. 双平盖锥底双壁压锁式盘式盒

图 2-156 盒型与图 2-155 的差异在于：盒盖是出檐双层平盖，还有四边端襟片在盒底压锁成型。

（1）图 2-156 为平面展开图，成型效果扫描本章首页二维码见图 2-156a。

（2）L（底长）、L1（口沿长）、W（底宽）、
W1（口沿宽）、H1（端壁高）、H2（侧壁高）
的值已知（客户给出），T＝纸厚。

（3）各收纸位及尺寸关系见图 2-156 中标注。

①当 H1＝H2 时，∠1＝∠2。

②当 H1≠H2 时，∠1≠∠2。

③无论哪种情况下，都需满足：线 OO_1 长＝
线 OO_2 长。

④∠3＝∠4；L2＝L；L3＝L-2mm。

⑤ W2＝W-2T；W3＝W1+T；W4＝W1+
2T；H3＝H2-T；H4＜H1-T。H5＝H1+2T。

图 2-156

⑥其他未注明尺寸可根据前述自行给出。

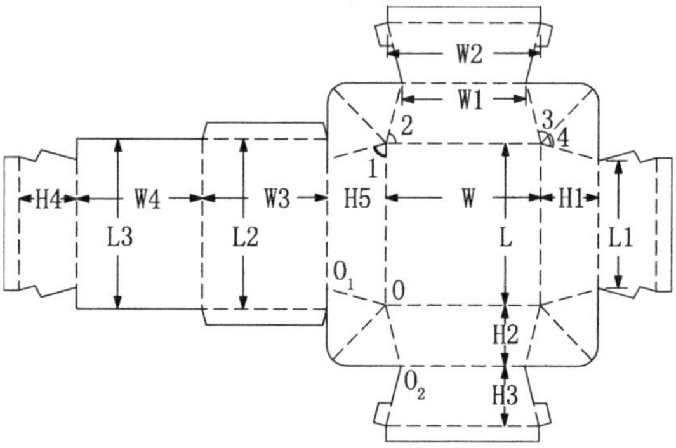

60. 锥型全盖底盘式盒

（1）图 2-157 为平面展开图，成型效果扫描本章
首页二维码见图 2-157a。

（2）L（底长）、L1（口沿长）、W（底宽）、W1（口
沿宽）、H1（端壁高）、H2（侧壁高）的值已知（客
户给出），T＝纸厚。

（3）各个收纸位及尺寸关系见图 2-157 中标注。

①当 H1＝H2 时，∠1＝∠2；当 H1≠H2
时，∠1≠∠2。无论哪种情况下，都需满足：线
OO_1 长＝线 OO_2 长。

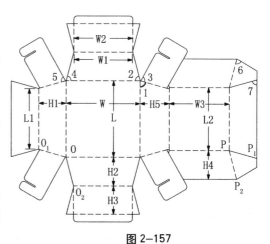

图 2-157

②∠3 = ∠2；∠5 = ∠4（∠3、∠5比较容易错误设置成90°）。

③盖盒需满足：∠6 = ∠7 = ∠1；线 PP_1 长 = 线 PP_2 长。

④L2 = L1 − 2T；W2 = W1 − 2T；H3 = H2 − T；H4 < H1 − 2T；H5 = H1 + 2T。

61. 前端壁自动锁扣双锥型底盖盘式盒

图 2-158 盒型是襟片黏合成型的，盖盒与底盒近似相等，底盒前端壁高度与盖盒与底盒总侧高相等，底盒前端壁襟片折转时自然形成插扣公位，使用时自动扣进盖盒前端壁与顶板自然形成插扣母位。

(1) 图 2-158 为平面展开图，成型效果扫描本章首页二维码见图 2-158a。

(2) L（底长）、L1（口沿长）、W（底宽）、W1（口沿宽）、H1（底盒壁斜高）、H2（盖盒壁斜高）的值已知（客户给出），T = 纸厚。

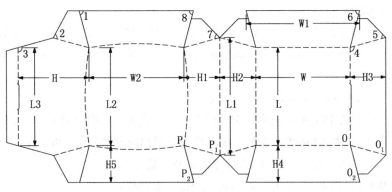

图 2-158

(3) 各个收纸位及尺寸关系见图 2-158 中标注。

①∠1 ≤ ∠2；∠3 ≤ ∠4；∠5 ≤ ∠6；∠7 ≤ ∠8。

②L2 = L；L3 = L − 2T；线 PP_1 长 = 线 PP_2 长；线 OO_1 长 = 线 OO_2 长。

③W2 = W；H = H1 + H2 − T；H3 = H4 = H2；H5 = H1。

④其他未注明尺寸可根据前述酌情自行给出。

(4) 该盒型结构为上下对称，绘图时只需绘制 1/2，然后镜像复制即可。

62. 盒盖开窗折翼锁扣锥型盘式盒

图 2-159 盒型是蹼角襟片黏合成型的，盒盖与底盒的扣合是将单层盖上设置的插片插入底盒折翼上设置的插扣刀位，同时底盒前端壁插片插入盖盒插舌上设置的插扣刀位。

(1) 图 2-159 为平面展开图，成型效果扫描本章首页二维码见图 2-159a。

(2) L（底长）、L1（口沿长）、W（底宽）、W1（口沿宽）、H（端壁斜高）、H1（侧壁斜高）的值已知（客户给出），T = 纸厚。

(3) 各个收纸位及尺寸关系见图 2-159 中标注。

①∠1 = ∠2；线 OO_1 长 = 线 OO_2 长；W2 = W1 − T；H2 = H − T。

②盖盒插片与底盒折翼上插扣刀位的设置参看图 2-119，其他未注明尺寸可根据前述酌情自行给出。

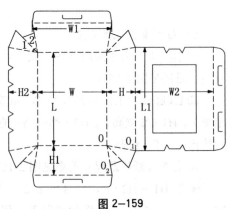

图 2-159

(4) 该盒型结构为上下对称，绘图时只需绘制 1/2，然后镜像复制即可。

63. 前端钩扣双锥型底盖盘式盒

图 2-160 盒型与图 2-158 一样是襟片黏合成型的，只是盖盒与底盒的扣合方式由襟片插扣改为角部突出部位的交叉钩扣而已。

(1) 图 2-160 为平面展开图，成型效果扫描本章首页二维码见图 2-160a。

(2) L（底盒底长）、L1（底盒口沿长）、L2（盖盒口沿长）、L3（盖盒底长）、W（底盒底宽）、W1（盖盒底宽）、W2（盖盒口沿宽）、W3（底盒口沿宽）、H1（底盒斜高）、H2（盖盒斜高）的值已知（客户给出），T = 纸厚。

(3) 各个收纸位及尺寸关系见图 2-160 中标注。

① 线 OO_1 长 = 线 OO_2 长；线 PP_1 长 = 线 PP_2 长。

② A ≥ 1.5B；H3 ≥ H2 + A；H4 = H2 + B；H5 = H1 + B；H6 = H1。

③ 主要尺寸中角度的设置参看图 2-158，其他未注明尺寸可根据前述酌情自行给出。

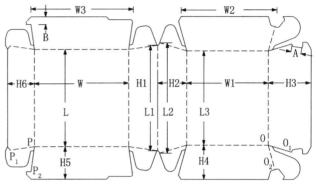

图 2-160

(4) 该盒型结构为上下对称，绘图时只需绘制 1/2，然后镜像复制即可。

64. 前端钩扣双锥型非矩形底盖斜口盘式盒

图 2-161 盒型与图 2-160 一样是襟片黏合成型的，且盖盒与底盒的扣合方式也是角部突出部位的交叉钩扣，稍有不同的是图 2-161 底盖均为非矩形，底盖均为斜口，另外，盖盒增加了揿压透气设置。

(1) 图 2-161 为平面展开图，成型效果扫描本章首页二维码见图 2-161a。

(2) 如图 2-160 般给足已知条件，则绘图要点也可以参考图 2-160 中介绍，此处不重复，只关注特别不同点。

(3) 需留意与图 2-160 不同处的尺寸关系见图 2-161 中标注。

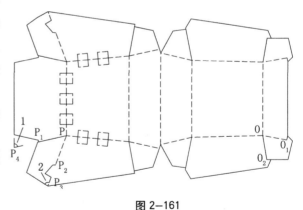

图 2-161

① ∠1 = ∠2；线 OO_1 长 = 线 OO_2 长。

② 线 PP_1 长 = 线 PP_2 长；线 PP_3 长 = 线 PP_4 长。

(4) 该盒型结构为上下对称，绘图时只需绘制 1/2，然后镜像复制即可。

65. 对向钩扣盖锥底盘式盒

图 2-162 盒型是蹼角襟片黏合成型的，结构简单。

(1) 图 2-162 为平面展开图，成型效果扫描本章首页二维码见图 2-162a。

(2) L（底长）、L1（口沿长）、W（底宽）、W1（口沿宽）、H1（端壁斜高）、H2（边壁斜高）的值已知（客户给出），T = 纸厚。

(3) 各个收纸位及尺寸关系见图 2-162 中标注。

①A = B ≤ L1/2；C = G = W1/2。

②J = D ≈ L1/2；E = K = [20mm，25mm]。

③其他未注明尺寸可根据前述酌情自行给出。

(4) 除对向钩扣外，该盒型结构上下对称，绘图时只需绘制 1/2，然后镜像复制，再按 C、G、J、D、E 设置钩扣。

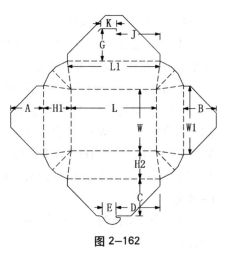

图 2-162

66. 开窗插扣盖锥底盘式盒

图 2-163 盒型是蹼角襟片黏合成型的，结构简单。

(1) 图 2-163 为平面展开图，成型效果扫描本章首页二维码见图 2-163a。

(2) L（底长）、L1（口沿长）、W（底宽）、W1（口沿宽）、H1（端壁斜高）、H2（边壁斜高）的值已知（客户给出），T = 纸厚。

(3) 各个收纸位及尺寸关系见图 2-163 中标注。

①H = H1 + T；L2 = L1 - T。

②其他未注明尺寸可根据前述酌情自行给出。

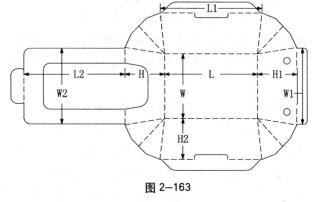

图 2-163

(4) 该盒型结构为上下对称，绘图时只需绘制 1/2，然后镜像复制即可。

67. 双前端压锁后端亚瑟扣叠盖盘式盒

图 2-164 盒型前壁裹夹侧壁襟片后在盒底压锁成型，侧壁亚瑟扣在后端壁内扣合；盒盖收叠时体现展示功能，舒展开插入前壁则完成封盒功能。

(1) 图 2-164 为平面展开图，展示效果扫描本章首页二维码见图 2-164a，成型效果同样扫码见图 2-164b。

(2) L（长）、W（宽）、H（高）的值及展示牌凸出位已知（客户给出），T = 纸厚。

(3) 各个收纸位及尺寸关系见图 2-164 中标注。

①A = B + 3T + 1；B = [12mm，16mm]。

②C = W/2；D = L/2；E < L/2；L1 = L - 2T；L2 = L - 2T。

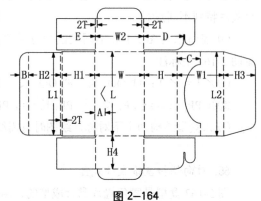

图 2-164

③ W1 = W－T；W2 = W－2T；H1 = H；H2 = H－T；H3 ≤ H－2T；H4 = H－T。

④亚瑟扣的设置参看图2-63的介绍，其他未注明尺寸可根据前述酌情自行给出。

(4) 除亚瑟扣外，该盒型结构上下对称，绘图时只需绘制1/2，然后镜像复制即可。

68. 双前端华克锁后端亚瑟扣斜口叠盖盘式盒

图2-165盒型与图2-164一样是侧壁的亚瑟扣在后端壁内扣合；盒盖收叠时体现展示板功能，舒展开插入前壁则完成封盒功能。差异在于图2-165盒型前壁低后壁高整体呈斜口形态，前壁成型的方式为华克锁。

(1) 图2-165为平面展开图，成型效果扫描本章首页二维码见图2-165a，展示效果同样扫码见图2-165b。

(2) L（长）、W（宽）、H（后壁高）、H1（前壁高）的值已知（客户给出），T = 纸厚。

(3) 各个收纸位及尺寸关系见图2-165中标注。

① A = L/2；B < L/2；C = W1/2；D ≤ H1－2T。

② L1 = L；L2 = L3 = L－2T；W1 = 线 OO₁ 长－T；W2 = W－2T；H2 = H1－T；H3 = H1－T；H4 = H－T。

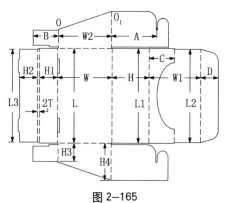

③亚瑟扣的设置参看图2-63的介绍，华克锁的设置参看图2-42的介绍，其他未注明尺寸可根据前述酌情给出。

(4) 除亚瑟扣外，该盒型结构上下对称，绘图时只需绘制1/2，然后镜像复制即可。

图 2-165

69. 双壁华克锁后端亚瑟扣斜口叠盖盘式盒

图2-166盒型与图2-165一样是前壁低后壁高斜口盘式盒，同样是前壁华克锁后壁亚瑟扣、盒盖收叠体现展示功能舒展开完成封盒功能的两用盒。差异只在于本图盒型改为华克锁双侧壁。

(1) 图2-166为平面展开图，成型效果扫描本章首页二维码见图2-166a，展示效果同样扫码见图2-166b。

(2) L（长）、W（宽）、H（后壁高）、H1（前壁高）的值已知（客户给出），T = 纸厚。

(3) 图2-166收纸位及尺寸关系标注与图2-165相同，可参看图2-165中说明（斜口内侧壁可参看图2-81的介绍）。

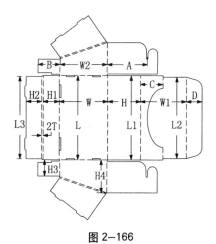

图 2-166

70. 华克锁叠盖盘式盒

图2-167基础盒型是华克锁盘式盒，同样是盒盖收叠体现展示功能舒展开完成封盒功能的两用盒。

(1) 图2-167为平面展开图，成型效果扫描本章首页二维码见图2-167a，展示效果同样扫码见图2-167b。

（2）L（长）、W（宽）、H（高）的值及展示牌凸出位已知（客户给出），T＝纸厚。

（3）各个收纸位及尺寸关系见图 2-167 中标注。（华克锁盒体设置可参看图 2-42 的介绍。）

① $A < W/2$ ；$B = 2T$ ；$C = W1/2$ ；$D \leqslant H1 - 2T$。

② $L1 = L2 = L - 2T$ ；$L3 = L - 2B - T$ ；$L4 = L - 2B - 2T$ ；$W1 = W - T$ ；$H1 = H2 = H$ ；$H3 = H - T$。

③华克锁的设置参看图 2-42 的介绍，其他未注明尺寸可根据前述酌情自行给出。

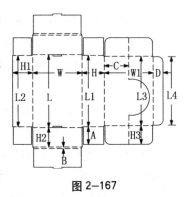

图 2-167

71. 边壁钩锁叠盖盘式盒

图 2-168 盒型同样是盒盖收叠体现展示功能舒展开完成封盒功能的两用盒。

（1）图 2-168 为平面展开图，成型效果扫描本章首页二维码见图 2-168a，展示效果同样扫码见图 2-168b。

（2）L（长）、W（宽）、H（高）的值及展示牌凸出位已知（客户给出），T＝纸厚。

（3）各个收纸位及尺寸关系见图 2-168 中标注。

① $A = B = W/2$（当 $A \neq B$ 时需保证 $A + B = W$）；$C = W1/2$ ；$D \leqslant H/3$ ；$E \leqslant D$。

② $L1 = L2 = L + 2T$ ；$L3 = L - 2T$ ；$W1 = W - T$ ；$W2 = W - 2T$ ；$H1 = H2 = H$。

③其他未注明尺寸可根据前述酌情自行给出。

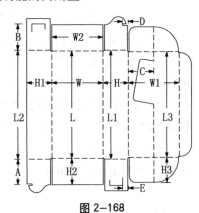

图 2-168

（4）除对向钩扣及展示牌外，该盒型结构上下对称，绘图时只需绘制 1/2，然后镜像复制即可。

72. 双边壁压锁叠盖盘式盒

图 2-169 盒型同样是盒盖收叠体现展示功能舒展开完成封盒功能的两用盒。

（1）图 2-169 为平面展开图，成型效果扫描本章首页二维码见图 2-169a，展示效果同样扫码见图 2-169b。

（2）L（长）、W（宽）、H（高）的值及展示牌凸出位已知（客户给出），T＝纸厚。

（3）各个收纸位及尺寸关系见图 2-169 中标注。

① $A = [12\text{mm}, 16\text{mm}]$ ；$B = 2T$ ；$C = A + 3T + 1\text{mm}$ ；$D \leqslant A$ ；$E = W1/2$。

② $L1 = L2 = L - 2T$ ；$L3 = L - 2B - T$ ；$W1 = W - T$ ；$W2 = W$ ；$W3 = W - 2T$ ；$H1 = H2 = H$ ；$H3 = H - T$ ；$H4 = H - 2T$。

③其他未注明尺寸可根据前述酌情自行给出。

（4）该盒型结构为上下对称，绘图时只需绘制

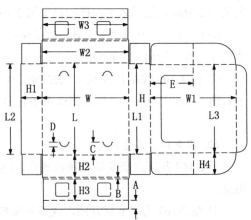

图 2-169

1/2，然后镜像复制即可。

73. 边壁带分隔板插槽叠盖展示盘式盒

图 2-170 盒型同样是盒盖收叠体现展示功能舒展开完成封盒功能的两用盒。

(1) 图 2-170 为平面展开图，成型效果扫描本章首页二维码见图 2-170a。

(2) L（长）、W（宽）、H（高）及 A、B 的值已知（客户给出），T＝纸厚。

(3) 各个收纸位及尺寸关系见图 2-170 中标注。

① C＝A＋T；D≈（W－6T）/5；E≤D；F＝W1/2；B＜G≤H－T。

② L1＝L2＝L－2T；L3＝L；L4＝L－2T；W1＝W－T；W2＝W；W3＝W－4T；H1＝H2＝H－T；H3＝H－2T。

③其他未注明尺寸可根据前述酌情自行给出。

(4) 该盒型结构为上下对称，绘图时只需绘制 1/2，然后镜像复制即可。

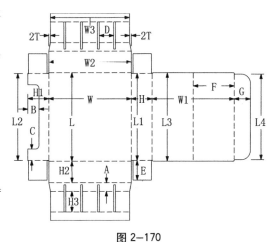

图 2-170

74. 盖前端华克锁底侧边内半壁插别扣盘式盒

图 2-171 盒型整体效果与图 2-140 类似，差别在于底盒的成型方式不是华克锁，而是侧边内半壁插别扣成型。

(1) 图 2-171 为平面展开图，成型效果扫描本章首页二维码见图 2-171a。

(2) L（长）、W（宽）、H（高）、H1（盖盒高）的值已知（客户给出），T＝纸厚。

(3) 各个收纸位及尺寸关系见图 2-171 中标注。（华克锁的设置参看图 2-42 介绍，亚瑟扣的设置参看图 2-63 介绍。）

① A＝2T；B≈H/3；C＝B－1mm；D＝[5mm，10mm]；E＝D－1mm；F＝[12mm，16mm]；G≤F－T；J≈L/4；K＝J；M≈L/5；N＝M＋2mm。

② L1＝L－2T；L2＝L＋3T；W1＝W＋3T；W2＝W；H2＝H1－T；H3＝H4＝H－T。

③其他未注明尺寸可根据前述酌情自行给出。

(4) 该盒型结构为上下对称，绘图时只需绘制 1/2，然后镜像复制即可。

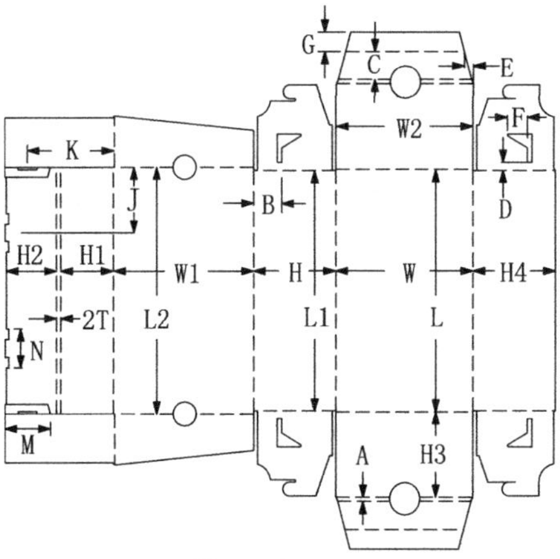

图 2-171

75. 盖前端华克锁底侧边内半壁华克锁盘式盒

图 2-172 盒型整体效果与图 2-171 基本相同，差别只在于侧边内半壁由插别扣成型改为侧向华克锁成型。

(1) 图 2-172 为平面展开图，成型效果扫描本章首页二维码见图 2-172a。

(2) L（长）、W（宽）、H（高）、H1（盖盒高）的值已知（客户给出），T = 纸厚。

(3) 各个收纸位及尺寸关系见图 2-172 中标注。（华克锁的设置参看图 2-42 介绍。）

① A = 2T；B ≈ H/3；C = B。

② L1 = L − 2T；L2 = L + 3T；W1 = W + 3T；W2 = W；H2 = H1 − T；H3 = H4 = H − T。

③ 亚瑟扣的设置参看图 2-63 介绍，其他未注明尺寸可根据前述酌情自行给出。

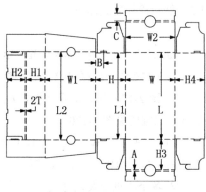

图 2-172

76. 蓬盖凹侧盘式盒

(1) 图 2-173 为平面展开图，成型效果扫描本章首页二维码见图 2-173a。

(2) L（长）、W（宽）、H（高）、H1（蓬高）、A（飘檐宽度）的值已知（客户给出），T = 纸厚。

(3) 各个收纸位及尺寸关系见图 2-173 中标注。（锚锁的设置参看图 2-48 介绍。）

① B = A + 2T；L1 = L − 2B − 4T；L2 = L − 2B − 4T；L3 = L。

② W1 = 弧 OO₁ 长 + T；W2 = W − T；W3 = W − 2T；

③ H2 = H3 = H − T；H4 = H − 2T；H5 = H − T；H6 = H。

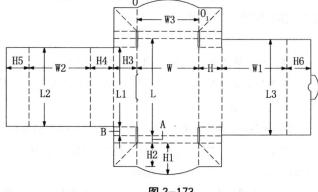

图 2-173

(4) 该盒型结构为上下对称，绘图时只需绘制 1/2，然后镜像复制即可。

77. 平盖凹侧盘式盒

图 2-174 盒型整体效果与图 2-173 类似，都是蹼角向侧壁黏合出檐型盘式盒，差别只在于本图平盖侧壁四周均有出檐效果。

(1) 图 2-174 为平面展开图，成型效果扫描本章首页二维码见图 2-174a。

(2) L（长）、W（宽）、H（高）、A（飘檐宽度）的值已知（客户给出），T = 纸厚。

(3) 各个收纸位及尺寸关系见图 2-174 中标注。

① L1 = L2 = L；L3 = L − 2A − 2T；W1 = W − T；W2 = W − 2T；H1 = H；H2 = H − 3T。

② 锚锁的设置参看图 2-48 介绍，其他未注明尺

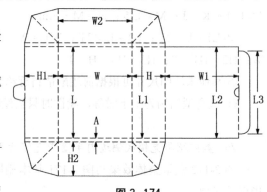

图 2-174

寸可根据前述酌情自行给出。

78. 四脚架空底平盖盘式盒

(1) 图 2-175 为平面展开图，成型效果扫描本章首页二维码见图 2-175a。

(2) L（长）、W（宽）、H（高）、H1（底高）及 A、B 的值已知（客户给出），T = 纸厚。

(3) 各个收纸位及尺寸关系见图 2-175 中标注。

① L1 = L3 = L + 2T；L2 = L − 2T；W1 = W + 2T；W2 = W − 2T；H2 = H − H1 − T。

② 钩扣的设置参看图 2-23 介绍，其他未注明尺寸可根据前述酌情自行给出。

(4) 该盒型结构为上下对称，绘图时只需绘制 1/2，然后镜像复制即可。

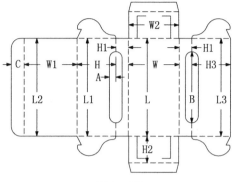

图 2-175

79. 带锚锁插扣包裹式双盖托盘盒

(1) 图 2-176 为平面展开图，成型效果扫描本章首页二维码见图 2-176a。

(2) L（长）、W（宽）、H（高）的值已知（客户给出），T = 纸厚。

(3) 收纸位及尺寸关系见图 2-176 中标注。

① A = B ≤ L − T；C = L/2；D ≥ F + 2mm；E ≥ G + 2mm；F、G 的设置参看图 2-48 介绍；L1 = L2 = L − 2T；L3 = L4 = L。

② W1 = W − T；W2 = W；W3 = W − 2T；H1 = H − T；H2 = H − 2T。

③ 锚锁的设置参看图 2-48 介绍，其他未注明尺寸可根据前述酌情自行给出。

(4) 该盒型结构为上下对称，绘图时只需绘制 1/2，然后镜像复制即可。

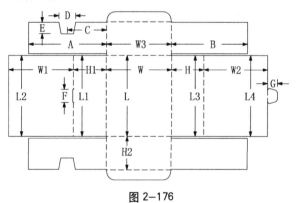

图 2-176

80. 带插扣包裹式托盘盒

(1) 图 2-177 为平面展开图，成型效果扫描本章首页二维码见图 2-177a。

(2) L（长）、W（宽）、H（高）的值已知（客户给出），T = 纸厚。

(3) 各个收纸位及尺寸关系见图 2-177 中标注。

① A = B ≤ (L − C)/2。（C 的设置参看图 2-48 介绍。）

② L1 = L − 2T；W1 = W − 2T；W2 = W + T；H1 = H2 = H；H3 = H − T。

③ 锚锁的设置参看图 2-48 介绍，其他未注明尺寸可

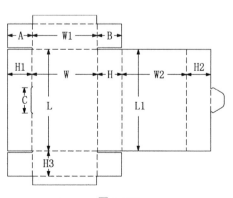

图 2-177

根据前述酌情自行给出。

（4）该盒型结构为上下对称，绘图时只需绘制 1/2，然后镜像复制即可。

81. 带插扣包裹式边壁减震墙托盘盒

（1）图 2-178 为平面展开图，成型效果扫描本章首页二维码见图 2-178a。

（2）L（长）、W（宽）、H（高）及 A、B 的值已知（客户给出），T = 纸厚。

（3）各个收纸位及尺寸关系见图 2-178 中标注。

①$C = B - T$；$D \le A - 2T$；$E = F \le L/2$；$G \le W/5$；$J \le G - T$。

②$L1 = L2 = L$；$W1 = W - 2T$；$W2 = W + T$；$H1 = H3 = H - T$；$H2 = H + T$；$H4 = H - 2T$。

③其他未注明尺寸可根据前述酌情自行给出。

（4）该盒型上下对称，只需绘制 1/2 镜像复制即可。

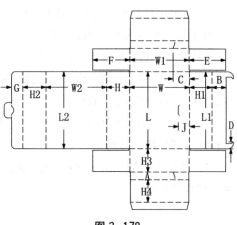

图 2-178

82. 单壁亚瑟扣对开插舌盖盘式盒

（1）图 2-179 为平面展开图，成型效果扫描本章首页二维码见图 2-179a。

（2）L（长）、W（宽）、H（高）及 A、B 的值已知（客户给出），T = 纸厚。

（3）各收纸位及尺寸关系见图 2-179 中标注。

①$C \le W/2$；$L1 = A$；$L2 = B$；$L3 = L - 2T$。

②$W1 = W2 = W - 2T$；$H1 = H - T$。

③亚瑟扣的设置参看图 2-63 介绍，盒盖插舌及压翼的设置参看第一章第一节介绍。

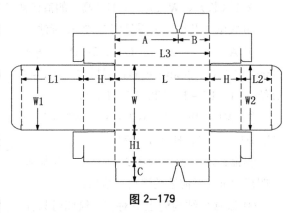

图 2-179

83. 单壁亚瑟扣对插盖盘式盒

（1）图 2-180 为平面展开图，成型效果扫描本章首页二维码见图 2-180a。

（2）L（长）、W（宽）、H（高）的值已知（客户给出），T = 纸厚。

（3）各个收纸位及尺寸关系见图 2-180 中标注。

①$A \approx 2W/3$；$B = A - T$。

②$L1 = L2 = L/2$（$L1 \ne L2$ 时，需保证 $L1 + L2 = L$）；$L3 = L - 2T$；$H1 = H - T$。

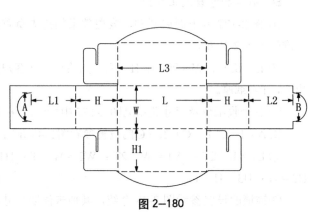

图 2-180

③亚瑟扣的设置参看图 2-63 介绍。

(4) 该盒型结构为上下对称（亚瑟扣除外），绘图时只需绘制 1/2，然后镜像复制即可。

84. 双壁亚瑟扣对开盖盘式盒

(1) 图 2-181 为平面展开图，成型效果扫描本章首页二维码见图 2-181a。

(2) L（长）、W（宽）、H（高）的值已知（客户给出），T = 纸厚。

(3) 各收纸位及尺寸关系见图 2-181 标注。

① $A =（W - 2T）/2$ ； $B =（W + 2T）/2$ ； $C ≈ 2H/3$ ； $D = C - T$ ； $E ≤ L1 - 2T$ ； $F = H2 - 2T$ 。

② $L1 =（L - T）/2$ ； $L2 = L1 - T$ ； $L3 = L - 2T$ ； $H1 = H - 3T$ ； $H2 = H - 4T$ 。

③ $W1 = W + 2T$ ； $W2 = W$ ； $W3 = W - 2T$ 。

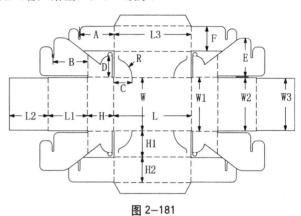

④亚瑟扣的设置参看图 2-63 介绍。其他未注明尺寸可根据前述酌情自行给出。

图 2-181

(4) 该盒型结构为上下左右对称（亚瑟扣除外），绘图时只需绘制 1/4，然后镜像复制即可。

85. 角部华克锁对开盖托盘盒

(1) 图 2-182 为平面展开图，成型效果扫描本章首页二维码见图 2-182a。

(2) L（长）、W（宽）、H（高）的值已知（客户给出），T = 纸厚。

(3) 各收纸位及尺寸关系见图 2-182 标注。

① $A = H + 2T$ ； $L1 = L2 = L/2$ ； $L3 = L - 2T$ ； $H1 = H$ ； $H2 = H - T$ ； $W1 = W + 2T$ ； $W2 = W - 2T$ 。

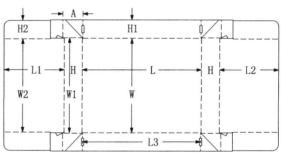

②其他未注明尺寸可根据前述酌情自行给出。

图 2-182

86. 曲线对开盖托盘盒

(1) 图 2-183 为平面展开图，成型效果扫描本章首页二维码见图 2-183a。

(2) L（长）、W（宽）、H（高）的值已知（客户给出），T = 纸厚。

(3) 各个收纸位及尺寸关系见图 2-183 中标注。

① $A + B = W$ ；曲线 $OO_1 = $ 曲线 PP_1 。

② $L1 = L - 2T$ ； $H1 = H - T$ ； $W1 = W - 2T$ 。

③其他未注明尺寸可根据前述酌情自行给出。

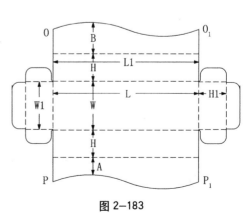

图 2-183

87. 折沿对插盖托盘盒

(1) 图 2-184 为平面展开图，成型效果扫描本章首页二维码见图 2-184a。

(2) L（长）、W（宽）、H（高）的值已知（客户给出），T = 纸厚。

(3) 各个收纸位及尺寸关系见图 2-184 中标注。

① A = B = L/2 （当 A ≠ B 时需满足 A + B = L）。

② C ≈ W/2；D = C + 2mm；E ≈ H；F ≤ L − 2T；L1 = L − 2T；H1 = H − T；H2 = H − 2T。

③其他未注明尺寸可根据前述酌情自行给出。

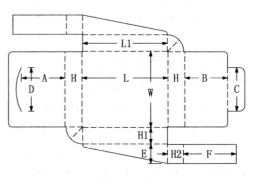

图 2-184

88. 双底折沿对插盖托盘盒

(1) 图 2-185 为平面展开图，成型效果扫描本章首页二维码见图 2-185a。

(2) L（长）、W（宽）、H（高）及 A 的值已知（客户给出），T = 纸厚。

(3) 各个收纸位及尺寸关系见图 2-185 中标注。

① B = C = （L − 2A）/2 （当 B ≠ C 时需满足 B + C = L − 2A）。

② D = E = W/2 （当 D ≠ E 时需满足 D + E = W）。

③ F ≈ L/3；K = F + 2mm；G ≈ 2W/3；J = G + 1mm；L1 = L2 = L − 2T；W1 = W − 2T；H1 = H − T。

④其他未注明尺寸可根据前述酌情自行给出。

(4) 该盒型结构为左右对称（B、C 值除外），绘图时只需绘制 1/2，然后镜像复制即可。

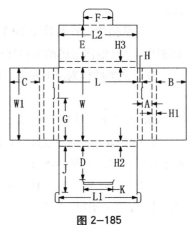

图 2-185

89. 双防尘翼对插盖托盘盒

(1) 图 2-186 为平面展开图，成型效果扫描本章首页二维码见图 2-186a。

(2) L（长）、W（宽）、H（高）的值已知（客户给出），T = 纸厚。

(3) 各个收纸位及尺寸关系见图 2-186 中标注。

① A = B = L/2 （当 A ≠ B 时需满足 A + B = L）。

② L1 = L − 2T；W1 = W − 2T；H1 = H；H2 = H − T。

③其他未注明尺寸可根据前述酌情自行给出。

(4) 该盒型结构为上下左右对称，绘图时只需绘制 1/4，然后镜像复制即可。

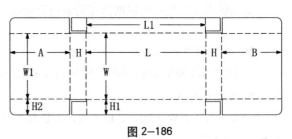

图 2-186

90. 双防尘翼带卡扣对插盖托盘盒

（1）图 2-187 为平面展开图，成型效果扫描本章首页二维码见图 2-187a。

（2）L（长）、W（宽）、H（高）及"卡扣"的值已知（客户给出），T = 纸厚。

（3）各个收纸位及尺寸关系见图 2-187 中标注。

① $A = B = L/2 - T$ （当 $A \neq B$ 时需满足 $A + B = L - 2T$）。

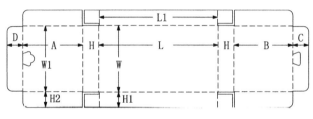

图 2-187

② $C = D = H - T$；$L1 = L - 2T$；$W1 = W - 2T$；$H1 = H$；$H2 = H - T$。

（4）该盒型结构为上下左右对称，绘图时只需绘制 1/4，然后镜像复制即可。

91. 三边防尘翼盖锁底型盘式盒

（1）图 2-188 为平面展开图，成型效果扫描本章首页二维码见图 2-188a。

（2）L（长）、W（宽）、H（高）的值已知，T = 纸厚。

（3）各个收纸位及尺寸关系见图 2-188 中标注。

① $A \approx L/4$；$B = A$；$C = [15mm，20mm]$；$D = C$。

② $L1 = L - 2T$；$W1 = W - T$；$W2 = W$；$H1 = H3 = H$；$H2 = H4 = H - T$。

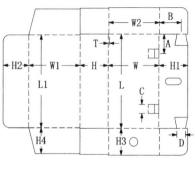

图 2-188

③其他未注明尺寸可根据前述酌情自行给出。

（4）该盒型结构为上下对称，绘图时只需绘制 1/2，然后镜像复制即可。

92. 双盖防尘翼双边壁压锁型盘式盒

（1）图 2-189 为平面展开图，成型效果扫描本章首页二维码见图 2-189a。

（2）L（长）、W（宽）、H（高）及 A 的值已知（客户给出），T = 纸厚。

（3）各收纸位及尺寸关系见图 2-189 中标注。

① $L1 = L - T$；$L2 = L - 2T$；$W1 = W - 2T$；$W2 = W - 6T$；$W3 = W - 8T$；$H1 = H$；$H2 = H3 = H - T$。

②其他未注明尺寸可根据前述自行给出。

图 2-189

（4）该盒型结构为上下对称，绘图时只需绘制 1/2，然后镜像复制即可。

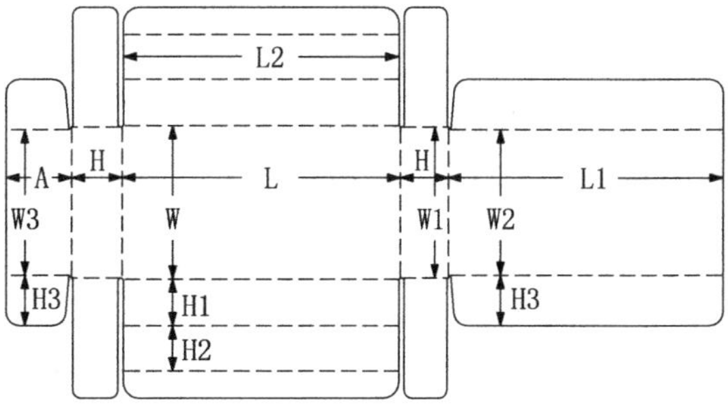

93. 前端钩扣三边折翼盖插扣盘式盒

（1）图 2-190 为平面展开图，成型效果扫描本章首页二维码见图 2-190a。

(2) L（长）、W（宽）、H（高）的值已知（客户给出），T = 纸厚。

(3) 各个收纸位及尺寸关系见图 2-190 中标注。

① A ≈ L/8；B = A；C ≈ H/2；D = C − 1；E ≈ L/2；F = E；∠1 = ∠2 ≤ 45°；L1 = L − 1mm。

② W1 = W − T；W2 = W；H1 = H2 = H − T。

③其他未注明尺寸可根据前述酌情自行给出。

(4) 该盒型结构为上下对称，绘图时只需绘制 1/2，然后镜像复制即可。

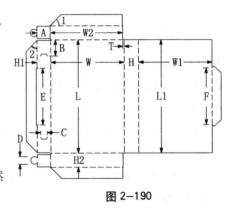

图 2-190

94. 三边折翼盖插扣盘式盒

(1) 图 2-191 为平面展开图，成型效果扫描本章首页二维码见图 2-191a。

(2) L（长）、W（宽）、H（高）及 A、B 的值已知（客户给出），T = 纸厚。

(3) 各个收纸位及尺寸关系见图 2-191 中标注。

① C ≈ L/2；D ≈ C/3；E = C − 2；F = D + 2；∠1 = ∠2 ≤ 45°。

② L1 = L − 1mm；W1 = W − T；W2 = W − 2T；H1 = H2 = H − T。

(4) 该盒型结构为上下对称，绘图时只需绘制 1/2，然后镜像复制即可。

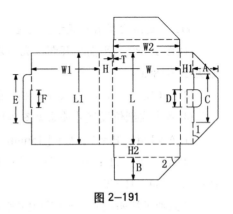

图 2-191

95. 分区间隔连盖盘式盒

(1) 图 2-192 为平面展开图，成型效果扫描本章首页二维码见图 2-192a。

(2) L（长）、W（宽）、H（高）的值已知（客户给出），T = 纸厚。

(3) 各个收纸位关系及高低线见图 2-192 中标注。（以下按内间隔等分介绍尺寸关系）

留意：① A = L/2；B = L/4；C = W/2 − 2T；D = W/2 − 3T。

② E = W/2 − 4T；F = W/2 − 2T；G = W/2 − 2T；J = 2T；K = 2T + 1mm。

③ L1 = L − 2T；W1 = W − 2T；H1 = H − T；H2 = H − T。

④ M 与所有未标注卡槽宽度均 ≥ T，卡槽对扣深度尺寸设置见

图 2-76 中 ab 取值，其他未注明尺寸均不影响成型效果，可酌情自行给出。

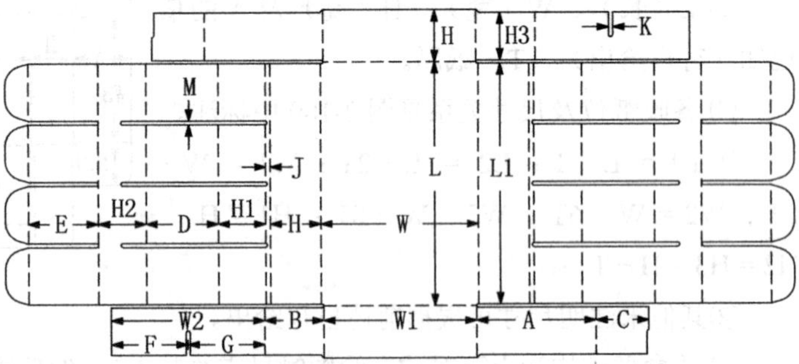

(4) 该盒型结构为 180° 旋转对称，绘图时只需绘制 1/2，然后旋转复制即可。

图 2-192

96. 带 V 型内衬连盖盘式盒

（1）图 2-193 为平面展开图，成型效果扫描本章首页二维码见图 2-193a。

（2）L（长）、W（宽）、H（高）、A 的值及内部开窗尺寸已知（客户给出），T = 纸厚。

（3）各个收纸位关系及高低线见图 2-193 中标注。

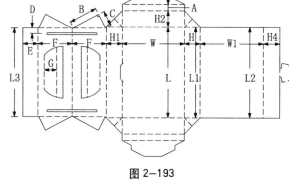

① B =（L − 2T）/2；C = H − 2T；D = A − T；E = H − 2T。

②F= 两直角边分别为"B""C"的直角三角形斜边长。

③ L1 = L2 = L；L3 = L − 4T；W1 = W + T；H1 = H2 = H − T；H3 = H − 2T；H4 = H。

④锚锁设置参看图 2-48，其他未注明尺寸可根据前述内容酌情自行给出。

图 2-193

97. 带 3 瓶装卡位 V 型内衬连盖盘式盒

（1）图 2-194 为平面展开图，成型效果扫描本章首页二维码见图 2-194a。

（2）L（长）、W（宽）、H（高）、A 的值及内部开窗尺寸已知（客户给出），T = 纸厚。

（3）各收纸位关系及高低线见图 2-194 中标注。

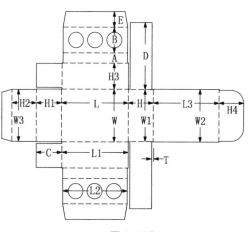

①B = 两直角边分别为"H − T""W/2 − A"的直角三角形斜边长；C ≤ W/2；D = L − 2T。

②L1 = L − T；L2 = L − 4T；L3 = L − 3T；W1 = W3 = W − 2T；W2 = W；H1 = H3 = H；H2 = H − T；H4 ≤ H − 2T。

③其他未注明尺寸可根据前述内容自行给出。

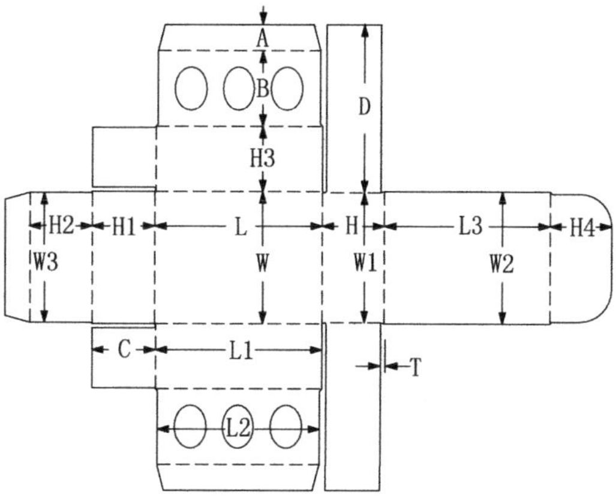

图 2-194

98. 带 3 瓶装卡位内衬连盖盘式盒

（1）图 2-195 为平面展开图，成型效果扫描本章首页二维码见图 2-195a。

（2）L（长）、W（宽）、H（高）、A 的值及内部开窗尺寸已知（客户给出），T = 纸厚。

（3）各收纸位关系及高低线见图 2-195 中标注。

①B = 两直角边分别为"H − T""W/2 − A"的直角三角形斜边长；C ≤ W/2；D = L − 2T；E = W/2 − A。

② L1 = L − T；L2 = L − 4T；L3 = L − 3T；W1 = W3 = W − 2T；W2 = W；H1 = H3 = H；H2 =

图 2-195

H－T；H4 ≤ H－2T。

二、非矩形类连盖盘式盒

（一）圆角方形连盖盘式盒

1. 带撕拉开启的圆角盘式盒

（1）图 2-196 为平面展开图，成型效果扫描本章首页二维码见图 2-196a、图 2-196b。

（2）L（长）、W（宽）、H（高）及 R 的值已知（客户给出），T = 纸厚。

（3）各个收纸位关系及高低线见图 2-196 中标注。

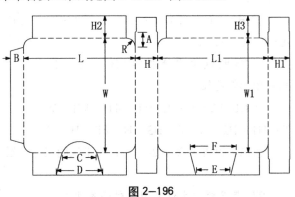

① B = [12mm，16mm]（需小于 H）；
C ≈ L/3；D ≈ L/2；E = C；F = D。

② L1 = L + 2T；W1 = W + 2T；H1 = H2 = H3 = H－T。

③其他未注明尺寸可酌情自行给出。

图 2－196

（4）该盒型结构为上下对称（撕拉刀位除外），绘图时只需绘制 1/2，然后镜像复制即可。

（二）三角形连盖盘式盒

1. 单壁三角形连盖盘式盒

（1）图 2-197 为平面展开图，成型效果扫描本章首页二维码见图 2-197a。

（2）L（边长）、H（高）已知，T = 纸厚。

（3）各收纸位关系及高低线见图 2-197 标注。

①A、B 的取值为小于边长 L 减去华克锁长度后的一半。

②H1 = H3 = H4 = H－T；H2 = H－2T。

③华克锁设置参看图 2-42 的介绍，锚锁设置参看图 2-48 的介绍。

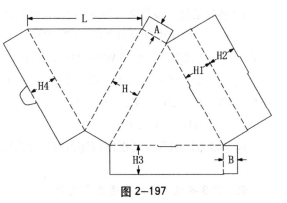

图 2－197

2. 双壁三角形带挂吊孔连盖盘式盒

（1）图 2-198 为平面展开图，成型效果扫描本章首页二维码见图 2-198a。

（2）已知△ abc 及盒高 H（客户给出），T = 纸厚。

（3）各收纸位关系及高低线见图 2-198 中标注。

①将△ abc 的 bc 线向内偏移 2T 得辅助线 ef、gi；ab 线向内偏移 2T 得辅助线 hi；ab 线向内偏移 T 得辅助线 de；通过 i 点的水平位置可以确定 L2 的右侧位置，通过 i 点作 bc 线的正交线可以确定

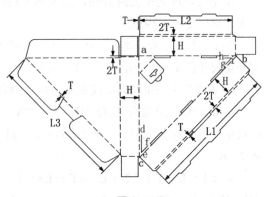

图 2－198

L1 的上侧位置；L1、L2、L3 其他位置同理可确定。

②容易出错的地方在 L1、L2、L3 长度与位置的确定，可参考图中添加的辅助线绘制。

③华克锁的设置参看图 2-42 的介绍。

④挂孔的设置参看图 3-4 的介绍。

3. 窝进别扣式盒盖三角形连盖盘式盒

窝进别扣式盒盖其成型效果是平面还是带倾斜角度（隆起）由客户决定。

(1) 图 2-199 为平面展开图，成型效果扫描本章首页二维码见图 2-199a。

(2) 已知 △abc 及盒高 H（客户给出），T = 纸厚。

(3) 各个收纸位关系见图 2-199 中标注。

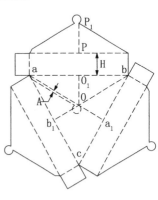

①绘图的第一步：通过线 aa_1 与线 bb_1 的交点确定 △abc 的中心点 O（该点即是盒盖别扣点在盒底的投影点）。

②绘图的第二步：将线 aa_1 与线 bb_1 的其中一条作为盒盖外遮边而向外偏移 A（另一条则是盒盖内藏边）。

③绘图的第三步：依据中心点 O 与外偏移线绘制花形扣位。

④绘图的第四步：将绘制好的单侧盒盖以 H 的中线镜像到边壁外侧。

图 2-199

⑤当盒盖的成型效果是平面时，则线 OO_1 = 线 PP_1；当盒盖的成型效果是隆起时，则线 $OO_1 <$ 线 PP_1，线 PP_1 的长度可根据给出的隆起角度（已知）计算或测量出来，然后移动花形扣边线下端不动拉伸上端即可。

⑥其他未注明尺寸可根据前述内容酌情自行给出。

(4) 该盒型可以以中心点 O 旋转复制。

（三）六边形连盖盘式盒

1. 蹼翼对扣盖底六边形盘式盒

(1) 图 2-200 为平面展开图，成型效果扫描本章首页二维码见图 2-200a。

(2) L（长）、H（高）已知（客户给出），T = 纸厚。

(3) 各个收纸位关系及高低线见图 2-200 中标注。

①A ≈ L/3；B = L − A；C ≈ 3E/4；D ≤ F − 2T。

②作外围辅助线可得 E，E 的值可通过边长为 L 的正六边形计算或测量得出。

③F ≈ E/4（留意 C + F = E）；E/2 < G < E；J = [25mm，30mm]；K = J − 2mm。

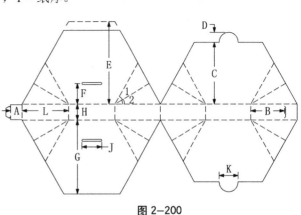

图 2-200

④其他未注明尺寸可根据前述内容酌情自行给出。

(4) 该盒型结构为上下对称，绘图时只需绘制 1/2，然后镜像复制即可。

2. 六角反棱柱连盖盘式盒

(1) 图 2-201 为平面展开图，成型效果扫描本章首页二维码见图 2-201a（该效果图的壁厚部分是添加了内衬部件的）。

(2) L（长）、A（高）已知（客户给出），T＝纸厚。

(3) 各个收纸位关系及高低线见图 2-201 中标注。

① 底盒的绘制方法参看图 2-93 至图 2-94 的介绍。

② L1 的长度由边长为 L 的正六边形底盒向内偏移 T 得出。

③ B＝C；其他未注明尺寸可根据前述内容酌情自行给出。

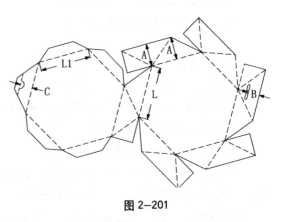

图 2-201

3. 六角柱双盖带撕拉开窗盘式盒

(1) 图 2-202 为平面展开图，成型效果扫描本章首页二维码见图 2-202a。

(2) L1（边长）、L2（边长）、W（宽）、H（高）及撕拉开窗已知（客户给出），T＝纸厚。

(3) 各个收纸位关系及高低线见图 2-202 中标注。

① A＝L2－2T；B＝L2－4T；C＝L1－T；D＝H－3T；E＝L1－2T；F＝L1－2T。

② W1＝W3＝W；W2＝W－T；H1＝H－2T；H2＝H－3T。

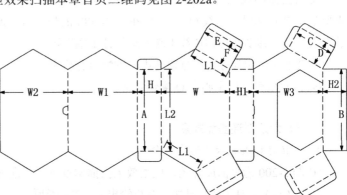

图 2-202

③其他未注明尺寸可根据前述内容酌情自行给出。

(4) 该盒型结构为上下对称，绘图时只需绘制 1/2，然后镜像复制即可。

成型图

第三章 管式折叠纸盒绘图设计

所谓管式折叠盒是指在纸盒成型过程中，盒体通过作业线折叠在平板状态下用一个接头接合，盒盖与盒底都需要有盒板或襟片通过组装、锁、黏等方式固定或封合的纸盒。

一般来说，主要的封盖（封底）结构有：插入式、锁口式、扣底式（锁扣）、自动扣底式、黏合封口式、显开痕盖、翻盖式；为讲述方便，本章按底部的结构分类，来分节讲解盒盖部分的结构，共分五节：底部插舌压翼结构、底部为扣底结构、底部为自动扣底结构、底部为黏合封口结构、底部为其他结构。需要说明的是，为避免结构重复或相近，本章将所有盒盖部分的结构不均匀地分配进上述五类盒底，也就是说盒盖部分的结构同样适用于其他盒底。例如底部确定为插舌压翼结构的盒盖部分结构，将底部结构换成扣底、自动扣底、黏合封底结构时，成型大多同样成立。

第一节　底部为插舌压翼结构的管式折叠盒

在第一章常用包装结构中的第一节讲的双插盒，其上下两端的盖与底就是插舌压翼结构，即盒盖前端延伸出可以折转的插舌襟片部分，与防尘翼上的锁扣肩位配合完成封合。

底部确定为插舌压翼结构，那主要列出的即是顶部的变化，所以本节只讲解顶部的变化，至于插舌压翼结构相关收纸位，本节为节约篇幅全部略去，读者可以参看第一章第一节的讲解。需要说明的是，本节所有盒型，将底部结构换成扣底、自动扣底、黏封底结构时，成型大多同样成立。

一、盒盖为插舌压翼结构类

1. 带保险扣的双插盒

本图盒型仅介绍插扣，其他事项见前述。

（1）图 3-1 为平面展开图，成型效果扫描本页二维码见图 3-1a。

（2）L（长）、W（宽）、H（高）已知（客户给出），T = 纸厚。

（3）插扣收纸位及尺寸关系见图 3-1 标注。

① A = [20mm，25mm]；B = A；C = [12mm，15mm]；D = [15mm，20mm]。

② 其他未注明尺寸可根据前述自行给出。

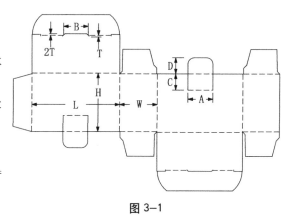

图 3-1

2. 带邮件锁（mailerlock）的双插盒

本图盒型仅介绍邮件锁（mailerlock），其他注意事项见前述。

（1）图 3-2 为平面展开图，成型效果扫描本页二维码见图 3-2a。

（2）L（长）、W（宽）、H（高）已知（客户给出），T = 纸厚。

（3）插扣收纸位及尺寸关系见图 3-2 标注。

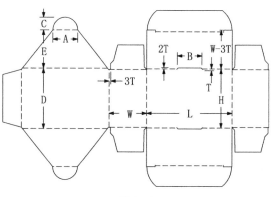

图 3-2

①A＝[20mm，25mm]；B＝A；C＝[12mm，15mm]；D＝H＋2T；E＝W－T。

②其他未注明尺寸可根据前述自行给出。

3. 蹼翼带保险扣的双插盒

(1) 图3-3为平面展开图，成型效果扫描本章首页二维码见图3-3a。

(2) L（长）、W（宽）、H（高）已知（客户给出），T＝纸厚。

(3) 插扣收纸位及尺寸关系见图3-3中标注。

① A＝[20mm，25mm]；B＝A；C＝[12mm，15mm]；D＝[15mm，20mm]。

②其他未注明尺寸不影响成型效果，可根据前述酌情自行给出。

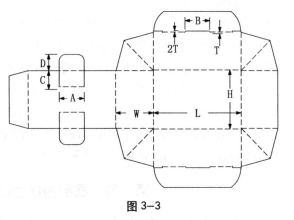

图3—3

4. 带挂孔的双插盒

本图盒型仅介绍挂孔，盒体结构参看前述第一章第一节，其他相关收纸位见图1-5介绍。

(1) 图3-4为平面展开图，成型效果扫描本章首页二维码见图3-4a。

(2) L（长）、W（宽）、H（高）及A的值已知（客户给出），T＝纸厚。

(3) 挂孔收纸位及尺寸关系见图3-4中标注。

① B＝A；C＝B＋[10mm，13mm]；D＝[30mm，3mm6]；E＝[5mm，6mm]；F＝[8mm，10mm]；G≥6mm；J＝L－2T。

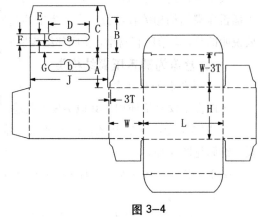

图3—4

(4) 挂吊孔的类型有多种，见下图3-5：

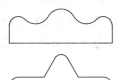

图3—5

①挂吊孔在单层纸壁中的设置：a.挂点分中（即包装物的重心位置）；b.一般长30mm、总高9mm、肩高6mm、挂点弧R＝3mm。

②挂吊孔在双层纸壁（如本盒型图）中的设置：a.包装盒的展示正面挂吊孔（该例图中的a挂吊孔）要求同上；b.包装盒的展示背面挂吊孔（本盒型图中的b挂吊孔）要求中心位置关于折线上下镜像且比正面挂吊孔周边偏移扩大0.5mm。

5. 带侧向挂孔的双插盒

本图盒型仅介绍挂孔的位置及相关收纸位设置，挂孔的尺寸设置见图 3-4 介绍，盒体结构参看前述第一章第一节。

（1）图 3-6 为平面展开图，成型效果扫描本章首页二维码见图 3-6a。

（2）L（长）、W（宽）、H（高）及 A 的值已知（客户给出），T＝纸厚。

（3）挂孔收纸位及尺寸关系见图 3-6 标注。

① B＝C＝L＋W；D＝A－0.5mm；E＝F－1mm；F＝H－T；G＝F/2；J≥6mm。

② b 挂吊孔是 a 孔关于折线 OO_1 镜像复制后周边偏移扩大 0.5mm 而得。

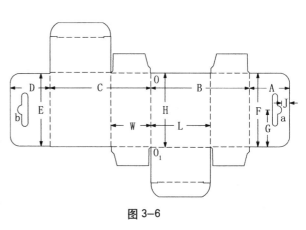

图 3-6

6. 带挂孔展示壁的双插盒

本图盒型仅介绍挂孔的位置及相关收纸位设置，挂孔的尺寸设置见图 3-4 介绍，盒体结构参看前述第一章第一节。

（1）图 3-7 为平面展开图，成型效果扫描本章首页二维码见图 3-7a。

（2）L（长）、W（宽）、H（高）及 A、B 的值已知（客户给出），T＝纸厚。

（3）挂孔收纸位及尺寸关系见图 3-7 中标注。

① C＝A－T；D＝B－1mm；E＝A－0.5mm；F＝G＝A/2；J≥6mm。

② b 挂吊孔是 a 孔关于折线 OO_1 镜像复制后周边偏移扩大 0.5mm 而得。

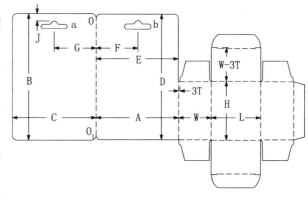

图 3-7

7. 盒盖中心挂孔边棱双向保险扣的双插盒

本图盒型重点介绍双向保险插扣的相关收纸位设置，挂孔的收纸位及尺寸设置见图 3-4 介绍，盒体结构参看前述第一章第一节。

（1）图 3-8 为平面展开图，成型效果扫描本章首页二维码见图 3-8a。

（2）L（长）、W（宽）、H（高）及 A、B 的值已知（客户给出），T＝纸厚。

（3）双向保险插扣收纸位及尺寸关系见图 3-8 中标注。（更具体细节结合图 3-9 及图 3-10 中 a 型所示。）

① H1＝H－3T；H2＝H－2T；C≈3L/5；D≈C/2。

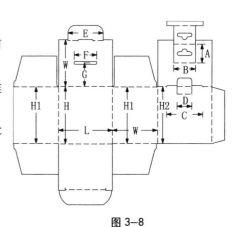

图 3-8

② E = C – 2mm；F = B + 2mm；G = W/2；J = D + 2mm；K = [20mm，25mm]；M = [12mm，15mm]；N = [15mm，20mm]。

(4) 双向保险扣插舌的细部结构有多种，详细结构如图 3-9 所示：

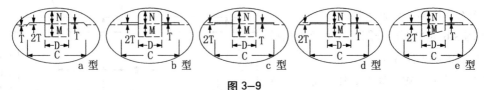

图 3-9

① a 型保险扣插舌是本图盒型采用的形式。

② b 型保险扣插舌是最常用的形式。

③ c 型保险扣插舌成型后较紧密，不
易漏坑，多用于双层瓦楞纸。④ d 型保险
扣插舌成型后较紧密，且易打开，多用于
双层瓦楞纸。⑤ e 型保险扣插舌是易插、
易开设计形式。

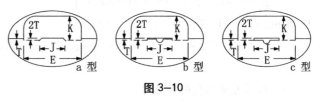

图 3-10

(5) 盒盖插头的细部结构还有两种，详细结构如图 3-10 所示。

① a 型保险扣插舌是本图盒型采用的形式。

② b 型插头成型后较紧密，多用于双层瓦楞纸。

③ c 型插头较常用，多用于单层瓦楞纸。

8. 插舌带药房锁（drugstorelock）的双插盒

本图盒型仅介绍药房锁（drugstorelock）
的相关收纸位设置，盒体结构参看前述第一
章第一节。

(1) 图 3-11 为平面展开图，成型效果扫
描本章首页二维码见图 3-11a。

(2) L（长）、W（宽）、H（高）的值
已知（客户给出），T = 纸厚。

(3) 药房锁（drugstorelock）的收纸位及
尺寸关系见图 3-11 中标注。

① A = B = L/2；C = [20mm，25mm]；
D = 2T 或 2mm（取其中大值）；E = [12mm，
16mm]；F = C – 2mm；G ≥ E。

② E 的取值与 W 值相关，可参看表 1-2。

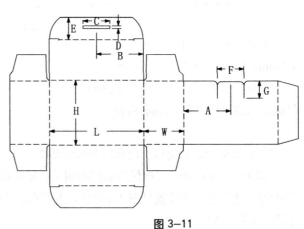

图 3-11

9. 插舌带锚锁的双插盒

本图盒型仅介绍锚锁的相关收纸位设置，盒体结构参看前述第一章第一节。

(1) 图 3-12 为平面展开图，成型效果扫描本章首页二维码见图 3-12a。

（2）L（长）、W（宽）、H（高）的值已知（客户给出），T＝纸厚。

（3）锚锁相关的收纸位及尺寸关系见图 3-12 中标注。

① A ＝ B ＝ L/2；C ＝ [20mm，25mm]；D ＝ 2T 或 2mm（取其中大值）；E－[12mm，16mm]；F ＝ C－2mm；G ≥ E。

②E 的取值与 W 值相关，可参看表 1-2 所列。

③锚锁的尺寸设置参看图 2-48 介绍。

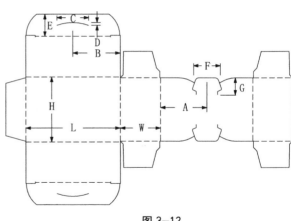

图 3-12

10. 防尘翼带亚瑟扣的双插盒

图 3-13 盒型仅介绍亚瑟扣的相关收纸位设置，盒体结构参看前述第一章第一节。

（1）图 3-13 为平面展开图，成型效果扫描本章首页二维码见图 3-13a。

（2）L（长）、W（宽）、H（高）的值已知（客户给出），T＝纸厚。

（3）亚瑟扣相关的收纸位及尺寸关系见图 3-13 中标注。

① A ＝ W/2；B ＝ L/2；C ＝ [12mm，20mm]。

②亚瑟扣的其他设置参看图 2-63、图 2-64 介绍。

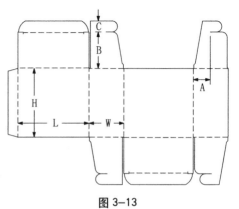

图 3-13

11. 防尘翼带折襟全叠盖双插盒

图 3-14 盒型仅介绍折襟防尘翼带来的相关收纸位设置，盒体结构参看前述第一章第一节。

（1）图 3-14 为平面展开图，成型效果扫描本章首页二维码见图 3-14a。

（2）L（长）、W（宽）、H（高）的值已知（客户给出），T＝纸厚。

（3）具体收纸位及尺寸关系见图 3-14 中标注。

① A ＝ W－T；B ＝ W－2T；C ＝ L－T；D ＝ L＋5T；E ＝ H－4T；F ＝ H－2T。

②其他未注明尺寸可根据前述酌情自行给出。

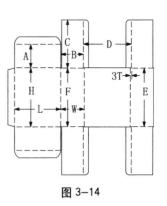

图 3-14

（4）该盒型结构为上下对称，绘图时只需绘制 1/2，然后镜像复制即可。

12. 侧端带提手的双插盒

图 3-15 盒型仅介绍侧端提手带来的相关收纸位设置，盒体结构参看前述第一章第一节。

（1）图 3-15 为平面展开图，成型效果扫描本章首页二维码见图 3-15a。

（2）L（长）、W（宽）、H（高）的值已知（客户给出），T＝纸厚。

（3）具体收纸位及尺寸关系见图3-15中标注。

① A＝L＋T；B＝W－T；C＝［20mm，25mm］；D＝［90mm，120mm］；E＝W/2；∠1≈15°。

②其他未注明尺寸可根据前述自行给出。

（4）该盒型结构为上下对称，绘图时只需绘制1/2，然后镜像复制即可。

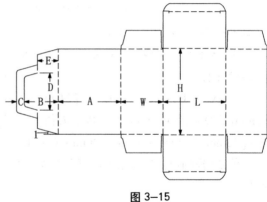

图 3-15

13. 带展示窗的双插盒

图3-16盒型仅介绍开窗带来的相关收纸位设置，盒体结构参看前述第一章第一节。

（1）图3-16为平面展开图，成型效果扫描本章首页二维码见图3-16a。

（2）L（长）、W（宽）、H（高）及A、B、C的值已知（客户给出），T＝纸厚。

（3）具体收纸位及尺寸关系见图3-16中标注。

① D＝C；E＝C＋12mm。

②其他未注明尺寸可根据前述酌情自行给出。

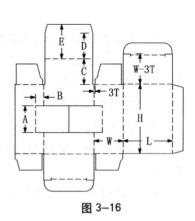

图 3-16

14. 带开窗分隔片的双插盒

图3-17盒型仅介绍开窗分隔片带来的相关收纸位设置，盒体结构参看前述第一章第一节。

（1）图3-17为平面展开图，成型效果扫描二维码见图3-17a。

（2）L（长）、W（宽）、H（高）及A、B、C的值已知（客户给出），T＝纸厚。

（3）具体收纸位及尺寸关系见图3-17中标注。

① D＝W－T；E＝H－A－B－T；F≤E－T；G≤A－T。

②其他未注明尺寸可根据前述酌情自行给出。

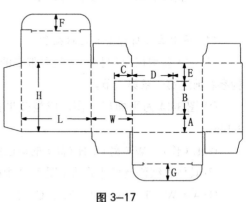

图 3-17

15. 带双层开窗盖板的双插盒

图3-18盒型仅介绍双层盖板带来的相关收纸位设置，盒体结构参看前述第一章第一节。

（1）图3-18为平面展开图，成型效果扫描本章首页二维码见图3-18a。

（2）L（长）、W（宽）、H（高）的值及开窗已知，T＝纸厚。

（3）具体收纸位及尺寸关系见图3-18中标注。

①A＝L；B＝L＋T；C＝W＋T；D＝H－2T；E＝H；F＝H－2T。

②其他未注明尺寸可根据前述酌情自行给出。

(4) 该盒型结构为上下对称，绘图时只需绘制1/2，然后镜像复制即可。

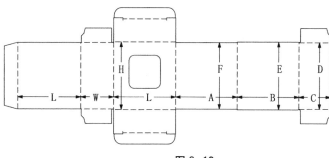

图3—18

16. 带内衬与展示窗的双插盒

图3-19盒型仅介绍内衬带来的相关收纸位设置，盒体结构参看前述第一章第一节。

(1) 图3-19为平面展开图，成型效果扫描本章首页二维码见图3-19a。

(2) L（长）、W（宽）、H（高）的值及开窗已知（客户给出），T＝纸厚。

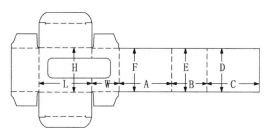

图3—19

(3) 具体收纸位及尺寸关系见图3-19中标注。

①A＝L－T；B＝W－T；C的取值根据给定角度计算出；D≤H－4T；E≤H－4T；F≤H－4T。

②其他未注明尺寸可根据前述酌情自行给出。

17. 带斜角成型内衬展示窗的双插盒

图3-20本图盒型仅介绍特殊内衬及内衬带来的相关收纸位设置，盒体结构参看第一章第一节。

(1) 图3-20为平面展开图，成型效果扫描本章首页二维码见图3-20a。

(2) L（长）、W（宽）、H（高）、A、B、C的值及开窗已知（客户给出），T＝纸厚。

(3) 具体收纸位及尺寸关系见图3-20中标注。（绘制的难点在于倾斜成型的内衬防尘翼襟片$OO_1O_2O_3$）

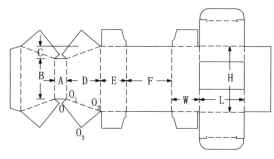

图3—20

①D的长＝两直角边分别为"（L－A）/2－T"与"W－2T"的直角三角形斜边长；E＝W－T；F＝L－T。

②根据D的值可以计算或测量出线O_1O_2的长；再以线O_1O_2的长为等腰梯形的两斜边，以A为上底，以L－2T为下底，可以绘制出该等腰梯形，将该等腰梯形以中心线分为两半，其中一半直角梯形$OO_1O_2O_3$即是防尘翼襟片，旋转角度移至O_1点即可。

③其他未注明尺寸可根据前述酌情自行给出。

(4) 该盒型结构为上下对称，绘图时只需绘制1/2，然后镜像复制即可。

18. 带 1×2 全分隔结构的双插盒

图 3-21 盒型仅介绍分隔内衬带来的相关收纸位设置，盒体结构参看前述第一章第一节。

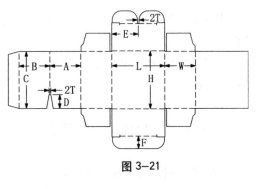

(1) 图 3-21 为平面展开图，成型效果扫描本章首页二维码见图 3-21a（盒盖端效果）与图 3-21b（盒底端效果）。

(2) L（长）、W（宽）、H（高）的值已知（客户给出），T = 纸厚。

图 3-21

(3) 具体收纸位及尺寸关系见图 3-21 中标注。

① A = L/2；B = W - 2T；C = H - 4T；D = [12mm，16mm]；E = A；F ≤ D - T。

②其他未注明尺寸可根据前述酌情自行给出。

19. 带 1×3 半分隔结构的双插盒

图 3-22 盒型仅介绍分隔内衬带来的相关收纸位设置，盒体结构参看前述第一章第一节。

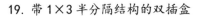

(1) 图 3-22 为平面展开图，成型过程扫描本章首页二维码见图 3-22a，成型效果同样扫码见图 3-22b。

(2) L（长）、W（宽）、H（高）的值已知（客户给出），T = 纸厚。

(3) 具体收纸位及尺寸关系见图 3-22 中标注。

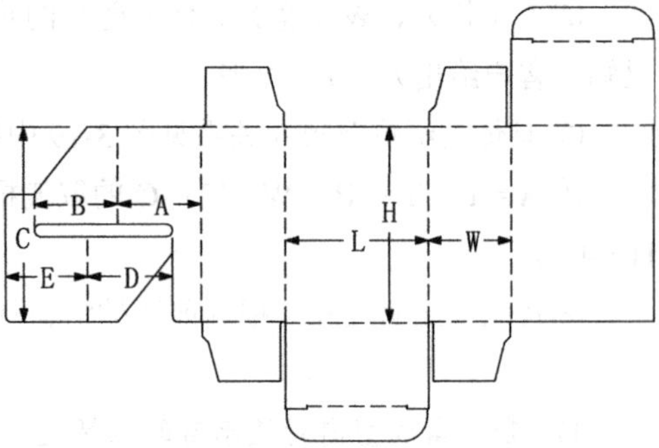

① A = L/3；B = W - 2T；C = H - 4T；D = B；E = A。

图 3-22

②其他未注明尺寸可根据前述酌情自行给出。

20. 带 1×3 全分隔结构的双插盒

图 3-23 盒型仅介绍分隔内衬带来的相关收纸位设置，盒体结构参看前述第一章第一节。

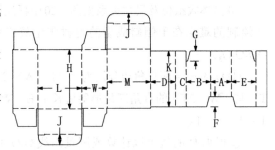

(1) 图 3-23 为平面展开图，成型效果扫描本章首页二维码见图 3-23a。

(2) L（长）、W（宽）、H（高）及 A 的值已知（客户给出），T = 纸厚。

(3) 具体收纸位及尺寸关系见图 3-23 中标注。

图 3-23

① B = W - 2T；C = （L - 3T - A)/2；D = W - T；E = W - 2T；F = G ≥ J；K ≤ H - 4T；M = L - T。（J 的取值参看表 1-2 所列。）

②其他未注明尺寸可根据前述酌情自行给出。

21. 带特定分隔结构的双插盒

图 3-24 盒型仅介绍分隔内衬带来的相关收纸位设置，盒体结构参看前述第一章第一节。

（1）图 3-24 为平面展开图，成型效果扫描本章首页二维码见图 3-24a。

（2）L（长）、W（宽）、H（高）及 A、B 的值已知（客户给出），T＝纸厚。

（3）具体收纸位及尺寸关系见图 3-24 中标注。

① C＝（L－3T－A）/2；D＝W－T；E＝L－T；F＝B；G≤C。

②其他未注明尺寸可根据前述酌情自行给出。

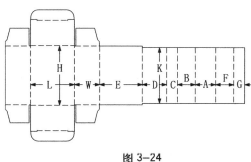

图 3—24

22. 带锥形旋转内衬结构的双插盒

图 3-25 盒型仅介绍内衬带来的相关收纸位设置，盒体结构参看前述第一章第一节。

（1）图 3-25 为平面展开图，成型效果扫描本章首页二维码见图 3-25a（盒盖端效果）与图 3-25b（盒底端效果）。

（2）L（长）、W（宽）、H（高）的值及锥形内衬的上下口沿、斜壁高已知（客户给出），T＝纸厚。

（3）已知条件意味着图 3-25 中标注的参数全部给出，只需保障如下角度要求即可。

① ∠1＝∠2； ∠3＝∠4；∠5＝∠6； ∠7＝∠8。

②其他未注明尺寸可根据前述酌情自行给出。

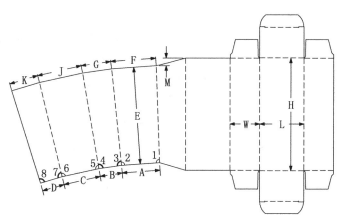

图 3—25

23. 防尘翼带压固内衬结构的双插盒

图 3-26 盒型仅介绍压固内衬的相关设置，盒体结构参看前述第一章第一节。

（1）图 3-26 为平面展开图，成型过程扫描本章首页二维码见图 3-26a，成型效果同样扫码见图 3-26b。

（2）L（长）、W（宽）、H（高）及 A、B、R 的值已知（客户给出），T＝纸厚。

（3）压固内衬的收纸位及尺寸关系见图 3-26 中标注。

① C＝W/2；D＝L/2－T；E＝L/2－2T；F＝[10mm，12mm]。

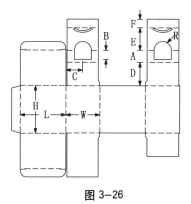

图 3—26

24. 截面为梯形斜面顶盖双插盒（对插式）

（1）图 3-27 为平面展开图，成型效果扫描本章首页二维码见图 3-27a、图 3-27b。

（2）L（截面梯形底）、L1（截面梯形顶）、W（截面梯形高）、H1（盒型正面高）、H（盒型背面高）的值已知，T＝纸厚。

（3）已知尺寸如图3-27中标注。则本图盒型的绘制方法如下：

①绘制底部盒盖：按已知绘制出梯形 $OO_1O_2O_3$；在线 O_1O_2 的基础上添加锁扣刀与插舌（按第一章第一节讲解）。

②绘制底部防尘翼：将梯形 $OO_1O_2O_3$ 按中线分两半，然后以 O 点为基点旋转 ∠1，再按第一章第一节讲解设置锁扣肩位及其他收纸位得出 a 防尘翼，镜像复制得出 b 防尘翼。

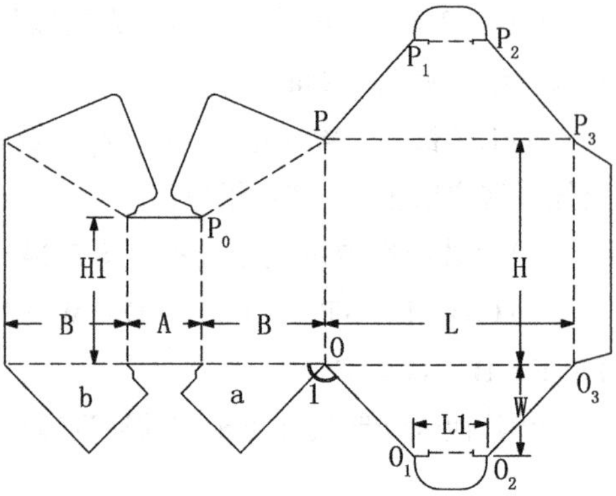

③按 A=L1；B= 线 OO_1 的长，结合已知的高可以绘制出盒身。

④绘制顶部盒盖与防尘翼：依据 B 的值及 H、H1 可得线 PP_0 的长，$PP_0=PP_1$，$P_1P_2=L1$，可以绘制出梯形 $PP_1P_2P_3$。再依上述步骤可绘制出顶部盒盖与防尘翼。

⑤需留意：在线 OP 的左侧还需添加距离等于 L 的黏合作业线。

图 3—27

25. 底（顶）部带衬垫结构的双插盒

图3-28盒型仅介绍衬垫的相关设置，盒体结构参看前述第一章第一节。

（1）图 3-28 为平面展开图，成型效果扫描本章首页二维码见图 3-28a。

（2）L（长）、W（宽）、H（高）及 A 的值已知，T＝纸厚。

（3）衬垫的收纸位及尺寸关系见图 3-28 中标注。

①$B = W - 4T$；$C = L - 4T$；$D = E = A - 2T$；$F = A - T$。

②其他未注明尺寸可根据前述酌情自行给出。

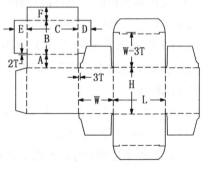

图 3—28

26. 底部插固内衬结构边棱开窗顶部带挂孔的双插盒

图3-29盒型仅介绍衬垫的相关设置，盒体结构参看前述第一章第一节。

（1）图 3-29 为平面展开图，成型效果扫描本章首页二维码见图 3-29a。

（2）L（长）、W（宽）、H（高）及 A、G、J 与开窗、挂孔、插孔的值已知，T＝纸厚。

（3）衬垫的收纸位及尺寸关系见图 3-29 中标注。

①$B = W - 4T$；$C = L - 4T$；$D = E = A - 2T$；$F = A - T$。

②挂孔的设置见图 3-4 至图 3-5 介绍，其他未注明尺寸可根据前述酌情自行给出。

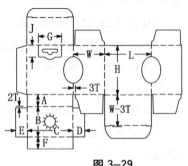

图 3—29

27. 带内部插固内衬盒身开窗的双插盒

图 3-30 盒型仅介绍内部插固内衬的相关设置，盒体结构参看前述第一章第一节。

(1) 图 3-30 为平面展开图，成型效果扫描本章首页二维码见图 3-30a。

(2) L（长）、W（宽）、H（高）及 A、B、∠1 与插孔的值已知，T＝纸厚。

(3) 衬垫的收纸位及尺寸关系见图 3-30 中标注。

①$C = L - 2T$；$D = F = A - 2T$；$E = J = W - 2T$；$G = K = H - A - B - 2T$；$M = N = L - 4T$。

②其他未注明尺寸可根据前述酌情自行给出。

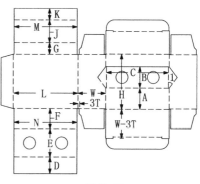

图 3-30

28. 带两端插固内衬盒身开窗的双插盒

图 3-31 盒型仅介绍内部插固内衬的相关设置，盒体结构参看前述第一章第一节。

(1) 图 3-31 为平面展开图，成型效果扫描本章首页二维码见图 3-31a。

(2) L（长）、W（宽）、H（高）及 A、B 与插孔的值已知，T＝纸厚。

(3) 衬垫的收纸位及尺寸关系见图 3-31 中标注。

①$C = B - T$；$D = W - 2T$；$E = W - 2T$；$F = L - 4T$；$G = H - A - B - 2T$；$J = W - 2T$；$K = H - A - B - 2T$；$M = L - 4T$。

②其他未注明尺寸可根据前述酌情自行给出。

图 3-31

29. 四棱台型双插盒

(1) 图 3-32 为平面展开图，成型效果扫描本章首页二维码见图 3-32a。

(2) L（底长）、W（底宽）、L1（盖长）、W1（盖宽）、H（壁斜高）的值已知，T＝纸厚。

(3) 已知尺寸如图 3-32 中标注。则本图盒型的绘制方法如下：

①按前述第一章第一节讲解分别绘制 L（长）、W（宽）、H（高）与 L1（长）、W1（宽）、H（高）的双插盒。

②按上底为 L1，下底为 L2，高为 H 绘制等腰梯形，得出 ∠1 的值。再同理得出 ∠2 的值。

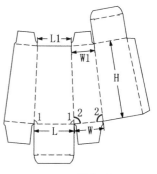

图 3-32

③再旋转盒身主线与防尘翼、盒盖角度可得本图盒型的平面展开图。

④其他未注明尺寸可根据前述酌情自行给出。

30. 曲面双插盒（凹面盒盖凸面边壁）

(1) 图 3-33 为平面展开图，成型效果扫描本章首页二维码见图 3-33a。

(2) L（底长）、W（底宽）、L1（盖长）、W1（盖宽）、H（壁斜高）及 R 的值已知，T＝纸厚。

(3) 已知尺寸如图 3-33 中标注。则图 3-33 盒型的绘制方法如下：

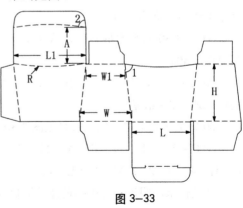

①把 L1 当成直线按前述图 3-32 的方法绘制本图的主体盒型。

②将盒盖 L1 直线改成半径为 R 的弧。

③需留意：A＝W1－T；∠2≤∠1。

④其他未注明尺寸可根据前述酌情自行给出。

图 3-33

31. 斜顶底曲面双插盒

(1) 图 3-34 为平面展开图，成型效果扫描本章首页二维码见图 3-34a、图 3-34b。

(2) L（长）、W（宽）、H1（曲面高）、H（平面高）及 R 的值已知，T＝纸厚。

(3) 已知尺寸如图 3-34 中标注。则图 3-34 盒型的绘制方法如下：

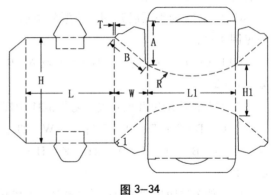

①把 L1 部分的盒盖曲折线当成直线按前述第一章第一节讲解绘制本图的主体盒型后旋转防尘翼。

②将盒盖 L1 直线改成半径为 R 的弧。

③需留意：A＝B；∠1＝90°。插扣设置见图 2-48 介绍。

图 3-34

④其他未注明尺寸可根据前述酌情自行给出。

(4) 该盒型结构为上下对称，绘图时只需绘制 1/2，然后镜像复制即可。

32. 曲面边壁双插盒

(1) 图 3-35 为平面展开图，成型效果扫描本章首页二维码见图 3-35a、图 3-35b。

(2) L（长）、W（宽）、H（高）及 R 的值已知，T＝纸厚。

(3) 已知尺寸如图 3-35 中标注。则图 3-35 盒型的绘制方法如下：

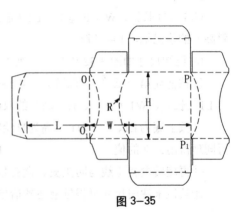

①按前述第一章第一节讲解直线尺寸绘制图 3-35 的主体盒型。

②添加半径为 R 的弧后，去掉直线刀与压痕。

③需留意：线 OO_1 与线 PP_1 为黏合作业线须保留。

图 3-35

（4）该盒型结构为上下对称，绘图时只需绘制 1/2，然后镜像复制即可。

33. 防尘翼带分隔内衬结构的双插盒

本图盒型仅介绍分隔内衬的相关设置，盒体结构参看前述第一章第一节。

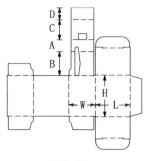

（1）图 3-36 为平面展开图，成型效果扫描本章首页二维码见图 3-36a。

（2）L（长）、W（宽）、H（高）及 A、B 与开窗的值已知，T = 纸厚。

（3）分隔内衬的收纸位及尺寸关系见图 3-36 中标注。

① $C = B - T$；$D = [\,10mm，12mm\,]$。

②其他未注明尺寸可根据前述酌情自行给出。

图 3-36

34. 截面为梯形斜面顶盖双插盒（反插式）

（1）图 3-37 为平面展开图，成型效果扫描本章首页二维码见图 3-37a。

（2）L（截面梯形底）、L1（截面梯形顶）、W（截面梯形高）、H1（盒型正面高）、H（盒型背面高）的值已知，T = 纸厚。

（3）已知尺寸如图 3-37 中标注。

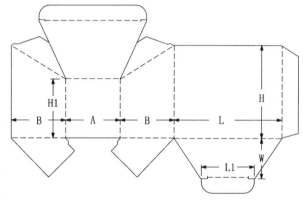

①本图盒型盒底与盒身的绘制方法与图 3-27 完全相同（此处略）。

②盒盖的绘制基本相同，只是锁扣设在长边而已，需留意的是防尘翼（由于盒盖的限制，防尘翼高度需缩短）。

图 3-37

③同样需留意左侧还需添加距离等于 L 的黏合作业线。

35. 斜面顶盖双插盒（反插式）

（1）图 3-38 为平面展开图，成型效果扫描本章首页二维码见图 3-38a。

（2）L（长）、W（宽）、H1（盒型正面高）、H（盒型背面高）的值已知，T = 纸厚。

（3）已知尺寸如图 3-38 中标注。

①本图盒型盒底的绘制方法按第一章第一节所述要求。

②盒盖的绘制：按已知 H1、H、W 的值得出 A 的值，然后按 L（长）、A（宽）正常绘制双插盒。

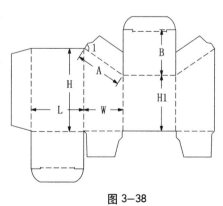

③将长宽为 L、A 的双插盒盖与防尘翼移进本图盒型，并旋转防尘翼即得。留意：$B = A$；$\angle 1 = 90°$。

④其他未注明尺寸可根据前述酌情自行给出。

图 3-38

36. 多面顶盖双插盒（反插式）

(1) 图 3-39 为平面展开图，成型效果扫描本章首页二维码见图 3-39a。

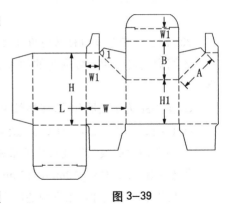

(2) L（长）、W（宽）、W1（平顶宽）、H1（盒正面高）、H（盒背高）的值已知，T = 纸厚。

(3) 已知尺寸如图 3-39 中标注。

①图 3-39 盒型盒底的绘制方法按第一章第一节所述。

②盒盖的绘制：按已知 H1、H、W 的值得出 A 的值，然后按 B = A 绘制斜面部分盒盖及对应的防尘翼襟片。

③将长宽为 L、W1 的双插盒盖与防尘翼移进本图盒型即得。留意：∠1 = 90°。

图 3-39

(4) 其他未注明尺寸可根据前述酌情自行给出。

37. 多面顶底双插盒

(1) 图 3-40 为平面展开图，成型效果扫描本章首页二维码见图 3-40a。

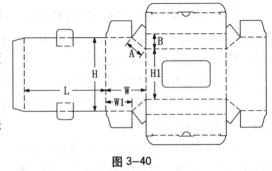

(2) L（长）、W（宽）、W1（顶宽）、H1（正面高）、H（盒背高）的值及开窗已知，T = 纸厚。

(3) 已知尺寸如图 3-40 中标注。

①图 3-40 盒型可按图 3-39 中盒盖的绘制方法完成。

②插扣部分可参看图 3-8 至图 3-10 中介绍。

图 3-40

(4) 该盒型结构为上下对称，绘图时只需绘制 1/2，然后镜像复制即可。

38. 截面为平行四边形双插盒（反插式）

(1) 图 3-41 为平面展开图，成型效果扫描本章首页二维码见图 3-41a。

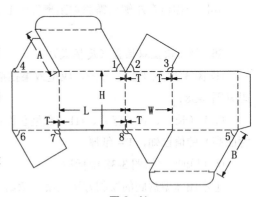

(2) L（长）、W（斜面宽）、H（高）及∠1 的值已知，T = 纸厚。

(3) 各个收纸位及尺寸关系见图 3-41 中标注。

①图 3-41 盒型的绘制方法可按正常盒盖（按第一章第一节所述）完成后，旋转盒盖的侧边至∠1，再平移插舌。

图 3-41

②防尘翼也是按正常盒型（按第一章第一节所述）完成后，再旋转至图中角度。

③留意：A = B = W；∠2 = ∠4 = ∠5 = ∠6 = ∠1；∠3 = ∠7 = ∠8 = 180° - ∠1。

39. 截面为平行四边形边棱曲面窗双插盒

(1) 图 3-42 为平面展开图，成型效果扫描本章首页二维码见图 3-42a。

（2）L（长）、W（斜面宽）、H（高）及∠1、A、B、C的值已知，T＝纸厚。

（3）各个收纸位及尺寸关系见图3-42中标注。

①本图盒型的绘制方法可按正常盒盖（按第一章第一节所述）绘制后，再按图3-41所示方法完成。

②防尘翼也是按正常盒型（按第一章第一节所述）绘制后，再按图3 41所示方法完成。

③依据已知A、B的值，以三点画弧完成开窗。

④依据已知C的值偏移开窗得出弧形压痕线。

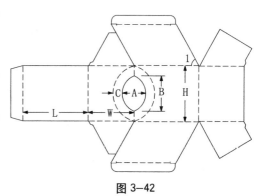

图 3-42

40. **四角内陷前壁开窗双插盒**

（1）图3-43为平面展开图，成型效果扫描本章首页二维码见图3-43a。

（2）L（长）、W（宽）、H（高）及A、B、C的值及开窗已知，T＝纸厚。

（3）各个收纸位及尺寸关系见图3-43中标注。（右上侧为局部放大图，右下侧为成型后的参考示意图。）

①图3-43主体的绘制按第一章第一节所述。

②内陷部位线条的绘制：依据右上侧放大图与已知A、B、C的值，可以绘制出线O_2O_3与线O_3O_1；稍麻烦的是线O_1O_4与线O_2O_4的设置，以下分别讲解。

③线O_1O_4的计算与绘制：依据右下侧成型后的示意图可知，线O_1O_4就是成型后形成的直角三角形OO_1O_4的斜边，直角边$OO_1＝B$、直角边$OO_4＝C$，则斜边O_1O_4可以计算或测量得出；再以O_1点为圆心，以测量得出的O_1O_4长为半径画圆，

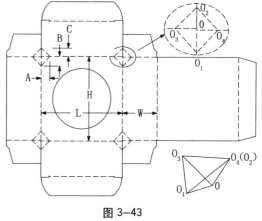

图 3-43

该圆与防尘翼折线的交点即为O_4点，由此绘制出线O_1O_4。

④线O_2O_4的绘制：将线O_2O_3以O点为圆心顺时针旋转90°复制后，再向外偏移T即得。

（4）该盒型结构为上下对称，绘图时只需绘制1/2，然后镜像复制即可。

41. **揿压缩角盒**

（1）图3-44为平面展开图，成型效果扫描本章首页二维码见图3-44a。

（2）L（长）、W（宽）、H（高）及A、B、C、D、E、F的值已知，T＝纸厚。

（3）各收纸位及尺寸关系见图3-44中标注。

①本图盒型主体的绘制可按第一章第一节所述完成。

②内陷部位线条的绘制：依据图3-43相同

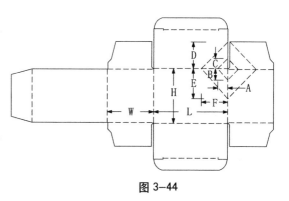

图 3-44

设置。

③内陷部位中的外凸部位线条的绘制：依据图 3-43 相同设置。

42. 双插揿压盒

本图盒型是一款盒身揿压盒，揿压盒是指通过揿压盒体上的直线或弧线压痕，利用纸张的挺度和强度来改变盒身造型的包装盒，其特点是包装操作简便，节省纸板，并可设计出许多别具风格的纸盒造型，但仅限装小型轻量内装物，而该盒型盒盖部分的结构可以是插口式、翻盖、黏封等。

(1) 图 3-45 为平面展开图，成型效果扫描本章首页二维码见图 3-45a。

(2) L（长）、W（宽）、H（高）的值已知，T = 纸厚。

(3) 各个收纸位及尺寸关系见图 3-45 中标注。

①本图盒型主体的绘制可按第一章第一节所述完成（按正常盒绘制）。

②添加盒身揿压线条：依据图 3-45 相同设置。

③去掉盒身纵向折线如图 3-45 所示（留意：线 O_1O_2 与线 P_1P_2 需补上，作为黏合作业线）。

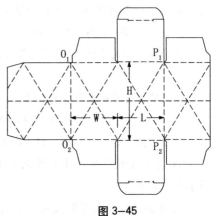

图 3-45

43. 可伸缩风琴折边壁双插盒

(1) 图 3-46 为平面展开图，成型后自由状态扫描本章首页二维码见图 3-46a，风琴折成型状态同样扫码见图 3-46b，压缩状态同样扫码见图 3-46c。

(2) L（长）、W（宽）、H（高）、A、B 的值及风琴折数 N 已知，T = 纸厚。

(3) 各个收纸位及尺寸关系见图 3-46 中标注。

①本图盒型主体的绘制可按第一章第一节所述完成。

②风琴折的绘制：按图 3-46 所示，留意 C = D = E = B/N；∠1 = ∠2 = 45°。

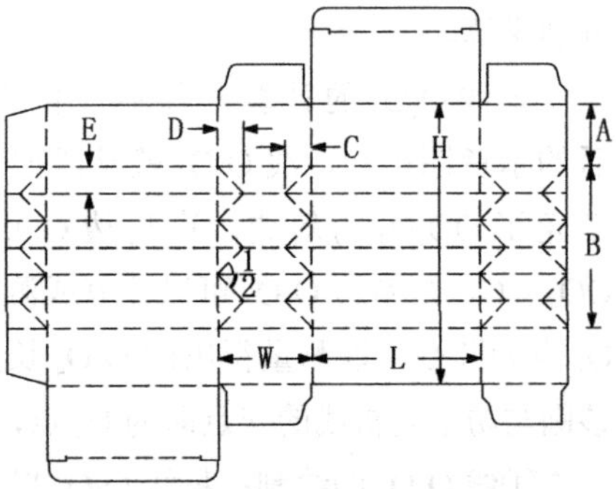

图 3-46

44. 侧棱正揿双插盒

(1) 图 3-47 为平面展开图，成型效果扫描本章首页二维码见图 3-47a。

(2) L（长）、W（宽）、H（高）、A、B 的值已知，T = 纸厚。

(3) 各个收纸位及尺寸关系见图 3-47 中标注。

①本图盒型主体的绘制可按第一章第一节所述完成。

②正揿侧棱的绘制：按给出的已知条件结合图 3-47 所示可以轻松绘制。

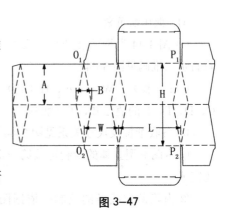

图 3-47

③去掉盒身纵向折线与右侧直刀位即为图 3-47 所示（留意：线 O_1O_2 与线 P_1P_2 需补上，作为黏合作业线）。

45. 边壁多面（凹凸）双插盒

(1) 图 3-48 为平面展开图，成型效果扫描本章首页二维码见图 3-48a、图 3-48b。

(2) L（长）、W（宽）、H（高）、A、B、C、D、E 的值已知，T＝纸厚。

(3) 各个收纸位及尺寸关系见图 3-48 中标注。

①本图盒型主体的绘制可按第一章第一节所述完成。

②正揿侧棱的绘制：按给出的已知条件结合图 3-48 所示可以轻松绘制。

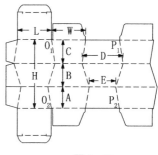

图 3-48

③去掉盒身纵向折线与右侧直刀位即为图 3-48 所示（留意：线 O_1O_2 与线 P_1P_2 需补上，作为黏合作业线）。

46. 侧棱正揿边壁多面（曲凸）双插盒

(1) 图 3-49 为平面展开图，成型效果扫描本章首页二维码见图 3-49a、图 3-49b。

(2) L（长）、W（宽）、H（高）、A、B、C 的值已知，T＝纸厚。

(3) 各个收纸位及尺寸关系见图 3-49 中标注。

①本图盒型主体的绘制可按第一章第一节所述完成。

②正揿侧棱的绘制：按给出的已知条件结合图 3-49 所示可以三点画弧轻松绘制。

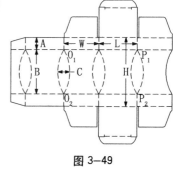

③去掉盒身纵向折线与右侧直刀位即为图 3-49 所示（留意：线 O_1O_2 与线 P_1P_2 需补上，作为黏合作业线）。

(4) 该盒型结构为上下对称，绘图时只需绘制 1/2，然后镜像复制即可。

图 3-49

47. 前端壁变形（模切）双插盒

(1) 图 3-50 为平面展开图，成型效果扫描本章首页二维码见图 3-50a。

(2) L（长）、W（宽）、H（高）、A、B 的值已知，T＝纸厚。

(3) 各个收纸位及尺寸关系见图 3-50 中标注。

①本图盒型主体的绘制可按第一章第一节所述完成。

②正揿侧棱的绘制：按给出的已知条件结合图 3-50 所示可以轻松绘制。

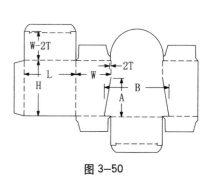

图 3-50

48. 高低连体型双插盒（姊妹盒）

(1) 图 3-51 为平面展开图，成型效果扫描本章首页二维码见图 3-51a、图 3-51b。

(2) L（长）、W（宽）、H（高）、L1（小盒长）、W1（小盒宽）、H1（小盒高）的值已知，T＝纸厚。

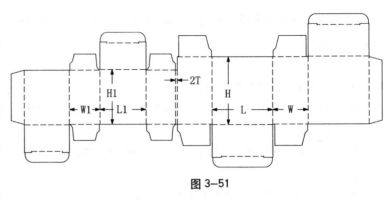

图 3-51

(3) 各个收纸位及尺寸关系见图3-51中标注。

①本图盒型主体的绘制可按第一章第一节所述完成。

②需留意的是两盒之间需给出大于两张纸厚的空隙。

49. 带开窗四盒连体型双插盒（姊妹盒）

(1) 图 3-52 为平面展开图，成型效果扫描本章首页二维码见图 3-52a、图 3-52b。

(2) L（长）、W（宽）、H（高）、A、B、C、D、E 的值及开窗已知，T＝纸厚。

(3) 各个收纸位及尺寸关系见图 3-52 中标注。

①本图盒型主体的绘制可按第一章第一节所述完成。

②成型需留意的是：A 与 B 对裱，E 与 D 对裱，最外两侧的黏合接头位在 C 的两边黏合。

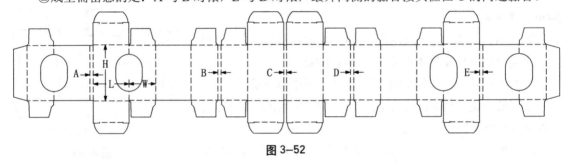

图 3-52

50. 对开姊妹盒

(1) 图 3-53 为平面展开图，成型效果扫描本章首页二维码见图 3-53a、图 3-53b。

(2) L（长）、W（宽）、H（高）、A 的值及开窗已知，T＝纸厚。

(3) 各个收纸位及尺寸关系见图 3-53 中标注。

①本图盒型主体的绘制可按第一章第一节所述完成。

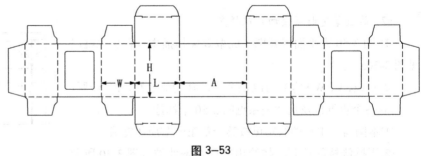

图 3-53

②盒体成型需留意：A＝W×2＋2T。

(4) 该盒型结构为上下左右对称，绘图时只需绘制 1/4，然后镜像复制即可。

51. 钩扣组合型双插盒

(1) 图 3-54 为平面展开图,成型效果扫描本章首页二维码见图 3-54a、图 3-54b。

(2) L(长)、W(宽)、H(高)的值已知,T=纸厚。

(3) 各个收纸位及尺寸关系见图 3-54 中标注。

①本图单组主体可按第一章第一节所述完成。完整组合应有四组相同结构图,此处为节约版面只列出两组。

②组装成型需留意:上单组图成型后带挂钩 a 襟片外折并插入下单组图成型后的盒盖与防尘翼之间,与防尘翼上的 a 位置完成钩扣。

③扫码观察成型图 3-54a 可知,要想组合后外侧齐整,必须是 L = W。这里为了明确 A、B、C、D 与长、宽间的关系,故意将平面展开图 3-54 设置成长宽不相等。

④ A < L/2 - 2T;B = A - 2T;C ≤ L - 2T;D ≤ L - 2T。

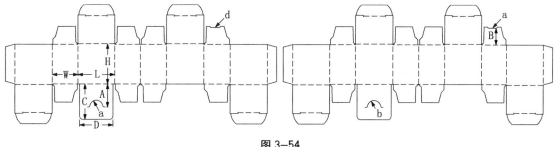

图 3-54

52. 双层架空壁带开窗连体型双插盒

(1) 图 3-55 为平面展开图,成型效果扫描本章首页二维码见图 3-55a。

(2) L(长)、W(宽)、H(高)、A、B 的值及开窗已知,T=纸厚。

(3) 各个收纸位及尺寸关系见图 3-55 中标注。本图看似复杂,其实简单,绘制步骤如下。

①按第一章第一节所述完成正常已知 L、W、H 尺寸的双插盒。

②依据已知条件及 C = 线 OO_1 的长;D = W + 2T;E = L + 2T;可以绘制左边主体部分。

③将盒盖部分移至图中位置,再复制防尘翼。

④添加架空壁三角黏合襟片,满足 ∠1 与 ∠2 < 90° 即可。

(4) 该盒型结构为上下对称,绘图时只需绘制 1/2,然后镜像复制即可。

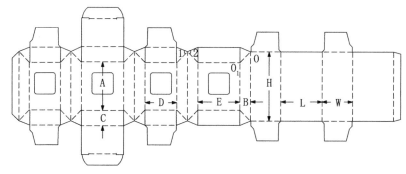

图 3-55

53. 正三角管带拉链刀双插盒

(1) 图 3-56 为平面展开图，成型效果扫描本章首页二维码见图 3-56a。

(2) L（长）、H（高）、A 的值已知，T = 纸厚。

(3) 各个收纸位及尺寸关系见图 3-56 中标注。

①盒盖、插舌及锁扣刀可按第一章第一节所述设置（设置之后旋转 60°角度即可）。

②防尘翼同上设置。

③拉链刀的设置参看图 1-49 的介绍。

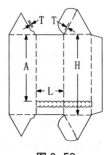

图 3-56

(4) 该盒型结构为上下对称，绘图时只需绘制 1/2，然后镜像复制即可。

54. 正五角管双插盒

(1) 图 3-57 为平面展开图，成型效果扫描本章首页二维码见图 3-57a。

(2) L（长）、H（高）的值已知，T = 纸厚。

(3) 各个收纸位及尺寸关系见图 3-57 中标注。

①盒盖、插舌及锁扣刀可按第一章第一节所述设置（设置之后旋转角度即可）。

②防尘翼同上设置，旋转后满足 $\angle 1 = 72°$；$\angle 2 = 108°$。

③黏合作业线的设置：按 A + C + 0.5mm = B 设置线 OO_1。

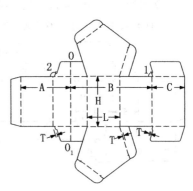

图 3-57

(4) 该盒型结构为上下对称，绘图时只需绘制 1/2，然后镜像复制即可。

55. 非等边五角管双插盒

(1) 图 3-58 为平面展开图，成型效果扫描本章首页二维码见图 3-58a。

(2) L1～L5（各边长）、H（高）、$\angle 1 \sim \angle 5$ 的值已知，T = 纸厚。

(3) 各个收纸位及尺寸关系见图 3-58 中标注。

①盒盖、插舌及锁扣刀可按第一章第一节所述设置（设置之后旋转角度即可）。

②防尘翼同上设置，旋转后满足 $\angle 6 = \angle 4$；$\angle 7 = \angle 3$。

③黏合作业线的设置：按 A + C + 0.5mm = B 设置线 OO_1。

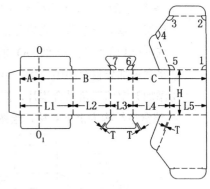

图 3-58

(4) 该盒型结构为上下对称，绘图时只需绘制 1/2，然后镜像复制即可。

56. 正六角管双插盒

(1) 图 3-59 为平面展开图，成型效果扫描本章首页二维码见图 3-59a。

(2) L（各边长）、H（高）的值已知，T = 纸厚。

(3) 各个收纸位及尺寸关系见图 3-59 中标注。

①除盒头所在面的高为 H 外，其余各面的高均两端各收进一个纸位（高低线）。

②该盒型结构的成型角为 120°，故其旋转角应为 60°。

③盒头部分的绘制：先绘出边长为 L 的正六边形，然后将不与盒体相连的其余五边收进一个纸位；再添加盒头插舌。

④防尘翼部分的绘制：∠1＝∠2＝∠3＝∠4＝120°，所在角度斜刀收进一个纸位以便插舌插入。

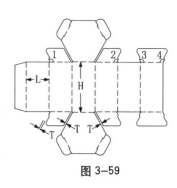

图 3-59

(4) 该盒型结构为上下对称，绘图时只需绘制 1/2，然后镜像复制即可。

57. 非对称六角管双插盒

(1) 图 3-60 为平面展开图，成型效果扫描本章首页二维码见图 3-60a、图 3-60b。

(2) L1～L6（各边长）、H（高）、∠1～∠6 的值已知，T＝纸厚。

(3) 各个收纸位及尺寸关系见图 3-60 中标注。

①盒盖、插舌及锁扣刀可按第一章第一节所述设置（设置之后旋转角度即可）。

②防尘翼同上设置，旋转后满足∠7＝∠1；∠8＝∠4；∠9＝∠5。

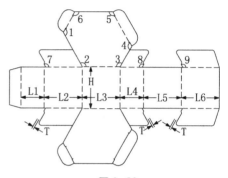

图 3-60

58. 对称六角管双插盒（变化型）

(1) 图 3-61 为平面展开图，成型效果扫描本章首页二维码见图 3-61a、图 3-61b。

(2) L1～L6（各边长）、H（高）、∠1～∠6 的值已知，T＝纸厚。

(3) 各个收纸位及尺寸关系见图 3-61 中标注。

①盒盖、插舌及锁扣刀可按第一章第一节所述设置（设置之后旋转角度即可）。

②防尘翼同上设置，旋转后满足∠7＝∠1；∠8＝∠4。

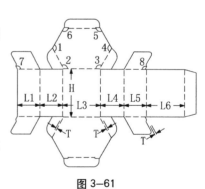

图 3-61

59. 正六角管蹼襟全盖双插盒

(1) 图 3-62 为平面展开图，成型效果扫描本章首页二维码见图 3-62a。

(2) L（边长）、H（高）的值已知，T＝纸厚。

(3) 各个收纸位及尺寸关系见图 3-62 中标注。

①盒盖、插舌及锁扣刀可按第一章第一节所述设置（设置之后旋转角度即可）。

②防尘翼同上设置，旋转后满足∠1＝∠2＝120°。

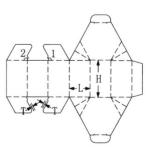

图 3-62

（4）该盒型结构上下对称，绘图时只需绘制 1/2，然后镜像复制即可。

60. 正六角管蹼襟双插盒

（1）图 3-63 为平面展开图，成型效果扫描本章首页二维码见图 3-63a。

（2）L（边长）、H（高）的值已知，T＝纸厚。

（3）各个收纸位及尺寸关系见图 3-63 中标注。

①盒盖、插舌及锁扣刀可按第一章第一节所述设置（设置之后旋转角度即可）。

②防尘翼同上设置，旋转后满足∠1＝∠2＝120°。

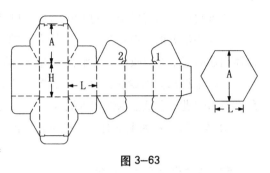

图 3-63

61. 正六角端面盒身倾斜扭转双插盒

（1）图 3-64 为平面展开图，成型效果扫描本章首页二维码见图 3-64a。

（2）L（边长）、H（高）、∠A 及弧高 B 的值已知，T＝纸厚。

（3）各个收纸位及尺寸关系见图 3-64 中标注。

①按前述图 3-59 介绍方法设置正常的正六角管双插盒。

②盒身倾斜设置：按已知∠A 的值将盒盖与盒底错位。

③盒身弧线设置：按已知弧高 B 的值将已错位的盒身斜线设置成曲线。

④黏合作业线的设置：按 E＋C＋0.5mm＝D 设置线 PP_1 与线 OO_1。（为避免成型误折，PP_1 与线 OO_1 的设置避开曲线。）

⑤其他未注明尺寸可根据前述酌情自行给出。

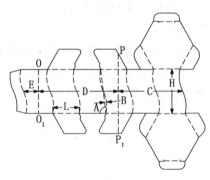

图 3-64

二、其他盒盖类

1. 边棱插扣顶盖压翼插扣式底管式盒

（1）图 3-65 为平面展开图，成型效果扫描本章首页二维码见图 3-65a。

（2）L（长）、W（宽）、H（高）的值已知，T＝纸厚。

（3）各个收纸位及尺寸关系见图 3-65 中标注。

①盒底可按前述第一章第一节所述设置。

②锚锁插扣可按前述图 2-48 的相关介绍设置。

③留意：A＝W；B＝L－2T；C≤L/2。

④其他未注明尺寸可根据前述酌情自行给出。

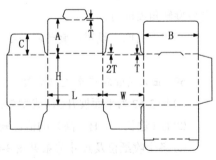

图 3-65

2. 顶盖襟片外挂扣压翼插扣式底管式盒

(1) 图 3-66 为平面展开图，成型效果扫描本章首页二维码见图 3-66a。

(2) L（长）、W（宽）、H（高）的值已知，T = 纸厚。

(3) 各个收纸位及尺寸关系见图 3-66 中标注。

①盒底可按前述第一章第一节所述设置。

② A = W + T；B = [25mm，30mm]；C = [20mm，25mm]；D = B；E = C + 2mm；F = 2T 或 2（取其中较大值）；J = K = L/2。

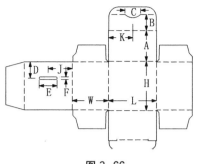

图 3-66

3. 篷顶襟片外挂扣压翼插扣式底管式盒

(1) 图 3-67 为平面展开图，成型效果扫描本章首页二维码见图 3-67a。

(2) L（长）、W（宽）、H（高）的值已知，T = 纸厚。

(3) 各个收纸位及尺寸关系见图 3-67 中标注。

①盒底可按前述第一章第一节所述设置。

② A = π × （W/2 + T）；B = [25mm，30mm]；D = G = L/2；C = [20mm，25mm]；E = L；F = L + 6mm；J = B；K = C + 2mm。

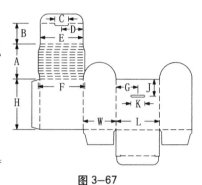

图 3-67

4. 锥台型篷顶锚锁压翼插扣式底管式盒

(1) 图 3-68 为平面展开图，成型效果扫描本章首页二维码见图 3-68a。

(2) L（长）、W（宽）、L1（底长）、W1（底宽）、H（高）的值已知，T = 纸厚。

(3) 各个收纸位及尺寸关系见图 3-68 中标注。

①盒体部分可按前述图 3-32 所述设置。

②盒盖部分可按前述图 3-67 所述设置。

③锚锁部分可按前述图 2-48 所述设置。

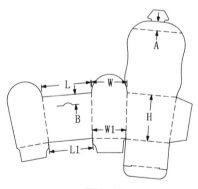

图 3-68

5. 顶盖伸缩开闭压翼插扣式底管式盒

(1) 图 3-69 为平面展开图，开盒状态成型效果扫描本章首页二维码见图 3-69a，闭盒状态成型效果同样扫码见图 3-69b。

(2) L（长）、H（高）及 A 的值已知，T = 纸厚。

(3) 各个收纸位及尺寸关系见图 3-69 中标注。

①盒底部分可按第一章第一节所述设置。

②该盒型的实际高度为 H + A；B = C = A；D ≥ A + 6。

③E = F = G = J = L + 2T；∠1 = 45°；∠2 = 90°。

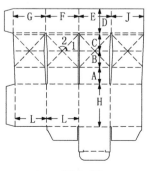

图 3-69

6. 边壁凸曲顶盖揿闭压翼插扣式底管式盒

(1) 图 3-70 为平面展开图，成型效果扫描本章首页二维码见图 3-70a。

(2) L（长）、W（宽）、H 及 A、B 的值已知，T = 纸厚。

(3) 各个收纸位及尺寸关系见图 3-70 中标注。

①盒底部分可按第一章第一节所述设置。

②$D = L/2$；$C = D - 5mm$，根据三点画弧绘制盒盖外弧线。

③按已知 A、B 的值绘制盒身弧线与盒盖弧线，然后去掉盒身直线（保留线 PP_1 与线 OO_1 作为黏合作业线）。

④其他未注明尺寸可根据前述酌情自行给出。

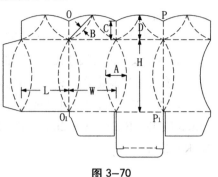

图 3-70

7. 方底转扁顶封盖揿闭压翼插扣式底管式盒

(1) 图 3-71 为平面展开图，成型效果扫描本章首页二维码见图 3-71a。

(2) L（长）、W（宽）、H（高）及 A、B 的值已知，T = 纸厚。

(3) 各个收纸位及尺寸关系见图 3-71 中标注。

①盒底部分可按第一章第一节所述设置。

②$D = W$；$C = L + W$，根据三点画弧绘制盒盖外缘弧线。

③按已知 A、B 的值绘制盒身弧线与盒盖弧线，然后移动盒身直线（添加线 PP_1 与线 OO_1 作为黏合作业线）。

④其他未注明尺寸可根据前述酌情自行给出。

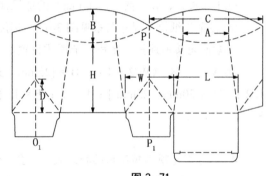

图 3-71

8. 方底转单线顶收束封闭压翼插扣式底管式盒

(1) 图 3-72 为平面展开图，成型效果扫描本章首页二维码见图 3-72a。

(2) L（底长）、L1（长）、W（底宽）、W1（宽）、H（高）及 ABCDEFG 的值已知，T = 纸厚。

(3) 各个收纸位及尺寸关系见图 3-72 中标注。

①盒底部分可按第一章第一节及图 3-32 所述设置。

②按已知的值绘制盒身弧线。

③其他未注明尺寸可根据前述自行给出。

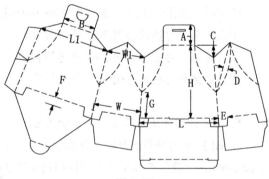
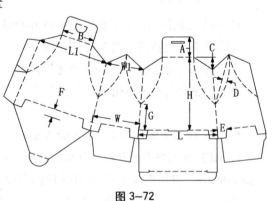

图 3-72

9. 弧线收束顶底双曲面锥台压翼插扣式底管式盒

(1) 图 3-73 为平面展开图，成型效果扫描本章首页二维码见图 3-73a。

(2) L（长）、W（宽）、L1（长）、W1（宽）、H（高）及 A 的值已知，T = 纸厚。

（3）各收纸位及尺寸关系见图 3-73 标注。

①可按第一章第一节所述绘制长宽高为 L、W、H 的对插盒。再将盒身四部分均等拉开（L1＋W1－L－W）/2。

②B＝W；C＝L/2；D＝H/2；E＝F＝（L1＋W1－L－W）/4。

③按已知 A 的值绘制盒身弧线。亚瑟扣设置参考图 2-63、图 2-64 的介绍，插扣设置参考图 2-48 的介绍。

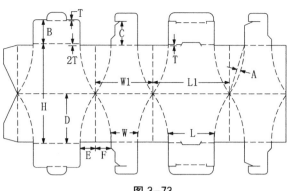

图 3-73

10. 插锁式尖顶压翼插扣式底管式盒

（1）图 3-74 为平面展开图，成型效果扫描本章首页二维码见图 3-74a。

（2）L（长）、W（宽）、H（高）及 A、B 的值已知，T＝纸厚。

（3）各个收纸位及尺寸关系见图 3-74 中标注。

①盒底可按第一章第一节所述绘制。

②已知 A、B 的值可以计算或测量出 C、D 的值；∠1＝∠2≤90°。

③插扣设置参考图 2-48 的介绍。

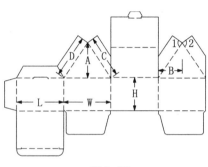

图 3-74

11. 仿人字顶房屋压翼插扣式底管式盒

（1）图 3-75 为平面展开图，成型效果扫描本章首页二维码见图 3-75a。

（2）L（长）、W（宽）、H（高）及 A、B、C 的值已知，T＝纸厚。

（3）各个收纸位及尺寸关系见图 3-75 中标注。

①盒底可按第一章第一节所述绘制。

②已知 A、B 的值可以计算或测量出 OO_1、OO_2 的值；D＝L＋2C；E＝OO_1＋2T＋C；F＝[5mm，10mm]。

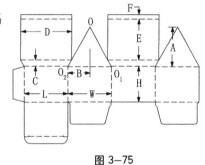

图 3-75

12. 仿人字顶马头墙房屋压翼插扣式底管式盒

（1）图 3-76 为平面展开图，成型效果扫描本章首页二维码见图 3-76a。

（2）L（长）、W（宽）、H 及 A、B 的值已知，T＝纸厚。

（3）各个收纸位及尺寸关系见图 3-76 中标注。

①盒底可按第一章第一节所述绘制。

②已知 A、B 的值可以计算或测量出 OO_1、OO_2 的值。

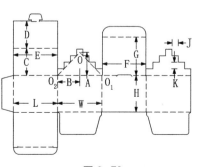

图 3-76

③ $C = OO_2 + 2T$；$D = OO_1 + 2T$；$E = F = L - 2T$；$G = L - T$；$J = W/7$；$K \approx J$。

④锚锁插扣设置参考图 2-48 的介绍。

⑤其他未注明尺寸可根据前述酌情自行给出。

13. 凹顶挂孔压翼插扣式底管式盒

(1) 图 3-77 为平面展开图，成型效果扫描本章首页二维码见图 3-77a。

(2) L（长）、H（高）、H1（高）的值已知，T = 纸厚。

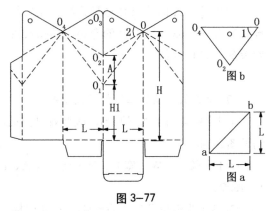

(3) 各个收纸位及尺寸关系见图 3-77 中标注。

①盒底可按第一章第一节所述绘制。

②根据已知 L、H、H1 的值可以计算或测量出 OO_1 的值。

③右侧的辅助图 a 为成型后横截面图，可知 A 等于线 ab 长的一半减 4T。

④根据已知 L、H、H1、A 的值可以计算或测量出 OO_2 的值。

图 3-77

⑤绘制成型后挂孔三角形区域的辅助图 b：线 OO_2 长由上步可知，线 $O_4O_2 =$ 线 OO_2，线 $O_4O =$ 线 ab，孔居中可得。

⑥根据线 OO_2 复制辅助图 b 至主图，可以绘制出挂孔位置及挂孔三角板：$\angle 2 = \angle 1$。

14. 顶部侧向倒出设计压翼插扣式底管式盒

(1) 图 3-78 为平面展开图，成型效果扫描本章首页二维码见图 3-78a。

(2) L（长）、W（宽）、H（高）的值已知，T = 纸厚。

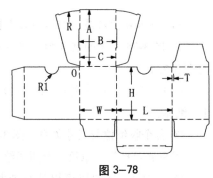

(3) 各个收纸位及尺寸关系见图 3-78 中标注。

①盒底可按第一章第一节所述绘制。

②$A = L - T$；$B = W + 2T$；$C = W - 2T$；$R = L - 2T$；$R1 = [\,8,\ 10\,]$；留意盒盖 R 是以 O 点为圆心绘制。

③其他未注明尺寸可根据前述酌情自行给出。

图 3-78

15. 重力压出设计压翼插扣盒

(1) 图 3-79 为平面展开图，成型效果扫描本章首页二维码见图 3-79a。

(2) L（长）、W（宽）、H（高）、A 的值已知，T = 纸厚。

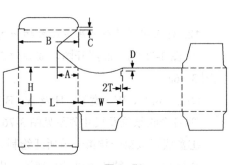

(3) 各个收纸位及尺寸关系见图 3-79 中标注。

①整个盒体可按第一章第一节所述正常绘制后，再去掉盒盖旁的防尘翼，设置盒盖压出开口。

图 3-79

②只需留意：插舌右端突出扣位，即 B = L + 2T；C = [3mm，5mm]；D = C。

16. 重复开启翻斗式压翼插扣盒

(1) 图 3-80 为平面展开图，成型效果扫描本章首页二维码见图 3-80a。

(2) L（长）、W（宽）、H（高）、A 的值已知，T = 纸厚。

(3) 各个收纸位及尺寸关系见图 3-80 中标注。

①盒盖部分可按第一章第一节所述正常绘制。

②B = W + T；C = A + 1mm；D = L - 2T；E ≤ W - T；R = A - 0.5mm；∠1 ≈ 65°。留意翻斗 R 是以 O 点为圆心绘制。

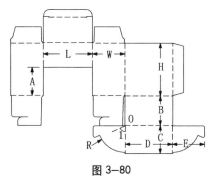

图 3-80

③亚瑟扣设置参考图 2-63、图 2-64 的介绍。其他未注明尺寸可根据前述酌情自行给出。

17. 分体组合重复开启翻斗式压翼插扣盒

(1) 图 3-81 为平面展开图，成型效果扫描本章首页二维码见图 3-81a。

(2) L（长）、W（宽）、H（高）、A、B 的值已知，T = 纸厚。

(3) 各个收纸位及尺寸关系见图 3-81 中标注。

①可按第一章第一节所述绘制正常对插盒，再移开盒底并根据 A、B 的值添加开窗。

②在移开的盒底基础上绘制左边的分体盒盖翻斗。

③C = A + 1mm；D = B + 2T；E ≤ W - T；F = W；G = L - 2T；R = A - 0.5mm；∠1 ≈ 65°。留意翻斗 R 是以 O 点为圆心绘制。

④其他未注明尺寸可根据前述酌情自行给出。

18. 重复开启翻斗式双插盒

(1) 图 3-82 为平面展开图，成型效果扫描本章首页二维码见图 3-82a。

(2) L（长）、W（宽）、H（高）、A、B 的值已知，T = 纸厚。

(3) 各个收纸位及尺寸关系见图 3-82 中标注。

①可按第一章第一节所述绘制正常对插盒，再根据 A、B 的值添加开窗位。

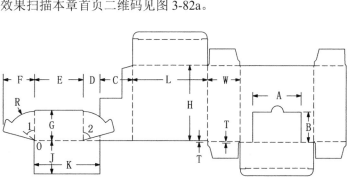

图 3-82

②C = W - T；E = A - 2T；F ≤ W - 3T；G ≤ B - 2T；J ≤ W - 4T；K ≤ L - 2T；D =（L - A）/ 2 - T。

③ $R = B - 2T - 0.5mm$；$\angle 1 \leqslant 60°$；$\angle 2 \leqslant 75°$。留意翻斗 R 是以 O 点为圆心绘制。

19. 重复开启半翻盖压翼插扣盒

(1) 图 3-83 为平面展开图，成型效果扫描本章首页二维码见图 3-83a。

(2) L（长）、W（宽）、H（高）、A、B 的值已知，T = 纸厚。

(3) 各个收纸位及尺寸关系见图 3-83 中标注。

①可按第一章第一节所述绘制正常对插盒，再根据 A、B 的值添加与裁剪。

②线 $OO_1 = B$，根据 A、B 的值可以确定线 O_4O_1。

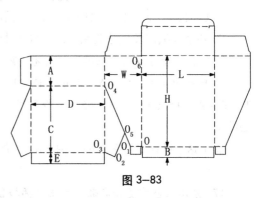

图 3-83

③ $C = $ 线 O_4O_1；$D = L - 2T$；$E = B - T$。

④图 3-83 盒型绘制需留意的是四边形 $O_2O_3O_4O_5$ 的确定：将已经确定的四边形 $OO_1O_4O_6$ 以 O_4 为基点旋转至线 O_4O_3，再将旋转后的线 OO_1 与线 OO_6 向内偏移 T 后剪切掉与线 O_4O_1 相交外部分即得。

第二节　底部为扣底结构的管式折叠盒

在第一章常用包装结构的第二节详细讲解了扣底盒的扣底结构，本节讲解的是底部为扣底结构的管式折叠盒，主要列出的是顶部的变化，至于盒底本节为节约篇幅全部略去，读者可以参看第一章第二节的讲解。

与上节相同，本节盒型的顶部结构也基本同样适用于其他盒底，即是将底部结构换成压翼插舌、自动扣底、黏合封底结构时，成型大多同样成立。

1. 压翼插扣式盖扣底盒

(1) 图 3-84 为平面展开图，成型效果扫描本章首页二维码见图 3-84a。

(2) L（长）、W（宽）、H（高）的值已知，T = 纸厚。

(3) 尺寸关系见图 3-84 中标注。

①盒底可按第一章第二节所述绘制。

②盒盖可按第一章第一节所述绘制。

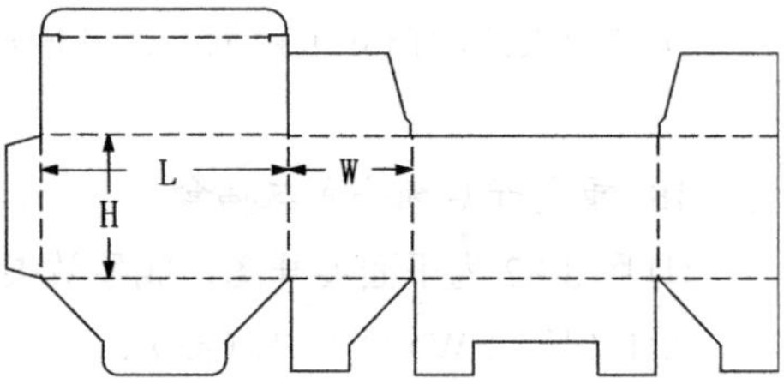

图 3-84

2. 压翼插扣式盖加强扣底盒

(1) 图 3-85 为平面展开图，成型效果扫描本章首页二维码见图 3-85a。

(2) L（长）、W（宽）、H（高）的值已知，T = 纸厚。

(3) 尺寸关系见图 3-85 中标注。

①盒底可按第一章第二节所述绘制。

②盒盖可按第一章第一节所述绘制。

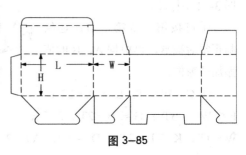

图 3-85

③未注明尺寸可根据前述酌情自行给出。

3. 压翼插扣式盖插扣扣底盒

(1) 图 3-86 为平面展开图，成型效果扫描本章首页二维码见图 3-86a。

(2)L（长）、W（宽）、H（高）的值已知。

(3)尺寸关系见图 3-86 中标注。

①盒底可按第一章第二节所述绘制。

②盒盖可按第一章第一节所述绘制。

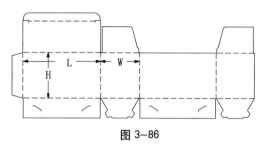

图 3-86

4. 胶带封盖角翼插扣扣底盒

(1) 图 3-87 为平面展开图，成型效果扫描本章首页二维码见图 3-87a。

(2)L（长）、W（宽）、H（高）的值已知，T = 纸厚。

(3)各个收纸位及尺寸关系见图 3-87 中标注。

① $A = (W + T) / 2$；$B = W - 2T$；$C = L - 2T$；$D = 2T$ 或 2mm（取其中较大值）。

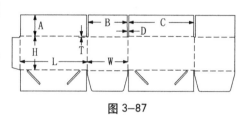

图 3-87

5. 侧边插扣带提手扣底盒

(1)图 3-88 为平面展开图，成型效果扫描本章首页二维码见图 3-88a。

(2)L（长）、W（宽）、H（高）的值已知，T = 纸厚。

(3) 各个收纸位及尺寸关系见图 3-88 中标注。

①盒底可按第一章第二节所述绘制。

② $A = W/2$；$B = W/2 - T$；$C \leq W/2 - 2T$；$D \approx 2C/3$；$E \geq OO_1 + 2T$；$F = D + T$；$G = [90mm, 120mm]$。

③ $J = [25mm, 30mm]$；$K = M + 2T$（M 可通过 D 值测出）；$\angle 1 = 45°$。

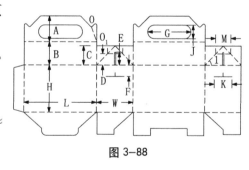

图 3-88

6. 顶盖叠扣带提手扣底盒

(1) 图 3-89 为平面展开图，成型效果扫描本章首页二维码见图 3-89a。

(2)L（长）、W（宽）、H（高）及 A、B 的值已知，T = 纸厚。

(3) 各个收纸位及尺寸关系见图 3-89 中标注。

①盒底可按第一章第二节所述绘制。

② $C = W/2$；$D = 2T$ 或 2mm（取其中较大值）；$E = W - T$；$F = W - T$；$G = H - T$；$J = A - T$；$K = W/2 - T$。

③其他未注明尺寸可根据前述酌情自行给出。

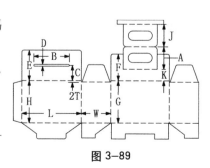

图 3-89

7. 双层侧翼穿扣提手扣底盒

(1) 图 3-90 为平面展开图，成型效果扫描本章首页二维码见图 3-90a。

(2) L（长）、W（宽）、H（高）的值已知，T = 纸厚。

(3) 各个收纸位及尺寸关系见图 3-90 中标注。

①盒底可按第一章第二节所述绘制。

②盒盖部分及挂孔翼细节可参看图 3-88 设置；A = W/2；B = L-4T。

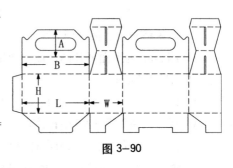

图 3-90

③其他未注明尺寸可根据前述酌情自行给出。

8. 锚锁双斜顶带提手扣底盒

(1) 图 3-91 为平面展开图，成型效果扫描本章首页二维码见图 3-91a。

(2) L（长）、W（宽）、H（高）及 A、B 的值已知，T = 纸厚。

(3) 各个收纸位及尺寸关系见图 3-91 中标注。

①盒底可按第一章第二节所述绘制。

②C ≤ 20；D ≤（L-2G）/2；E = C + T；F = D；G ≈ L/6 或 [20mm，25mm]。

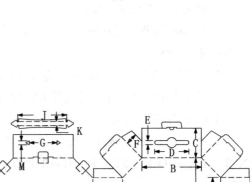

图 3-91

③锚锁细节设置参看图 2-48 介绍。

④其他未注明尺寸可根据前述酌情自行给出。

9. 多面顶带提手扣底盒

(1) 图 3-92 为平面展开图，成型效果扫描本章首页二维码见图 3-92a。

(2) L（长）、W（宽）、H（高）及 A、B 的值已知，T = 纸厚。

(3) 各收纸位及尺寸关系见图 3-92 中标注。

①盒底可按第一章第二节所述绘制。

②留意：C = W-T；D ≈ B/2 或 [100mm，

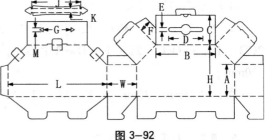

图 3-92

120mm]；E = [25mm，35mm]；F <（B-D）/2；G ≤ D-2T；J ≥ G + 50mm；K < E-2T；M = K。

③插扣设置参看图 2-48；双向插扣设置参看图 3-8。

④其他未注明尺寸可根据前述酌情自行给出。

10. 边棱双插扣平顶带提手倒锥台扣底盒

(1) 图 3-93 为平面展开图，成型效果扫描本章首页二维码见图 3-93a。

(2) L（长）、W（宽）、L1（底长）、W1（底宽）、H（高）及 A 的值已知，T = 纸厚。

（3）各个收纸位及尺寸关系见图 3-93 中标注。

①盒底可按第一章第二节所述绘制。

②B =（L－A）/2；C = B×2；D = [25mm，30mm]；E =（W－D）/2；F = H－T；G = H－2T；J ≤ A－2T；K = W－T；M = E；∠1 = ∠2。

③双向插扣设置参看图 3-8。

④其他未注明尺寸可根据前述酌情自行给出。

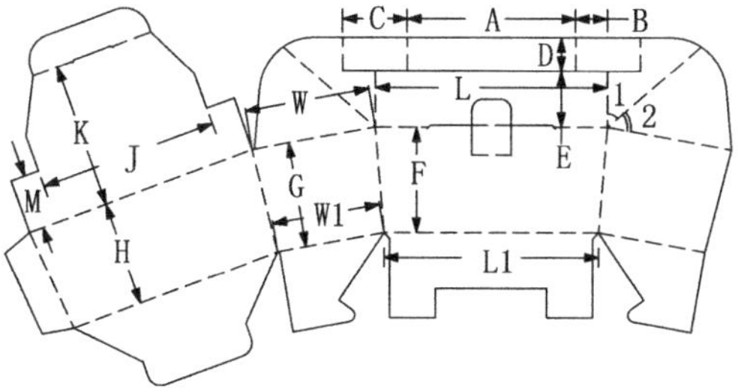

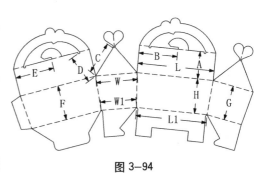

图 3-93

11. 双斜顶亚瑟扣带提手倒锥台扣底盒

（1）图 3-94 为平面展开图，成型效果扫描本章首页二维码见图 3-94a。

（2）L（长）、W（宽）、L1（底长）、W1（底宽）、H（高）、A 的值及提手已知，T = 纸厚。

（3）各个收纸位及尺寸关系见图 3-94 中标注。

①盒底可按第一章第二节所述绘制。

②B = L/2；C = D；D 的值由已知 A 及已知提手决定；E = L/2；F = G = H。

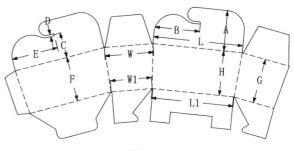

图 3-94

③亚瑟扣设置参看图 2-63、图 2-64 的介绍；其他未注明尺寸可根据前述酌情自行给出。

12. 亚瑟扣双斜顶倒锥台扣底盒

（1）图 3-95 为平面展开图，成型效果扫描本章首页二维码见图 3-95a。

（2）L（长）、W（宽）、L1（底长）、W1（底宽）、H（高）的值已知，T = 纸厚。

（3）各收纸位及尺寸关系见图 3-95 标注。

①盒底可按第一章第二节所述绘制。

②A = W－T；B = L/2；C = W/2；D = 2T 或 2（取其中大值）；E = L/2；F = G = H。

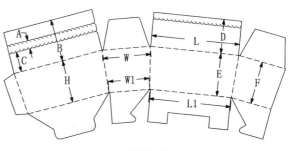

图 3-95

③亚瑟扣设置参看图 2-63、图 2-64 的介绍；其他未注明尺寸可根据前述酌情自行给出。

13. 黏合平顶带拉链刀倒锥台扣底盒

（1）图 3-96 为平面展开图，成型效果扫描本章首页二维码见图 3-96a。

（2）L（长）、W（宽）、L1（底长）、W1（底宽）、H（高）、A 的值已知，T = 纸厚。

（3）各个收纸位及尺寸关系见图 3-96 标注。

①盒底可按第一章第二节所述绘制。

②留意：B = W－T；C =（W－A）/2；

图 3-96

$D \leqslant A + C$；$E = H - T$；$F = H - 2T$。

③拉链刀的设置参看图 1-49 的介绍；其他未注明尺寸可根据前述酌情自行给出。

14. 弧线收束顶双锥台扣底盒

（1）图 3-97 为平面展开图，成型效果扫描本章首页二维码见图 3-97a。

（2）L（长）、W（宽）、L1（底长）、W1（底宽）、H（高）、A、B、C 的值已知，T = 纸厚。

（3）各个收纸位及尺寸关系见图 3-97 中标注。

①盒底可按第一章第二节所述绘制。

② $D = B + 2T$；$E = [30mm，40mm]$；$F = [16mm，20mm]$；$G = E$；$J = F + 2mm$。

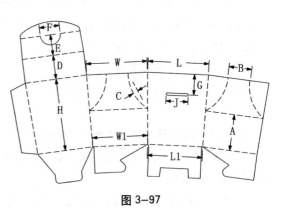

图 3-97

15. 凸曲顶盖撇闭绳孔系合倒锥台扣底盒

（1）图 3-98 为平面展开图，成型效果扫描本章首页二维码见图 3-98a。

（2）L（长）、L1（底长）、H（高）的值已知，T = 纸厚。

（3）各个收纸位及尺寸关系见图 3-98 中标注。

①盒底按第一章第二节绘制。

② $A = L/2$；$B = [3mm，5mm]$；$C = D \geqslant 5mm$；$R = [1.5mm，3mm]$。

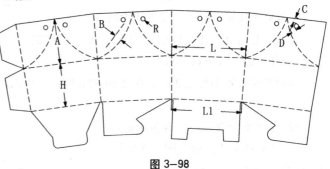

图 3-98

16. 独立盖翼顺次窝进（花形锁）倒锥台扣底盒

（1）图 3-99 为平面展开图，成型效果扫描本章首页二维码见图 3-99a。

（2）L（长）、L1、H（高）、A 的值已知，T = 纸厚。

（3）各个收纸位及尺寸关系见图 3-99 中标注。

①盒底可按第一章第二节所述绘制。

② $B = C = L/2$；$D = E = H$。

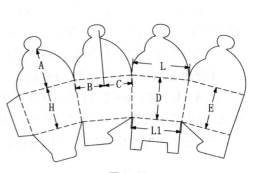

图 3-99

17. 连续盖翼顺次窝进（花形锁）扣底盒

（1）图 3-100 为平面展开图，成型效果扫描本章首页二维码见图 3-100a。

（2）L（长）、H（高）的值及花形已知，T = 纸厚。

（3）各个收纸位及尺寸关系见图 3-100 中标注。

①盒底可按第一章第二节所述绘制。

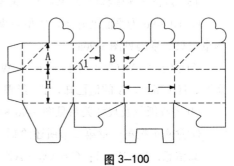

图 3-100

② A = L/2；B = L/2 - T；∠1 = 45°。

18. 心形盖翼穿插花形锁扣底盒

(1) 图 3-101 为平面展开图，成型效果扫描本章首页二维码见图 3-101a。

(2) L（长）、H（高）的值及花形已知，T = 纸厚。

(3) 各个收纸位及尺寸关系见图 3-101 中标注。

①盒底可按第一章第二节所述绘制。

②A = L/2；B 的取值需与 D 相适应，具体数值可灵活设置；C = L/2；∠1 > 45°；E ≥ 2T 或 2mm（取其中大值）。

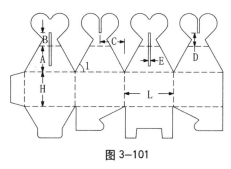

图 3-101

19. 凹多面顶绳孔系合扣底盒

(1) 图 3-102 为平面展开图，成型效果扫描本章首页二维码见图 3-102a。

(2) L（长）、H（高）、A 的值已知，T = 纸厚。

(3) 各个收纸位及尺寸关系见图 3-102 中标注。

①盒底可按第一章第二节所述绘制。

②B 的取值由成型后中心点的高度决定（例如：当中心点的高度 = A，则 B = 边长为 L 正方形对角线长的一半）。

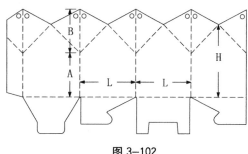

图 3-102

20. 连续顺次叠插顶扣底盒

(1) 图 3-103 为平面展开图，成型效果扫描本章首页二维码见图 3-103a。

(2) L（长）、H（高）、A 的值已知，T = 纸厚。

(3) 各个收纸位及尺寸关系见图 3-103 中标注。

①盒底可按第一章第二节所述绘制。

②A ≈ L/2；B ≤ W/2；C = A；D ≤ B；E、F、G、J 按同样规则设置。

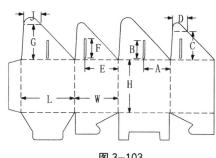

图 3-103

21. 方底转单线顶带提手扣底盒

(1) 图 3-104 为平面展开图，成型效果扫描本章首页二维码见图 3-104a、图 3-104b。

(2) L（长）、H（高）、A、B 的值及开窗、提手已知，T = 纸厚。

(3) 各个收纸位及尺寸关系见图 3-104 中标注。

①盒底可按第一章第二节所述绘制后旋转各部分可得。

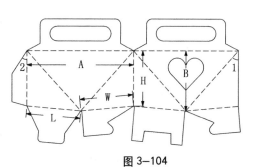

图 3-104

②留意：需 L＝W 时，该盒成型后底部才是平的（四边在同一平面）；∠2＜∠1。
③其他未注明尺寸可根据前述酌情自行给出。

22. 双斜顶带挂孔扣底盒

(1) 图 3-105 为平面展开图，成型效果扫描本章首页二维码见图 3-105a。

(2) L（长）、W（宽）、H（高）、A、B 的值已知，T＝纸厚。

(3) 各个收纸位及尺寸关系见图 3-105 中标注。

①盒底可按第一章第二节所述绘制。

②弧线通过三点画弧可得；C＝[12mm，15mm]；D＝E≈L/2；F＝A；R＝[2mm，4mm]。

③其他未注明尺寸可根据前述酌情自行给出。

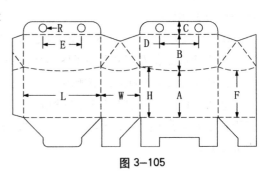

图 3-105

23. 压翼插扣盒盖方底转五边形顶扣底盒

(1) 图 3-106 为平面展开，成型效果扫描本章首页二维码见图 3-106a、图 3-106b。

(2) L（长）、W（宽）、H（高）的值及盒盖五边形已知，T＝纸厚。

(3) 各个收纸位及尺寸关系见图 3-106 中标注。

①盒底可按第一章第二节所述绘制。

②D＝C；E＝B；F＝A；∠3＝∠1；∠4＝∠2。

③其他未注明尺寸可根据前述酌情自行给出。

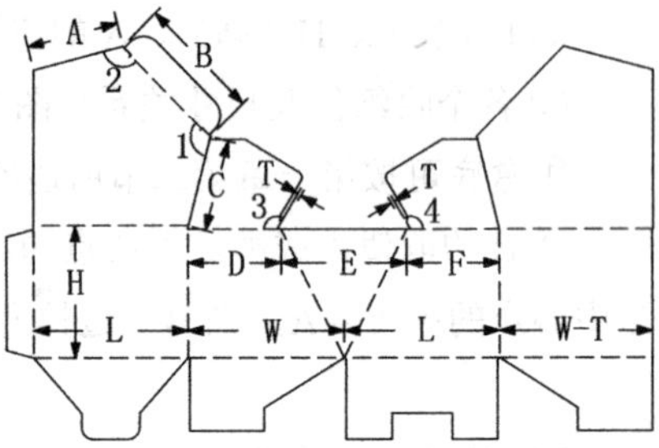

图 3-106

24. 多亚瑟锁拱顶扣底盒

(1) 图 3-107 为平面展开图，成型效果扫描本章首页二维码见图 3-107a。

(2) L（长）、W（宽）、H（高）、A 的值已知，T＝纸厚。

(3) 各个收纸位及尺寸关系见图 3-107 中标注。

①盒底可按第一章第二节所述绘制。

②B＝C＝D≈L/3；E＝D；F＝C；G＝B；J＝π×W/2；K＝F/2。

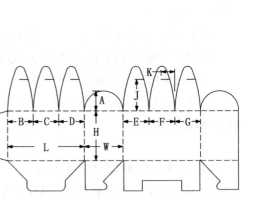

图 3-107

③亚瑟扣的设置参看图 2-63、图 2-64 中相关介绍。

④其他未注明尺寸可根据前述酌情自行给出。

25. 边棱插扣平顶曲面边壁扣底盒

(1) 图 3-108 为平面展开图，成型效果扫描本章首页二维码见图 3-108a、图 3-108b。

（2）L（长）、W（宽）、H（高）、A、B、C的值已知，T＝纸厚。

（3）各个收纸位及尺寸关系见图3-108中标注。

①盒底可按第一章第二节所述绘制。

②D＝W－T；E≤W－T；F＝L＋W；线OO₁与线PP₁为黏合作业线。

③插扣的设置参看图2-48中相关介绍；其他未注明尺寸可根据前述酌情自行给出。

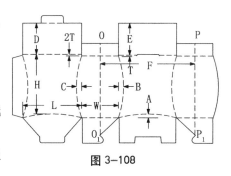

图3-108

26. 压翼插扣盒盖四角反棱柱扣底盒

（1）图3-109为平面展开图，成型效果扫描本章首页二维码见图3-109a、图3-109b。

（2）L（长）、W（宽）、H（高）、A、B、C的值已知，T＝纸厚。

（3）各个收纸位及尺寸关系见图3-109中标注。

①盒底可按第一章第二节所述绘制，盒盖可按第一章第一节所述绘制。

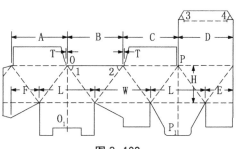

图3-109

② A＝C＝L；B＝D＝W；E＝F＝W/2；∠3＜∠2；∠4＜∠1；线OO₁与线PP₁为黏合作业线。

27. 黏合盒盖四角反棱柱扣底盒

（1）图3-110为平面展开图，成型效果扫描本章首页二维码见图3-110a、图3-110b。

（2）L（长）、W（宽）、H（高）的值已知，T＝纸厚。

（3）各个收纸位及尺寸关系见图3-110中标注。

①盒底可按第一章第二节所述绘制。

②A＝L/2；B＝W；C＝L；D＝W－T；E＝F＝W/2；∠1＝∠2＝45°。

③其他未注明尺寸可根据前述酌情自行给出。

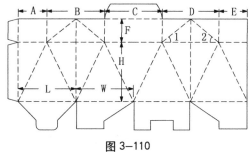

图3-110

28. 侧棱撇压成多面边压翼插扣盒盖壁扣底盒

（1）图3-111为平面展开图，成型效果扫描本章首页二维码见图3-111a、图3-111b。

（2）L（长）、W（宽）、H（高）、A、B、C的值已知，T＝纸厚。

（3）各个收纸位及尺寸关系见图3-111中标注。

①盒底可按第一章第二节所述绘制，盒盖可按第一章第一节所述绘制。

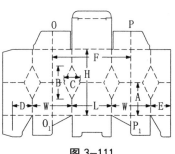

图3-111

②D＝W/2；E＝W/2；F＝W＋L；线OO₁与线PP₁为黏合

作业线。

29. 仿双坡屋顶扣底盒

(1) 图 3-112 为平面展开图，成型效果扫描本章首页二维码见图 3-112a、图 3-112b。

(2) L（长）、W（宽）、H（高）、A 的值及墙与窗已知，T = 纸厚。

(3) 各个收纸位及尺寸关系见图 3-112 中标注。

① 盒底可按第一章第二节所述绘制。

② 由已知的 L、A 可知 D、E 的值；B = D；C = E；需留意 $\angle 1 = \angle 2 = 90°$。

③ 其他未注明尺寸可根据前述酌情自行给出。

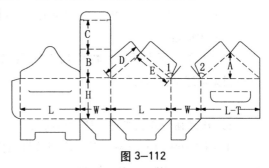

图 3-112

30. 对开摇翼盖扣底盒（箱）

(1) 图 3-113 为平面展开图，成型效果扫描本章首页二维码见图 3-113a。

(2) L（长）、W（宽）、H（高）的值已知，T = 纸厚。

(3) 收纸位及尺寸关系见图 3-113 标注。

① 盒底可按第一章第二节所述绘制。

② A = W/2；B = W/2 - T；C ≈ L/4；D = C；E = W/2；F = 2T 或 2mm（取大值）；G = H - T。

③ 其他未注明尺寸可根据前述酌情自行给出。

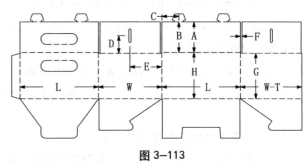

图 3-113

31. 压翼插扣盒盖单斜顶扣底盒

(1) 图 3-114 为平面展开图，成型效果扫描本章首页二维码见图 3-114a、图 3-114b。

(2) L（长）、W（宽）、H（高）及 A、B、C 的值已知，T = 纸厚。

(3) 各个收纸位及尺寸关系见图 3-114 中标注。

① 盒底可按第一章第二节所述绘制。

② 本图的难点在于斜顶盒盖的绘制：先通过右边参考图 a 得出对角线 O_1O_3 的值；再通过左图已知 A、B、C 与 L、W 的值可绘制线 OO_1、线 OO_4、线 O_4O_5 的值；然后结合对角线 O_1O_3 以及线 OO_3 长 = 线 OO_4 长绘制出盒盖四边形，从而可知 $\angle 1$、$\angle 2$ 的值。$\angle 5 = \angle 6 = \angle 2$。

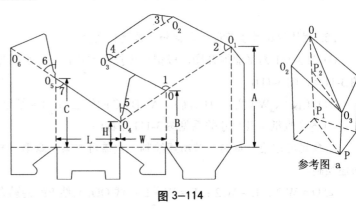

图 3-114

参考图 a

③另外需留意∠3≤∠7；其他未注明尺寸可根据前述酌情自行给出。

32. 收束双斜顶带挂孔扣底盒

（1）图3-115为平面展开图，成型效果扫描本章首页二维码见图3-115a。

（2）L（长）、W（宽）、H（高）及A的值已知，T＝纸厚。

（3）各个收纸位及尺寸关系见图3-115中标注。

①盒底可按第一章第二节所述绘制。

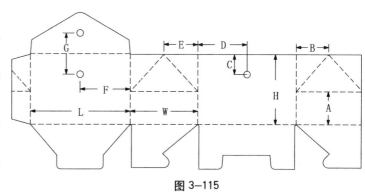

图3-115

②B＝W/2；C＝[15mm，20mm]；D＝L/2；E＝B；F＝D；G＝C×2。

③其他未注明尺寸可根据前述酌情自行给出。

33. 收束双斜顶带插扣锁扣底盒

（1）图3-116为平面展开图，成型效果扫描本章首页二维码见图3-116a。

（2）L（长）、W（宽）、H（高）及A的值已知，T＝纸厚。

（3）各收纸位及尺寸关系见图3-116中标注。

①盒底可按第一章第二节所述绘制。

②B＝[15mm，20mm]；C＝B－T；D＝W/2。

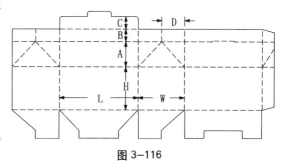

图3-116

③其他未注明尺寸可根据前述酌情自行给出。

34. 压翼插扣盒盖防尘翼隔层设计扣底盒

（1）图3-117为平面展开图，成型效果扫描本章首页二维码见图3-117a。

（2）L（长）、W（宽）、H（高）及A、B的值已知，T＝纸厚。

（3）各个收纸位及尺寸关系见图3-117中标注。

①盒底可按第一章第二节所述绘制。

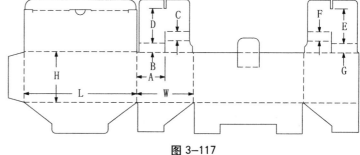

图3-117

②C＝B；D＝L/2－T；E＝L/2－T；F＝G＝B。

③其他未注明尺寸可根据前述酌情自行给出。

35. 带嵌底内衬开窗展示型扣底盒

(1) 图 3-118 为平面展开图，成型效果扫描本章首页二维码见图 3-118a。

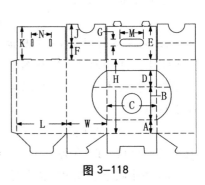

图 3-118

(2) L（长）、W（宽）、H（高）、A、B、C 的值及开窗已知，T = 纸厚。

(3) 各个收纸位及尺寸关系见图 3-118 中标注。

①盒底可按第一章第二节所述绘制。

② $D = A - T$；$E = W - T$；$F = H - A - B - D - T$；$G = [25mm，35mm]$；$J = L/2 - 2T$；$K = W - T$；$M = [90mm，120mm]$；$N \leqslant M$。

③其他未注明尺寸可根据前述酌情自行给出。

36. 压翼插扣盒盖八角型扣底盒

(1) 图 3-119 为平面展开图，成型效果扫描本章首页二维码见图 3-119a、图 3-119b。

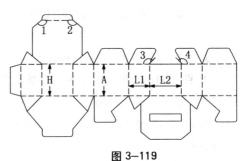

图 3-119

(2) L1（边长）、L2（边长）、H（高）的值已知，T = 纸厚。

(3) 各个收纸位及尺寸关系见图 3-119 中标注。

①盒底可按第一章第二节所述绘制。

② $A = H - T$；$\angle 3 = \angle 2$；$\angle 4 = \angle 1$。

③其他未注明尺寸可根据前述酌情自行给出。

37. 亚瑟扣盒盖八角型扣底盒

(1) 图 3-120 为平面展开图，成型效果扫描本章首页二维码见图 3-120a。

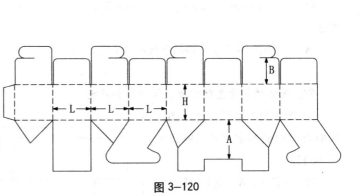

图 3-120

(2) L（长）、H（高）的值已知，T = 纸厚。

(3) 各个收纸位及尺寸关系见图 3-120 中标注。

①盒底可按第一章第二节所述绘制。

② A = 八边形的中线；B = A。

③亚瑟扣设置参看图 2-63、图 2-64 介绍。

④其他未注明尺寸可根据前述酌情自行给出。

38. 花形锁盒盖八角型扣底盒

(1) 图 3-121 为平面展开图，成型效果扫描本章首页二维码见图 3-121a。

（2）L（边长）、H（高）、A 的值已知，T＝纸厚。

（3）各个收纸位及尺寸关系见图 3-121 中标注。

①盒底可按第一章第二节所述绘制。

②B＝八边形各边到中心点的距离。

③其他未注明尺寸可根据前述酌情自行给出。

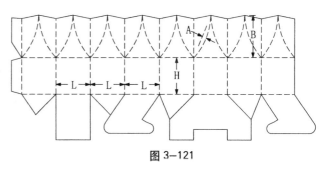

图 3-121

39. 压翼插扣盒盖扣底盒

（1）图 3-122 为平面展开图，成型效果扫描本章首页二维码见图 3-122a。

（2）L（长）、W（宽）、H（高）的值已知，T＝纸厚。

（3）各个收纸位及尺寸关系见图 3-122 中标注。

①盒底可按第一章第二节所述绘制。

②盒盖可按第一章第一节所述绘制。

③其他未注明尺寸可根据前述酌情自行给出。

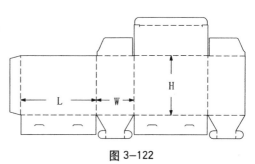

图 3-122

40. 收束提手盖盒组合套钩扣扣底盒

（1）图 3-123 为平面展开图，成型效果扫描本章首页二维码见图 3-123a。

（2）L（长）、W（宽）、H（高）、A、B、C 的值及提手已知，T＝纸厚。

（3）各个收纸位及尺寸关系见图 3-123 中标注。

①盒底可按第一章第二节所述绘制。

②$D = L/2$；$E = J/2$；$F = G/2$；$G = W + 4T$；$J = L + 4T$。

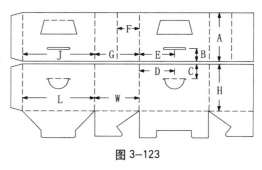

图 3-123

41. 收束顶盖盒黏连伸缩组合套扣底盒

（1）图 3-124 为平面展开图，成型效果扫描本章首页二维码见图 3-124a。

（2）L（长）、W（宽）、H（高）、A、B 的值已知，T＝纸厚。

（3）各个收纸位及尺寸关系见图 3-124 中标注。

①盒底可按第一章第二节所述绘制。

②$C = W + 4T$；$D = L + 4T$；$E = W - 2T$；$F = L - 2T$。

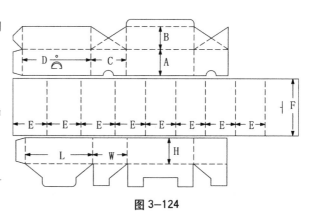

图 3-124

42. 蹼角防漏扣底盒

(1) 图 3-125 为平面展开图，成型效果扫描本章首页二维码见图 3-125a。

(2) L（边长）、H（高）的值已知，T = 纸厚。

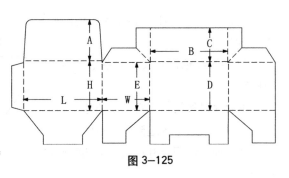

图 3-125

(3) 各收纸位及尺寸关系见图 3-125 中标注。

① 盒底可按第一章第二节所述绘制。

② $A = W - T$；$B = L - T$；$C \leqslant W - T$；$D = H - T$；$E = H - 2T$。

③ 其他未注明尺寸可根据前述酌情自行给出。

第三节 底部为自动扣底结构的管式折叠盒

本节讲解的是，底部为扣底结构的管式折叠盒，与上节相同，本节盒型的顶部结构也基本同样适用于其他盒底结构。

1. 压翼插扣盒盖自动扣底盒

(1) 图 3-126 为平面展开图，成型效果扫描本章首页二维码见图 3-126a。

(2) L（长）、W（宽）、H（高）的值已知，T = 纸厚。

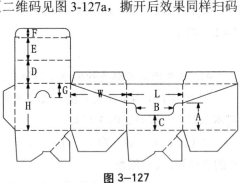

图 3-126

(3) 各收纸位及尺寸关系见图 3-126 中标注。

① 盒底可按第一章第三节所述绘制。

② 盒盖可按第一章第一节所述绘制。

③ 其他未注明尺寸可根据前述酌情自行给出。

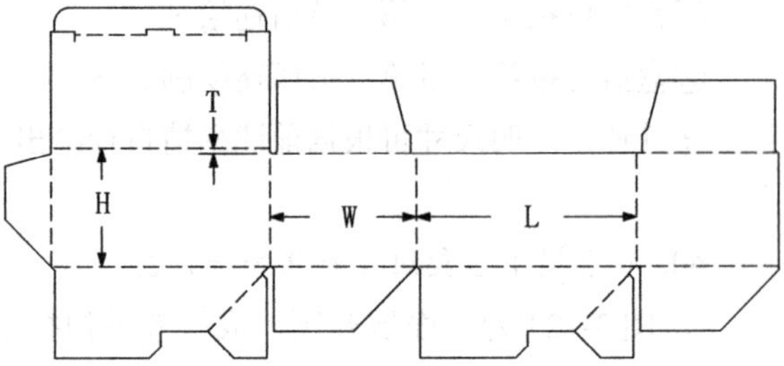

2. 压翼插扣盖盒身撕拉展示自动扣底盒

(1) 图 3-127 为平面展开图，成型效果扫描本章首页二维码见图 3-127a，撕开后效果同样扫码见图 3-127b。

(2) L（长）、W（宽）、H（高）及 A、B、C 的值已知，T = 纸厚。

(3) 各个收纸位及尺寸关系见图 3-127 中标注。

① 盒底可按第一章第三节所述绘制，盒盖可按第一章第一节所述绘制。

② $D = E = (W - T) / 2$；$F = [12mm，16mm]$；$G \geqslant F + T$。

图 3-127

③ 其他未注明尺寸可根据前述酌情自行给出。

3. 盒盖可收叠成展示板自动扣底盒

(1) 图 3-128 为平面展开图，成型效果扫描本章首页二维码见图 3-128a，撕开后效果同样扫码见图 3-128b。

（2）L（长）、W（宽）、H（高）及 A、B、F、G 的值已知，T = 纸厚。

（3）各个收纸位及尺寸关系见图 3-128 中标注。

①盒底可按第一章第三节所述绘制，盒盖可按第 ·章第一节所述绘制。

②C = D =（W - T）/ 2；E ＞ H - A。

③其他未注明尺寸可根据前述酌情自行给出。

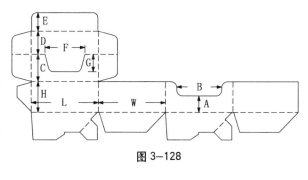

图 3-128

4. 压翼插扣盒盖分隔 1×3 自动扣底盒

（1）图 3-129 为平面展开图，成型效果扫描本章首页二维码见图 3-129a。

（2）L（长）、W（宽）、H（高）及 A 的值已知，T = 纸厚。

（3）各收纸位及尺寸关系见图 3-129 标注。

①盒底可按第一章第三节所述绘制。

②盒盖可按第一章第一节所述绘制，B = W - 2T。

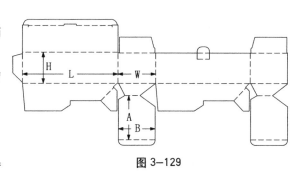

图 3-129

5. 压翼插扣盒盖分隔 2×2 自动扣底盒

（1）图 3-130 为平面展开图，成型效果扫描本章首页二维码见图 3-130a。

（2）L（长）、W（宽）、H（高）及 A 的值已知，T = 纸厚。

（3）各个收纸位及尺寸关系见图 3-130 中标注。

①盒底可按第一章第三节所述绘制，盒盖可按第一章第一节所述绘制。

②A = W/2；B = L/2；C ≤ H - 3T；D = W/2 - T；E = L/2 - T；F = W/2 - T。

③其他未注明尺寸可根据前述酌情自行给出。

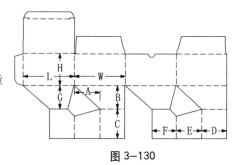

图 3-130

6. 架空底压翼插扣盖自动扣底盒

（1）图 3-131 为平面展开图，成型效果扫描本章首页二维码见图 3-131a。

（2）L（长）、W（宽）、H（高）及 A 的值已知，T = 纸厚。

（3）各个收纸位及尺寸关系见图 3-131 中标注。

①盒底可按第一章第三节所述绘制，盒盖可按

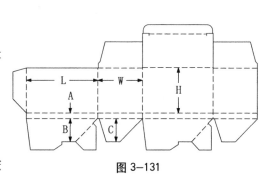

图 3-131

第一章第一节所述绘制。

②B = W/2 − T；C = W/2 − T。

③其他未注明尺寸可根据前述酌情自行给出。

7. 锥台型压翼插扣盒盖自动扣底盒

(1) 图 3-132 为平面展开图，成型效果扫描本章首页二维码见图 3-132a。

(2) L（底长）、W（底宽）、L1（盖长）、W1（盖宽）、H（高）的值已知，T = 纸厚。

(3) 各个收纸位及尺寸关系见图 3-132 中标注。

①盒底可按第一章第三节所述绘制，盒盖可按第一章第一节所述绘制。

②再按图 3-32 介绍的方法达成本图盒型。

③其他未注明尺寸可根据前述酌情自行给出。

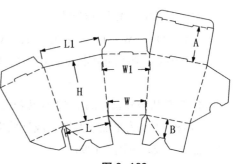

图 3-132

8. 黏合封盖自动扣底盒

(1) 图 3-133 为平面展开图，成型效果扫描本章首页二维码见图 3-133a。

(2) L（长）、W（宽）、H（高）的值已知，T = 纸厚。

(3) 各个收纸位及尺寸关系见图 3-133 中标注。

①盒底可按第一章第三节所述绘制。

②A = W − T；B = L − 2T；C = W − 2T；D < L/2；E = H − 2T；F = H − T；G ≥ W/2。

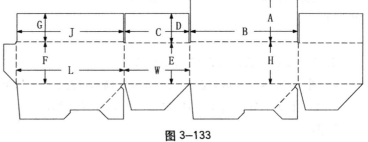

图 3-133

9. 对开盖蹼襟侧插扣自动扣底盒

(1) 图 3-134 为平面展开图，成型效果扫描本章首页二维码见图 3-134a、图 3-134b。

(2) L（长）、W（宽）、H（高）的值已知，T = 纸厚。

(3) 各个收纸位及尺寸关系见图 3-134 中标注。

①盒底可按第一章第三节所述绘制。

②A ≤ W/2；B = A − 5mm；C = L + 2T；D = W/2；E = H − T；F = H − T；G ≥ W/2 + 5；∠1 ≈ 44°；∠2 ≈ 46°。

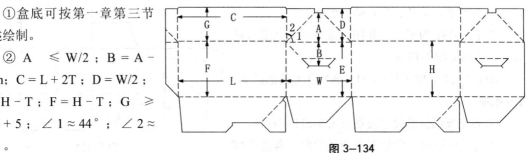

图 3-134

10. 锥台型对开盖蹼襟侧插扣自动扣底盒

（1）图 3-135 为平面展开图，成型效果扫描本章首页二维码见图 3-135a。

（2）L（底长）、W（底宽）、L1（盖长）、W1（盖宽）、H（高）、A 的值已知，T = 纸厚。

（3）各个收纸位及尺寸关系见图 3-135 中标注。

①盒底可按第一章第三节所述绘制。

②可先按上图 3-134 绘制后再按图 3-32 方法旋转。

$B \leqslant W/2$ ；$C = B - 5mm$ ；$\angle 2 \approx 44°$ ；$\angle 1 \approx 46°$ 。

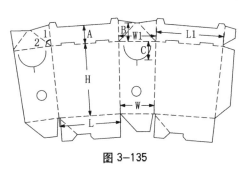

图 3-135

11. 蹼襟盒盖插扣自动扣底盒

（1）图 3-136 为平面展开图，成型效果扫描本章首页二维码见图 3-136a。

（2）L（长）、W（宽）、H（高）的值已知，T = 纸厚。

（3）各个收纸位及尺寸关系见图 3-136 中标注。

①盒底可按第一章第三节所述绘制。

②插扣参看图 2-48 绘制。$A = W - T$ ；$B \approx W/2$ ；$\angle 2 = \angle 1 \approx 45°$ 。

③其他未注明尺寸可根据前述酌情自行给出。

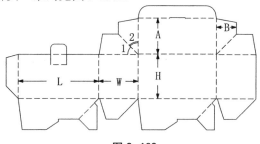

图 3-136

12. 风琴折束腰自动扣底盒

（1）图 3-137 为平面展开图，成型效果扫描本章首页二维码见图 3-137a。

（2）L（长）、H（高）及 A、B、C、D 的值已知，T = 纸厚。

（3）各个收纸位及尺寸关系见图 3-137 中标注。

①盒底可按第一章第三节所述绘制。

②$R = L/2$ ；$E = L/2$ 。

③其他未注明尺寸可根据前述酌情自行给出。

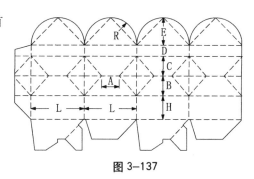

图 3-137

13. 顶部收折束腰自动扣底盒

（1）图 3-138 为平面展开图，成型效果扫描本章首页二维码见图 3-138a。

（2）L（长）、W（宽）、H（高）及 A、B、C、D 的值已知，T = 纸厚。

（3）各个收纸位及尺寸关系见图 3-138 中标注。

①盒底可按第一章第三节所述绘制。

②$F = W/2$ 。其他未注明尺寸可根据前述酌情自行给出。

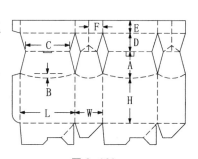

图 3-138

14. 双斜顶钩扣提手自动扣底盒

(1) 图 3-139 为平面展开图，成型效果扫描本章首页二维码见图 3-139a。

(2) L（长）、W（宽）、H（高）及 A、B、C、D 的值及提手已知，T = 纸厚。

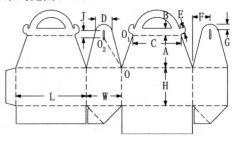

(3) 各个收纸位及尺寸关系见图 3-139 中标注。

① 盒底可按第一章第三节所述绘制。

② E ≈ B；F = W/2；G = [10mm，15mm]；J ≥ E。线 OO_1 长 = 线 OO_2 长。

③ 其他未注明尺寸可根据前述酌情自行给出。

图 3-139

15. 顺次叠压封口自动扣底盒

(1) 图 3-140 为平面展开图，成型效果扫描本章首页二维码见图 3-140a。

(2) L（长）、W（宽）、H（高）的值已知，T = 纸厚。

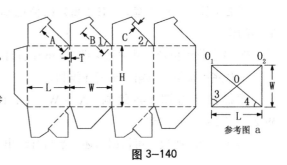

(3) 各个收纸位及尺寸关系见图 3-140 中标注。

① 盒底可按第一章第三节所述绘制。

② 按已知 L、W 绘制成型截面图如右侧的参考图 a，则有：A = B = OO_1；C = [3mm，5mm]；∠1 = ∠3；∠2 = ∠4。

③ 其他未注明尺寸可根据前述酌情自行给出。

参考图 a

图 3-140

16. 首蓿叶式封口自动扣底盒

(1) 图 3-141 为平面展开图，成型效果扫描本章首页二维码见图 3-141a。

(2) L（长）、W（宽）、H（高）、A 的值已知，T = 纸厚。

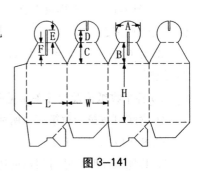

(3) 各个收纸位及尺寸关系见图 3-141 中标注。

① 盒底可按第一章第三节所述绘制。

② B = W/2 - T；C = L/2 - T；D = E ≈ A/2；F ≥ A/2。

③ 其他未注明尺寸可根据前述酌情自行给出。

图 3-141

17. 盒盖窝进式正四棱柱盒

(1) 图 3-142 为平面展开图，成型效果扫描本章首页二维码见图 3-142a。

(2) L（长）、W（宽）、H（高）的值已知，T = 纸厚。

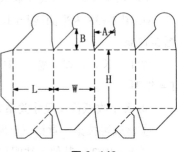

(3) 各个收纸位及尺寸关系见图 3-142 中标注。

① 盒底可按第一章第三节所述绘制。

② A = W/2 + T；B 的取值由成型后花冠交点超出盒盖的高度决定（例如：当交点在盒盖平面上，则 B 的长为 L/2；当交点

图 3-142

超出盒盖的高度＝C，则 B 的长＝两直边分别为"L/2""C"的直角三角形的斜边长）。

18. 连续顺次窝进花形盖自动扣底盒

(1) 图 3-143 为平面展开图，成型效果扫描本章首页二维码见图 3-143a。

(2) L（长）、W（宽）、H（高）的值已知，T＝纸厚。

(3) 各个收纸位及尺寸关系见图 3-143 中标注。

①盒底可按第一章第三节所述绘制。

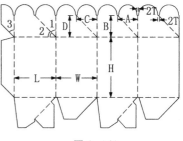

② A＝L/2－T；C＝W/2－T；B、D 的取值由成型后花冠交点超出盒盖的高度决定（例如：当交点在盒盖平面上，则 B 的长为 W/2；当交点超出盒盖的高度＝X，则 B 的长＝两直边分别为"W/2""X"的直角三角形的斜边长）。

③当 L＝W 时则：∠1≈44°；∠2≈46°；∠3≤∠1。

图 3-143

19. 曲边顺次窝进花形盖自动扣底盒

(1) 图 3-144 为平面展开图，成型效果扫描本章首页二维码见图 3-144a。

(2) L（长）、A（角高）、H（边高）的值已知，T＝纸厚。

(3) 各个收纸位及尺寸关系见图 3-144 中标注。

①盒底可按第一章第三节所述绘制。

② B＝L/2－T；C 的取值参看图 3-142 中"B"的取值；∠2≤∠1。

③其他未注明尺寸可根据前述酌情自行给出。

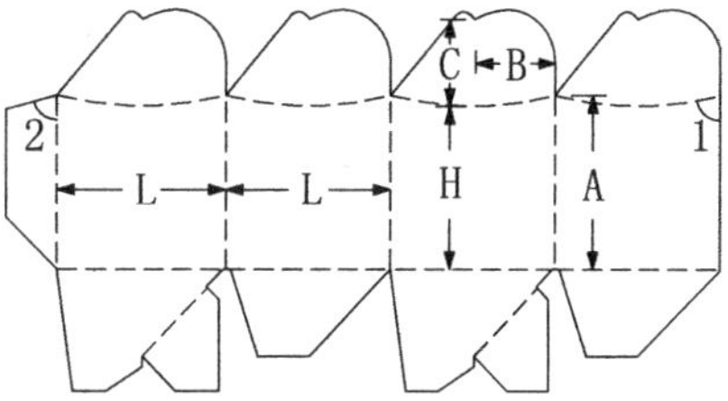

图 3-144

20. 凸曲顶盖掩闭自动扣底盒

(1) 图 3-145 为平面展开图，成型效果扫描本章首页二维码见图 3-145a。

(2) L（长）、W（宽）、H（高）、A 的值已知，T＝纸厚。

(3) 各个收纸位及尺寸关系见图 3-145 中标注。

①盒底可按第一章第三节所述绘制。

② B＝L/2＋T；C＝W/2＋T；D＝L/2；E＝W/2。

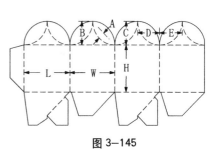

图 3-145

21. 曲面花形盖自动扣底盒

(1) 图 3-146 为平面展开图，成型效果扫描本章首页二维码见图 3-146a。

(2) L（长）、H（高）、A 的值已知，T＝纸厚。

(3) 各个收纸位及尺寸关系见图 3-146 中标注。

①盒底可按第一章第三节所述绘制。

② B＝L/2；C＝L/2＋T；∠2≤∠1。

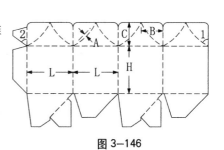

图 3-146

22. 按压开盖自动扣底盒

(1) 图 3-147 为平面展开图，成型过程扫描本章首页二维码见图 3-147a、图 3-147b，成型效果同样扫码见图 3-147c。

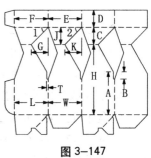

图 3-147

(2) L（长）、W（宽）、H（高）、A 的值已知，T = 纸厚。

(3) 各个收纸位及尺寸关系见图 3-147 中标注。

① 盒底可按第一章第三节所述绘制。

② B = [5mm，10mm]；C = W/2；D ≤ W/2；E = W + 2T；F = L + 2T；G = L/2 + T；J = L/2；K = W/2 + T。

③ 其他未注明尺寸可根据前述酌情自行给出。

23. 压翼插舌盖穿提手自动扣底盒

(1) 图 3-148 为平面展开图，成型效果扫描本章首页二维码见图 3-148a。

(2) L（长）、W（宽）、H（高）的值及盒身开窗、提手已知，T = 纸厚。

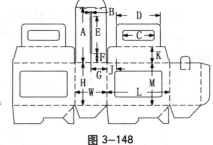

图 3-148

(3) 各个收纸位及尺寸关系见图 3-148 中标注。

① 盒底可按第一章第三节所述绘制。

② 盒盖及防尘翼部分可按第一章第一节所述绘制。

③ A = L；B = 3T 或 2mm（取其中大值）；C = [90mm，120mm]。

④ D = C + [30mm，40mm]；E = D + 2T；F = [20mm，25mm]；G = W/2；J = F + T；K = W/2 - T；M = H - T。

⑤ 其他未注明尺寸可根据前述酌情自行给出。

24. 压翼插舌盖穿挂孔自动扣底盒

(1) 图 3-149 为平面展开图，成型效果扫描本章首页二维码见图 3-149a。

(2) L（长）、W（宽）、H（高）、A 的值已知，T = 纸厚。

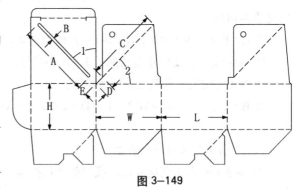

图 3-149

(3) 各收纸位及尺寸关系见图 3-149 标注。

① 盒底可按第一章第三节所述绘制。

② 盒盖及防尘翼主体部分可按第一章第一节所述绘制。

③ B = 3T 或 2（取其中大值）；C = A - 2T；D = E =（长宽分别为"L""W"的矩形对角线长 - A）/2。

④ ∠1 = ∠2 = 长宽分别为"L""W"的矩形对角线与短边的夹角。

⑤ 其他未注明尺寸可根据前述酌情自行给出。

25. 侧面穿孔提手自动扣底盒

(1) 图 3-150 为平面展开图，成型效果扫描本章首页二维码见图 3-150a。

(2) L（长）、W（宽）、H（高）、A 的值已知，T = 纸厚。

(3) 各个收纸位及尺寸关系见图 3-150 中标注。

① 盒底可按第一章第三节所述绘制。

② 盒盖及防尘翼部分可按第一章第一节所述绘制。

③ B = W - T；C = A - [30mm, 40mm]；D = W/2；E = W/2；F = A - 2T；G = 2T 或 2mm（取其中大值）。

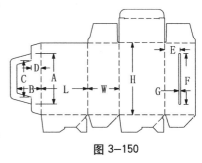

图 3-150

26. 侧面插扣提手自动扣底盒

(1) 图 3-151 为平面展开图，成型效果扫描本章首页二维码见图 3-151a。

(2) L（长）、W（宽）、H（高）的值已知，T = 纸厚。

(3) 各个收纸位及尺寸关系见图 3-151 中标注。

① 盒底可按第一章第三节所述绘制。

② 插扣防尘翼部分可参看图 3-134 所述绘制；A = W/2 - T；B = L + 2T。

③ 提手位设置及其他未注明尺寸可根据前述自行给出。

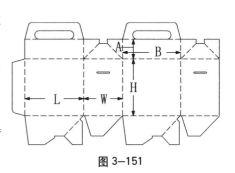

图 3-151

27. 顶面穿插提手自动扣底盒

(1) 图 3-152 为平面展开图，成型效果扫描本章首页二维码见图 3-152a。

(2) L（长）、W（宽）、H（高）、A 的值已知，T = 纸厚。

(3) 各个收纸位及尺寸关系见图 3-152 中标注。

① 盒底可按第一章第三节所述绘制。

② B = W - T；C = A + 2T；D = L/2；E = L/2 - T；F = H - 2T；G = H - T；J ≥ 3T。

③ 锚锁的设置参看图 2-48 的介绍。

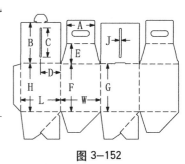

图 3-152

28. 收口插扣提手自动扣底盒

(1) 图 3-153 为平面展开图，成型效果扫描本章首页二维码见图 3-153a。

(2) L（长）、W（宽）、H（高）、A、B 的值已知。

(3) 各个收纸位及尺寸关系见图 3-153 中标注。

① 盒底可按第一章第三节所述绘制。

② C = [90mm, 120mm]；D = [25mm, 35mm]；E = L/2；F = W/2；G = L/2；J = D - 2mm；K = C -

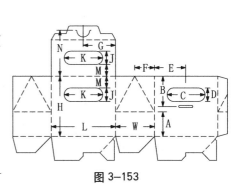

图 3-153

2 mm；M = [15mm，20mm]；N = B。

③锚锁的设置参看图 2-48 的介绍，其他未注明尺寸可根据前述酌情自行给出。

29. 盒身收束双斜顶锚锁自动扣底盒

(1) 图 3-154 为平面展开图，成型效果扫描本章首页二维码见图 3-154a。

(2) L（长）、W（宽）、H（高）、A、B 的值已知，T = 纸厚。

(3) 各个收纸位及尺寸关系见图 3-154 中标注。

①盒底可按第一章第三节所述绘制。

② C = W/2；D = E = 线 OO_1 长；∠1 ≤ ∠3；∠2 ≤ ∠4。

③锚锁的设置参看图 2-48 的介绍，其他未注明尺寸可根据前述酌情自行给出。

图 3-154

30. 双斜顶脊穿挂孔自动扣底盒

(1) 图 3-155 为平面展开图，成型效果扫描本章首页二维码见图 3-155a。

(2) L（长）、W（宽）、H（高）、A 的值已知，T = 纸厚。

(3) 各个收纸位及尺寸关系见图 3-155 中标注。

①盒底可按第一章第三节所述绘制。∠1 = ∠2。

② B = 线 OO_1 长；C = B；D ≈ L/3；E = 3T 或 2（取大值）；F = D − 2T；G = J = [20mm，25mm]；K = [5mm，10mm]；M = D + 10mm；N = W/2。

③锚锁的设置参看图 2-48 的介绍，其他未注明尺寸可根据前述酌情自行给出。

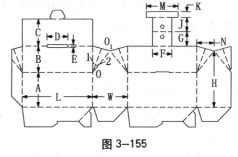

图 3-155

31. 双斜顶插扣自动扣底盒

(1) 图 3-156 为平面展开图，成型效果扫描本章首页二维码见图 3-156a。

(2) L（长）、W（宽）、H（高）、A 的值已知，T = 纸厚。

(3)各个收纸位及尺寸关系见图 3-156 中标注。

①盒底可按第一章第三节所述绘制。

② B = 线 OO_1 长。

③ C = D ≈ L × 2/5；E = G ≈ L/5；F = 3T 或 2（取大值）；∠1 = ∠2 = ∠3 = ∠4 = 90°。

④锚锁的设置参看图 2-48 的介绍，其他未注明尺寸可根据前述酌情自行给出。

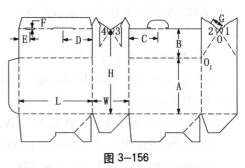

图 3-156

32. 四斜顶插扣自动扣底盒

(1) 图 3-157 为平面展开图，成型效果扫描本章首页二维码见图 3-157a。

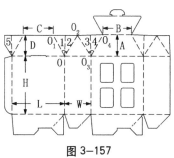

(2) L（长）、W（宽）、H（高）、A、B 的值及开窗已知，T = 纸厚。

(3) 各个收纸位及尺寸关系见图 3-157 中标注。

①盒底可按第一章第三节所述绘制。

②$C = B - 1$；$D = A - T$；线 OO_1 长 = 线 OO_2 长 = 线 O_2O_3 长 < 线 O_3O_4 长；$\angle 1 = \angle 2 = \angle 3 = \angle 4$；$\angle 5 \leq \angle 3$。

图 3-157

③锚锁的设置参看图 2-48 的介绍，其他未注明尺寸可根据前述酌情自行给出。

33. 压翼插扣盖加上下分层内衬自动扣底盒

(1) 图 3-158 为平面展开图，成型效果扫描本章首页二维码见图 3-158a。

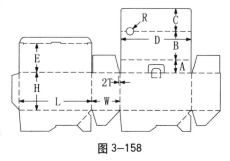

(2) L（长）、W（宽）、H（高）、A 的值已知，T = 纸厚。

(3) 各个收纸位及尺寸关系见图 3-158 中标注。

①盒底可按第一章第三节所述绘制；盒盖可按第一章第一节所述绘制。

②$B = W - 2T$；$C = H - A - 2T$；$D = L - 2T$；$E = W - 2T$；$R = [8mm, 10mm]$。

图 3-158

③插扣锁的设置参看图 2-48 的介绍，其他未注明尺寸可根据前述酌情自行给出。

34. 双窗盖双盒盖插扣加挂孔自动扣底盒

(1) 图 3-159 为平面展开图，成型效果扫描本章首页二维码见图 3-159a。

(2) L（长）、W（宽）、H（高）的值及开窗、挂孔已知，T = 纸厚。

(3) 各个收纸位及尺寸关系见图 3-159 中标注。

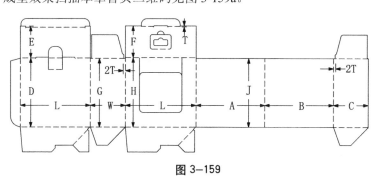

①盒底按第一章第三节所述绘制；盒盖按第一章第一节所述绘制；再将"C"所在部分右移"A" + "B"。

图 3-159

②$A = L$；$B = L + T$；$C = W + T$；$D = H - T$；$E = W - 2T$；$F = W$；$G = J = H - 2T$。

③双向插扣锁的设置参看图 3-8 的介绍。

④其他未注明尺寸可根据前述酌情自行给出。

35. 防尘翼盒盖自动扣底盒

（1）图 3-160 为平面展开图，成型效果扫描本章首页二维码见图 3-160a。

（2）L（长）、W（宽）、H（高）的值及开窗已知，T = 纸厚。

（3）各收纸位及尺寸关系见图 3-160 中标注。

①盒底按第一章第三节所述绘制。

②A = W - T；B = L - 2T；C > R；R = [8mm，10mm]。

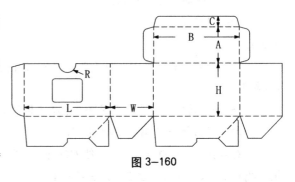

图 3-160

36. 收口变棱亚瑟扣盖自动扣底盒

（1）图 3-161 为平面展开图，成型效果扫描本章首页二维码见图 3-161a、图 3-161b。

（2）L（长）、H（高）、A、B 的值已知，T = 纸厚。

（3）各个收纸位及尺寸关系见图 3-161 中标注。

①盒底按第一章第三节所述绘制。

②C = L/2；D = B/2；∠1 = ∠2；线 OO_1 长 = 线 OO_2 长 = 线 OO_3 长。

③亚瑟扣的设置参看图 2-63、图 2-64 的介绍。

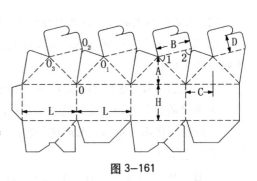

图 3-161

37. 收口盖自动扣底盒

（1）图 3-162 为平面展开图，成型效果扫描本章首页二维码见图 3-162a。

（2）L（长）、H（高）、A、B、C 的值已知，T = 纸厚。

（3）各个收纸位及尺寸关系见图 3-162 中标注。

①盒底按第一章第三节所述绘制。

②D = B；E ≈ 2C/3；F = J - T；G = K - T；M = C；∠1 = ∠2；线 OO_1 长 = 线 OO_2 长。

③其他未注明尺寸可根据前述酌情自行给出。

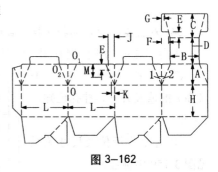

图 3-162

38. 双层盒盖正三角形自动扣底盒

（1）图 3-163 为平面展开图，成型后内部效果扫描本章首页二维码见图 3-163a，底部效果同样扫码见图 3-163b，成型整体效果同样扫码见图 3-163c。

（2）L（长）、H（高）的值已知，T = 纸厚。

（3）各个收纸位及尺寸关系见图 3-163 中标注。

①盒底为三个相等的直角三角形：∠1 = 60°；∠2 = 30°（留意短直角边要收进一个纸位）。

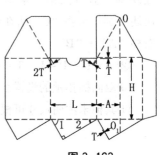

图 3-163

② A＝L/2；线 OO₁ 为黏合作业线。

③其他未注明尺寸可根据前述酌情自行给出。

39. 压翼插扣盖三角形自动扣底盒

(1) 图 3-164 为平面展开图，成型效果扫描本章首页二维码见图 3-164a。

(2)边长 L1、L2、L3 及 H（高）的值已知，T＝纸厚。

(3) 各个收纸位及尺寸关系见图 3-164 中标注。

①盒底设置参看图 1-47 的介绍。

② A＝（L1＋L2＋L3）/2；B＝L3－2T；C＝L1－T；∠1＝∠2；线 OO₁ 为黏合作业线。

③其他未注明尺寸可根据前述酌情自行给出。

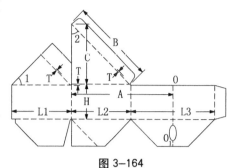

图 3-164

40. 压翼插扣盖六边形自动扣底盒

(1) 图 3-165 为平面展开图，成型效果扫描本章首页二维码见图 3-165a。

(2)边长 L1、L2、L3、L4、L5、L6 及 H（高）、A 的值已知，T＝纸厚。

(3) 各个收纸位及尺寸关系见图 3-165 中标注。

①盒底按第一章第三节所述绘制；盒盖设置参考图 3-61 的介绍。

②∠1＝∠2；∠3＝∠4。

③其他未注明尺寸可根据前述酌情自行给出。

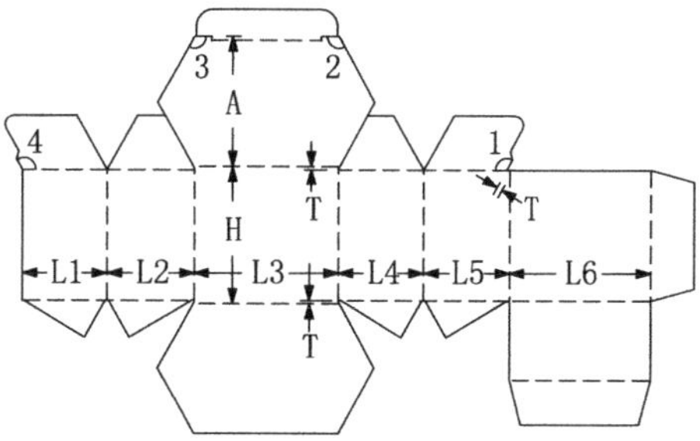

图 3-165

41. 压翼插扣盒盖六边形自动扣底盒

(1) 图 3-166 为平面展开图，成型效果扫描本章首页二维码见图 3-166a。

(2)边长 L1、L2、L3、L4、L5、L6 及 H（高）、A 的值已知，T＝纸厚。

(3) 各个收纸位及尺寸关系见图 3-166 中标注。

①盒底参考第一章第三节图 1-36 所述绘制。

②∠1＝∠2；B＝L3－2T；C＝A－T；D＝L2－2T；E＝H－T。

③其他未注明尺寸可根据前述酌情自行给出。

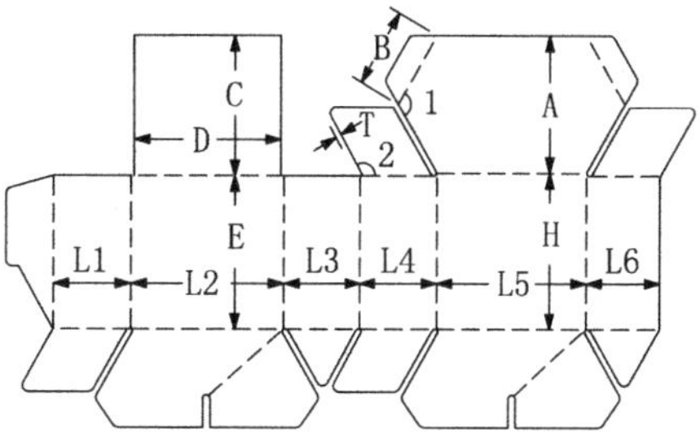

图 3-166

42. 花形盖正六边形自动扣底盒

(1) 图 3-167 为平面展开图，扣底成型过程扫描本章首页二维码见图 3-167a，扣底成型效果同样扫码见图 3-167b，整体成型效果同样扫码见图 3-167c。

（2）L（边长）、H（高）的值已知，T＝纸厚。

（3）各个收纸位及尺寸关系见图3-167中标注。

①底部O点为正六边形的中心点，也是扣底襟片的交汇点；顶部O_1点是花形盖襟片的交汇点。

②A的取值参看图3-142中"B"的取值；B＝L/2；C为避位孔，高可任意；D＝[12mm，15mm]；E＝[3mm，5mm]；∠1＝60°；∠2＝∠3＝120°。

③其他未注明尺寸可根据前述酌情自行给出。

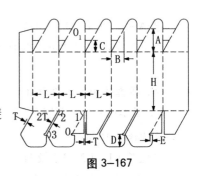

图3-167

43. 花形盖正六边形摇翼窝进式自动扣底盒

（1）图3-168为平面展开图，成型效果扫描本章首页二维码见图3-168a，揿压顶部后则效果同样扫码见图3-168b。

（2）L（边长）、H（高）的值已知，T＝纸厚。

（3）各个收纸位及尺寸关系见图3-168中标注。

①底部O点为正六边形的中心点，也是扣底襟片的交汇点；顶部O1点是花形盖襟片的交汇点。

②A的取值参看图3-142中"B"的取值；B＝L/2；C＝L；D＝[12mm，15mm]∠1＝60°；∠2＝90°。

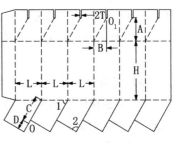

图3-168

44. 折沿正六边形自动扣底盒

（1）图3-169为平面展开图，成型效果扫描本章首页二维码见图3-169a。

（2）L（边长）、H（高）的值已知，T＝纸厚。

（3）各个收纸位及尺寸关系见图3-169中标注。

①底部扣底结构参考图1-39介绍，不同点在于本图将对面的黏合襟片换成了"C、D、E"的挂扣襟片。

②A＝[12mm，15mm]；B为正六边形两正对边距离-2T；C＝L-2T；D＝E＝[5mm，10mm]；∠1＝∠2＝75°。

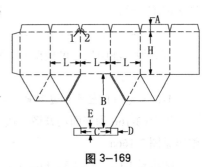

图3-169

45. 带提手六边形自动扣底盒

（1）图3-170为平面展开图，成型效果扫描本章首页二维码见图3-170a。

（2）L（长）、W（宽）、H（高）、A的值及提手已知，T＝纸厚。

（3）各个收纸位及尺寸关系见图3-170中标注。

①底部自动扣底结构参考图1-39介绍。

②盒盖部分及挂孔翼细节可参看图3-88、图3-90设置；B＝A/2-T；C＝线OO_1长；∠1＝∠2＝120°。

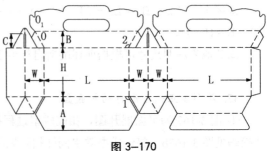

图3-170

46. 带提手六棱变单线顶自动扣底盒

(1) 图 3-171 为平面展开图，成型效果扫描本章首页二维码见图 3-171a。

(2) L（长）、H（高）、A、B 的值及提手已知，T = 纸厚。

(3) 各个收纸位及尺寸关系见图 3-171 中标注。

①底部自动扣底结构参考图 1-39 介绍。

②C ＜ L；绘图设置留意翻折黏合时弧 a 需与弧 b 重合。

③其他未注明尺寸可根据前述酌情自行给出。

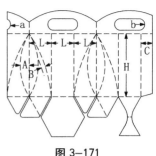

图 3-171

47. 多格凹顶六边形自动扣底盒

(1) 图 3-172 为平面展开图，成型效果扫描本章首页二维码见图 3-172a。

(2) L（长）、H（高）的值已知，T = 纸厚。

(3) 各个收纸位及尺寸关系见图 3-172 中标注。

①底部自动扣底结构参考图 1-39 介绍。

②A = 2L－T；B = L－T；C = L/2；∠1 = ∠2 = 45°。

③其他未注明尺寸可根据前述酌情自行给出。

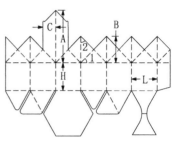

图 3-172

48. 黏封盖八边形自动扣底盒

(1) 图 3-173 为平面展开图，底部成型效果扫描本章首页二维码见图 3-173a。

(2) L（长）、H（高）、A 的值已知，T = 纸厚。

(3) 各个收纸位及尺寸关系见图 3-173 中标注。

①底部自动扣底结构参考图 1-42 介绍。

② B = A－2mm；C = H－T；D = H－2T；E =
[12mm，16 mm]；∠1 = ∠2 ＜ 67.5°。

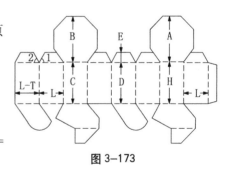

图 3-173

第四节　底部为黏合封口结构的管式折叠盒

本节讲解的是，底部为黏合封口结构的管式折叠盒，与上节相同，本节盒型的顶部结构也基本同样适用于其他盒底结构。

1. 翻盖开启顶底黏合封口盒

(1) 图 3-174 为平面展开图，成型效果扫描本章首页二维码见图 3-174a。

(2) L（长）、W（宽）、H（高）及 A、B 的值已知，T = 纸厚。

(3) 各个收纸位及尺寸关系见图 3-174 中标注。

①该盒型具体结构参考图 1-61 介绍。

②留意连接点的设置：C = D = E = F = G = [0.5mm，1mm]。

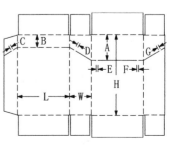

图 3-174

C 与 G 缺口需重合。

2. 带防护内衬的翻盖开启顶底黏合封口盒

(1) 图 3-175 为平面展开图，成型效果扫描本章首页二维码见图 3-175a。

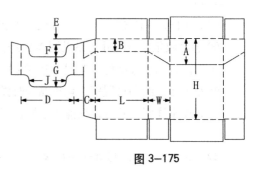

图 3-175

(2) L（长）、W（宽）、H（高）的值及 A、B 已知，T = 纸厚。

(3) 各个收纸位及尺寸关系见图 3-175 中标注。

① 该盒型主体部分结构参考图 3-174 介绍。

② $C = W - T$；$D = L - 2T$；$E \leqslant B/2$；$F \approx B + (A - B)/2 - E$；$G \geqslant A$；$J \approx D - [15mm，18mm]$。

③ 其他未注明尺寸可根据前述酌情自行给出。

3. 两圆角两方角顶底黏合封口盒

(1) 图 3-176 为平面展开图，成型效果扫描本章首页二维码见图 3-176a。

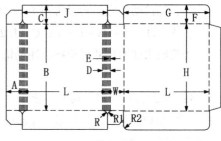

图 3-176

(2) L（长）、W（宽）、H（高）的值已知，T = 纸厚。

(3) 各个收纸位及尺寸关系见图 3-176 中标注。

① 该盒型主体部分结构参考图 3-174 介绍。

② $A = W - T$；$B = H - 2T$；$C = W - T$；D 通常由 7 根压痕组成，一般取值 6.6mm；E 正常取值 1.1mm（也有极端取值 0.83mm）。

③ $F = W - T$；$G = L + T$；$J = L - T$；$R = R1 = R2 = 2D/\pi$。

④ 其他未注明尺寸可根据前述酌情自行给出。

4. 带拉链刀六边形顶底黏合封口盒

(1) 图 3-177 为平面展开图，成型效果扫描本章首页二维码见图 3-177a。

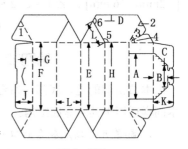

图 3-177

(2) L（长）、H（高）的值及 A、B、C 已知，T = 纸厚。

(3) 各个收纸位及尺寸关系见图 3-177 中标注。

① 拉链刀设置参看图 1-49 介绍，锚锁设置参看图 2-48 介绍。

② $D = [12mm，16mm]$；$E = H - 4T$；$F = H - 2T$；$G = L - B$；$J < L - T$；$K \leqslant L - T$；$\angle 1 = \angle 2 = 60°$；$\angle 3 = \angle 4 = 30°$；$\angle 5 = \angle 6 = 120°$。

③ 其他未注明尺寸可根据前述酌情自行给出。

5. 重复翻斗开启顶底黏合封口盒

(1) 图 3-178 为平面展开图，成型效果扫描本章首页二维码见图 3-178a。

（2）L（长）、W（宽）、H（高）的值及A、B已知，T＝纸厚。

（3）各个收纸位及尺寸关系见图3-178中标注。

①C＝H－2T；D＝W－T；E＝H－4T；F＝H－6T；G≈B＋5mm；J＝A＋1mm。

②K≤W－T；R＝B－0.5mm；∠1≈65°；∠2＝∠3＝45°。留意翻斗R是以O点为圆心绘制。

③其他未注明尺寸可根据前述酌情自行给出。

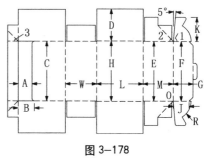

图 3-178

6. 带插扣翻盖黏合封底盒

（1）图3-179为平面展开图，成型效果扫描本章首页二维码见图3-179a。

（2）L（长）、W（宽）、H（高）的值及A已知，T＝纸厚。

（3）各个收纸位及尺寸关系见图3-179中标注。

①盒底部分可按第一章第四节所述绘制。

②B＝W＋T；C＝L＋2T；D＝A；E＝W；F≈W；G＝A。

③锚锁设置参看图2-48介绍，其他未注明尺寸可根据前述酌情自行给出。

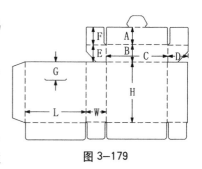

图 3-179

7. 曲面边壁压翼插扣盖黏合封底盒

（1）图3-180为平面展开图，成型效果扫描本章首页二维码见图3-180a。

（2）L（长）、W（宽）、H（高）的值及A、B、C已知，T＝纸厚。

（3）各个收纸位及尺寸关系见图3-180中标注。

①盒底部分可按第一章第四节所述绘制，盒盖部分可按第一章第一节所述绘制。

②线OO_1与线PP_1是为黏合设置的作业线。

③其他未注明尺寸可根据前述酌情自行给出。

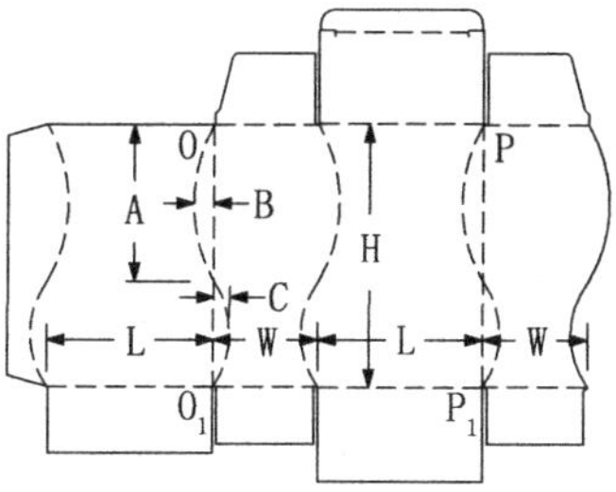

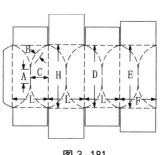

图 3-180

8. 曲面边壁底盖黏封盒

（1）图3-181为平面展开图，成型效果扫描本章首页二维码见图3-181a。

（2）L（长）、H（高）的值及A、B、C已知，T＝纸厚。

（3）各个收纸位及尺寸关系见图3-181中标注。

①盒盖、盒底部分可按第一章第四节所述绘制。

②D＝H－4T；E＝H－2T；F＝L－T。

③其他未注明尺寸可根据前述酌情自行给出。

图 3-181

9. 曲面边壁压翼插扣盖黏合封底盒

(1) 图 3-182 为平面展开图，成型效果扫描本章首页二维码见图 3-182a。

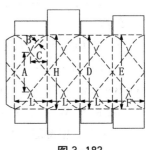

图 3-182

(2) L（长）、H（高）的值及 A、B、C 已知，T = 纸厚。

(3) 各个收纸位及尺寸关系见图 3-182 中标注。

① 盒盖、盒底部分可按第一章第四节所述绘制。

② $D = H - 4T$；$E = H - 2T$；$F = L - T$。

③ 其他未注明尺寸可根据前述酌情自行给出。

10. 带撕拉开口两格式黏合封底盒

(1) 图 3-183 为平面展开图，成型效果扫描本章首页二维码见图 3-183a，开启效果同样扫码见图 3-183b。

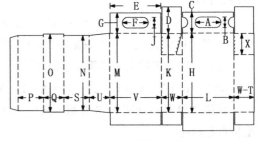

图 3-183

(2) L（长）、W（宽）、H（高）、A、B 的值已知，T = 纸厚。

(3) 各个收纸位及尺寸关系见图 3-183 中标注。

① 盒底部分可按第一章第四节所述绘制。

② $C = W - T$；$D \leqslant L/2$；$E = L - 3T$；$F = A + 2mm$；$G = W - T$；$J = B + 2mm$；$K = H - 4T$；$M = H - 2T$；$N = H - 8T$。

③ $O = H - 6T$；$P = L/2 - T$；$Q = W - 3T$；$S = L/2 - T$；$U = W - T$；$V = L - T$；$X \approx L/2$。

11. 平面插扣盖黏合封底盒

(1) 图 3-184 为平面展开图，成型效果扫描本章首页二维码见图 3-184a。

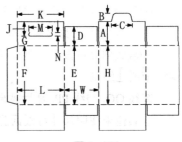

图 3-184

(2) L（长）、W（宽）、H（高）的值已知，T = 纸厚。

(3) 各个收纸位及尺寸关系见图 3-184 中标注。

① 盒底部分可按第一章第四节所述绘制。

② $A \approx 2W/3$；$B = W - A - T$；$C \approx L/3$；$D \leqslant L/2$；$E = H - 4T$；$F = H - 2T$；$G = W - A$；$J = A - G$；$K = L - 2mm$；$M = C + 2mm$；$N = [3mm, 5mm]$。

12. 半开盖压翼插扣式黏合封底盒

(1) 图 3-185 为平面展开图，成型效果扫描本章首页二维码见图 3-185a，开启效果同样扫码见图 3-185b。

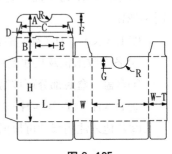

图 3-185

(2) L（长）、W（宽）、H（高）、R 的值已知，T = 纸厚。

(3) 各个收纸位及尺寸关系见图 3-185 中标注。

① 盒底部分可按第一章第四节所述绘制。

② $A \approx W + R$；$B = W - T$；$C = L - 12mm$；$D = L - 2T$；$E \geqslant$

$2R + 2mm$ ；$F = R$ ；$G = 2R$ 。

13. 加封口襟片压翼插扣式黏合封底盒

(1) 图 3-186 为平面展开图，成型效果扫描本章首页
二维码见图 3-186a。

(2) L（长）、W（宽）、H（高）、A 的值已知。

(3) 各个收纸位及尺寸关系见图 3-186 中标注。

①盒底部分可按第一章第四节所述绘制。

②盒盖部分可按第一章第一节所述绘制。

③$B = W - T$ ；$C = H - 2T$ 。

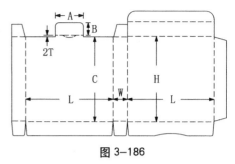

图 3-186

14. 带凹进式固定内衬黏合封底盒

(1) 图 3-187 为平面展开图，成型效果扫描本章首页二维码见
图 3-187a。

(2) L（长）、W（宽）、H（高）、A 的值及孔位已知，T = 纸厚。

(3) 各个收纸位及尺寸关系见图 3-187 中标注。

①盒底部分按第一章第四节所述绘制。

②盒盖部分按第一章第一节所述绘制；$B ≈ W/3$ ；$C = W/2$ ；
$D = W - 2.5T$ ；$E = H - 3T$ ；$F = A$ ；$G = L - 2T$ ；$J = L - 3T$ 。

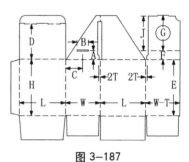

图 3-187

15. 带台阶结构仿房屋的黏合封底盒

(1) 图 3-188 为平面展开图，成型效果扫描本章首页二维
码见图 3-188a。

(2) L（长）、W（宽）、H（高）、A、B、C 的值及马
头墙已知，T = 纸厚。

(3) 各个收纸位及尺寸关系见图 3-188 中标注。

①盒底部分可按第一章第四节所述绘制。

②$D = C$ ；$E ≈ C$ ；$F = W - T$ ；$G = L - 2T$ ；$J = L - 2T$ ；$K = M = 线 OO_1 长 = 线 OO_2 长$ 。

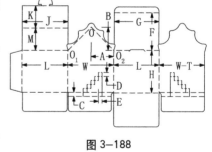

图 3-188

③锚锁设置参看图 2-48 介绍，其他未注明尺寸可根据前述酌情自行给出。

16. 顶部带互锁式结构及手提孔的黏合封底盒

(1) 图 3-189 为平面展开图，成型效果扫描本章首页二
维码见图 3-189a。

(2) L（长）、W（宽）、H（高）、A 的值及提手已知，
T = 纸厚。

(3) 各个收纸位及尺寸关系见图 3-189 中标注。

①盒底部分可按第一章第四节所述绘制。

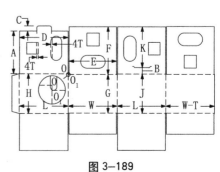

图 3-189

②B＝W-A；C≤B-T；D＝L-2T 或 2mm（取其小值）；E＝W-4T；F＝L-T；G＝H-4T；J＝H-2T；K＝W-T。

③手提孔在各层盖板襟片上的设置：先按已知条件设置最上层手提孔（最左侧盖板）；然后以 O 点提取顺时针旋转 90°复制以 O_1 点放置（O、O_1 点见放大图），再周边放大 1～2mm 得到第二层手提孔；再按同样方法旋转复制可得第三、四层手提孔。

④插扣设置参看图 2-48 介绍，其他未注明尺寸可根据前述酌情自行给出。

17. 弧形收口亚瑟扣翼黏合封底盒

(1) 图 3-190 为平面展开图，成型效果扫描本章首页二维码见图 3-190a。

(2) L（长）、W（宽）、H（高）、A、B、C 的值已知，T＝纸厚。

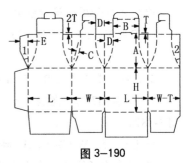

图 3-190

(3) 各个收纸位及尺寸关系见图 3-190 中标注。

①盒底部分可按第一章第四节所述绘制。

②盒盖及防尘翼部分可按第一章第一节所述绘制后再拉开"2D"；D＝（L-B）/2；E≤D；∠1≤∠2。

③插扣设置参看图 2-48 介绍，亚瑟扣设置参看图 2-63、图 2-64 介绍，其他未注明尺寸可根据前述酌情自行给出。

18. 液体包装黏合封底盒

(1) 图 3-191 为平面展开图，成型效果扫描本章首页二维码见图 3-191a。

(2) L（长）、W（宽）、H（高）、A 的值已知，T＝纸厚。

(3) 各个收纸位及尺寸关系见图 3-191 中标注。

①B＝W/2-T；C＝W/2；D＝E＝（L+A）/2。

②其他未注明尺寸可根据前述酌情自行给出。

③该盒型结构上下对称，只需绘制一半然后上下镜像复制即可。

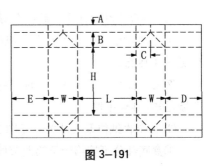

图 3-191

19. 双斜顶液体包装黏合封底盒

(1) 图 3-192 为平面展开图，成型效果扫描本章首页二维码见图 3-192a。

(2) L（长）、W（宽）、H（高）、A 的值已知，T＝纸厚。

(3) 各个收纸位及尺寸关系见图 3-192 中标注。

①B＝[10mm，16mm]；C＝W/2；D＝A+T（需满足＞W/2）；E＝H-2T；F＝D。

②G≈W/2+B；∠1≈36°；∠2＝∠3＝∠4＝∠5≈42°。

③其他未注明尺寸可根据前述酌情自行给出。

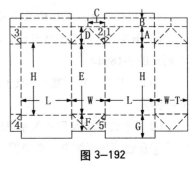

图 3-192

20. 八角液体包装黏合封底盒

（1）图3-193为平面展开图，成型效果扫描本章首页二维码见图3-193a。

（2）L（长）、W（宽）、H（高）、A、B的值及开口已知。

（3）各个收纸位及尺寸关系见图3-193中标注。

①C＝（L＋10mm）／2；D＝W/2；E＝W/2－T；F＝[10mm，15mm]；G＝C＝（L＋10mm）／2；J＝E；K＝F。

②其他未注明尺寸可根据前述酌情自行给出。

③该盒型结构上下对称，只需绘制一半然后上下镜像复制即可。

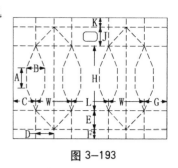

图 3-193

21. 多面枕式黏合封底盒

（1）图3-194为平面展开图，成型效果扫描本章首页二维码见图3-194a。

（2）L（长）、W（宽）、H（高）、A、B的值已知，T＝纸厚。

（3）各个收纸位及尺寸关系见图3-194中标注。

①C＝L－2T；D＝W－T；E＝H－T；F＝W/2。

②G＝L－4T；J＝W＋T。

③K＝W/2＋[10mm，12mm]；∠1≤∠2。

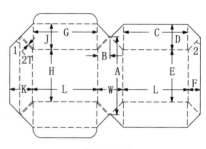

图 3-194

22. 侧壁双黏包底型压翼插舌盒

（1）图3-195为平面展开图，成型效果扫描本章首页二维码见图3-195a。

（2）L（长）、W（宽）、H（高）的值已知，T＝纸厚。

（3）各个收纸位及尺寸关系见图3-195中标注。

①盒盖及防尘翼部分可按第一章第一节所述绘制。

②A＝W－T；B＝W－T；C＝L－2T；D＝H－T；E＝H－2T；F＝[12mm，16mm]；G＝H－T；J＝W－T。

③插扣设置参看图3-8介绍，其他未注明尺寸可根据前述酌情自行给出。

④该盒型结构上下对称，只需绘制一半然后上下镜像复制即可。

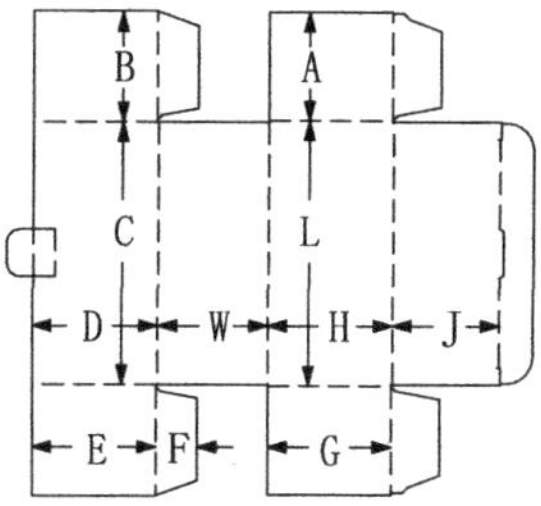

图 3-195

23. 侧壁双黏包底型圆角盒

（1）图3-196为平面展开图，成型效果扫描本章首页二维码见图3-196a。

（2）L（长）、W（宽）、H（高）、R的值已知，T＝纸厚。

（3）各个收纸位及尺寸关系见图3-196中标注。

①A＝L－2R；B＝W－2R；C＝B－t；D＝B－T；E＝L－2R；F＝H－T；G＝H－3T；J≤L/2；

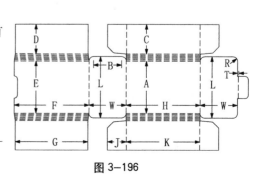

图 3-196

$K = H - 2T$。

②多压线及对应的圆角R的设定参看图3-176介绍,其他未注明尺寸可根据前述酌情自行给出。

③该盒型结构上下对称,只需绘制一半然后上下镜像复制即可。

24. 彼得斯锁(peterslock)边壁钩扣盒

(1) 图3-197为平面展开图,成型效果扫描本章首页二维码见图3-197a。

(2) L(长)、W(宽)、H(高)的值已知,T=纸厚。

(3) 各个收纸位及尺寸关系见图3-197中标注。

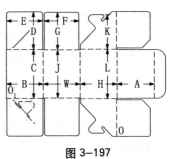

①$A = W - T$;$B = H$;$C = L - 2T$;$D = W - T$;$E = H - 2T$;$F = W - 2T$;$G = H - T$;$J = L - 4T$;$K = W - [3mm,5mm]$。

②彼得斯锁留意插扣配合:将插扣公位从O点提取旋转180°复制以O_1点放置(重叠后效果见图中左下角)。

③其他未注明尺寸可根据前述酌情自行给出。

④该盒型结构上下对称,只需绘制一半,然后上下镜像复制即可。

图 3-197

25. 彼得斯锁(peterslock)边壁插扣盒

(1) 图3-198为平面展开图,成型效果扫描本章首页二维码见图3-198a。

(2) L(长)、W(宽)、H(高)的值已知,T=纸厚。

(3) 各个收纸位及尺寸关系见图3-198中标注。

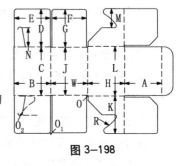

①$A = W - T$;$B = H$;$C = L - 2T$;$D = W - T$;$E = H - 2T$;$F = W - 2T$;$G = H - T$;$J = L - 4T$;$K = W - T$;$M < N \leqslant W/2$。

②彼得斯锁设置:主要是插扣公位的R值等于O_1点到O_2点的距离(O_1点相当于成型后的O点,O_2点在插扣母位线之内即可)。

③彼得斯锁留意插扣配合:将插扣公位从O点提取旋转180°复制以O_1点放置(重叠后效果见图中左下角)。

图 3-198

④其他未注明尺寸可根据前述酌情自行给出。该盒型结构上下对称,只需绘制一半然后上下镜像复制即可。

26. 斯堪迪亚包装盒

(1) 图3-199为平面展开图,成型效果扫描本章首页二维码见图3-199a。

(2) L(长)、W(宽)、H(高)的值已知。

(3) 各收纸位及尺寸关系见图3-199中标注。

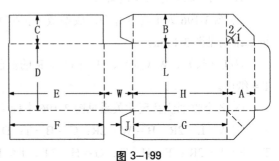

①$A = W - T$;$B = W - T$;$C = W - T$;$D = L - 2T$;$E = H - T$;$F = H - 3T$;$G = H - 2T$;$J = [12mm,16mm]$;$\angle 1 = \angle 2$。

②其他未注明尺寸可根据前述自行给出。

③该盒型结构上下对称,只需绘制一半然后上下镜像复制即可。

图 3-199

27. 双侧襟黏合包底型横向圆角盒

(1) 图 3-200 为平面展开图,成型效果扫描本章首页二维码见图 3-200a。

(2) L(长)、W(宽)、H(高)、A、R 的值已知,T = 纸厚。

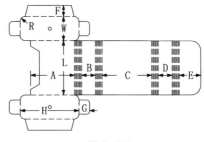

(3) 各个收纸位及尺寸关系见图 3-200 中标注。

① B = W - 2R;C = H - 2R;D = W - 2R;E > C/2;F = [12mm,16mm];G = [12mm,16mm]。(盒身孔为穿绳位,按需设置即可。)

② 多压线及对应的圆角 R 的设定参看图 3-176 介绍;其他未注明尺寸可根据前述酌情自行给出。

③ 该盒型结构上下对称,只需绘制一半然后上下镜像复制即可。

图 3-200

28. 边棱撖压包底敞口盒

(1) 图 3-201 为平面展开图,成型效果扫描本章首页二维码见图 3-201a。

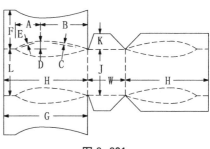

(2) L(长)、W(宽)、H(高)、A、B、C、D、E 的值已知,T = 纸厚。

(3) 各个收纸位及尺寸关系见图 3-201 中标注。

① F = W - T;G = H - T;J = L - 2T;K = [12mm,16mm]。

图 3-201

29. 顶底双黏枕式盒

(1) 图 3-202 为平面展开图,成型效果扫描本章首页二维码见图 3-202a。

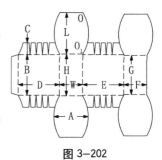

(2) L(长)、W(宽)、H(高)、A 的值已知,T = 纸厚。

(3) 各个收纸位及尺寸关系见图 3-202 中标注。

① B = H - 2T;C ≤ W/2;D = E = 弧 OO₁ 长;F = W - T;G = H - 4T。

② 其他未注明尺寸可根据前述酌情自行给出。

图 3-202

30. 边棱撖压正五边形黏合封底盒

(1) 图 3-203 为平面展开图,成型效果扫描本章首页二维码见图 3-203a。

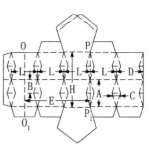

(2) L(长)、H(高)、A、B、C 的值已知,T = 纸厚。

(3) 各个收纸位及尺寸关系见图 3-203 中标注。

① D = L - T;E = 5L/2。

② 线 OO₁ 与 PP₁ 为黏合作业线。

③ 其他未注明尺寸可根据前述酌情自行给出。

图 3-203

31. 带拉链刀正六边形底盖双黏盒

(1) 图 3-204 为平面展开图，成型效果扫描本章首页二维码见图 3-204a。

(2) L（长）、H（高）的值已知，T＝纸厚。

(3) 各个收纸位及尺寸关系见图 3-204 中标注。

① A＝正六边形两对边间距－T；B＝A；C＝H－2T

② D＝L－T；∠1＝∠2≤60°。

③拉链刀的设置参看图 1-49 介绍；其他未注明尺寸可根据前述酌情自行给出。

④该盒型结构上下对称，只需绘制一半然后上下镜像复制即可。

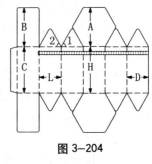

图 3-204

32. 蹼翼六边形底盖双黏盒

(1) 图 3-205 为平面展开图，成型过程及效果扫描本章首页二维码见图 3-205a、图 3-205b。

(2) L（长）、H（高）的值已知，T＝纸厚。

(3) 各个收纸位及尺寸关系见图 3-205 中标注。

① A＝正六边形两对边间距的一半；B＝A/2；C＝H－2T；D＝L－T；∠1＝∠2。

②其他未注明尺寸可根据前述酌情自行给出。

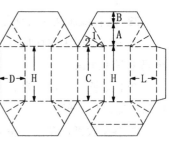

图 3-205

③该盒型上下对称，只需绘制一半然后上下镜像复制即可。

33. 顶面曲线撒合六边形黏合封底盒

(1) 图 3-206 为平面展开图，成型效果扫描本章首页二维码见图 3-206a。

(2) L（长）、W（宽）、H（高）、A、B 的值已知。

(3) 各个收纸位及尺寸关系见图 3-206 中标注。

① C＝A/2＋H－B；D＝A/2＋H－B。

② E＝B－T；F＝W－T。（盒身孔为穿提绳位，按需设置即可。）

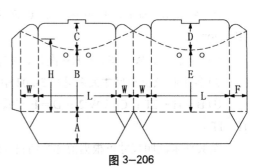

图 3-206

③其他未注明尺寸可根据前述酌情自行给出。

第五节　底部为其他结构的管式折叠盒

以下将不是前面讲过的四种主流盒底的管式盒、异型盒、撤压盒、姊妹盒等包装盒都归入本节所述其他盒型，并试举例一一解析。

一、揿压及叠进封盒型

1. 枕式揿封盒

(1) 图 3-207 为平面展开图，成型效果扫描本章首页二维码见图 3-207a。

(2) L（长）、H（高）、A 的值已知，T = 纸厚。

(3) 各个收纸位及尺寸关系见图 3-207 中标注。

①该盒绘图简单，唯一需留意处在黏位"C"两端的弧形刀位需在盒身弧形压线之内。

②B = L - T；C = [10mm，12mm]；R ≤ A/2 。

③其他未注明尺寸可根据前述酌情自行给出。

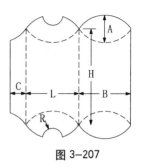

图 3-207

2. 带提手枕式揿封盒

(1) 图 3-208 为平面展开图，成型效果扫描本章首页二维码见图 3-208a。

(2) L（长）、H（高）、A、B 的值已知，T = 纸厚。

(3) 各个收纸位及尺寸关系见图 3-208 中标注。

①该盒绘图简单，C ≈ H/2 ；D ≈ B/3 ；R ≤ A/2 。

②其他未注明尺寸可根据前述酌情自行给出。

③该盒型结构上下对称，只需绘制一半然后上下镜像复制即可。

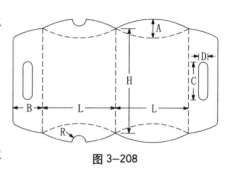

图 3-208

3. 带襟片枕式揿封盒

(1) 图 3-209 为平面展开图，成型效果扫描本章首页二维码见图 3-209a。

(2) L（长）、H（高）、A、B 的值已知，T = 纸厚。

(3) 各个收纸位及尺寸关系见图 3-209 中标注。

①该盒绘图简单，需留意处在背面"C""D"两端的弧形刀位需用盒身弧形压线沿 OO_1 与 PP_1 镜像复制。

②C、D 的取值满足"C + D = L"即可；锚锁设置参看图 2-48 介绍；其他未注明尺寸可根据前述酌情自行给出。

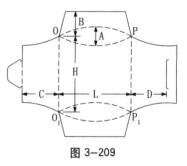

图 3-209

4. 带开窗衬垫及插扣盖板的枕式揿封盒

(1) 图 3-210 为平面展开图，成型效果扫描本章首页二维码见图 3-210a。

(2) L（长）、H（高）、A、B、C 的值已知，T = 纸厚。

(3) 各个收纸位及尺寸关系见图 3-210 中标注。

①该盒绘图简单，需留意开窗"D"处的上下弧形需从盒身外侧的弧形镜像复制。

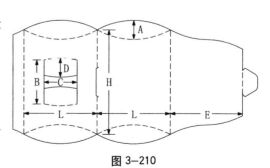

图 3-210

②D＝A－T；E＝L＋2T；锚锁设置参看图2-48介绍；其他未注明尺寸可根据前述酌情自行给出。

5. 三角形端面枕式撤封盒

(1) 图3-211为平面展开图，成型效果扫描本章首页二维码见图3-211a。

(2) L（长）、H（高）、A、B、C的值已知，T＝纸厚。

(3) 各个收纸位及尺寸关系见图3-211中标注。

①该盒绘图简单，留意盒身4条弧形压线与4条弧形刀都相同。

②D＝B；E≤L/2；F＝C；G≈L/4；J＝G－T；R≤A/2。其他未注明尺寸可根据前述酌情自行给出。

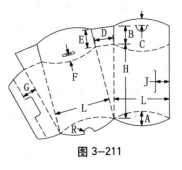

图 3-211

6. 锥形端面枕式撤封盒

(1) 图3-212为平面展开图，成型效果扫描本章首页二维码见图3-212a。

(2) L（长）、H（高）、A、B、C的值已知，T＝纸厚。

(3) 各个收纸位及尺寸关系见图3-212中标注。

①该盒绘图简单，需留意盒身4条弧形压线与4条弧形刀都相同。

②D＝B＋T；E＝W；锚锁设置参看图2-48介绍；其他未注明尺寸可根据前述酌情自行给出。

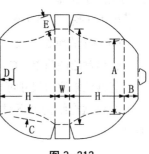

图 3-212

7. 撤压端面枕式扣封盒

(1) 图3-213为平面展开图，成型效果扫描本章首页二维码见图3-213a。

(2) L（长）、H（高）、A的值已知，T＝纸厚。

(3) 各个收纸位及尺寸关系图3-213中标注。

①该盒绘图简单，需留意盒身4条弧形压线与4条弧形刀都相同。

②B＝W；C≤H/2；D≈H/4；E＝D－T；锚锁设置参看图2-48介绍；其他未注明尺寸可根据前述酌情自行给出。

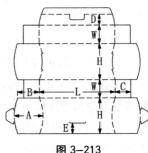

图 3-213

8. 枕型撤封盒

(1) 图3-214为平面展开图，成型效果扫描本章首页二维码见图3-214a、图3-214b。

(2) L（长）、H（高）、A、B、C的值已知，T＝纸厚。

(3) 各个收纸位及尺寸关系见图3-214中标注。

①该盒绘图简单，需留意盒身4条弧形压线与2条弧形刀都相同。

②D＝B；E＝W；F＝H－T；G＝A－2T；J≤B－T；其他

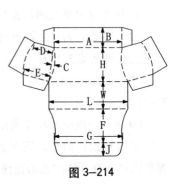

图 3-214

未注明尺寸可根据前述酌情自行给出。

9. 菱形端面枕式揿封盒

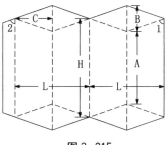

(1) 图 3-215 为平面展开图，成型效果扫描本章首页二维码见图 3-215a。

(2) L（长）、H（高）、A、B、C 的值已知，T = 纸厚。

(3) 各个收纸位及尺寸关系见图 3-215 中标注。

①该盒绘图简单，只需留意 $\angle 2 < \angle 1$ 即可。

②其他未注明尺寸可根据前述酌情自行给出。

③该盒型结构上下对称，只需绘制一半然后上下镜像复制即可。

图 3-215

10. 侧面折转三角管盒

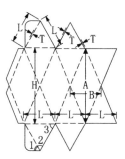

(1) 图 3-216 为平面展开图，成型效果扫描本章首页二维码见图 3-216a。

(2) L（长）、H（高）的值已知，T = 纸厚。

(3) 各个收纸位及尺寸关系见图 3-216 中标注。

①该盒绘图简单，只需留意两层盒盖按图中标注收进一个纸位即可。

② $A = H - 2T$ ；$B = L$ ；$\angle 1 \leqslant 60°$ ；$\angle 2 = \angle 3 = 60°$ ；其他未注明尺寸可根据前述酌情自行给出。

③该盒型结构上下对称，只需绘制一半然后上下镜像复制即可。

图 3-216

11. 枕式揿封组盒

(1) 图 3-217 为平面展开图，成型效果扫描本章首页二维码见图 3-217a。

(2) L（长）、H（高）、A、B 的值已知，T = 纸厚。

(3) 各个收纸位及尺寸关系见图 3-217 中标注。

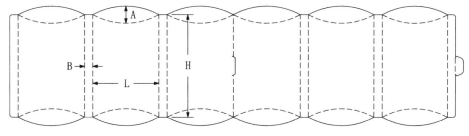

图 3-217

①该盒绘图简单，只需留意所有弧线相同即可。

②锚锁设置参看图 2-48 介绍；其他未注明尺寸可根据前述酌情自行给出。

③该盒型结构上下对称，只需绘制一半然后上下镜像复制即可。

12. 包底型顶侧黏封盒

(1) 图 3-218 为平面展开图，成型效果扫描本章首页二维码见图 3-218a。

(2) L（长）、W（宽）、H（高）的值已知，T = 纸厚。

(3) 各个收纸位及尺寸关系见图3-218中标注。

① A = W − T；B = W − T；

② C = H − 2T；D = L − 2T；E = H − T；F = L − 4T；G = W − T；J = W − T。

③其他未注明尺寸可根据前述酌情自行给出。

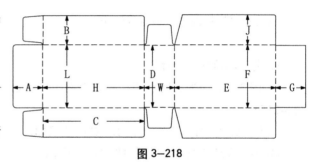

图 3-218

13. 包底型侧黏翻盖盒

(1) 图3-219为平面展开图，成型效果扫描本章首页二维码见图3-219a。

(2) L（长）、W（宽）、H（高）、A的值已知，T = 纸厚。

(3) 各个收纸位及尺寸关系见图3-219中标注。

①以"C""D"为中心的盘式盒盖绘制参看图2-50介绍。

② B = A + 2T；C = W + 4T + 1mm；D = L + 4T + 1mm；E = H − T；F = E；G = L − 2T；J < W/2；K < L/2。

③其他未注明尺寸可根据前述酌情自行给出。

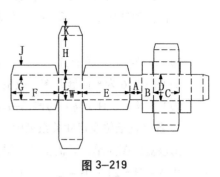

图 3-219

14. 三角面叠进盒

(1) 图3-220为平面展开图，成型效果扫描本章首页二维码见图3-220a。

(2) L（长）、W（宽）、H（高）、A、B的值已知，T = 纸厚。

(3) 各个收纸位及尺寸关系见图3-220中标注。

①该盒绘图简单，只需留意线OO_1长等于线PP_1长即可。

② C = W − T；其他未注明尺寸可根据前述酌情自行给出。

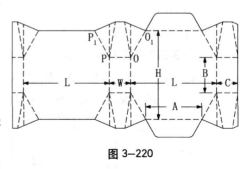

图 3-220

15. 曲端面叠进盒

(1) 图3-221为平面展开图，成型效果扫描本章首页二维码见图3-221a。

(2) L（长）、H（高）、A的值已知，T = 纸厚。

(3) 各个收纸位及尺寸关系见图3-221中标注。

①该盒绘图简单，只需留意∠2 < ∠1即可。

② B = L/2 + A；C = L/2；D ≈ 3L/4；E = L − T；其他未注明尺寸可根据前述酌情自行给出。

③该盒型结构上下对称，只需绘制一半然后上下镜像

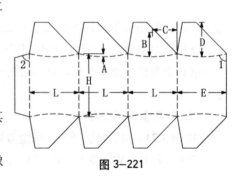

图 3-221

复制即可。

16. 顶部为三角形的四边形收束盒

（1）图 3-222 为平面展开图，成型效果扫描本章首页二维码见图 3-222a。

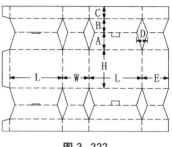

（2）L（长）、W（宽）、H（高）、A、B、C、D 的值已知，T＝纸厚。

（3）各个收纸位及尺寸关系见图 3-222 中标注。

①该盒绘图简单，多用于 PVC 材质包装。

②E＝W－T，其他未注明尺寸可根据前述酌情自行给出。

③该盒型结构上下对称，只需绘制一半后上下镜像复制即可。

图 3-222

17. 顶部为三角形的六边形收束盒

（1）图 3-223 为平面展开图，成型效果扫描本章首页二维码见图 3-223a。

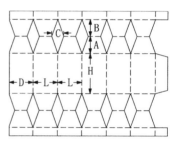

（2）L（长）、H（高）、A、B、C 的值已知，T＝纸厚。

（3）各个收纸位及尺寸关系见图 3-223 中标注。

①该盒绘图简单，多用于 PVC 材质包装。

②D＝L－T，其他未注明尺寸可根据前述酌情自行给出。

③该盒型结构上下对称，只需绘制一半然后上下镜像复制即可。

图 3-223

18. 连续窝进花形顶凹底盒

（1）图 3-224 为平面展开图，成型效果扫描本章首页二维码见图 3-224a，成型后向内按压效果扫描本章首页二维码见图 3-224b。

（2）L（底边长）、L1（顶边长）、H（侧高）的值已知，T＝纸厚。

（3）各个收纸位及尺寸关系见图 3-224 中标注。

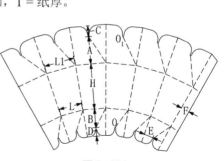

①O、O₁ 点分别为盒底与盒盖的花冠折页交汇点。

②A、B 的取值由成型后花冠交点超出盒盖的高度决定（例如：当交点在盒盖平面上，则 A 的长为 L1；当交点超出盒盖的高度＝X，则 A 的长＝两直角边分别为"L1""X"的直角三角形的斜边长；B 同理得出）。

③C ≈ A/3；D ≈ B/3。

④F＜E（E 的值可直接测量出）。

⑤其他未注明尺寸可根据前述自行给出。

⑥绘制时完成单面（1/6）后旋转角度复制即可。

图 3-224

19. 连续窝进花形顶架空底盒

（1）图 3-225 为平面展开图，盒盖成型效果扫描本章首页二维码见图 3-225a，盒底成型效果同样扫码见图3-225b。

(2)L（底边长）、L1（顶边长）、H（侧高）、A 的值已知，T＝纸厚。

(3) 各个收纸位及尺寸关系见图 3-225 中标注。

①B 的取值由成型后花冠交点超出盒盖的高度决定（例如：当交点在盒盖平面上，则 B 的长为 L1，∠1＝60°；当交点超出盒盖的高度＝X，则 B 长＝两直角边分别为"L1""X"的直角三角形的斜边长）。

②L2 为底边 L 向上偏移"A"再两端延长与压线相交后的值，可直接测量出；L3＝边长为 L2 的正六边形周边向内偏移"T"后的正六边形边长。

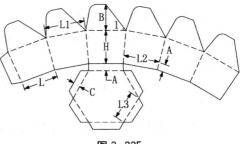

图 3-225

③C≤A；其他未注明尺寸可根据前述酌情自行给出。

④绘制时完成单面（1/6）后旋转角度复制即可。

20. 连续窝进封口盒

(1) 图 3-226 为平面展开图，成型效果扫描本章首页二维码见图 3-226a，成型后向内按压效果同样扫码见图 3-226b。

(2)L（边长）、H（高）的值已知，T＝纸厚。

(3) 各个收纸位及尺寸关系见图 3-226 中标注。

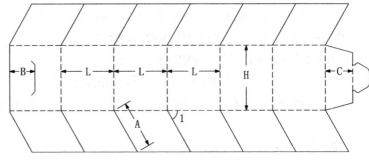

图 3-226

①A＝L；B≈L/2；C＝L－B；∠1＝60°。

②锚锁设置参看图 2-48 介绍。

③其他未注明尺寸可根据前述酌情自行给出。

④绘制时完成单面（1/6）后水平复制即可。

二、插扣封盒型

1. 三角形底盖插扣封盒

(1) 图 3-227 为平面展开图，成型效果扫描本章首页二维码见图 3-227a。

(2)L1（边长）、L2（边长）、L3（边长）、H（高）的值已知，T＝纸厚。

(3) 各个收纸位及尺寸关系见图 3-227 中标注。

①该盒简单，只需留意：A＝L3－T；B＝L2－T；C＝L1－T；D＝L3－T。

②锚锁设置参看图 2-48 介绍。

③其他未注明尺寸可根据前述酌情自行给出。

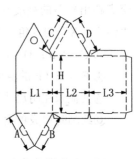

图 3-227

2. 带三孔内衬垫三角形底盖插扣封盒

(1) 图3-228为平面展开图，成型效果扫描本章首页二维码见图3-228a。

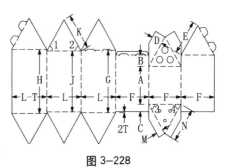

(2) L（边长）、H（高）、A、B、C的值及内孔已知，T＝纸厚。

(3) 各个收纸位及尺寸关系见图3-228中标注。

① D＝B－T；E＝F＝L－4T；G＝H－2T；J＝H－4T；K＝L－3T；M＝C－T；N＝L－4T；∠1＝∠2＝∠3＝∠4＝60°。

图3-228

②锚锁设置参看图2-48介绍，其他未注明尺寸可根据前述酌情自行给出。

3. 两端华克锁三角形插扣封盒

(1) 图3-229为平面展开图，成型效果扫描本章首页二维码见图3-229a。

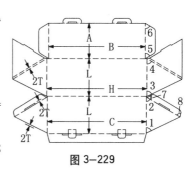

(2) L（边长）、H（高）的值已知，T＝纸厚。

(3) 各个收纸位及尺寸关系见图3-229中标注。

① A＝L－T；B＝H－4T－1mm；C＝H－2T；∠1＝∠2＝∠3＝∠4＝60°；∠5＝∠6＝∠7＝∠8≤60°。

图3-229

②华克锁设置参看图2-42介绍，双向插扣锁设置参看图3-8介绍。

4. 格林里夫式锁扣盒

(1) 图3-230为平面展开图，成型效果扫描本章首页二维码见图3-230a。

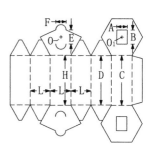

(2) L（边长）、H（高）、A、B的值已知，T＝纸厚。

(3) 各个收纸位及尺寸关系见图3-230中标注。

①O、O_1点均为该正六边形的中心点，O_1点还是长宽为A、B的矩形的中心点。

②C＝H－2T；D＝H－4T；E＝B－2；F＝A－2mm。

图3-230

③其他未注明尺寸可根据前述酌情自行给出。

5. 带挂孔压进式锁（push-inlock）盒盖格林里夫式锁扣底盒

(1) 图3-231为平面展开图，成型效果扫描本章首页二维码见图3-231a、图3-231b。

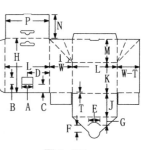

(2) L（长）、W（宽）、H（高）、A、B、C、D的值已知，T＝纸厚。

(3) 各个收纸位及尺寸关系见图3-231中标注。

①飞机挂孔的设置参看图3-4介绍。

②E＝A－2mm；F＝B－2mm；G＝C＋T；J＝W＋T；K＝H－

图3-231

W＋T；M＝W－T；N＝H－K；P＝L－4T；∠1＝45°。

6. 底盖插锁扣式盒

(1) 图 3-232 为平面展开图，成型效果扫描本章首页二维码见图 3-232a。

(2) L（长）、W（宽）、H（高）、A 的值已知，T＝纸厚。

(3) 各个收纸位及尺寸关系见图 3-232 中标注。

① B＜W－T；C≤L/2；D＝W－A；E＝H－2T；F＝L－2T；G＝[25mm，30mm]；J＝L－2T；K＝G。

②其他未注明尺寸可根据前述酌情自行给出。

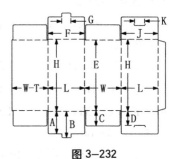

图 3-232

7. 底盖双插锁盒

(1) 图 3-233 为平面展开图，成型效果扫描本章首页二维码见图 3-233a。

(2) L（长）、W（宽）、H（高）的值已知，T＝纸厚。

(3) 各个收纸位及尺寸关系见图 3-233 中标注。

① A＝W/2；B≈W/4；C≤L/4

② D＝[15mm，20mm]；E＞A－B；F＝D；G≤C；J＝L－2T；K≤3W/4。

③其他未注明尺寸可根据前述酌情自行给出。

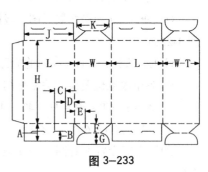

图 3-233

8. 底盖双卡锁盒

(1) 图 3-234 为平面展开图，成型效果扫描本章首页二维码见图 3-234a。

(2) L（长）、W（宽）、H（高）的值已知，T＝纸厚。

(3) 各个收纸位及尺寸关系见图 3-234 中标注。

① A≈3W/4；B＝W/2；C＝F＝L/4；D＝E＝L/5。

②其他未注明尺寸可根据前述酌情自行给出。

③本图盒型上下对称，只需上下镜像复制即可。

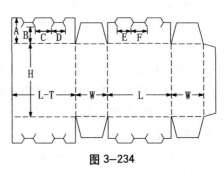

图 3-234

9. 开颈式（openthroat）底盖双锁盒

(1) 图 3-235 为平面展开图，成型效果扫描本章首页二维码见图 3-235a。

(2) L（长）、W（宽）、H（高）的值已知，T＝纸厚。

(3) 各个收纸位及尺寸关系见图 3-235 中标注。

① A＝W－T；B≈W/3；C＝W－B；D＝H＋2T；E≈3L/5；F＝H－2T；G＝E。

②其他未注明尺寸可根据前述酌情自行给出。

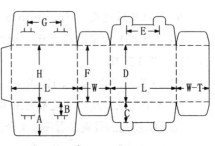

图 3-235

10. 边棱锁（弗罗斯特锁）底盖双锁盒

(1) 图 3-236 为平面展开图，成型效果扫描本章首页二维码见图 3-236a。

(2) L（长）、W（宽）、H（高）的值已知，T = 纸厚。

(3) 各个收纸位及尺寸关系见图 3-236 中标注。

① A = W − T；B ≤ L/2；C = W − T；D = H + 2T；E ≈ 3L/5；F = H − 2T；G = E；J = L − 2T。

②其他未注明尺寸可根据前述酌情自行给出。

③本图上下对称，只需绘制一半后上下镜像复制即可。

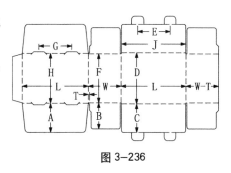

图 3-236

11. 双锁盖蹼翼插扣式底盒

(1) 图 3-237 为平面展开图，成型效果扫描本章首页二维码见图 3-237a。

(2) L（长）、W（宽）、H（高）的值已知，T = 纸厚。

(3) 各个收纸位及尺寸关系见图 3-237 中标注。

① A ≈ W/2；B ≈ L/3；C ≈ L/2；D = C + 2mm；E = B + 1mm；F = W − A；G = H + 2T；J = H − 2T。

② K ≈ L/2；M ≈ L/4；N ≈ L/2；O ≈ 2W/3；P = M；Q = L − K；S = N；T = W − O。

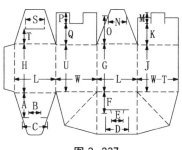

图 3-237

12. 四面扣合盒盖四脚架空插扣式底盒

(1) 图 3-238 为平面展开图，成型效果扫描本章首页二维码见图 3-238a。

(2) L（长）、H（高）、A、B、C 的值已知。

(3) 各个收纸位及尺寸关系见图 3-238 中标注。

① D ≤ L/2；E ≤ B − T；F = L − B；G = H；J = C。

② K = H；M = N ≈ L/2；O 处为虚拟线，是 P 尺寸在成型后的位置，即需保证成型后不干扰对侧。

③锚锁设置参看图 2-48 介绍，其他未注明尺寸可根据前述酌情自行给出。

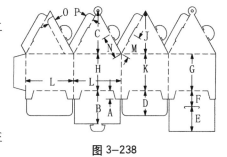

图 3-238

13. 扣合双斜盖边棱插扣式底盒

(1) 图 3-239 为平面展开图，成型效果扫描本章首页二维码见图 3-239a。

(2) L（长）、W（底宽）、W1（腰宽）、H（底高）、H1（顶高）的值已知，T = 纸厚。

(3) 各个收纸位及尺寸关系见图 3-239 中标注。

① A = W − T；B = 线 OO_2 长；C = 线 OO_1 长；D = C/2；E = D。

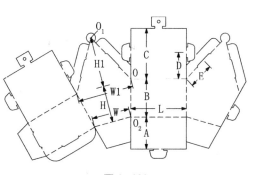

图 3-239

②锚锁设置参看图2-48介绍，其他未注明尺寸可根据前述酌情自行给出。

14. 莲型顶底全盖钩扣式盒

(1) 图3-240为平面展开图，成型效果扫描本章首页二维码见图3-240a。

(2) L（长）、W（宽）、H（高）、G的值已知，T=纸厚。

(3) 各个收纸位及尺寸关系见图3-240中标注。

① $A = H - W$ ； $B = \pi \times W$ ； $C = A - G$ ； $D \approx A/2$ ； $E = [20mm，25mm]$ ； $F = E + 2mm$ ； $J = E$ ； $K = L + 6mm$ ； $M = F$ ； $N = D$ 。

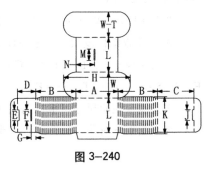

图3-240

15. 六边形叠进花形盖蹼翼插扣底管式盒

(1) 图3-241为平面展开图，成型效果扫描本章首页二维码见图3-241a。

(2) L（长）、H（高）的值已知，T=纸厚。

(3) 各个收纸位及尺寸关系见图3-241中标注。

① $A = $ 正六边形两对边间距的一半；B的取值参看图3-142中"B"的取值；$C = L/2 + T$ ； $D = A$ 。

②锚锁设置参看图2-48介绍，其他未注明尺寸可根据前述酌情自行给出。

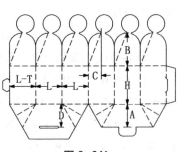

图3-241

16. 六棱柱三斜面顶盖插扣平底管式盒

(1) 图3-242为平面展开图，成型过程扫描本章首页二维码见图3-242a，成型效果同样扫码见图3-242b。

(2) L（长）、H（高）、A的值已知，T=纸厚。

(3) 各个收纸位及尺寸关系见图3-242中标注。

①该盒型的绘制难点在于盒盖三个相等的菱形斜面：由图3-242及已知条件可知线 OO_4 长，从而得到线 OO_4 长=线 OO_1 长=线 OO_2 长=线 O_2O_3 长=线 O_3O_4 长；只需得到对角线 O_2O_4 长即可绘制出该菱形。由成型图3-242b可知，对角线 O_2O_4 长=盒底对角线 O_5O_6 长，而线 O_5O_6 长可测量得到，至此，菱形可绘制出。

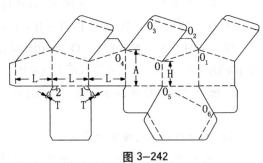

图3-242

②菱形斜面的插舌及盒身防尘翼的设置参看第一章第一节。

③ $\angle 1 = \angle 2 = 120°$ ，其他未注明尺寸可根据前述酌情自行给出。

17. 八棱柱四斜面顶盖插扣平底盒

(1) 图3-243为平面展开图，成型效果扫描本章首页二维码见图3-243a。

（2）L（长）、H（高）、A 的值已知，T＝纸厚。

（3）各个收纸位及尺寸关系见图 3-243 中标注。

①该盒型的绘制难点在于盒盖四个相等的鸢形斜面：

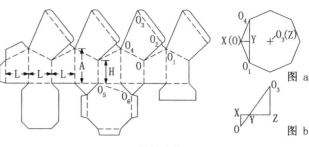

图 3-243

第一步，由图 3-243 及已知条件可知线 OO_4 长，从而得到线 OO_4 长 ＝ 线 OO_1 长 ＝ 线 OO_2 长；用图 3-242 中方法可得出对角线 O_2O_4 长 ＝ 盒底对角线 O_5O_6 长，而线 O_5O_6 长可测量得到。

第二步，求出对角线 OO_3 长才能得出线 O_2O_3 长与线 O_3O_4 长：需配合右侧 2 个参考图来说明，图 b 中的线 O_3Z 为正八棱柱的中心轴线，线 OX 的值为 ＝ A － H，线 XY 的值可通过图 a 中测出，则线 OY 的值可知；又通过图 a 中测出线 YZ 的值确定图 b 中的 Z 点位置后做过 Z 点的垂直线，与线 OY 的延长线相交点为 O_3 点，测量可得线 OO_3 长。

第三步，将得出的线 OO_3 长代入第一步得出的 △ OO_2O_4 可得出该鸢形斜面。

②鸢形斜面的插舌及盒身防尘翼的设置参看第一章第一节。

③其他未注明尺寸可根据前述酌情自行给出。

18. 三层侧壁翻盖收纳盒

（1）图 3-244 为平面展开图，成型效果扫描本章首页二维码见图 3-244a。

（2）L（长）、W（宽）、H（高）、A 的值及提手位已知，T＝纸厚。

（3）各个收纸位及尺寸关系见图 3-244 中标注。

① $B ＝ W ＋ 2T ＋ 2mm$ ； $C ＝ W － T$ ； $D ＝ L － 2T$ ； $E ＝ F ≤ H － 2T$ ； $G ＝ L － 2T$ ； $J ＝ W － T$ ； $K ＝ H － 2T$ 。

② $M ＝ H － 3T$ ； $N ＝ L － 4T$ ； $O ＝ H － 2T$ ； $P ＝ L ＋ 2T ＋ 2mm$ 。

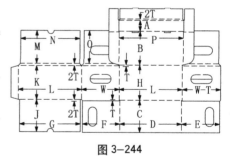

图 3-244

③本图下方两个提手位的尺寸扩大及旋转复制参看图 3-189 介绍。

④盒盖华克锁部分的结构参看图 2-42 介绍。

19. 同底 2×2 组合压翼插扣盒

（1）图 3-245 为平面展开图，成型效果扫描本章首页二维码见图 3-245a。

（2）L（长）、H（高）的值已知，T＝纸厚。

（3）各个收纸位及尺寸关系见图 3-245 中标注。

①本图盒型看似复杂其实简单，只需留意 $A ＝ L/2 － T$ 、 $B ≤ A － T$ 、 $C ≤ A － 2T$ 即可。

②盒盖部分的结构可参看第一章第一节介绍。

③其他未注明尺寸可根据前述酌情自行给出。

④本图各组件盒型尺寸相同，只须绘制四分之一，然后以正方形的中心点旋转复制即可。

20. 同底 2×2 组合压翼插扣盒

(1) 图 3-246 为平面展开图，成型效果扫描本章首页二维码见图 3-246a。

(2) L（长）、H（高）的值已知，T = 纸厚。

(3) 各个收纸位及尺寸关系见图 3-246 中标注。

①本图盒型看似复杂其实简单，只需留意 A = L/2 − T、B = C = A − T 即可。

②盒盖部分的结构可参看第一章第一节介绍。

③其他未注明尺寸可根据前述酌情自行给出。

④本图各组件盒型尺寸相同，只须绘制四分之一，然后以正方形的中心点旋转复制即可。

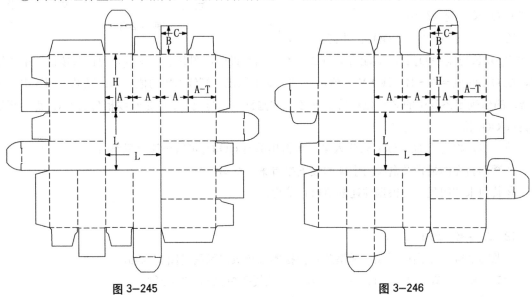

图 3-245   图 3-246

21. 同底 2×2 组合压翼插扣盒

(1) 图 3-247 为平面展开图，成型效果扫描本章首页二维码见图 3-247a。

(2) L（长）、H（高）的值已知，T = 纸厚。

(3) 各个收纸位及尺寸关系见图 3-247 中标注。

①本图盒型看似复杂其实简单，只需留意 A = L + 2T、B = L/2 − T、C = H − 2T、D = B − T 即可。

②盒盖的结构可参看第一章第一节介绍。

③其他未注明尺寸可根据前述自行给出。

④本图各组件盒型尺寸相同，上下左右对称，只须绘制四分之一，然后上下左右镜像复制即可。

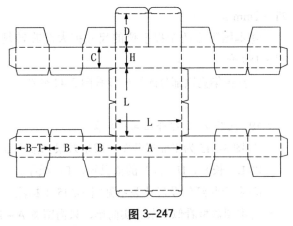

图 3-247

成型图

第四章 非盘非管式折叠纸盒绘图设计

教科书上对非盘非管式折叠纸盒的定义是：该盒型结构主体对移成型：成型时盒坯的盒体板上下对称部分对折，左右两端相对移动距离B，形成盒体；盒坯的盒底结构有非成型作业线的盒底板和制造商接头在平板状态下于相对位置黏合；纸盒在平板状态下运输，使用时撑开盒身，结构自动成型。

由于本书的意图是收集与拆解各类纸包装结构，使之成为包装设计方面工程技术人员的工具书，为便于工程技术人员查找，所以本章讲解的非盘非管式折叠纸盒包装结构绘图设计并不严格按照上述定义分类的，而是根据成型盒体的形状，将既不便归入盘式又不便归入管式的包装结构全部纳入非盘非管式折叠纸盒。

第一节 敞开式、封套套盒类包装结构

一、敞开式封套

1. 双开口端基础封套

（1）图 4-1 为平面展开图，成型效果扫描本页二维码见图 4-1a。

（2）L（长）、W（宽）、H（高）的值已知，T = 纸厚。

（3）各收纸位及尺寸关系见图4-1中标注。

①图 4-1 盒型简单，只需留意 ∠1 = ∠2 ≤ 75° 即可。

②图 4-1 上下对称，绘制一半然后上下镜像复制即可。

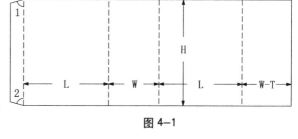

图 4—1

2. 双开口端边棱带卡位封套

（1）图 4-2 为平面展开图，成型效果扫描本页二维码见图 4-2a。

（2）L（长）、W（宽）、H（高）、A 的值及卡位已知，T = 纸厚。

（3）各个收纸位及尺寸关系见图 4-2 中标注。

①本图盒型简单，只需留意 A + B = L、C = D 即可。

②飞机挂孔的设置可参看图 3-4、图 3-5 介绍。

③其他未注明尺寸可根据前述酌情自行给出。

④本图上下对称，绘制一半然后上下镜像复制即可。

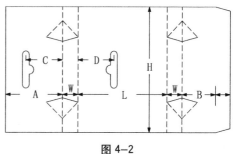

图 4—2

3. 双开口端带卡位封套

（1）图 4-3 为平面展开图，成型效果扫描本章首页二维码见图 4-3a。

（2）L（长）、W（宽）、H（高）的值及卡位A、B已知，T＝纸厚。

（3）各个收纸位及尺寸关系见图4-3中标注。

①图4-3盒型简单，只需留意C＝D即可。

②其他未注明尺寸可根据前述酌情自行给出。

③图4-3上下对称，只须绘制一半然后上下镜像复制即可。

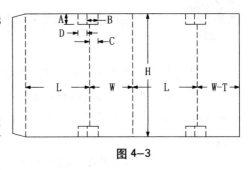

图4-3

4. 双开口端边棱带卡位封套

（1）图4-4为平面展开图，成型效果扫描本章首页二维码见图4-4a。

（2）L（长）、W（宽）、H（高）、A、C的值及卡位已知，T＝纸厚。

（3）各个收纸位及尺寸关系见图4-4中标注。

①本图盒型简单，只需留意A＋B＝W即可。

②其他未注明尺寸可根据前述酌情自行给出。

③本图上下对称，绘制一半后上下镜像复制即可。

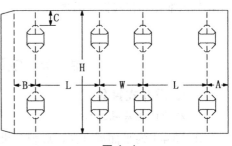

图4-4

5. 双开口端带内部衬卡封套

（1）图4-5为平面展开图，成型效果扫描本章首页二维码见图4-5a。

（2）L（长）、W（宽）、H（高）、A的值及卡位已知，T＝纸厚。

（3）各个收纸位及尺寸关系见图4-5中标注。

①本图盒型简单，只需留意B＝L－2T、C≤A－T即可。

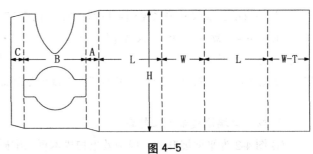

图4-5

6. 双开口端带双内部衬卡封套

（1）图4-6为平面展开图，成型效果扫描本章首页二维码见图4-6a。

（2）L（长）、W（宽）、H（高）、A、B、D、E的值及卡位已知，T＝纸厚。

（3）各个收纸位及尺寸关系见图4-6中标注。

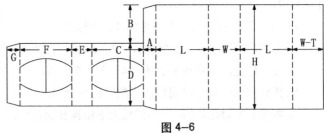
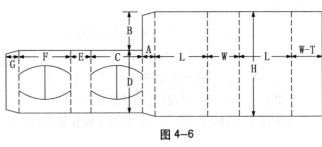

图4-6

①本图盒型简单，只需留意C＝F＝L－2T、G≤A－T即可。

②其他未注明尺寸可根据前述酌情自行给出。

7. 半封底带双内部衬卡封套

(1) 图4-7为平面展开图，成型效果扫描本章首页二维码见图4-7a。

(2) L（长）、W（宽）、H（高）、A、B的值及卡位已知，T＝纸厚。

(3) 各个收纸位及尺寸关系见图4-7中标注。

①本图盒型简单，只需留意 C＝D＝L－2T、E≤H－T、F≤B/2即可。

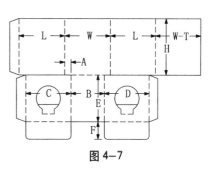

图4-7

8. 上端半封口带卡位封套

(1) 图4-8为平面展开图，成型效果扫描本章首页二维码见图4-8a。

(2) L（长）、W（宽）、H（高）、A的值及卡位已知，T＝纸厚。

(3) 各个收纸位及尺寸关系见图4-8中标注。

①本图盒型简单，只需留意 A＋B＝W、C≤L/2、D≤W/2即可。

②其他未注明尺寸可根据前述酌情自行给出。

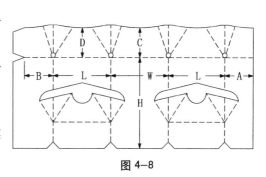

图4-8

9. 上端半封口带卡位封套

(1) 图4-9为平面展开图，成型效果扫描本章首页二维码见图4-9a。

(2) L（长）、W（宽）、H（高）、A的值及卡位已知，T＝纸厚。

(3) 各个收纸位及尺寸关系见图4-9中标注。

①本图盒型简单，只需留意 A＋B＝W、C≤L/2、D≤W/2即可。

②其他未注明尺寸可根据前述酌情自行给出。

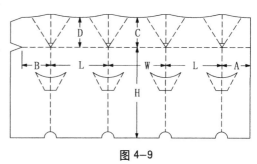

图4-9

10. 扣底带卡位封套

(1) 图4-10为平面展开图，成型效果扫描本章首页二维码见图4-10a。

(2) L（长）、W（宽）、H（高）、A的值及卡位已知，T＝纸厚。

(3) 各个收纸位及尺寸关系见图4-10中标注。

①本图盒型扣底结构参看第一章第二节介绍，只需留意 A＋B＝W、C＝D＝E＝F＝W/2即可。

②其他未注明尺寸可根据前述酌情自行给出。

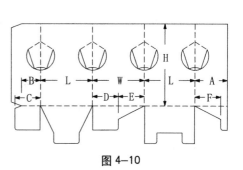

图4-10

11. 卡位敞开式封套

(1) 图 4-11 为平面展开图，成型效果扫描本章首页二维码见图 4-11a。

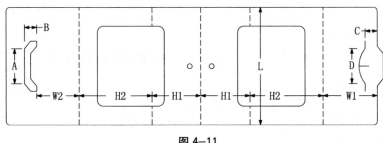

图 4-11

(2) L（长）、W = W1 + W2（宽）、H = H1 + H2（斜面高）、A 的值及开窗已知，T = 纸厚。

(3) 各个收纸位及尺寸关系见图 4-11 中标注。

①本图底部结构是格林里夫扣，图 3-230 中有介绍，只需留意 A = D ≈ L/4 、B = C + 1mm 、C = [20mm，25mm] 即可。

②其他未注明尺寸可根据前述酌情自行给出。

③该盒型结构上下对称，只需绘制一半然后上下镜像复制即可。

12. 底部黏合两侧敞开式封套盒

(1) 图 4-12 为平面展开图，成型效果扫描本章首页二维码见图 4-12a。

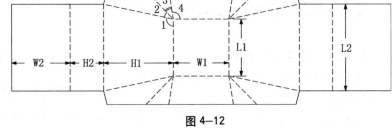

图 4-12

(2) L1（顶长）、L2（底长）、W1（顶宽）、W2（底宽）、H1、H2（斜面高）的值已知，T = 纸厚。

(3) 各个收纸位及尺寸关系见图 4-12 中标注。

①本图底部是黏合结构，只需留意 ∠1 = ∠4 、∠2 = ∠3 即可。

②其他未注明尺寸可根据前述酌情自行给出。

③该盒型结构上下对称，只需绘制一半然后上下镜像复制即可。

13. 连体敞开式盒

(1) 图 4-13 为平面展开图，成型效果扫描本章首页二维码见图 4-13a。

(2) L（长）、W（宽）、H（高）的值已知，T = 纸厚。

(3) 各个收纸位及尺寸关系见图 4-13 中标注。

①A = W + T；B = L + T；C = W − T；D = B − 2T；E = C − T；F = H − 2T；G = W − T。

②其他未注明尺寸可根据前述酌情自行给出。

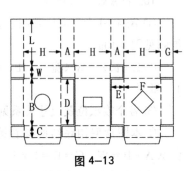

图 4-13

14. 插扣闭合四棱敞开式封套

(1) 图 4-14 为平面展开图，成型效果扫描本章首页二维码见图 4-14a。

(2) L（长）、L1（底长）、W（宽）、W1（底宽）、H（斜高）的值已知，T = 纸厚。

(3) 各个收纸位及尺寸关系见图 4-14 中标注。

①锚锁设置参看图 2-48 的介绍，Λ = H − T、B ≈ 2L/3、R ≈ L/6。

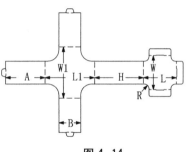

图 4-14

15. 心形提篮包装

(1) 图 4-15 为平面展开图，成型效果扫描本章首页二维码见图 4-15a。

(2) L（长）、W（宽）、H（斜高）、A 的值已知，T = 纸厚。

(3) 各个收纸位及尺寸关系见图 4-15 中标注。

①亚瑟扣设置参看图 2-63、图 2-64 的介绍，B = C = H，D = E ≥ L。

②其他未注明尺寸可根据前述酌情自行给出。

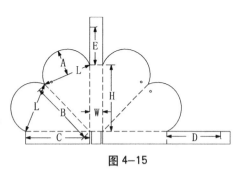

图 4-15

16. 底部扣合两侧敞开式封套

(1) 图 4-16 为平面展开图，成型效果扫描本章首页二维码见图 4-16a。

(2) L（长）、L1（顶长）、W（宽）、W1（顶宽）、H（斜高）、A 的值已知，T = 纸厚。

(3) 各个收纸位及尺寸关系见图 4-16 中标注。

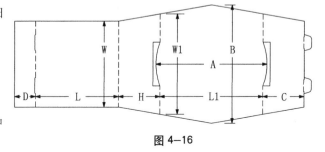

图 4-16

①锚锁设置参看图 2-48 的介绍，B > A、C = H、D = [25mm，30mm]。

②其他未注明尺寸可根据前述酌情自行给出。

17. 敞开式单瓶装拉链刀挂孔封套

(1) 图 4-17 为平面展开图，成型效果扫描本章首页二维码见图 4-17a。

(2) L（长）、W（宽）、H（高）、A、B 的值及开窗已知，T = 纸厚。

(3) 各个收纸位及尺寸关系见图 4-17 中标注。

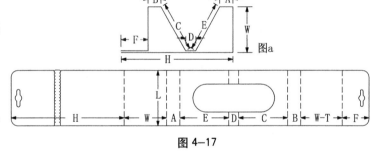

图 4-17

①按已知条件先绘制上图 a 作参考，则可轻松绘制下方的尺寸图。

②拉链刀参看图 1-49 的介绍，蝴蝶挂孔参看图 3-4、图 3-5 的介绍。

③其他未注明尺寸可根据前述酌情自行给出。

18. 敞开式单瓶装挂孔封套

(1) 图 4-18 为平面展开图，成型效果扫描本章首页二维码见图 4-18a。

(2) L（长）、W（宽）、H（高）、A、B 的值及开窗已知，T = 纸厚。

(3) 各个收纸位及尺寸关系见图 4-18 中标注。

①按已知条件先绘制上图 a 作参考，则可轻松绘制下方的尺寸图。

②蝴蝶挂孔参看图 3-4、图 3-5 的介绍。

③其他未注明尺寸可根据前述酌情自行给出。

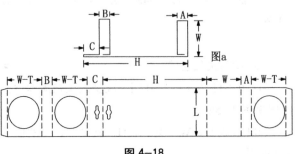

图 4—18

19. 穿颈式（neck-throughstyle）2 瓶装提手封套

(1) 图 4-19 为平面展开图，成型效果扫描本章首页二维码见图 4-19a。

(2) L（长）、W（宽）、H（高）、A、B、C、D、E 的值及开窗已知，T = 纸厚。

(3) 各个收纸位及尺寸关系见图 4-19 中标注。

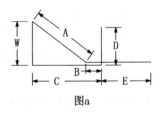

图 4—19

①按已知条件先绘制右图 a 作参考，则可轻松绘制左侧的尺寸图。

②其他未注明尺寸可根据前述酌情自行给出。

20. 水滴型敞开式盒

(1) 图 4-20 为平面展开图，成型效果扫描本章首页二维码见图 4-20a。

(2) L（长）、W（宽）、A、R 的值及开窗已知，T = 纸厚。

(3) 各个收纸位及尺寸关系见图 4-20 中标注。

①绘制本图的重点是确定 R1、R2 的值：R1 = R2 = R 所在弧 /18。

②B = D = W/2 - T；C = E = R 所在弧 /2 + 2T；F = 3T。

③其他未注明尺寸可根据前述酌情自行给出。

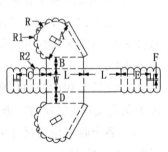

图 4—20

21. 水滴型飘檐式盒

(1) 图 4-21 为平面展开图，成型效果扫描本章首页二维码见图 4-21a。

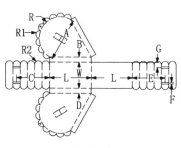

(2) L（长）、W（宽）、A、B、R 的值及开窗已知，T＝纸厚。

(3) 各个收纸位及尺寸关系见图 4-21 中标注。

① 绘制本图的重点是确定 R1、R2 的值：R1 ＝ R2 ＝ R 所在弧 /18。

② D ＝ B；C ＝ E ＝ R 所在弧 /2 + 2T；F ＝ 2T；G ＝ B。

③ 其他未注明尺寸可根据前述酌情自行给出。

④ 本图上下对称，只须绘制一半然后上下镜像复制即可。

图 4-21

22. 八面型飘檐式盒

(1) 图 4-22 为平面展开图，成型效果扫描本章首页二维码见图 4-22a。

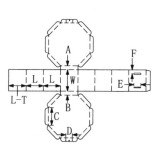

(2) L（长）、W（宽）、A 的值已知，T＝纸厚。

(3) 各个收纸位及尺寸关系见图 4-22 中标注。

① B ＝ A；D ≈ C/3。

② C ＝ 边长为 L 正八边形向内偏移 T 后的正八边形边长；E ＝ D + 2；F ＝ A。

③ 本图上下对称，只须绘制一半然后上下镜像复制即可。

图 4-22

23. 八面型敞开式盒

(1) 图 4-23 为平面展开图，成型效果扫描本章首页二维码见图 4-23a。

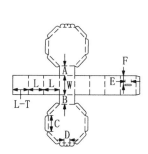

(2) L（长）、W（宽）的值已知，T＝纸厚。

(3) 各个收纸位及尺寸关系见图 4-23 中标注。

① A ＝ B ＝ W/2 - T。

② C ＝ 边长为 L 正八边形向内偏移 T 后的正八边形边长；D ≈ C/3；E ＝ D + 2；F ＝ W/2。

③ 其他未注明尺寸可根据前述酌情自行给出。

④ 本图上下对称，只须绘制一半然后上下镜像复制即可。

图 4-23

24. 鸟笼型敞开式盒

(1) 图 4-24 为平面展开图，成型效果扫描本章首页二维码见图 4-24a。

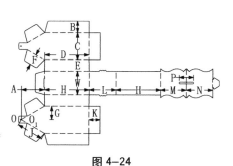

(2) L（长）、W（宽）、H（高）、A 的值已知，T＝纸厚。

(3) 各个收纸位及尺寸关系见图 4-24 中标注。

① B ＝ W/2 - T；C ＝ L - 2T；D ＝ H - 2T；E ＝ F ＝ W/2 - T；G ＝ C/2。

图 4-24

②J 可通过 A、G 计算出；$K = W/2 - T$；$M = N = J$；$P = OO_1$ 的距离 $\times 2 + 2mm$。

③锚锁设置参看图 2-48 的介绍，其他未注明尺寸可根据前述酌情自行给出。

25. 菱形敞开式盒

(1) 图 4-25 为平面展开图，成型效果扫描本章首页二维码见图 4-25a。

(2) L（长）、W（宽）、A、D 的值已知，T = 纸厚。

(3) 各个收纸位及尺寸关系见图 4-25 中标注。

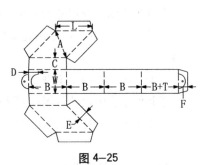

图 4-25

①B = 边长为 L 菱形向外偏移 T 后的菱形边长；$C = W/2 - T$；$E \leqslant C$；$F = D$。

②其他未注明尺寸可根据前述酌情自行给出。

③本图上下对称，只须绘制一半然后上下镜像复制即可。

26. 底部 ACE 锁扣三件套套盒

(1) 图 4-26 为平面展开图，成型效果扫描本章首页二维码见图 4-26a。

(2) L（长）、W（宽）、H（高）、A 的值及开窗已知，T = 纸厚。

(3) 各个收纸位及尺寸关系见图 4-26 中标注。

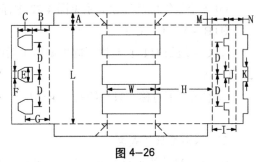

图 4-26

①$B \approx W/3$；$C \approx W/3$；$D \approx L/3$；$E \approx L/6$；$F = E/2$；$G = W/2$；$I = W/2$；$J = F - 2mm$；$K = E - 2mm$；$M = W - B - C$；$N = C - 2mm$。

②其他未注明尺寸可根据前述酌情自行给出。

③本图上下对称，只须绘制一半然后上下镜像复制即可。

27. 穿颈敞开式 3 瓶装提手套盒

(1) 图 4-27 为平面展开图，成型效果扫描本章首页二维码见图 4-27a。

(2) L（长）、W（宽）、H（高）、A、B 的值及开窗已知，T = 纸厚。

(3) 各个收纸位及尺寸关系见图 4-27 中标注。

①$C \leqslant A - T$；$D = W + T$；$E = A + T$；$F \leqslant B - T$；$G = W + T$；$J = B + T$。

②$K \leqslant L/2$；$M = H - 2T$；$N = H - 2B - 1mm$；$O = L - 2T$；$P = L - 2A - 1mm$；$Q \approx P/4$；$S = W - 2T$。

③本图上下左右对称，只须绘制 1/4 然后上下左右镜像复制即可。

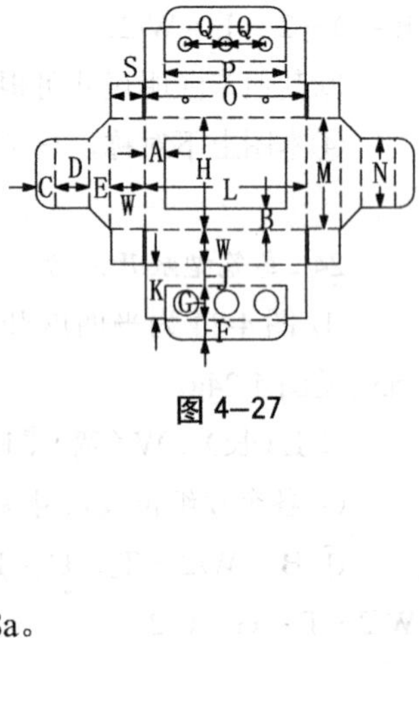

图 4-27

28. 罐装四件套套盒

(1) 图 4-28 为平面展开图，成型效果扫描本章首页二维码见图 4-28a。

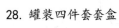

(2) L（长）、L1（长）、W（宽）、W1（宽）、H（高）的值已知，T＝纸厚。

(3) 各个收纸位及尺寸关系见图4-28中标注。

①本图盒型简单，只需留意 A ≥ H/3、B＝H－T 即可。

②其他未注明尺寸可根据前述酌情自行给出。

③本图上下对称，只须绘制 1/2 然后上下镜像复制即可。

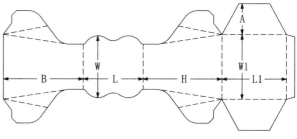

图 4—28

29. 敞开式6瓶装提手封套

(1) 图4-29为平面展开图，成型效果扫描本章首页二维码见图4-29a。

(2) L（长）、W（宽）、H1（侧高）、H（高）、A、B、C 的值已知，T＝纸厚。

(3) 各个收纸位及尺寸关系见图4-29中标注。

① $D＝（W－A）/2$；$E＝W－T$；$F＝H－T$；$G＝W/2$；$J＝D$；$K＝A/2$；$M＝[25mm，30mm]$；$N＝[90mm，120mm]$；$P＝[20mm，25mm]$。

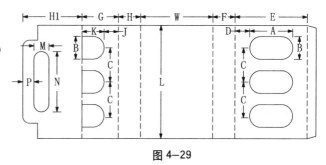

图 4—29

②其他未注明尺寸可根据前述酌情自行给出。

③本图上下对称，只须绘制 1/2 然后上下镜像复制即可。

30. 带隔板敞开式6瓶装提手封套

(1) 图4-30为平面展开图，成型效果扫描本章首页二维码见图4-30a。

(2) L（长）、W（单侧宽）、H1（侧高）、H（高）、A、B、C、D、E 的值已知，T＝纸厚。

(3) 各个收纸位及尺寸关系见图4-30中标注。

① F＝直角边分别为（A－B－H1）、W 的直角三角形的斜边长；$G ≈ 2L/3$；$J＝G＋2mm$；$K ≥ 3T$。

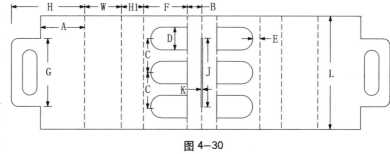

图 4—30

②提手的设置参看图4-29介绍。

③其他未注明尺寸可根据前述酌情自行给出。

④本图左右对称，只须绘制 1/2 然后左右镜像复制即可。

31. 侧入式6瓶装套盒

(1) 图4-31为平面展开图，成型效果扫描本章首页二维码见图4-31a。

(2) L（长）、W（宽）、W1（宽）、H（高）、A、B的值及开窗已知，T=纸厚。

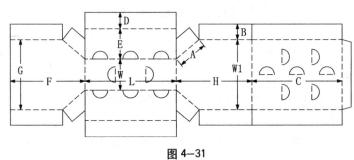

(3) 各个收纸位及尺寸关系见图4-31中标注。

① C = L - T；D = B；E = A；F = H - T；G = W1。

② 其他未注明尺寸可根据前述酌情自行给出。

图4-31

32. 穿颈式（neck-throughstyle）6瓶装套盒

(1) 图4-32为平面展开图，成型效果扫描本章首页二维码见图4-32a。

(2) L（长）、W（宽）、H（高）、A、B的值及开窗已知，T=纸厚。

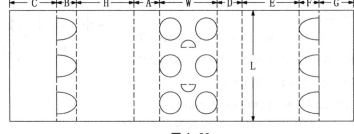

(3) 各个收纸位及尺寸关系见图4-32中标注。（底部黏合）

① C = W/2 + 20mm；D = A；E = H；F = B；G = W/2。

② 其他未注明尺寸可根据前述酌情自行给出。

图4-32

③ 本图上下对称，只须绘制1/2然后镜像复制即可。

33. 底部黏合单排6瓶装套盒

(1) 图4-33为平面展开图，成型效果扫描本章首页二维码见图4-33a。

(2) L（长）、W（宽）、H（高）、A、B的值及开窗已知，T=纸厚。

(3) 各个收纸位及尺寸关系见图4-33中标注。

① C = W/2 + 20mm；D = A；E = H；F = B；G = W/2。

② 其他未注明尺寸可根据前述酌情自行给出。

③ 本图上下对称，只须绘制1/2然后镜像复制即可。

图4-33

34. 安德烈自动瓶罐套盒

(1) 图4-34为平面展开图，成型效果扫描本章首页二维码见图4-34a。

(2) L（长）、W（宽）、H（高）、A的值及开窗已知，T=纸厚。

（3）各个收纸位及尺寸关系见图 4-34 中标注。

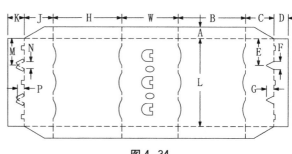

图 4-34

① B = H ；C = W/2 - T ；D = [30mm，40mm] ；E ≈ L/4 ；F = [20mm，25mm] ；G = [20mm，25mm] ；J = W/2 - T ；K = D ；M = E ；N = F - 2T ；P = G - T 。

②其他未注明尺寸根据前述自行给出。

③该盒型结构上下对称，只需绘制一半然后上下镜像复制即可。

35. 底缘串锁（chimelocks）六件套锁翼套盒

（1）图 4-35 为平面展开图，成型效果扫描本章首页二维码见图 4-35a。

（2）右侧图 a 为已知条件，T = 纸厚。

（3）各个收纸位及尺寸关系见图 4-35 中标注。

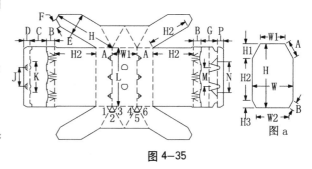

图 4-35

① C =（W2）/ 2 ；D = [30mm，40mm] ；E = W/2 ；F = B ；G = C ；J ≈ L/3 ；K ≈ L/2 ；M = J ；N = K ；P = D 。

②其他未注明尺寸可根据前述自行给出。

36. 琼斯式提篮套盒

（1）图 4-36 为平面展开图，成型效果扫描本章首页二维码见图 4-36a。

（2）L（长）、W（宽）、H（高）的值及提手已知，T = 纸厚。

（3）各个收纸位及尺寸关系见图 4-36 中标注。

图 4-36

① A = L - 2T ；B = W/2 - T ；C ≤ W/2 - T ；D = W - T ；E = [20mm，25mm] ；F = L - 2T ；G = H + T ；J = L ；K = L - 2T ；M = B ；N = C - T 。

37. 饮料瓶包装框架

（1）图 4-37 为平面展开图，成型效果扫描本章首页二维码见图 4-37a。

（2）L（长）、W（宽）、H（高）的值及开窗、提手已知，T = 纸厚。

（3）各个收纸位及尺寸关系见

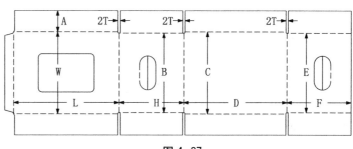

图 4-37

图 4-37 中标注。

①A = [20mm，25mm]；B = W - 2T；C = W；D = L；E = B；F = H - T。

②其他未注明尺寸可根据前述酌情自行给出。

③本图上下对称，只须绘制 1/2 然后镜像复制即可。

38. 敞开式鸡蛋嵌入式包装套盒

(1) 图 4-38 为平面展开图，成型效果扫描本章首页二维码见图 4-38a。

(2) L（长）、W（宽）、H（高）、A、B、C、D 的值及开窗已知，T = 纸厚。

(3) 各个收纸位及尺寸关系见图 4-38 中标注。

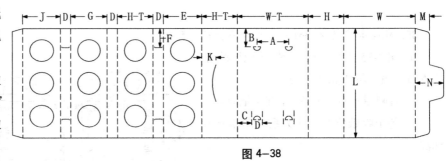

图 4-38

①E = 直角边分别为"C""H - T"直角三角形的斜边长；F = B + T。

②G = 直角边分别为"W - T -（C + D + A）""H - T"直角三角形的斜边长。

③J = 直角边分别为"A - 2D""H"直角三角形的斜边长；K ≈ H/3；M = K - T；N ≤ H - T。

④其他未注明尺寸可根据前述酌情自行给出。

39. 敞开式鸡蛋套盒

(1) 图 4-39 为平面展开图，成型效果扫描本章首页二维码见图 4-39a。

(2) L（长）、W（宽）、H（高）、A、B、C、D、∠1 的值及开窗已知，T = 纸厚。

(3) 各个收纸位及尺寸关系见图 4-39 中标注。

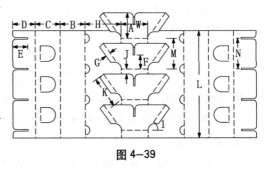

图 4-39

①本图盒型条件基本给定，只需留意细节尺寸关系：E = F - T；F ≤ A/2；G ≤ J；J = [10mm，15mm]；K = H - T；M = N = A + J。

②其他未注明尺寸可根据前述酌情自行给出。

40. 侧边开口封套

(1) 图 4-40 为平面展开图，成型效果扫描本章首页二维码见图 4-40a。

(2) L（长）、W（宽）、H（高）的值已知，T = 纸厚。

(3) 各个收纸位及尺寸关系见图 4-40 中标注。

① A = W - T；B ≤ W - T；C = H - 2T；D = H - 2T；R = [10mm，12mm]；∠1 ≤ 90°。

②其他未注明尺寸可根据前述酌情自行给出。

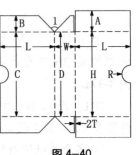

图 4-40

41. 厚度可调节护角封套

(1) 图 4-41 为平面展开图，成型效果扫描本章首页二维码见图 4-41a。

(2) L（长）、W（宽）、A、B、C 的值已知，T＝纸厚。

(3) 各个收纸位及尺寸关系见图 4-41 中标注。

①本图结构只需保证 D＝K、E＝J、F＝G 即可。

②锚锁设置参看图 2-48 介绍。

③其他未注明尺寸可根据前述酌情自行给出。

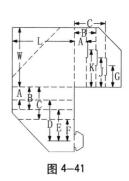

图 4-41

42. 罐（杯）体包装结构

(1) 图 4-42 为平面展开图，成型效果扫描本章首页二维码见图 4-42a。

(2) L（长）、L1（底宽）、H（斜高）的值已知见右侧图 a 所示，T＝纸厚。

(3) 各收纸位及尺寸关系见图 4-42 中标注。

① A≈L ; B≈L1 ; C＝A/2 ; D＝H + 2T ; E＝F＝L1 + 10mm ; G＝L1/2 + 5mm ; R1＝L/2 + 5mm ; R＝L1/2 + 5mm。

②锚锁设置参看图 2-48 介绍，其他未注明尺寸可根据前述酌情自行给出。

③本图上下对称，只须绘制 1/2 然后镜像复制即可。

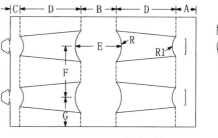

图 4-42 **图 a**

二、闭合式封套

1. 双向插扣压翼封套

(1) 图 4-43 为平面展开图，成型效果扫描本章首页二维码见图 4-43a。

(2) L（长）、W（宽）、H（高）的值已知，T＝纸厚。

(3) 各个收纸位及尺寸关系见图 4-43 中标注。

① A＝W－T ; B ≤H－T ; C＝H－T ; D＝E; ∠1＝∠2≤45°。

②双向插扣设置参看图 3-8、图 3-9、图 3-10 介绍，其他未注明尺寸可根据前述酌情自行给出。

③本图上下对称，只须绘制 1/2 然后镜像复制即可。

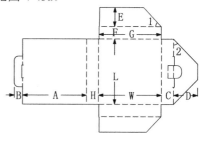

图 4-43

2. 前壁插扣压翼封套

(1) 图 4-44 为平面展开图，成型效果扫描本章首页二维码见图 4-44a。

(2) L（长）、W（宽）、H（高）的值已知，T＝纸厚。

(3) 各个收纸位及尺寸关系见图 4-44 中标注。

① A＝W－T ; B ≤H－T ; C＝H－T ; D＝E; ∠1＝∠2≤45°。

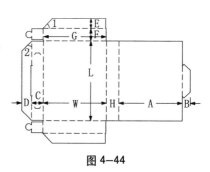

图 4-44

②前端卡锁设置参看图 2-115 介绍，其他未注明尺寸可根据前述酌情自行给出。

3. 叠压式封套

(1) 图 4-45 为平面展开图，成型效果扫描本章首页二维码见图 4-45a。

(2) L（长）、W（宽）、H（高）、A 的值已知，T = 纸厚。

(3) 各个收纸位及尺寸关系见图 4-45 中标注。

① $B \leqslant W - T$；$C = D = H - T$；$F = [12mm，15mm]$；$E = L - A$。

②其他未注明尺寸可根据前述酌情自行给出。

③本图上下对称，只须绘制 1/2 然后镜像复制即可。

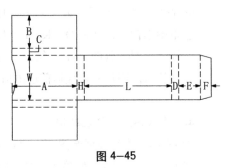

图 4—45

4. 邮寄快递用包裹

(1) 图 4-46 为平面展开图，成型效果扫描本章首页二维码见图 4-46a。

(2) L（长）、W（宽）、H（高）的值已知，T = 纸厚。

(3) 各个收纸位及尺寸关系见图 4-46 中标注。

① $A = W/2$；$B = H + T$；$C \leqslant L/2$；$D = W - 4T$；$E = L - T$；$F = W - 2T$；$G = J = K = H - T$。

②其他未注明尺寸可根据前述酌情自行给出。

③本图上下对称，只须绘制 1/2 然后镜像复制即可。

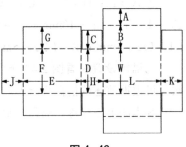

图 4—46

5. 带插扣连体式封套

(1) 图 4-47 为平面展开图，成型效果扫描本章首页二维码见图 4-47a。

(2) L（长）、W（宽）、H（高）的值已知，T = 纸厚。

(3) 各个收纸位及尺寸关系见图 4-47 中标注。

① $A = [15mm，20mm]$；$B = H - T$；$C = H - T$；$D = E = W - 2T$；$F = W - T$；$G = H - T$。

②锚锁设置参看图 2-48 介绍，其他未注明尺寸可根据前述酌情自行给出。

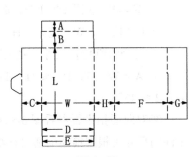

图 4—47

6. 绳扣或松紧带扣连体式封套

(1) 图 4-48 为平面展开图，成型效果扫描本章首页二维码见图 4-48a。

(2) L（长）、W（宽）、H（高）、A、B 的值已知，T = 纸厚。

(3) 各个收纸位及尺寸关系见图 4-48 中标注。

① $C \leqslant L/2$；$D = H - T$；$E = W - 2T$；$F \leqslant L/2$；$R = 10mm$。

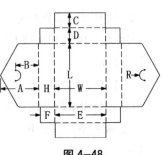

图 4—48

②其他未注明尺寸可根据前述酌情自行给出。

③本图上下对称，只须绘制 1/2 然后镜像复制即可。

7. 薄片结构（如 CD）封套

(1) 图 4-49 为平面展开图，成型效果扫描本章首页二维码见图 4-49a。

(2) L（长）、W（宽）、H（高）、R 的值已知，T = 纸厚。

(3) 各个收纸位及尺寸关系见图 4-49 中标注。

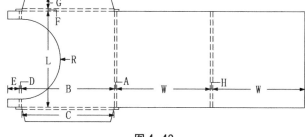

图 4-49

① A = H - T；B = W - T；C = W - 3T；D = H - 2T；E = G = [12mm，15mm]；F = H - 2T。

②其他未注明尺寸可根据前述酌情自行给出。

③本图上下对称，只须绘制 1/2 然后镜像复制即可。

8. 带插扣薄片结构（如 CD）封套

(1) 图 4-50 为平面展开图，成型效果扫描本章首页二维码见图 4-50a。

(2) L（长）、W（宽）、H（高）、R 的值已知。

(3) 各个收纸位及尺寸关系见图 4-50 中标注。

① A = L - T；B = W/2；C = H - T；D ≥ W；E = G = H - 2T；F = L - T。

②其他未注明尺寸可根据前述酌情自行给出。

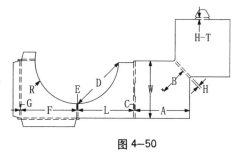

图 4-50

③本图局部对称，如左侧带圆弧的两部分主体可镜像复制，右侧的两部分关于斜线对称可镜像复制。

9. 带包装盒结构碟片产品封套

(1) 图 4-51 为平面展开图，成型效果扫描本章首页二维码见图 4-51a。

(2) L（长）、W（宽）、H（高）的值及开窗已知，T = 纸厚。

(3) 各个收纸位及尺寸关系见图 4-51 中标注。

① A = H - 3T；B = L - T；C = H - 4T；D = W - 2T；E = D；F = G = L - T。

②其他未注明尺寸可根据前述酌情自行给出。

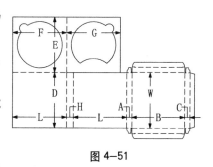

图 4-51

③本图局部对称，上侧带开窗的两部分开窗主体需镜像复制，右侧的双插盒结构参看第一章第一节介绍。

10. 两片装碟片产品两件式封套

(1) 图 4-52 为平面展开图，成型效果扫描本章首页二维码见图 4-52a。

(2) L（长）、W（宽）、H（高）的值及开窗已知，T = 纸厚。

(3) 各个收纸位及尺寸关系见图 4-52 中标注。

① $A = L - T$；$B = G = L - 2T$；$C = W$；$D = F = L - 2T$；$E \geqslant 4T$。

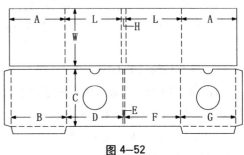

图 4-52

11. 自动推出碟片产品结构两件式封套

(1) 图 4-53 为平面展开图，成型效果扫描本章首页二维码见图 4-53a。

(2) L（长）、W（宽）、H（高）、R、A 的值已知，T = 纸厚。

(3) 各个收纸位及尺寸关系见图 4-53 中标注。

① $B = L - T$；$C = H - 2T$；$D = L - T$；$E \geqslant G$；$F \geqslant 4T$；$G = W$；$K = A/2$。

②其他未注明尺寸可根据前述酌情自行给出。

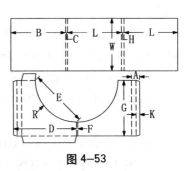

图 4-53

12. 带收叠性纸杯（薯条）

(1) 图 4-54 为平面展开图，成型效果扫描本章首页二维码见图 4-54a。

(2) L（长）、W（宽）、H（高）、A、B、C、D 的值已知，T = 纸厚。

(3) 各个收纸位及尺寸关系见图 4-54 中标注。

①本图必要条件均给定，只需留意 $E = A$、$F = L$、$G = H$、$J = W$、$K = W/2$ 即可。

②其他未注明尺寸可根据前述酌情自行给出。

③本图上下对称，只须绘制 1/2 然后镜像复制即可。

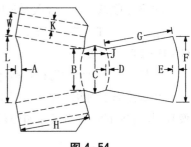

图 4-54

13. 带插扣封套盒

(1) 图 4-55 为平面展开图，成型效果扫描本章首页二维码见图 4-55a。

(2) L（长）、W（宽）、H（高）、A、B 的值已知，T = 纸厚。

(3) 各个收纸位及尺寸关系见图 4-55 中标注。

① $C \leqslant W - B - T$；$D = W - 2T$；$E \approx A/2$；$F \approx A/4$；$G = W - B$；$J = K = [20mm, 25mm]$；$M \approx 2J$；$N = H - T$。

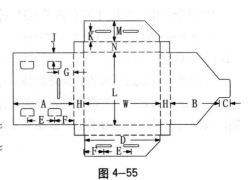

图 4-55

②其他未注明尺寸可根据前述酌情自行给出。

14. 折叠扁平产品封套

(1) 图 4-56 为平面展开图，成型效果扫描本章首页二维码见图 4-56a。

(2) L（长）、W（宽）、A、B、C、D 的值已知，T = 纸厚。

(3) 各个收纸位及尺寸关系见图 4-56 中标注。

①本图必要条件均给定，只需留意 E = W + T 即可。

②其他未注明尺寸可根据前述酌情自行给出。

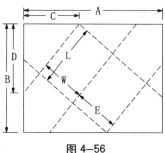

图 4-56

15. 边壁黏合扁平产品封套

(1) 图 4-57 为平面展开图，成型效果扫描本章首页二维码见图 4-57a。

(2) L（长）、W（宽）、A、B 的值已知，T = 纸厚。

(3) 各个收纸位及尺寸关系见图 4-57 中标注。

①本图必要条件均给定，只需留意 C = L - 2T、D ≤ W - T、E ≤ B、F = W - A、G = B + T 即可。

②其他未注明尺寸可根据前述酌情自行给出。

③本图上下对称，只须绘制 1/2 然后镜像复制即可。

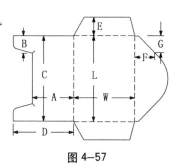

图 4-57

16. 卡位成型插扣封闭扁平产品封套

(1) 图 4-58 为平面展开图，成型效果扫描本章首页二维码见图 4-58a。

(2) L（长）、W（宽）、A、B、C 的值已知，T = 纸厚。

(3) 各个收纸位及尺寸关系见图 4-58 中标注。

①本图必要条件均给定，只需留意 D =（L - A）/2 - T、E ≤ L/2 - D、F = W - C、G = B - T 即可。

②其他未注明尺寸可根据前述酌情自行给出。

③本图左右对称，只须绘制 1/2 然后镜像复制即可。

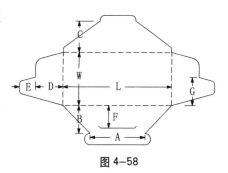

图 4-58

17. 盖端插闭扁平产品封套

(1) 图 4-59 为平面展开图，成型效果扫描本章首页二维码见图 4-59a。

(2) L（长）、W（宽）、H（高）、A、B 的值已知，T = 纸厚。

(3) 各个收纸位及尺寸关系见图 4-59 中标注。

①本图必要条件均给定，只需留意 C ≤ W - B - T、D =（L - A）/2 - T、E = H - T、F = W - 2T、G = W - B - T 即可。

②其他未注明尺寸可根据前述酌情自行给出。

③本图左右对称，只须绘制 1/2 然后镜像复制即可。

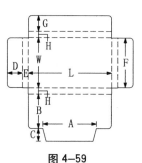

图 4-59

18. 带锁合插片扁平产品封套

(1) 图 4-60 为平面展开图，成型效果扫描本章首页二维码见图 4-60a。

(2) L（长）、W（宽）、H（高）的值已知，T = 纸厚。

(3) 各个收纸位及尺寸关系见图 4-60 中标注。

①本图主要留意插片折线 OO_1 与插孔的配合，如图中虚线所示，镜像复制后中心重合。

②$A \approx W/2$；$B = H - T$；$C = H - T$；$D = W - A$。

③其他未注明尺寸可根据前述酌情自行给出。

④本图主体左右对称，只须绘制 1/2 然后镜像复制即可。

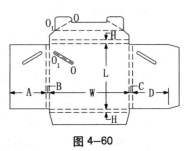

图 4-60

19. 边板可扩容扁平产品封套

(1) 图 4-61 为平面展开图，成型效果扫描本章首页二维码见图 4-61a。

(2) L（长）、W（宽）、H（高）、A、B 的值已知，T = 纸厚。

(3) 各个收纸位及尺寸关系见图 4-61 中标注。

①$C \leqslant W - A - T$；$D \leqslant (L - B)/2 - T$；$E = J = H$；$F = H/2$；$G = W - 2T$；$K \geqslant W - A + 15mm$；$M = B + 2T$；$N = W - A$。

②其他未注明尺寸可根据前述酌情自行给出。

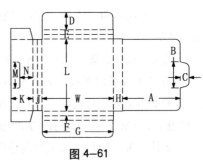

图 4-61

20. 盖板顺次叠进扁平产品封套

(1) 图 4-62 为平面展开图，成型效果扫描本章首页二维码见图 4-62a。

(2) L（长）、W（宽）的值已知，T = 纸厚。

(3) 各个收纸位及尺寸关系见图 4-62 中标注。

①本图必要条件均给定，只需留意 $A = L/2 - T$、$B = W/2 - T$ 即可。

②其他未注明尺寸可根据前述酌情自行给出。

③本图上下对称，只须绘制 1/2 然后镜像复制即可。

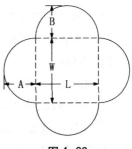

图 4-62

21. 盖板格林里夫扣锁扁平产品封套

(1) 图 4-63 为平面展开图，成型效果扫描本章首页二维码见图 4-63a。

(2) L（长）、W（宽）、H（高）、A、B、C 的值已知，T = 纸厚。

(3) 各个收纸位及尺寸关系见图 4-63 中标注。

①$D = W - 2T$；$E = H - 2T$；$F = W - 2T$；$G = H - T$。J、N 需配合设置 $J = N + T$；K 设置需配合 M、N，$K = W - M - N$。

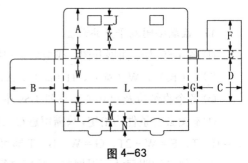

图 4-63

②格林里夫扣锁设置参看图 3-230 介绍，其他未注明尺寸可根据前述酌情自行给出。

22. 后壁钩扣锁带挂孔封套

(1) 图4-64为平面展开图，成型效果扫描本章首页二维码见图4-64a。

(2) L（长）、W（宽）、H（高）、A、B的值已知，T = 纸厚。

(3) 各个收纸位及尺寸关系见图4-64中标注。

①本图主要留意插片与插孔的配合，如图中部的交叉线所示，镜像复制后钩端插入。

②C = H - T；D = W - T；E = H - 2T；F = W - T；G = L - 2T。

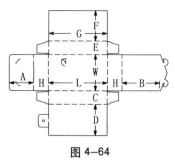

图 4-64

23. 侧端凹进式封套

(1) 图4-65为平面展开图，成型效果扫描本章首页二维码见图4-65a。

(2) L（长）、W（宽）、H（高）、A的值已知，T = 纸厚。

(3) 各个收纸位及尺寸关系见图4-65中标注。

①B = H - 2T；C ≤ A/2 - T；D = W - T；E = W - 2T；F = H - T；G = W。

②其他未注明尺寸可根据前述酌情自行给出。

③本图上下对称，只须绘制1/2然后镜像复制即可。

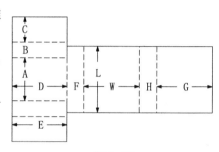

图 4-65

24. 华克锁侧端凹进式封套

(1) 图4-66为平面展开图，成型过程扫描本章首页二维码见图4-66a，成型效果同样扫码见图4-66b。

(2) L（长）、W（宽）、H（高）、A的值已知，T = 纸厚。

(3) 各个收纸位及尺寸关系见图4-66中标注。

①B一般取值W/2；C = H - 4T；D ≤ A - T；E = H - 5T；F = A - T；G = W - B；J = B - T；K = W - 2T。

②华克锁设置参看图2-42介绍，其他未注明尺寸可根据前述酌情自行给出。

图 4-66

25. 拉链刀开启带内衬封套

(1) 图4-67为平面展开图，成型效果扫描本章首页二维码见图4-67a，拆封效果同样扫码见图4-67b。

(2) L（长）、W（宽）、H（高）、A、B、C的值已知，T = 纸厚。

(3) 各个收纸位及尺寸关系见图4-67中标注。

①D = H - 3T；E = H - 2T；F = L - 2T；G = W - T；J = H - T；∠1 = ∠2 ≤ 45°。

②拉链刀设置参看图1-49介绍，其他未注明尺寸可自行给出。

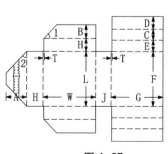

图 4-67

26. 带固定卡位内衬封套

(1) 图 4-68 为平面展开图，成型效果扫描本章首页二维码见图 4-68a。

(2) L（长）、W（宽）、H（高）、A、B 的值已知，T＝纸厚。

(3) 各个收纸位及尺寸关系见图 4-68 中标注。

① C ≤ L/2；D＝H－T；E＝W－2T；F＝W/2。

②其他未注明尺寸可根据前述酌情自行给出。

③本图上下左右对称，只须绘制 1/4 然后镜像复制即可。

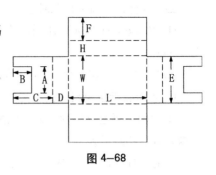

图 4-68

27. 带边棱插扣成型封套

(1) 图 4-69 为平面展开图，成型效果扫描本章首页二维码见图 4-69a。

(2) L（长）、W（宽）、H（高）、A、B 的值及提手孔已知，T＝纸厚。

(3) 各个收纸位及尺寸关系见图 4-69 中标注。

① C＝H－T；D＝L－2T；E ≈ B/2；F ＜ W－T；G＝[20mm，25mm]；J＝H－2T；K＝E；M＝H－3T；N＝W－2T。

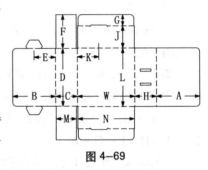

图 4-69

②锚锁设置参看图 2-48 介绍，其他未注明尺寸可根据前述酌情自行给出。

第二节　全包裹类包装结构

1. 四面体黏封包装

(1) 图 4-70 为平面展开图，成型效果扫描本章首页二维码见图 4-70a。

(2) L（长）、W（宽）的值已知，T＝纸厚。

(3) 各个收纸位及尺寸关系见图 4-70 中标注。

①本图盒型结构非常简单，只需留意 ∠1＝∠2；A＝B＝W/2 即可。

②其他未注明尺寸可根据前述酌情自行给出。

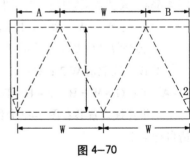

图 4-70

2. 正四面体插扣包装

(1) 图 4-71 为平面展开图，成型效果扫描本章首页二维码见图 4-71a。

(2) L（长）的值已知，T＝纸厚。

(3) 各个收纸位及尺寸关系见图 4-71 中标注。

①本图盒型结构简单，只需留意折翼的角度，如 ∠1、∠3、∠5 等小于 60°即可。

②锚锁的设置参看图 2-48 介绍，其他未注明尺寸可自行给出。

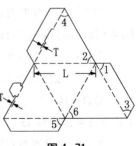

图 4-71

3. 三足架空四面体插扣包装

(1) 图 4-72 为平面展开图，成型效果扫描本章首页二维码见图 4-72a。

(2) L（长）、A 的值已知，T = 纸厚。

(3) 各个收纸位及尺寸关系见图 4-72 中标注。

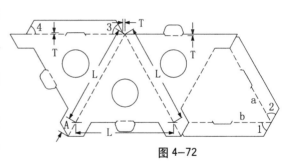

图 4-72

①底部的 a、b 两条压线由边长为 L 的正三角形向内偏移 T 而得；折翼的角度∠1 = ∠2 = ∠3 = ∠4 < 60° 即可。

②锚锁的设置参看图 2-48 介绍，其他未注明尺寸可根据前述酌情自行给出。

4. 花边四面体别卡扣包装

(1) 图 4-73 为平面展开图，成型效果扫描本章首页二维码见图 4-73a。

(2) L（长）、A 的值已知，T = 纸厚。

(3) 各个收纸位及尺寸关系见图 4-73 中标注。

①本图盒型结构简单，只需留意折翼的角度，如∠1 < ∠2；∠3 小于顶部成型角即可。

②其他未注明尺寸可根据前述酌情自行给出。

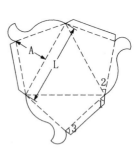

图 4-73

5. 四棱锥压翼插扣包装

(1) 图 4-74 为平面展开图，成型效果扫描本章首页二维码见图 4-74a。

(2) L（长）、W（宽）、H（高）的值已知，T = 纸厚。

(3) 各个收纸位及尺寸关系见图 4-74 中标注。

①按前述第一章第一节讲解绘制 L（长）、W（宽）、H（高为任意值）的双插盒。

②按底为 L，高为 H 绘制等腰三角形，得出∠1 的值。再同理得出∠2 的值。

③再旋转盒身主线与防尘翼、盒盖角度可得本图盒型的平面展开图。留意∠3 ≤ ∠1。

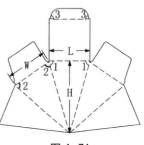

图 4-74

6. 四棱锥外环套扣包装

(1) 图 4-75 为平面展开图，成型效果扫描本章首页二维码见图 4-75a。

(2) L（长）、H（高）、A 的值已知，T = 纸厚。

(3) 各个收纸位及尺寸关系见图 4-75 中标注。

①本图盒型结构简单，只需留意 D ≥ 2B；E ≤ C 即可。

②其他未注明尺寸可根据前述酌情自行给出。

③本图主体对称，只须绘制 1/4 然后镜像复制或旋转复制即可。

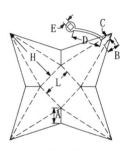

图 4-75

7. 侧壁三角形插扣包装

（1）图 4-76 为平面展开图，成型效果扫描本章首页二维码见图 4-76a。

（2）L（长）、W（宽）、H（高）的值已知，T = 纸厚。

（3）各个收纸位及尺寸关系见图 4-76 中标注。

① B、C 的取值 = 底为"W－4T"高为"H"等腰三角形的腰长 + 2T；A = D = [20mm，25mm]。

② 锚锁设置参看图 2-48 介绍，其他未注明尺寸可根据前述酌情自行给出。

③ 本图上下对称，只须绘制 1/2 然后镜像复制即可。

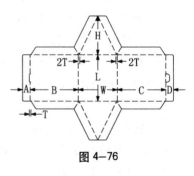

图 4-76

8. 三角形外插扣包装

（1）图 4-77 为平面展开图，成型过程扫描本章首页二维码见图 4-77a，成型效果同样扫码见图 4-77b。

（2）L（长）、H（高）的值已知，T = 纸厚。

（3）各个收纸位及尺寸关系见图 4-77 中标注。

① A 为底面中心点"O"到边的距离，B ≤ A；E = H－T；D = C ≈ E/2。

② 其他未注明尺寸可根据前述酌情自行给出。

③ 本图上下对称，只须绘制 1/2 然后镜像复制即可。

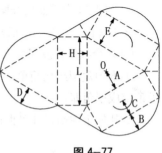

图 4-77

9. 三角形松紧绳套合包装

（1）图 4-78 为平面展开图，成型效果扫描本章首页二维码见图 4-78a。

（2）L（长）、H（高）的值已知，T = 纸厚。

（3）各个收纸位及尺寸关系见图 4-78 中标注。

① 本图盒型结构简单，只需留意 A = H + T；∠1 ≤ ∠4、∠2 ≤ ∠3 即可。

② 其他未注明尺寸可根据前述酌情自行给出。

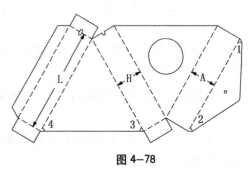

图 4-78

10. 侧壁双三角形对开插扣包装

（1）图 4-79 为平面展开图，成型效果扫描本章首页二维码见图4-79a。

（2）L（长）、W（宽）、H（高）的值已知，T = 纸厚。

（3）各个收纸位及尺寸关系见图 4-79 中标注。

① A = W × 2－T；B ≈ W/2；

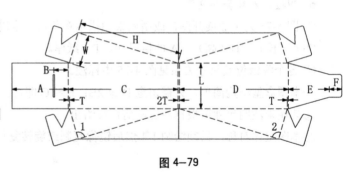

图 4-79

C＝直角边为"W""H"的斜边长；D＝C；E＝W×2－B；F＝B－T；∠1＝∠2＝90°。

②其他未注明尺寸可根据前述酌情自行给出。

11. 正三角双锥插扣包装

(1) 图4-80为平面展开图，成型效果扫描本章首页二维码见图4-80a、图4-80b。

(2) L（长）的值已知，T＝纸厚。

(3) 各个收纸位及尺寸关系见图4-80中标注。

①本图盒型结构简单，只需留意 A＝B＝C＝D＝L/2－T、E＝F。

②其他未注明尺寸可根据前述酌情自行给出。

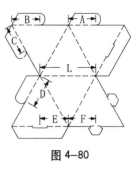

图 4-80

12. 四角双锥黏合包装

(1) 图4-81为平面展开图，成型效果扫描本章首页二维码见图4-81a、图4-81b。

(2) L（长）、L1 的值已知，T＝纸厚。

(3) 各个收纸位及尺寸关系见图4-81中标注。

①本图盒型结构简单，只需留意所有三角形全等，∠1＜∠2、∠3＜∠4、∠5＜∠6。

②其他未注明尺寸可根据前述酌情自行给出。

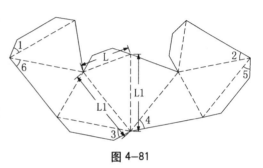

图 4-81

13. 曲面四角双锥黏合包装

(1) 图4-82为平面展开图，成型效果扫描本章首页二维码见图4-82a。

(2) L（长）的值已知，T＝纸厚。

(3) 各个收纸位及尺寸关系见图4-82中标注。

①本图盒型结构简单，只需留意 R 一般等于"L"、∠1＜∠2、∠3＜∠4、∠5＜∠6、∠7＜∠8、∠9＜∠10。

②其他未注明尺寸可根据前述酌情自行给出。

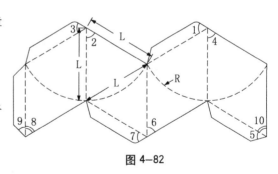

图 4-82

14. 波浪曲面四角双锥黏合包装

(1) 图4-83为平面展开图，成型效果扫描本章首页二维码见图4-83a。

(2) L（长）、A、B 的值已知，T＝纸厚。

(3) 各收纸位及尺寸关系见图4-83中标注。

①本图盒型结构简单，∠1＜∠2、∠3＜∠4、∠5＜∠6、∠7＜∠8、∠9＜∠10。

②其他未注明尺寸可根据前述酌情自行给出。

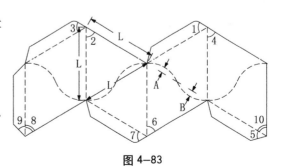

图 4-83

③本图主体对称，只须绘制 1/2 然后水平复制即可。

15. 撅压棱曲面四角双锥黏合包装

(1) 图 4-84 为平面展开图，成型效果扫描本章首页二维码见图 4-84a。

(2) L（长）、A 的值已知，T = 纸厚。

(3) 各收纸位及尺寸关系见图 4-84 中标注。

①本图盒型结构简单，留意∠1＜∠2、∠3＜∠4、∠5＜∠6、∠7＜∠8、∠9＜∠10。

②其他未注明尺寸可根据前述酌情自行给出。

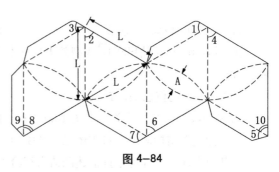

图 4-84

16. 四面撅封枕式盒

(1) 图 4-85 为平面展开图，成型效果扫描本章首页二维码见图 4-85a。

(2) R、A 的值已知，T = 纸厚。

(3) 各个收纸位及尺寸关系见图 4-85 中标注。

①本图盒型的特征是弧型折痕与外围弧切口重合（弧相等），意味着交点为"半径为 R 的圆内接正方形"；绘制本图盒型不需计算"圆的内接正方形边长"，只需过圆心做直径 OO_2，再以圆心为基点旋转 90°复制得直径 O_1O_3；顺次连接 $OO_1O_2O_3$ 可得内接正方形；分别以这四边为法线镜像复制外圆剪切后可得本图的一半；再以 OO_3 为法线镜像复制可得本图盒型主体。

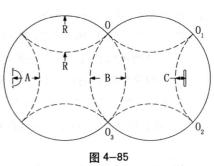

图 4-85

②去掉内接正方形，再按前述添加插扣即完成绘制（留意：A + C = B）。

③其他未注明尺寸可根据前述酌情自行给出。

17. 五角双锥黏合包装

(1) 图 4-86 为平面展开图，成型效果扫描本章首页二维码见图 4-86a。

(2) L（长）、L1、L2、L3 的值已知，T = 纸厚。

(3) 各个收纸位及尺寸关系见图 4-86 中标注。

①本图盒型的特征是右侧以"O"为中心的 6 条辐射线长均等于"L"，而左侧以"O_1"为中心的 6 条辐射线长均等于"L3 + L2"，而左右两半的交线及主体外围刀与压痕长均等于"L1"。

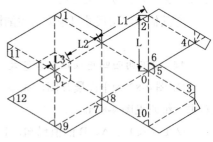

图 4-86

②只需留意∠1＜∠2、∠3＜∠4、∠5＜∠6、∠7＜∠8、∠9＜∠10、∠11＜∠12。

③其他未注明尺寸可根据前述酌情自行给出。

18. 六棱锥松紧绳套合包装

(1) 图4-87为平面展开图，成型效果扫描本章首页二维码见图4-87a。

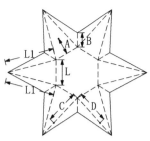

图4-87

(2) L（长）、L1、A、B的值已知，T＝纸厚。

(3) 各个收纸位及尺寸关系见图4-87中标注。

①本图盒型简单，只需留意C＝D即可。

②其他未注明尺寸可根据前述酌情自行给出。

③本图盒底为正六边形，绘制1/6后旋转复制，再添加穿绳孔及卡绳口孔即可。

19. 五角星型黏合包装

(1) 图4-88为平面展开图，成型效果扫描本章首页二维码见图4-88a。

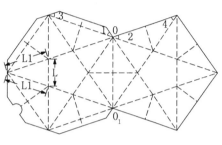

图4-88

(2) L（长）、L1的值已知，T＝纸厚。

(3) 各个收纸位及尺寸关系见图4-88中标注。

①本图盒型顶底均为正五边形，按已知条件绘制三角形后，再以边长为"L"的正五边形的中心为基点旋转复制三角形即得五角星型，连接五个顶点得五条外围边，做每条外围边的中垂线即完成了右侧部分。

②以OO_1为法线镜像复制后再按前章节所述添加黏位襟片即完成本图。

③$\angle 1 < \angle 2$，$\angle 3 < \angle 4$，其他未注明尺寸可根据前述酌情自行给出。

20. 带亚瑟扣提手钉合包装

(1) 图4-89为平面展开图，成型效果扫描本章首页二维码见图4-89a。

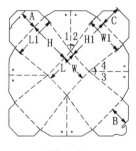

图4-89

(2) L（长）、L1、W（宽）、W1、H（高）、H1的值已知，T＝纸厚。

(3) 各个收纸位及尺寸关系见图4-89中标注。

①本图盒型简单，只需留意$A+B=W1+2T$，$C \leq L1/2$，$\angle 1 = \angle 2 + 2°$、$\angle 3 = \angle 4 + 2°$。

②亚瑟扣的设置参看图2-63、图2-64介绍，其他未注明尺寸可根据前述酌情自行给出。

21. 侧面钩扣顶面叠穿提手包装

(1) 图4-90为平面展开图，成型效果扫描本章首页二维码见图4-90a。

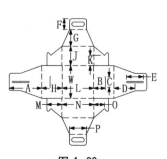

图4-90

(2) L（长）、W（宽）、H（高）、F的值及提手已知，T＝纸厚。

(3) 各个收纸位及尺寸关系见图4-90中标注。

①$A=L-T$；$B \approx 2H/3$；$C \approx W/3$；$D=L/2$；$E \approx L/2$；$G=W/2-T$；$J=H-T$；$K=B$；$M=G$；$N=L+2T$；$O=(W-C)/2$；$P=E-2$。

22. 蹼角提手扣合包装

(1) 图 4-91 为平面展开图，成型效果扫描本章首页二维码见图 4-91a。

(2) L（长）、W（宽）、H（高）、A 的值及提手已知，T = 纸厚。

(3) 各个收纸位及尺寸关系见图 4-91 中标注。

① $B = W/2 - T$；$C = H - T$；$\angle 1 = \angle 2 = 45°$。

② 穿扣提手设置参看图 3-88 介绍，其他未注明尺寸可根据前述酌情自行给出。

③ 本图上下左右对称，只须绘制 1/4 然后镜像复制即可。

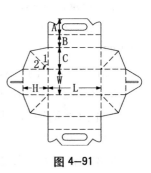

图 4—91

23. 端面凹进提手扣合包装

(1) 图 4-92 为平面展开图，成型效果扫描本章首页二维码见图 4-92a。

(2) L（长）、W（宽）、H（高）、A、B 的值及提手已知，T = 纸厚。

(3) 各个收纸位及尺寸关系见图 4-92 中标注。

① $C = (W × \pi)/4$；$D = A$；$E = L - 2B - 2T$。

② 穿扣提手设置参看图 3-88 介绍，其他未注明尺寸可根据前述酌情自行给出。

③ 本图上下左右对称，只须绘制 1/4 然后镜像复制即可。

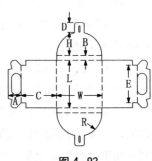

图 4—92

24. 亚瑟扣提包型包装

(1) 图 4-93 为平面展开图，成型效果扫描本章首页二维码见图 4-93a。

(2) L（长）、W（宽）、W1、H（高）、H1、A 的值及提手已知，T = 纸厚。

(3) 各个收纸位及尺寸关系见图 4-93 中标注。

① $B = 线 OO_1 长$；$C = 线 O_1O_2 长 + T$；$D \leq W - T$；$E \leq W1 - T$；$F = L - 2T$；$\angle 1 = 90°$；$\angle 3 \leq \angle 2$。

② 亚瑟扣设置参看图 2-63、图 2-64 介绍，其他未注明尺寸可根据前述酌情自行给出。

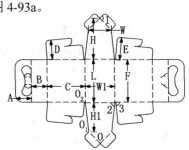

图 4—93

25. 端面五边形带挂孔包装

(1) 图 4-94 为平面展开图，成型效果扫描本章首页二维码见图 4-94a。

(2) L（长）、W（宽）、W1、H（高）、H1、A 的值已知，T = 纸厚。

(3) 各个收纸位及尺寸关系见图 4-94 中标注。

① $B = O_1O_2 长 + T$；$C = OO_1 长 + T$；$D = C$；$E = B$；$F \approx L/2$；$G = F - 2$；$\angle 1 = \angle 2 = \angle 3 = \angle 4 = 90°$。

② 锚锁设置参看图 2-48 介绍，挂孔设置参看图 3-4、图 3-5 介绍，其他未注明尺寸可根据前述酌情自行给出。

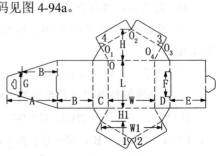

图 4—94

26. 插扣曲拱形糕点包装

(1) 图 4-95 为平面展开图，成型效果扫描本章首页二维码见图 4-95a。

(2) L（长）、L1、W（宽）、H（高）、A 的值已知，T = 纸厚。

(3) 各个收纸位及尺寸关系见图 4-95 中标注。

①B = W - T；C = [20mm，25mm]；D = C + T；E =（弧线 OO_1 长）× 2 + L1 + 2T；F = W。

②其他未注明尺寸可根据前述酌情自行给出。

③本图左右对称，只须绘制 1/2 然后镜像复制即可。

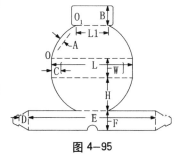

图 4-95

27. 提手扣合曲拱形糕点包装

(1) 图 4-96 为平面展开图，成型效果扫描本章首页二维码见图 4-96a。

(2) L（长）、W（宽）、H（高）、侧面弧的值及提手已知，T = 纸厚。

(3) 各个收纸位及尺寸关系见图 4-96 中标注。

①A = W - T；B = 提手宽 + 2；C =（侧面弧线长）/2。

②其他未注明尺寸可根据前述酌情自行给出。

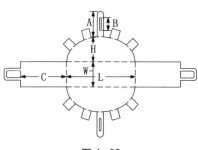

图 4-96

28. 侧壁三角形插扣提手包装

(1) 图 4-97 为平面展开图，成型效果扫描本章首页二维码见图 4-97a。

(2) L（长）、W（宽）、H（高）、A 的值及提手已知，T = 纸厚。

(3) 各个收纸位及尺寸关系见图 4-97 中标注。

①B = W；C ≈ 已知底边 L 与高 H 的等腰三角形斜边长 /2；D ≈ C/2；E ≈ C；F = D；G = C；J = W - 2T；K = W - T。

②其他未注明尺寸可根据前述酌情自行给出。

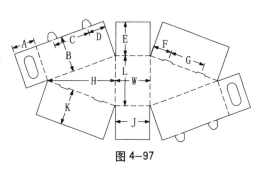

图 4-97

29. 曲面提手包装

(1) 图 4-98 为平面展开图，成型效果扫描本章首页二维码见图 4-98a。

(2) L（长）、W（宽）、H（高）、A、B 的值及提手已知，T = 纸厚。

(3) 各个收纸位及尺寸关系见图 4-98 中标注。

①本图盒型简单，只需留意 C = W/2、D = C - T。

②盒底压翼插舌结构参看第一章第一节介绍。

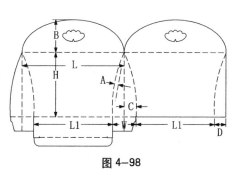

图 4-98

30. 侧壁压翼三角形提手挂扣包装

(1) 图 4-99 为平面展开图，成型效果扫描本章首页二维码见图 4-99a。

(2) L（长）、W（宽）、H（高）的值及提手已知，T＝纸厚。

(3) 各个收纸位及尺寸关系见图 4-99 中标注。

① $A＝H－T$；$B≈L/2$；$C≈A/2$；$D＝A$；$E＝W－T$；$F＝B＋2mm$；$G＝C$。

②其他未注明尺寸可根据前述酌情自行给出。

③本图上下对称，只须绘制 1/2 然后镜像复制即可。

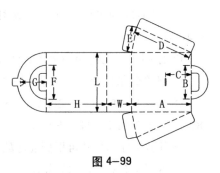

图 4—99

31. 侧壁压翼三角形提手插扣包装

(1) 图 4-100 为平面展开图，成型效果扫描本章首页二维码见图 4-100a。

(2) L（长）、W（宽）、H（高）、A、B 的值及提手已知，T＝纸厚。

(3) 各个收纸位及尺寸关系见图 4-100 中标注。

① $C＝$已知底边 L 与高 H 的等腰三角形斜边长；$D＝E≤W/2$；$F＝C$；$G＝A－T$；$J＝B＋T$；$K＜B－T$；$∠1＝∠2＝∠3＝∠4＝90°$。

②锚锁设置参看图 2-48 介绍，其他未注明尺寸可根据前述酌情自行给出。

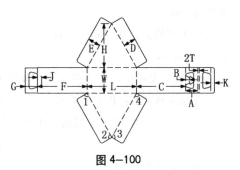

图 4—100

32. 蹼角双顶面插合方形包装

(1) 图 4-101 为平面展开图，成型效果扫描本章首页二维码见图 4-101a。

(2) L（长）、W（宽）、H（高）的值已知，T＝纸厚。

(3) 各个收纸位及尺寸关系见图 4-101 中标注。

① $A＝H－2T$；$B＝W－T$；$C＝L－8T$；$D＝L－2T$；$E＝H－3T$；$F＝H－2T$；$G＝W－2T$；$J＝W$；$K＝W－T$。

②锚锁设置参看图 2-48 介绍，其他未注明尺寸可根据前述酌情自行给出。

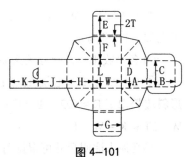

图 4—101

33. 带挂孔顶面插合包装

(1) 图 4-102 为平面展开图，成型过程扫描本章首页二维码见图 4-102a，成型效果同样扫码见图 4-102b。

(2) L（长）、W（宽）、H（高）、A 的值已知，T＝纸厚。

(3) 各个收纸位及尺寸关系见图 4-102 中标注。

① $B＝H－T$；$C＝W－T$；$D≤A$；$E＜L$；$F＝H－2T$；$G≤L－T$。

②其他未注明尺寸可根据前述酌情自行给出。

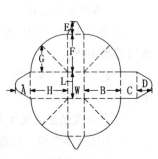

图 4—102

34. 侧面三角叠扣包装

(1) 图 4-103 为平面展开图，成型过程扫描本章首页
二维码见图 4-103a，成型效果同样扫码见图 4-103b。

(2) L（长）、W（宽）、H（高）的值已知，T = 纸厚。

(3) 各个收纸位及尺寸关系见图 4-103 中标注。

① $A = H - 2T$ ；$B \approx 3L/4$ ；$C = W + 2T$ ；$D = L - T$ ；$E - L - 2T$ ；$F = C \quad 2T$ ；$G \leqslant W/2$ 。

② $J = H - 4T$ ；$K = L - 2T$ ；$M \approx 3L/4$ ；$N = W + 4T$ ；$O = L$ ；$P = L - T$ ；$Q = W + 2T$ 。

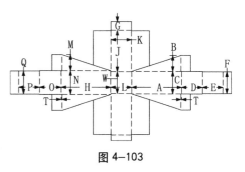

图 4-103

35. 花边花形扣包装

(1) 图 4-104 为平面展开图，成型效果扫描本章首页二维码见图 4-104a。

(2) L（长）、W（宽）、H（高）的值及花边已知，T = 纸厚。

(3) 各个收纸位及尺寸关系见图 4-104 中标注。

① $A = L - T$ ；B 的取值由成型后花形扣交点超出盒盖的高度决定（参看图 3-142 介绍）；$C = W/2 - T$ 。

② 其他未注明尺寸可根据前述酌情自行给出。

③ 当 L = W 时，本图四面旋转相等，只须绘制 1/4 然后以底面中心为基点旋转复制即可。

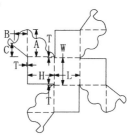

图 4-104

36. 侧面插扣顶盖顺次叠进包装

(1) 图 4-105 为平面展开图，成型效果扫描本章首页二维码见图 4-105a。

(2) L（长）、W（宽）、H（高）的值及花边已知，T = 纸厚。

(3) 各个收纸位及尺寸关系见图 4-105 中标注。

① $A = L - T$ ；B 的取值由成型后花形扣交点超出盒盖的高度决定（参看图 3-142 介绍）；$C = W/2 + T$ 。

② 插扣设置留意：O_1O_2 绕 O 点顺时针旋转 90° 应与 O_3O_4 重合；其他未注明尺寸可根据前述酌情自行给出。

③ 当 L = W 时，本图四面旋转相等，只须绘制 1/4 然后以底面中心为基点旋转复制即可。

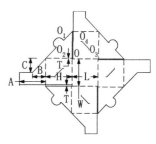

图 4-105

37. 侧面钩扣顶盖压翼插扣包装

(1) 图 4-106 为平面展开图，成型效果扫描本章首页二维码见图 4-106a。

(2) L（长）、W（宽）、H（高）的值已知，T = 纸厚。

(3) 各个收纸位及尺寸关系见图 4-106 中标注。

① $A = L - T$ ；$B \leqslant W/2$ ；$C = D = H - T$ 。

② 钩扣设置参考图 4-105 介绍，其他未注明尺寸可自行给出。

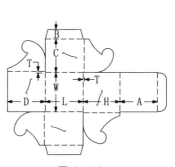

图 4-106

③当 L = W 时，本图四面旋转相等，只须绘制 1/4 然后以底面中心为基点旋转复制后添加右侧盒盖与插舌即可。

38. 侧面蹼角扣合顶盖压翼插扣包装

(1) 图 4-107 为平面展开图，成型效果扫描本章首页二维码见图 4-107a。

(2) L（长）、W（宽）、H（高）的值已知。

(3) 各个收纸位及尺寸关系见图 4-107 中标注。

①A = H - T；B ≈ 3A / 4；C = W - T；D = B；E = W - T；F > R；R = [8mm，10mm]；∠1 = ∠2 + 2°；∠3 = ∠4 + 2°。

②锚锁设置参考图 2-48 介绍；其他未注明尺寸可根据前述酌情自行给出。

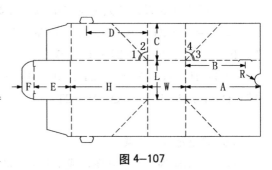

图 4-107

39. 四曲边开盖包裹

(1) 图 4-108 为平面展开图，成型效果扫描本章首页二维码见图 4-108a。

(2) L（长）、W（宽）、H（高）、A 的值及四曲边已知，T = 纸厚。

(3) 各个收纸位及尺寸关系见图 4-108 中标注。

①B = W - 2T；C = L - A；D = W + 2T；E = H - T；F = H - T。

②左右盒盖曲边全等；其他未注明尺寸可根据前述自行给出。

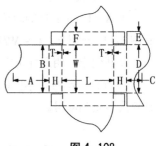

图 4-108

40. 仿鞋帮盒盖包裹

(1) 图 4-109 为平面展开图，成型效果扫描本章首页二维码见图 4-109a。

(2) L（长）、W（宽）、H（高）的值及鞋帮曲边已知。

(3) 各个收纸位及尺寸关系见图 4-109 中标注。

①A = L - T；B = W - 2T；C = H - T；D = H - 2T；E < L - T；F = W - 2T；G = H - 2T；J ≤ W/2。

②其他未注明尺寸可根据前述酌情自行给出。

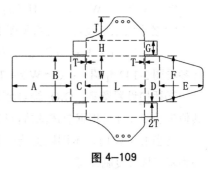

图 4-109

41. 侧面压翼插扣顶盖插扣包装

(1) 图 4-110 为平面展开图，成型效果扫描本章首页二维码见图 4-110a。

(2) L（长）、W（宽）、H（高）的值已知，T = 纸厚。

(3) 各个收纸位及尺寸关系见图 4-110 中标注。

①A = H - T；B = L - 2T；C = W - T；D = W/2；E < W/2；F = H - 2T；G ≤ L/2。

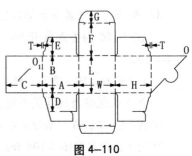

图 4-110

②本图插扣设置需保证从 O 点提取至 O_1 点放下时公母位能套合。

③其他未注明尺寸可根据前述酌情自行给出。

42. 前后端面蹼角扣合顶盖压翼插扣包装

(1) 图 4-111 为平面展开图，成型效果扫描本章首页二维码见图 4-111a。

(2) L（长）、W（宽）、H（高）的值已知，T = 纸厚。

(3) 各个收纸位及尺寸关系见图 4-111 中标注。

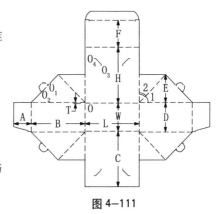

① $A \leqslant L/2$ ；$B = H - T$ ；$C = H - T$ ；$D = W + 2T$ ；$E < L/2$ ；$F = W - T$ ；$\angle 1 = \angle 2 + 2°$ 。

②插扣设置留意：O_1O_2 绕 O 点顺时针旋转 $90°$ 应与 O_3O_4 重合。

③盒盖、插舌、防尘翼的设置参看第一章第一节介绍。

图 4-111

43. 侧底蹼角黏合顶盖对开压翼插扣包装

(1) 图 4-112 为平面展开图，成型效果扫描本章首页二维码见图 4-112a。

(2) L（长）、W（宽）、H（高）的值已知，T = 纸厚。

(3) 各个收纸位及尺寸关系见图 4-112 中标注。

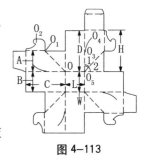

① $A = W/2 - T$ ；$B = H - T$ ；$C = W/2 - T$ ；$D = L - 2T$ ；$E = W + 2T$ ；$F = H - 2T$ ；$\angle 1 = \angle 2 + 2°$ 。

②盒盖、插舌、防尘翼的设置参看第一章第一节介绍。

③其他未注明尺寸可根据前述酌情自行给出。

④本图上下对称，只须绘制 1/2 然后镜像复制即可。

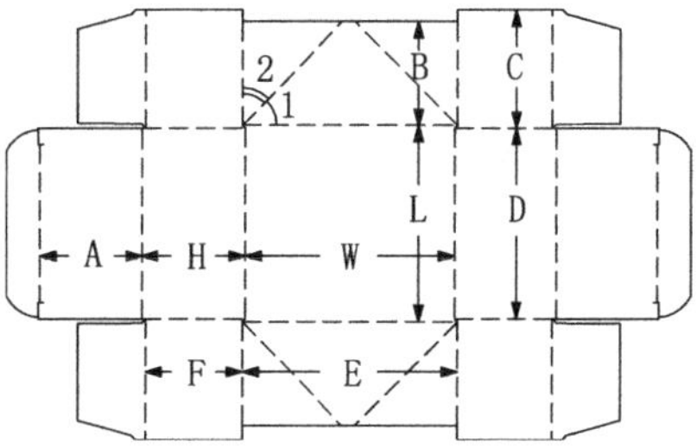

图 4-112

44. 四边壁蹼角钩扣顶盖压翼插扣全包裹包装

(1) 图 4-113 为平面展开图，成型效果扫描本章首页二维码见图 4-113a。

(2) L（长）、W（宽）、H（高）的值已知，T = 纸厚。

(3) 各个收纸位及尺寸关系见图 4-113 中标注。

① $A = L + T$ ；$B = W$ ；$C = H - T$ ；$D = H - 2T$ ；$\angle 1 = \angle 2 + 2°$ 。

②盒盖、插舌、防尘翼的设置参看第一章第一节介绍。

③插扣设置留意：O_1O_2 在 O 点提取顺时针旋转 $90°$ 在 O_5 点放置应与 O_3O_4 重合。

图 4-113

④当 L = W 时，本图四面旋转相等，只须绘制 1/4 然后以底面中心为基点旋转复制后添加盒盖、插舌防尘翼。

45. 蹼角折叠插扣包装

(1) 图 4-114 为平面展开图，成型效果扫描本章首页二维码见图 4-114a。

（2）L（长）、W（宽）、H（高）的值已知，T＝纸厚。

（3）各个收纸位及尺寸关系见图 4-114 中标注。

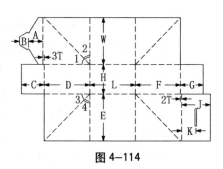

①A≈H/2；B＜H－A－T；C＝G≤L/2；D＝F＝W－2T；E＝W；J＝H；K＝H－A+2T；∠1＝∠2+2°；∠3＝∠4+2°。

②本图旋转相等，只须绘制 1/2 然后以背面中心为基点旋转复制后添加锚锁插扣。

图 4-114

46. 锥台型带拉链刀全包裹式包装

（1）图 4-115 为平面展开图，成型效果扫描本章首页二维码见图 4-115a。

（2）L（长）、L1、W（宽）、W1、H（高）的值已知，T＝纸厚。

（3）各个收纸位及尺寸关系见图 4-115 中标注。

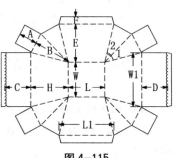

①A≤W1/2；B＝H－T；C＝L1/2；D＝L1/2；E＝H－2T；F＝[12mm，15mm]；∠1＝∠2+2°。

②本图上下左右对称，只须绘制 1/4 然后镜像复制即可。

③拉链刀设置参看图 1-49 介绍，其他未注明尺寸可根据前述酌情自行给出。

图 4-115

47. 荷叶边环形全包裹式包装

（1）图 4-116 为平面展开图，成型效果扫描本章首页二维码见图 4-116a/图 4-116b。

（2）L（长）、L1、W（宽）、R 的值已知，T＝纸厚。

（3）各个收纸位及尺寸关系见图 4-116 中标注。

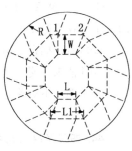

①本图盒型结构简单，已知条件充足，只需留意∠1＝∠2＝112.5°即可。

②本图旋转相等，只须绘制 1/8 然后以底面中心为基点旋转复制即可。

图 4-116

48. 香皂软包装结构

（1）图 4-117 为平面展开图，成型效果扫描本章首页二维码见图 4-117a。

（2）L（长）、W（宽）、H（高）、∠1、∠2 的值已知。

（3）各个收纸位及尺寸关系见图 4-117 中标注。

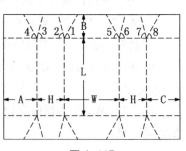

①A＝C＝W/2+5；B＝H－T；∠1＝∠3＝∠5＝∠7；∠2＝∠4＝∠6＝∠8。

②其他未注明尺寸可根据前述酌情自行给出。

③本图上下对称，只须绘制 1/2 然后镜像复制即可。

图 4-117

49. 披叠式压翼盒

(1) 图 4-118 为平面展开图，成型效果扫描本章首页二维码见图 4-118a。

(2) L（长）、W（宽）、H（高）、A 的值已知，T = 纸厚。

(3) 各个收纸位及尺寸关系见图 4-118 中标注。

① B = C = W/2；D = [12mm，15mm]；E ≈ W/4；F = L - T；其他未注明尺寸可根据前述酌情自行给出。

②本图上下对称，只须绘制 1/2 然后镜像复制即可。

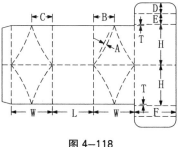

图 4-118

50. 披叠式压翼盒

(1) 图 4-119 为平面展开图，成型效果扫描本章首页二维码见图 4-119a。

(2) L（长）、W（宽）、H（高）、A 的值已知，T = 纸厚。

(3) 各个收纸位及尺寸关系见图 4-119 中标注。

① B = C = W/2；D = [12mm，15mm]；E ≈ W/4；F = L - T。

②其他未注明尺寸可根据前述酌情自行给出。

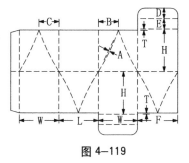

图 4-119

第三节　连体式包装结构

1. 侧壁弧翼带防尘壁连体式包装

(1) 图 4-120 为平面展开图，成型效果扫描本章首页二维码见图 4-120a。

(2) L（长）、W（宽）、H（高）的值已知，T = 纸厚。

(3) 各个收纸位及尺寸关系见图 4-120 中标注。

① A = H - 2T；B ≤ L - T；C = H - 2T；D = L - 2T；E = L - T；F = L - T；R = L - 2T。

②锚锁设置参看图 2-48 介绍；其他未注明尺寸可根据前述酌情自行给出。

③本图上下对称，只须绘制 1/2 然后镜像复制即可。

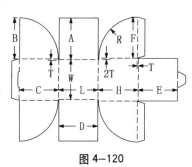

图 4-120

2. 侧壁弧翼连体式包装

(1) 图 4-121 为平面展开图，成型效果扫描本章首页二维码见图 4-121a。

(2) L（长）、W（宽）、H（高）的值已知，T = 纸厚。

(3) 各个收纸位及尺寸关系见图 4-121 中标注。

① A = H - 2T；B = W - 2T；C = H - 2T；D = W - 4T；E = L - T；F = L - T；R = L - 2T。

②锚锁设置参看图 2-48 介绍；其他未注明尺寸可根据前

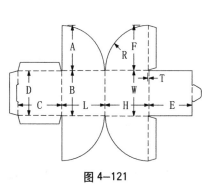

图 4-121

述酌情自行给出。

③本图上下对称，只须绘制 1/2 然后镜像复制即可。

3. 侧壁双三角形对开系扣包装

(1) 图 4-122 为平面展开图，成型效果扫描本章首页二维码见图 4-122a。

(2) L（长）、W（宽）、H（高）的值已知，T = 纸厚。

(3) 各个收纸位及尺寸关系见图 4-122 中标注。

①本图最易忽略亚瑟扣襟片上的四个避位孔：可通过 O 点提取逆时针旋转 90° 至 O_1 点放置，其他孔同样。

②A = H－2T；B = L－2T；C = H－T；D = W－T；E = L；F = H；G = W－T；J = W－2T；K = L－2T；∠1 + ∠2 = 90°。

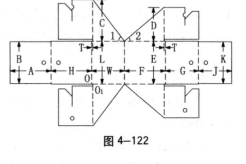

图 4-122

③亚瑟扣设置参看图 2-63、图 2-64 介绍，其他未注明尺寸可根据前述酌情自行给出。

④本图上下对称（亚瑟扣方向除外），只须绘制 1/2 然后镜像复制即可。

4. 可打开悬挂展示侧壁双三角形对开系扣包装

(1) 图 4-123 为平面展开图，成型效果扫描本章首页二维码见图 4-123a、图 4-123b。

(2) L（长）、W（宽）的值已知，T = 纸厚。

(3) 各个收纸位及尺寸关系见图 4-123 中标注。

①A = W－2T；B ≤ L/2－孔径；C = L－2T；D = W－T；E = W－T；F = L－2T；∠1 = ∠2 = 45°。

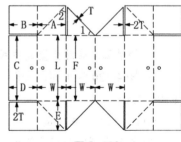

②其他未注明尺寸可根据前述酌情自行给出。

图 4-123

③本图上下左右对称，只须绘制 1/4 然后镜像复制即可。

5. 连体式对开盒

(1) 图 4-124 为平面展开图，成型效果扫描本章首页二维码见图 4-124a。

(2) L（长）、W（宽）、H（高）的值已知，T = 纸厚。

(3) 各个收纸位及尺寸关系见图 4-124 中标注。

①本图盒型单侧属 Kwikset 式盘式盒，可参看图 2-54 介绍。

②A = H＋T；其他未注明尺寸可根据前述酌情自行给出。

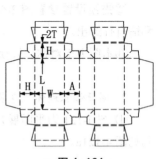

图 4-124

③本图上下左右对称，只须绘制 1/4 然后镜像复制即可。

6. 带挂孔敞开式盒

(1) 图 4-125 为平面展开图，成型效果扫描本章首页二维码见图 4-125a。

(2) L（长）、H（高 = H1＋H2）、W（宽）、A、B 的值已知，T = 纸厚。

（3）各个收纸位及尺寸关系见图 4-125 中标注。

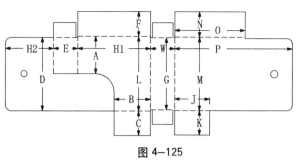

图 4-125

① C = W － T；P = H1 + H2 － T；D = L － 2T；E = W － 2T；F = W － T；G = L － 4T；J = B － 1mm；K = W － T；M = L － 2T；N = W － T；O = H1 － 1mm。

②孔需对称重合，其他未注明尺寸可根据前述酌情自行给出。

7. 带撕拉位卧式翻盖盒

（1）图 4-126 为平面展开图，成型效果扫描本章首页二维码见图 4-126a。

（2）L（长）、H（高）、W（宽）、A 的值已知，T = 纸厚。

（3）各个收纸位及尺寸关系见图 4-126 中标注。

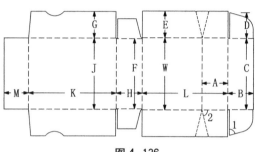

图 4-126

① B = H － T；C = W － 2T；D ≤ A；E = H － T；F = W － 4T；G = H － T；J = W － 2T；K = L － T；M = H － T；∠1 = ∠2。

②其他未注明尺寸可根据前述酌情自行给出。

8. 侧壁梯形顶部开窗包装

（1）图 4-127 为平面展开图，成型效果扫描本章首页二维码见图 4-127a。

（2）L（长）、L1、H（高）、W（宽）的值及开窗已知，T = 纸厚。

（3）各个收纸位及尺寸关系见图 4-127 中标注。

①本图盒型改竖立则为双压翼插舌盒，细节设置可参看图 3-38 介绍；A = W；B = H － T；∠1 ≤ ∠2。

②其他未注明尺寸可根据前述酌情自行给出。

③本图上下对称，只须绘制 1/2 然后镜像复制即可。

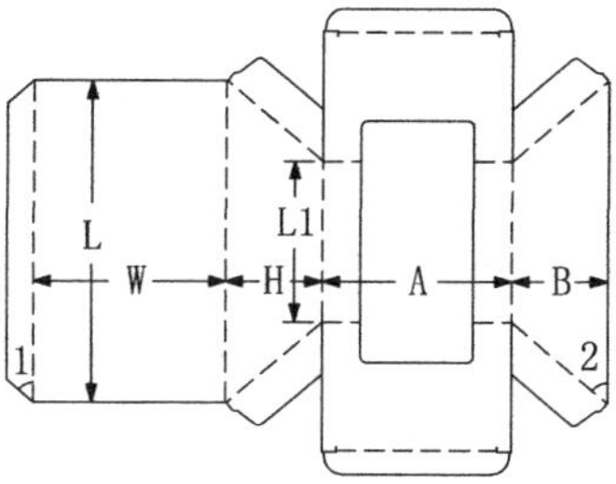

图 4-127

9. 花店包装

（1）图 4-128 为平面展开图，成型效果扫描本章首页二维码见图 4-128a。

（2）L（长）、W（宽）、H（高）、A、B、C、∠1 的值及开窗已知，T = 纸厚。

（3）各个收纸位及尺寸关系见图 4-128 中标注。

①本图盒型左侧为双压翼插舌盒，细节设置可参看第一章节介绍。

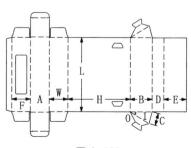

图 4-128

②D＝C－T；E＝H－A－B；F＝W－T；背面上部扣位孔与插舌襟片以O为基点逆时针旋转180°－∠1后重合。

10. 亚瑟扣压翼包底包装

(1) 图4-129为平面展开图，成型效果扫描本章首页二维码见图4-129a。

(2) L（长）、W（宽）、H（高）、A的值已知。

(3) 各个收纸位及尺寸关系见图4-129中标注。

① B＝W－T；C＝H－T；D＝H－2T；E＝W＋T；F＝A。

②亚瑟扣设置参看图2-63、图2-64介绍，其他未注明尺寸可根据前述酌情自行给出。

③本图上下对称（亚瑟扣方向除外），只须绘制1/2然后镜像复制即可。

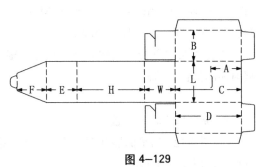

图4-129

11. 侧壁插扣成型包底包装

(1) 图4-130为平面展开图，成型效果扫描本章首页二维码见图4-130a。

(2) L（长）、W（宽）、H（高）、A的值已知，T＝纸厚。

(3) 各个收纸位及尺寸关系见图4-130中标注。

① B＝H－T；C＝W－T；D＝H/2；E＝D；F＝W＋T；G＝A。

②锚锁设置参看图2-48介绍；插扣设置参看图3-4、图3-5介绍，其他未注明尺寸可根据前述酌情自行给出。

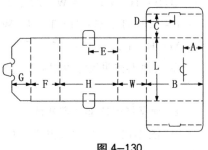

图4-130

12. 仿坤包结构包装

(1) 图4-131为平面展开图，成型效果扫描本章首页二维码见图4-131a。

(2) L（长）、L1、W（宽）、W1、H（高）、A、B的值及异型端面abcd已知，T＝纸厚。

(3) 各个收纸位及尺寸关系见图4-131中标注。

① C＝H＋T；D＝L1/2；E＝W1－T；F＝W－T；G＝B－T。

②背面扣位及边线均以"异型端面abcd的轴线"为法线镜像复制而得（OO₁为参考线，实际并不存在）。

③亚瑟扣设置参看图2-63、图2-64介绍，其他未注明尺寸可根据前述酌情自行给出。

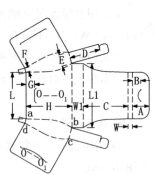

图4-131

13. 内华克锁倒梯形结构包装

(1) 图4-132为平面展开图，成型效果扫描本章首页二维码见图4-132a。

（2）L（长）、W（宽）、W1、H（高）、A 的值已知，T＝纸厚。

（3）各个收纸位及尺寸关系见图 4-132 中标注。

① B ≈ 2H/3；C ＝ W1 － T；D ＝ W － T；E ＝ B；F ＝ A + T；G ＝ L － 2T；J ＝ H － T；K ＝ L － 4T。

②华克锁设置参看图 2-42 介绍；其他未注明尺寸可根据前述酌情自行给出。

③本图上下对称，只须绘制 1/2 然后镜像复制即可。

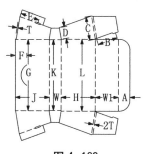

图 4-132

14. 包底四棱台压翼插扣结构包装

（1）图 4-133 为平面展开图，成型效果扫描本章首页二维码见图 4-133a。

（2）L（长）、W（宽）、W1、H（高）的值已知，T＝纸厚。

（3）各个收纸位及尺寸关系见图 4-133 中标注。

① A ＝ W1 － T；B ＝ W － T；盒盖、插舌、防尘翼的设置参看第一章节介绍。

②其他未注明尺寸可根据前述酌情自行给出。

③本图上下对称，只须绘制 1/2 然后镜像复制即可。

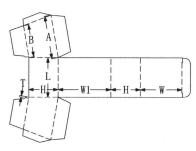

图 4-133

15. 侧壁凹进底部插扣成型包装

（1）图 4-134 为平面展开图，成型效果扫描本章首页二维码见图 4-134a、图 4-134b。

（2）L（长）、W（宽）、H（高）、A 的值已知，T＝纸厚。

（3）各个收纸位及尺寸关系见图 4-134 中标注。

①由图 4-134 可知 H ＝ W + T；B ＝ W × π/2；C ≈ 2W/3；D ＝ H － 2T；E ＝ C － T；R ＝ W － T。

②其他未注明尺寸可根据前述酌情自行给出。

③本图上下对称，只须绘制 1/2 然后镜像复制即可。

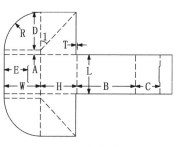

图 4-134

16. 仿厢式货车压翼插扣成型包装

（1）图 4-135 为平面展开图，成型效果扫描本章首页二维码见图 4-135a。

（2）图上所标参数已知，T＝纸厚。

（3）各个收纸位及尺寸关系见图 4-135 中标注。

①左侧单斜面压翼插扣盖及防尘翼设置参看图 3-38 介绍。

②右侧盒盖及防尘翼设置参看图 3-39 的多面顶盖双插盒介绍。

③其他未注明尺寸可根据前述酌情自行给出。

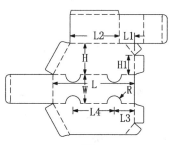

图 4-135

17. 仿六轮卡车压翼插扣成型包装

（1）图4-136为平面展开图，成型效果扫描本章首页二维码见图4-136a。图4-137所标参数"L1至L11"及图4-136中W（宽）的值已知，T＝纸厚。

（2）各个收纸位及尺寸关系见图4-136中标注。

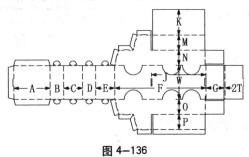

图4-136

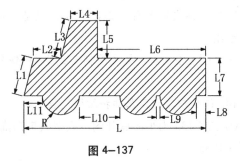

图4-137

① A＝L5＋L7－T；B＝L4；C＝L3；D＝L2；E＝L1；F＝L＋T；G＝L7；J＝L6；K＝W－4T；M＝L7－T；N＝L7；O＝N；P＝M。

②右侧华克锁设置参看图2-42的介绍；锚锁设置参看图2-48的介绍。

18. 仿蒸汽机车型包装

（1）图4-138为平面展开图，成型效果扫描本章首页二维码见图4-138a。

（2）横向面及W值已知，T＝纸厚。

（3）各个收纸位及尺寸关系见图4-138中标注。

①本图盒型需给出全部外型条件，结构简单，A＝B＝W－T。

②其他未注明尺寸可根据前述酌情自行给出。

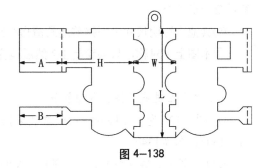

图4-138

19. 仿列车车厢型包装

（1）图4-139为平面展开图，成型效果扫描本章首页二维码见图4-139a。

（2）横向面及W值已知，T＝纸厚。

（3）各个收纸位及尺寸关系见图4-139中标注。

①本图盒型需给出全部外型条件，结构简单，A＝W－T。

②其他未注明尺寸可根据前述酌情自行给出。

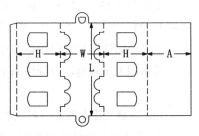

图4-139

20. 仿货运列车车厢型包装

（1）图4-140为平面展开图，成型效果扫描本章首页二维码见图4-140a。

（2）横向面及W值已知，T＝纸厚。

（3）各个收纸位及尺寸关系见图4-140中标注。

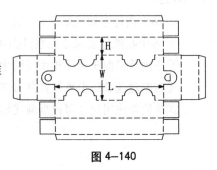

图4-140

①本图盒型需给出全部外型条件，结构为双壁压锁式盘式盒，可参看图 2-50 的介绍。

21. 仿铁路守车车厢型包装

(1) 图 4-141 为平面展开图，成型效果扫描本章首页二维码见图 4-141a。

(2) 横向面及 W（宽）的值已知，T＝纸厚。

(3) 各个收纸位及尺寸关系见图 4-141 中标注。

①本图盒型需给出全部外型条件，结构简单，A＝W－T。

②其他未注明尺寸可根据前述酌情自行给出。

③本图左右主体对称，只须绘制 1/2 然后镜像复制即可。

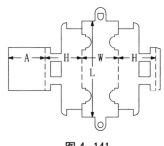

图 4-141

22. 仿人脸花窗包装

(1) 图 4-142 为平面展开图，成型效果扫描本章首页二维码见图 4-142a。

(2) L（长）、W（宽）、H（高）值及人脸开窗已知，T＝纸厚。

(3) 各个收纸位及尺寸关系见图 4-142 中标注。

①本图盒型需给出全部外型条件，结构简单，A＝W×π；R＝W/2。

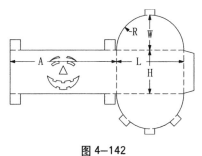

图 4-142

23. 仿雪橇压翼插扣包装

(1) 图 4-143 为平面展开图，成型效果扫描本章首页二维码见图 4-143a。

(2) L（长）、W（宽）、H（高）、H1、A 值及异型部分已知。

(3) 各个收纸位及尺寸关系见图 4-143 中标注。

① B＝W－2T；C＝上底为 H 下底为 H1 斜边为 L 的直角梯形的高；D＝H－A－T；E＝H1－A－T；∠1＝∠2＝90°。

②两端的压翼插舌盒盖与防尘翼设置细节参看第一章节；其他未注明尺寸可根据前述酌情自行给出。

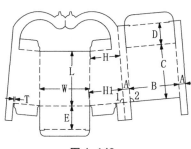

图 4-143

24. 仿房屋结构包装

(1) 图 4-144 为平面展开图，成型效果扫描本章首页二维码见图 4-144a。

(2) L（长）、W（宽）、H（高）、H1、A 值及异型部分已知。

(3) 各个收纸位及尺寸关系见图 4-144 中标注。

① B＝W；C＝W/2；D＝H；E＝H1；F＝[25mm，30mm]；G＝（L－F）/2；J＝G－1mm。

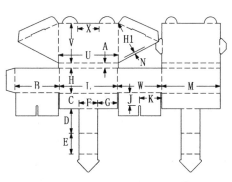

图 4-144

②K＝W/2；M＝L－T；N≈A/2；U＝L＋2T；V＝直角边分别为"H1""W/2"的直角三角形斜边长＋A；X＝F＋2mm。

③其他未注明尺寸可根据前述酌情自行给出。

④本图左右主体均沿中线对称，均只须绘制1/2然后分别镜像复制即可。

25. 斜面对角侧向开合包装

(1) 图4-145为平面展开图，成型效果扫描本章首页二维码见图4-145a、图4-145b。

(2) L（长）、W（宽）、H（高）值已知，T＝纸厚。

(3) 各个收纸位及尺寸关系见图4-145中标注。

①斜口双壁部分的设置参看图2-81介绍；A＝B＝H；C＝H－T。

②其他未注明尺寸可根据前述酌情自行给出。

③本图旋转相等，均只须绘制1/2然后按侧壁中心旋转复制即可。

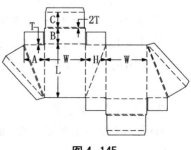

图4-145

26. 斜面对角翻盖开合包装

(1) 图4-146为平面展开图，成型效果扫描本章首页二维码见图4-146a。

(2) L（长）、W（宽）、H（高）值已知，T＝纸厚。

(3) 各个收纸位及尺寸关系见图4-146中标注。

①斜口双壁部分的设置参看图2-81介绍；A＝B＝H。

②其他未注明尺寸可根据前述酌情自行给出。

③本图上下对称且水平相等，只须绘制1/4然后镜像复制，再平移复制即可。

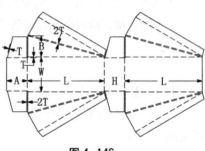

图4-146

27. 双壁斜面对角翻盖开合包装

(1) 图4-147为平面展开图，图4-148为说明部件绘制计算过程草图，成型效果扫描本章首页二维码见图4-147a、图4-147b、图4-147c。

(2) L（长）、W（宽）、H（高）值及盒内空梯形$OO_1O_2O_3$与梯形$PP_1P_2P_3$已知，T＝纸厚。

(3) 各个收纸位及尺寸关系见图4-147中标注。为说明图4-147中各部件的绘制，需结合图4-148中的标示来加以解析。（梯形$OO_1O_2O_3$＝梯形$PP_1P_2P_3$，P_{10}点为线P_3P_2延长至边的交点，P_{11}点为线PP_1延长至边的交点）

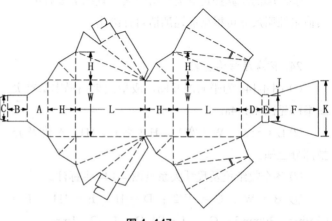

图4-147

①左侧底盒部分绘制：最关键在于 $\triangle O_3O_4O_5$ 与 $\triangle O_3O_6O_7$ 的绘制，其他部件较易，以下结合图 4-148 分别讲解。

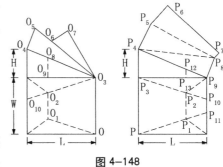

图 4-148

a. 根据已知 L（长）、H（高）值，线 O_3O_4 值可得，$\angle O_3O_4O_5 = 90°$、$\angle O_5O_3O_4 = \angle O_2O_3O_9$（该角度已知），所以 $\triangle O_3O_4O_5$ 可得。

b. 线 O_3O_6 长 = 线 O_3O_8 长，由于 O_1、O_2、O_8、O_9 在同一垂直线上，所以线 O_3O_8 长可测知，从而线 O_3O_6 长可得；而成型后 O_7 点与 O_2 点重合，则有线 O_6O_7 长 = 线 O_8O_9 长（可测知）；再加上 $\angle O_3O_7O_6 = 90°$；所以 $\triangle O_3O_7O_6$ 可得。

c. 图 4-147 中 ABC 的取值：A = 线 O_8O_4 长（可测知）；B = 线 O_8O_9 长（可测知）；C = 线 O_1O_2 长（已知）。

d. 亚瑟扣、细部收纸位及压锁襟片的设置可根据前述酌情自行给出。

②右侧底盖部分绘制：最关键在于 $\triangle P_4P_9P_8$ 与 $\triangle P_4P_5P_8$ 及梯形 $P_5P_6P_7P_8$ 的绘制，以下结合 4-148 分别讲解。

a. 根据已知 L（长）、H（高）值，线 P_9P_4 值可得，$\angle P_4P_9P_8 = 90°$、线 P_9P_8 长 = 线 P_9P_{10} 长，所以 $\triangle P_4P_9P_8$ 可得。

b. 由上步 $\triangle P_4P_9P_8$ 已得，则线 P_4P_8 长可得；线 P_4P_5 长 = H，$\angle P_4P_5P_8 = 90°$，所以 $\triangle P_4P_5P_8$ 可得。

c. 梯形 $P_5P_6P_7P_8$ = 梯形 $PP_{11}P_{10}P_3$ 的一半（水平中分，$\angle P_5P_6P_7 = \angle P_6P_7P_8 = 90°$）。

d. 图 4-147 中 DEFJK 的取值：D = 线 P_9P_{12} 长（可测知）；E = 线 $P_{12}P_{13}$ 长（可测知）；FJK 所在梯形 = 梯形 $PP_1P_2P_3$（已知）。

e. 华克锁、细部收纸位及压锁襟片的设置可根据前述酌情自行给出。

③其他未注明尺寸可根据前述酌情自行给出。

④本图上下对称，只须绘制 1/2 然后镜像复制即可。

28. 华克锁插扣分隔包装

（1）图 4-149 为平面展开图，成型效果扫描本章首页二维码见图 4-149a。

（2）L（长）、W（宽）、H（高）、A 值已知，T = 纸厚。

（3）各个收纸位及尺寸关系见图 4-149 中标注。

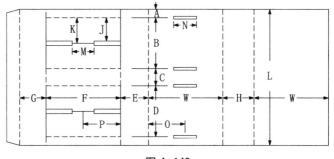

图 4-149

① B = 2H − 2T + 2mm；C = L − 2A − 2B；D = B；E = H − T；F = W − T；G = H − 2T；J = H − 2T；K = E + 1mm；M = [25mm，30mm]；N = M + 2；O = P = W/2。

②其他未注明尺寸可根据前述酌情自行给出。

③本图上下对称，只须绘制 1/2 然后镜像复制即可。

29. 六边形蹼襟插扣包装

(1) 图 4-150 为平面展开图，成型效果扫描本章首页二维码见图 4-150a。

(2) L（长）、H（高）、A 值已知，T = 纸厚。

(3) 各个收纸位及尺寸关系见图 4-150 中标注。

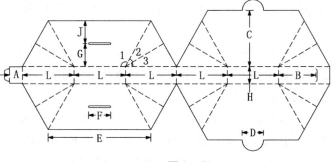

图 4-150

① B = L – A；C ≈ L × 1.3；
D = [25mm，30mm]；E = L × 2；F = D + 2mm；G = L × 0.43；J = L × 0.43；∠1 = 120°；∠2 = ∠3 = 30°。

②其他未注明尺寸可根据前述酌情自行给出。

30. "L"形蹼襟包装

(1) 图 4-151 为平面展开图，成型效果扫描本章首页二维码见图 4-151a。

(2) L（长）、L1、W（宽）、W1、H（高）值已知，T = 纸厚。

(3) 各个收纸位及尺寸关系见图 4-151 中标注。

① A = H – 2T；B = L1 – W – T；C = W1 – T；D = H – 4T；E = W1 – T；F = W – T；G = H – 4T；J = L – T；K = H – 2T；M = W – T。

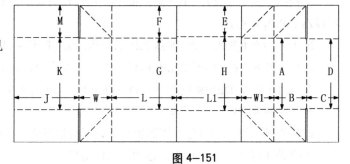

图 4-151

②其他未注明尺寸可根据前述酌情自行给出。

③本图上下对称，只须绘制 1/2 然后镜像复制即可。

31. 双盖板插扣包装

(1) 图 4-152 为平面展开图，成型效果扫描本章首页二维码见图 4-152a。

(2) L（长）、W（宽）、H（高）值已知。

(3) 各个收纸位及尺寸关系见图 4-152 中标注。

① A ≤ L – 2T；B ≤ W – T；C = H – T；D = L – 2T；E ≤ W/2；F = H – 2T；G = W – T。

②其他未注明尺寸可根据前述酌情自行给出。

③本图上下对称，只须绘制 1/2 然后镜像复制即可。

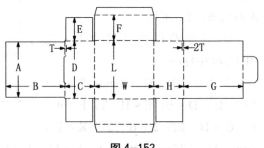

图 4-152

32. 带挂孔锥台型包装

(1) 图 4-153 为平面展开图，成型效果扫描本章首页二维码见图4-153a。

(2) L（长）、W（宽）、H（高）、A 值已知，T = 纸厚。

(3) 各个收纸位及尺寸关系见图 4-153 中标注。

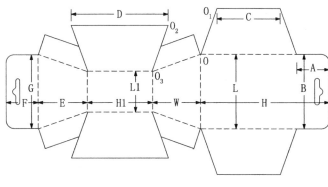

图 4-153

① 本图盒型绘制关键在保证 $OO_1 = OO_2 = O_2O_3$；$B = L-1mm$；$C = H1$；$D = H-A$；$E = W-T$；$F = A+0.5mm$；$G = L$。

②飞机挂孔的设置参看图3-4、图3-5介绍；其他未注明尺寸可根据前述酌情自行给出。

③本图上下对称，只须绘制 1/2 然后镜像复制即可。

33. 蹼角带拉链刀黏封包装

(1) 图 4-154 为平面展开图，成型效果扫描本章首页二维码见图4-154a。

(2) L（长）、W（宽）、H（高）、A、B 值已知，T = 纸厚。

(3) 各个收纸位及尺寸关系见图 4-154 中标注。

① $C = H-T$；$D = L-2T$；$E = A$；$F = H-T$；$G = L-2T$；$J = W-T$；$K = H-T$。

②拉链刀的设置参看图1-49介绍；其他未注明尺寸可根据前述酌情自行给出。

③本图上下对称，只须绘制 1/2 然后镜像复制即可。

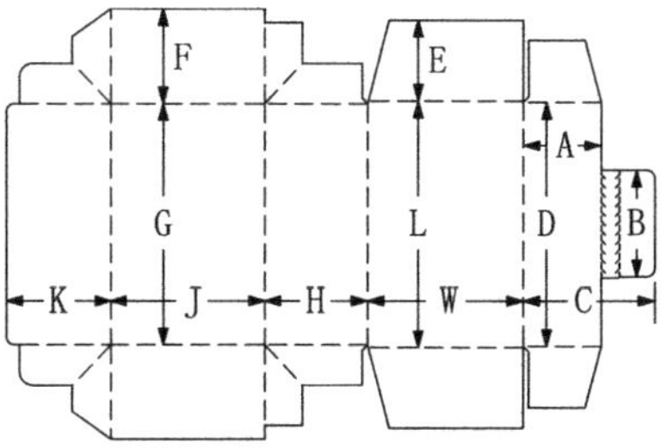

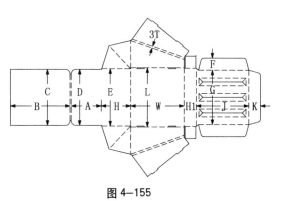

图 4-154

34. 华克锁带分隔衬垫包装

(1) 图 4-155 为平面展开图，成型效果扫描本章首页二维码见图4-155a。

(2) L（长）、W（宽）、H（高）、H1、A 值及开窗已知，T = 纸厚。

(3) 各收纸位及尺寸关系见图 4-155 中标注。

① $B = A+H-T$；$C = L-6T$；$D = L-6T$；$E = L-4T$；$F = H1-T$；$G = L-2T$；$J = L-6T-2mm$；$K = H1-T$。

②斜口双壁部分的设置参看图2-81介绍；其他未注明尺寸可根据前述酌情自行给出。

③本图上下对称，只须绘制 1/2 然后镜像复制即可。

图 4-155

35. 边棱插扣对开盖结构包装

（1）图 4-156 为平面展开图，成型效果扫描本章首页二维码见图 4-156a。

（2）L（长）、W（宽）、H（高）值已知，T=纸厚。

（3）各个收纸位及尺寸关系见图 4-156 中标注。

① A 一般取值 W/2 ；B=L-2T ；C≤H-T ；D≈W/2 ；E=H-T ；F≤D/2 ；G=W-A ；J=W-2T 。

②其他未注明尺寸可根据前述酌情自行给出。

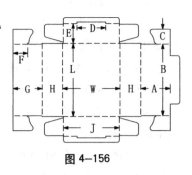

图 4-156

36. 边插通道锁合结构包装

（1）图 4-157 为平面展开图，成型效果扫描本章首页二维码见图 4-157a。

（2）L（长）、W（宽）、H（高）、H1、A、F、J 值已知，T=纸厚。

（3）各个收纸位及尺寸关系见图 4-157 中标注。

① B=C=W-T ；D=L-T ；E=G=W-2T ；K=J-T ；M=A+T ；N=W-T ；O=A-T ；P=L-3T ；Q=L-5T 。

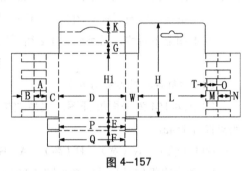

图 4-157

37. 华克锁提手结构包装

（1）图 4-158 为平面展开图，成型效果扫描本章首页二维码见图 4-158a。

（2）L（长）、W（宽）、H（高）值已知。

（3）各个收纸位及尺寸关系见图 4-158 标注。

① A=W/2-T ；B=W-T ；C=H+T ；D=L-4T-2 ；E≤W-T ；F≤H/2 ；G=L-2T ；J=W-T ；K=W ；M=W-T ；N=[120mm，150mm]。

②华克锁设置参看图 2-42 介绍。

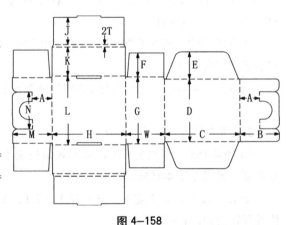

图 4-158

38. 带提手结构对开包装

（1）图 4-159 为平面展开图，成型效果扫描本章首页二维码见图 4-159a。

（2）L（长）、W（宽）、H（高）值已知，T=纸厚。

（3）各个收纸位及尺寸关系见图 4-159 标注。

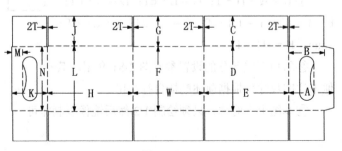

图 4-159

① $A \leqslant W/2 + M$；$B = W/2$；$C = W/2 + 1mm$；$D = L$；$E = H$；$F = L - 2T$；$G < H/2$；$J = W/2 + 1mm$；$K = W/2$；$M = [25mm，30mm]$；$N = L - 2T$。

②提手位设置参看图3-88介绍；其他未注明尺寸可根据前述酌情自行给出。

③本图上下对称，只须绘制1/2然后镜像复制即可。

39．八棱柱插扣对开盖包装

(1) 图4-160为平面展开图，成型效果扫描本章首页二维码见图4-160a。

(2) L（长）、W（宽）、H（高）、A、B、C值已知，T＝纸厚。

(3) 各个收纸位及尺寸关系见图4-160标注。

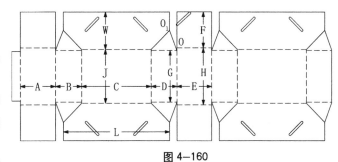

图4-160

①本图盒型的重点在于插扣孔的设置：需保证以O点提取，逆时针旋转90°后以O_1点放置。

② $D = B$；$E = A$；F的取值应与插扣孔配套；$G = H - 4T$；$J = H - 2T$。

③其他未注明尺寸可根据前述酌情自行给出。

④本图上下对称，只须绘制1/2然后镜像复制即可。

40．中心插扣襟片作卷轴对开盖包装

(1) 图4-161为平面展开图，成型效果扫描本章首页二维码见图4-161a。

(2) L（长）、W（宽）、H（高）值及卷轴宽高（G、E）已知，T＝纸厚。

(3) 各个收纸位及尺寸关系见图4-161标注。

①本图盒型的重点在于"中心插扣襟片作卷轴"的设置。

② $A = W$；$B = H - 2T$；$C = L/2 - T$；$D = E$；$F = W/2 - T$；$J = G - 4T$；$K = M = E/2$；$N = G/2$；$O = L - T$；$P = W - 2T$；$Q = L - 2T$。

图4-161

③侧壁的开窗按需设置，其他未注明尺寸可根据前述酌情自行给出。

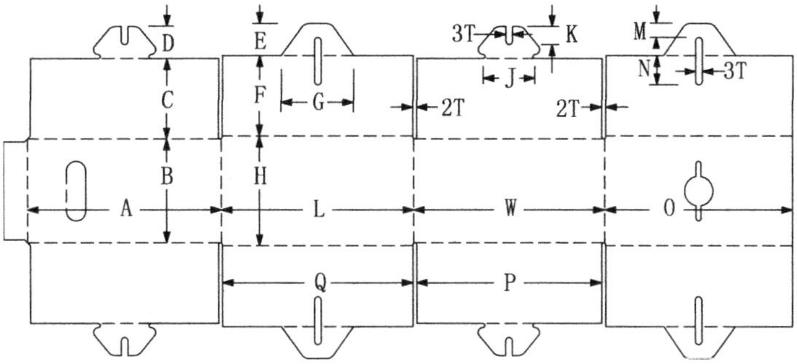

41．华克锁带提手孔翻盖收纳盒

(1) 图4-162为平面展开图，成型效果扫描本章首页二维码见图4-162a。

(2) L（长）、W（宽）、H（高）、A值已知，T＝纸厚。

(3) 各个收纸位及尺寸关系见图4-162标注。

①本图盒型与图3-244近似；盒盖部分的结构参看图2-43介绍。

② B = W + 2T + 2mm；C = H − 2T；D = H − 2T；E = W − T；F ≤ L/2；G = W − 2T；J = W − T；K = H − 4T；M = L − 2T；N = H − T；P = L + 2T + 2mm。

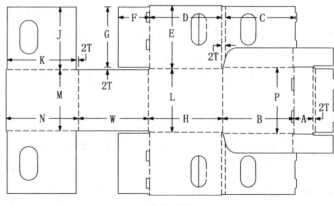

③提手位的尺寸扩大及旋转复制参看图3-189介绍；其他未注明尺寸可根据前述自行给出。

图4-162

④本图上下对称，只须绘制1/2然后镜像复制即可。

42. 八棱柱华克锁带提手翻盖收纳盒

(1) 图4-163为平面展开图，成型效果扫描本章首页二维码见图4-163a。

(2) L（长）、W（宽）、H（高）、A、B、C值及提手位已知，T＝纸厚。

(3) 各个收纸位及尺寸关系见图4-163标注。

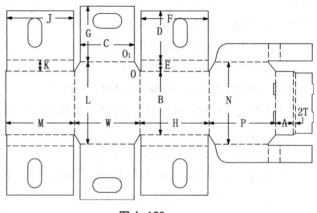

①本图盒型与图3-244近似；盒盖部分的结构参看图2-43介绍。

② D = C − T；E = 线 OO_1 长 − T；F = H − 2T；G = H − T；J = H − T；K = 线 OO_1 长 + T；M = H − T；N = L + 2T + 2mm；P = W + 2T + 2mm。

图4-163

③提手位的尺寸扩大及旋转复制参看图3-189介绍；其他未注明尺寸可根据前述自行给出。

④本图上下对称，只须绘制1/2然后镜像复制即可。

第四节 分体组合、手袋、多间壁类包装结构

一、分体组合

1. 两件式抽拉套盒

(1) 图4-164为平面展开图，成型效果扫描本章首页二维码见图4-164a。

(2) L（长）、W（宽）、H（高）、A值已知，T＝纸厚。

(3) 各个收纸位及尺寸关系见图4-164标注。

① B = H − A；C = W − 2T；D ≥ 12mm；E = W − 2T；F = L − 2T；

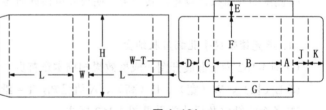

图4-164

$G = H - T$；$J = W - 2T$；$K \geqslant 12$。

②其他未注明尺寸可根据前述酌情自行给出。

③本图的单件均上下对称，只须绘制 1/2 然后镜像复制即可。

2. 带抽拉位两件式套盒

（1）图 4-165 为平面展开图，成型效果扫描本章首页二维码见图 4-165a。

（2）L（长）、W（宽）、H（高）、A、M 值已知，T = 纸厚。

（3）各个收纸位及尺寸关系见图 4-165 标注。

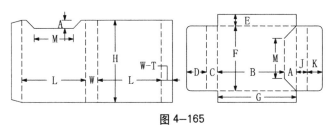

图 4-165

①$B = H - A$；$C = W - 2T$；$D \geqslant 12mm$；$E = W - 2T$；$F = L - 2T$；$G = H - T$；$J = W - 2T$；$K \geqslant 12mm$。

②其他未注明尺寸可根据前述酌情自行给出。

3. 连体式对开盒 + 多格敞口盒

（1）图 4-166 为平面展开图，成型效果扫描本章首页二维码见图 4-166a、图 4-166b。

（2）L（长）、W（宽）、H（高）值及开窗位已知，T = 纸厚。

（3）各收纸位及尺寸关系见图 4-166 标注。

①$A = L - 4T$；$B = L - 2T$；$C = L - 2T$；$D = L - 4T$；$E = W/2 - T$；$F = W/2 - 2T$；$G = H - 3T$；$J = M = Q = H - 5T$；$K = N = W - 6T$；$P = L - 6T$。

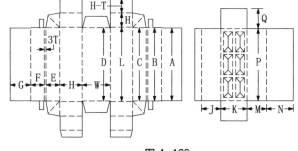

图 4-166

②其他未注明尺寸可根据前述自行给出。

4. 四隔间敞口两件套盒

（1）图 4-167 为平面展开图，成型效果扫描本章首页二维码见图 4-167a、图 4-167b。

（2）L（长）、W（宽）、H（高）、H1、H2 值已知，T = 纸厚。

（3）各个收纸位及尺寸关系见图 4-167 标注。

①左图结构为 Kwikset 式带加强片盘式盒,具体设置可参看图 2-55 介绍。

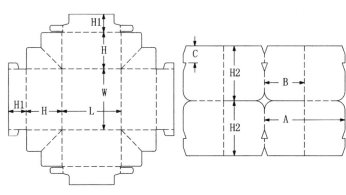

图 4-167

②右图结构简单：A = 长宽为 L、W 的矩形对角线长 - 2T；B = A/2；C = H - H1 - 2T。

5. 蹼襟底盒边棱插扣罩盖两件套盒

(1) 图 4-168 为平面展开图,成型效果扫描本章首页二维码见图 4-168a。

(2) L(长)、W(宽)、H(高)、A 值已知,T = 纸厚。

(3) 各个收纸位及尺寸关系见图 4-168 标注。

① 本图结构简单:B = L + 2T;C = H;D = W + 2T;E = H。

② 锚锁插扣设置参看图 2-48 介绍,其他未注明尺寸可根据前述酌情自行给出。

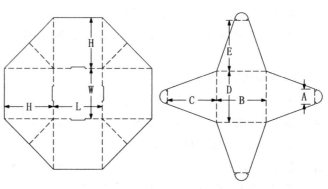

图 4-168

6. 蹼襟底盒边棱插扣罩盖两件套盒

(1) 图 4-169 为平面展开图,成型效果扫描本章首页二维码见图 4-169a。

(2) L(长)、H(高)、A、B 值已知,T = 纸厚。

(3) 各个收纸位及尺寸关系见图 4-169 标注。

① 本图结构简单:C = B + 2T;D = L + 1.5T(理论上的值为 D = L + 1.15T);E = A。

② 锚锁插扣设置参看图 2-48 介绍;其他未注明尺寸可根据前述自行给出。

③ 本图的单件均旋转相同,只须绘制 1/6 然后旋转复制即可。

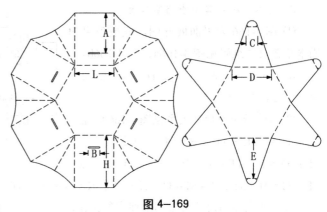

图 4-169

7. 蹼襟四棱台底盒 + 罩盖两件套盒

(1) 图 4-170 为平面展开图,成型效果扫描本章首页二维码见图 4-170a。

(2) L(长)、L1、W(宽)、W1、H(高)、H1 值已知,T = 纸厚。

(3) 各收纸位及尺寸关系见图 4-170 标注。

① 左图已知条件全部给出,右图结构为压锁双壁盘式盒。

② A = L1 + 6T + 2mm;B = W1 + 4T + 2 mm;C = F = H1 - T;D = E = [12mm,15mm];G = H1;J < B/2;K = A - 2T;M = A - 4T;N = B - 1mm;P = B - 4T。

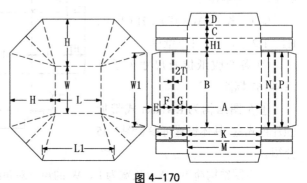

图 4-170

③其他未注明尺寸可根据前述酌情自行给出。

④本图的单件均上下左右对称，只须绘制 1/4 然后镜像复制即可。

8. 蹼襟五棱台底盒 + 罩盖两件套盒

(1) 图 4-171 为平面展开图，成型效果扫描本章首页二维码见图 4-171a。

(2) L（长）、L1、A、H（高）、H1 值已知，T = 纸厚。

(3) 各个收纸位及尺寸关系见图 4-171 标注。

①左图已知条件全部给出，右图结构为正五边形压锁双壁盘式盒，具体设置可参看图 2-91 介绍。

②B = L1 + 2T（理论上的值为 B = L + 1.45T）；C = [12mm，15mm]；其他未注明尺寸可根据前述酌情自行给出。

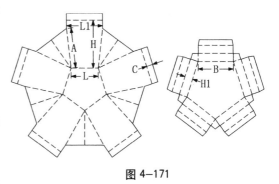

图 4-171

9. 底面平行四边形托盘盒 + 外封套两件套盒

(1) 图 4-172 为平面展开图，成型效果扫描本章首页二维码见图 4-172a。

(2) L（长）、W（宽）、H（高）、A 值已知。

(3) 各个收纸位及尺寸关系见图 4-172 标注。

①右图结构为底面平行四边形压锁盘式盒，具体设置可参看图 2-89 介绍。

②B = A + 2T + 1mm；C = H + 2T + 1mm；D = B；E = C − T；F = G = L；∠2 = ∠1。

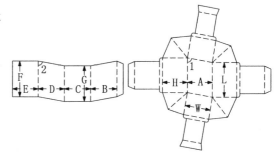

图 4-172

10. 六面均为平行四边形托盘盒 + 外封套两件套包装

(1) 图 4-173 为平面展开图，成型效果扫描本章首页二维码见图 4-173a、图 4-173b。

(2) L（长）、W（宽）、H（高）、A 值已知，T = 纸厚。

(3) 各收纸位及尺寸关系见图 4-173 标注。

①右图结构为六面均为平行四边形压锁盘式盒，具体设置可参看图 2-90 介绍。

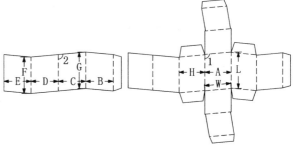

图 4-173

②B = H + 2T + 1mm；C = A + 2T + 1mm；D = B；E = C − T；F = G = L；∠2 = ∠1。

11. 压翼插扣底内盒 + 外封套两件套包装

(1) 图 4-174 为平面展开图，成型效果扫描本章首页二维码见图 4-174a。

(2) L（长）、W（宽）、W1、H（高）、H1 值已知，T = 纸厚。

(3) 各个收纸位及尺寸关系见图 4-174 标注。

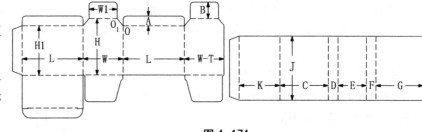

图 4-174

① 上图底部为压翼插扣结构，具体设置可参看第一章第一节介绍。

② A = 线 OO_1 长；B = [12mm，15mm]；C = H1 + T；D = F = A + T；E = W1 + T；G = H1；J = L；K = W + 2T + 1mm。

③ 其他未注明尺寸可根据前述酌情自行给出。

12. 带抽拉限位内外封套两件套包装

(1) 图 4-175 为平面展开图，成型效果扫描本章首页二维码见图 4-175a。

(2) L（长）、W（宽）、H（高）值及开窗已知，T = 纸厚。

(3) 各个收纸位及尺寸关系见图 4-175 标注。

① 本图盒型在第一章第五节讲解过，具体数据可参看图 1-79 介绍。

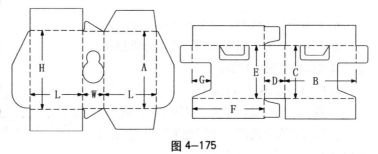

图 4-175

② A = H - 2T；B = H - 6T；C = L - 2T；D = W - 4T；E = L - 4T；F = H - 7T；G = [15mm，25mm]。

③ 其他未注明尺寸可根据前述酌情自行给出。

13. 压翼插扣盒 + 提手黏卡三件套包装

(1) 图 4-176 为平面展开图，成型效果扫描本章首页二维码见图 4-176a。

(2) L（长）、W（宽）、H（高）的值及提手已知，T = 纸厚。

(3) 各收纸位及尺寸关系见图 4-176 标注。

① 本图盒型在第一章第一节讲解过，只增加了中间提手黏卡：A = H - T；B = L - 2T。

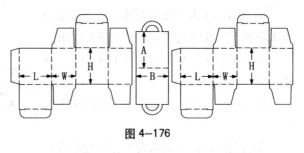

图 4-176

14. 双壁托盘盒 + 翻盖套盒三件套包装

(1) 图 4-177 为平面展开图，成型效果扫描本章首页二维码见图 4-177a。

(2) L（长）、W（宽）、H（高）、W1 的值已知，T = 纸厚。

（3）各个收纸位及尺寸关系见图4-177标注。

①右图内盒（有相同两个）
盒型在第二章第一节讲解过，具
体设置可参看图2-65介绍。

②左图斜口内折壁设置参看
图2-81介绍；A = W + 8T；B =
2H + 8T；C = A/2 - T；D = C -
T；E = B - 2T；F = L + 6T；
G = F - 4T。

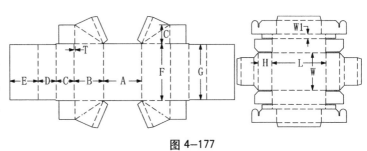

图4-177

③其他未注明尺寸可根据前述酌情自行给出。

④本图的单件均上下左右对称（右图亚瑟扣方向除外），只须绘制1/4然后镜像复制即可。

15. 外双壁托盘盒 + 内双壁托盘盒三件套包装

（1）图4-178为平面展开图，成型效果扫描本章首页二维码见图4-178a。

（2）L（长）、W（宽）、H（高）、
H1、A、B的值已知，T = 纸厚。

（3）各个收纸位及尺寸关系见图4-178
标注（中间图部分为黏贴连接件）。

①本图盒型在第二章第一节讲解过，
具体设置可参看图2-63、图2-64介绍。右
图外盒有相同两个。

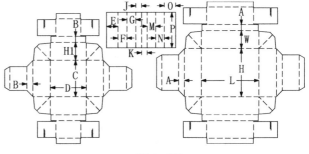

图4-178

②C = 4W - 2T - 1mm；D = L - 2A -
2T - 1mm；E = O = C/2 - 2T；F = N ≤
W - 3T；G = M = F；J = K = A + T；P = D - 2T。

③留意成型方向为左图"D"对应右图"L"；其他未注明尺寸可根据前述酌情自行给出。

④本图的单件均上下左右对称（亚瑟扣方向除外），只须绘制1/4然后镜像复制即可。

16. 外插扣挂孔封套 + 内双托盘盒三件套包装

（1）图4-179为平面展开图，成型效果扫描本章首页二维码见图4-179a。

（2）L（长）、W（宽）、H（高）、
A、B的值已知，T = 纸厚。

（3）各个收纸位及尺寸关系见
图4-179标注。

①本图两个内盒盒型在第二
章第一节讲解过，具体设置可参看
图2-42介绍。

②C = D = F = M = W + 3T +
1mm；E = H + 2T + 1mm；G =

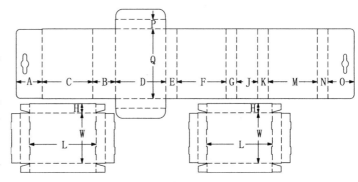

图4-179

$K = N = H + T + 1mm$；$J = B$；$O = A + 0.5mm$；$P = H + 2T$；$Q = L + 3T + 1mm$。

③挂孔的设置参看图3-4、图3-5介绍，其他未注明尺寸可根据前述酌情自行给出。

17. 四组盒 + 盖盒两件套包装

(1) 图4-180为平面展开图，成型效果扫描本章首页二维码见图4-180a。

(2) L（长）、H（高）、H1 的值已知，T = 纸厚。

(3) 各个收纸位及尺寸关系见图4-180 标注。

①本图左侧盖盒盒型在第二章第一节讲解过，具体设置可参看图2-49介绍。

② $A = L/2 - T$；$B = L + 6T + 2mm$；$C = L + 4T + 2mm$；其他未注明尺寸可根据前述酌情自行给出。

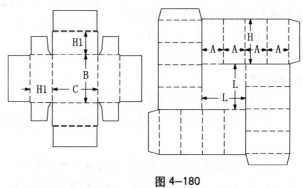

图 4—180

③右图各组件盒型尺寸相同，只须绘制四分之一，然后以正方形的中心点旋转复制即可。

18. 压翼插扣盒 + 外封套五件套包装

(1) 图4-181为平面展开图，成型效果扫描本章首页二维码见图4-181a，成型过程同样扫码见图4-181b、图4-181c。

(2) L（长）、W（宽）、H（高）的值及开窗已知。

(3) 各个收纸位及尺寸关系见图4-181 标注。

①本图右侧压翼插扣盒型具体设置可参看第一章第一节介绍。（有相同四个）

② $A = L + 2T + 1mm$；$B = W + 2T + 1mm$；$C = A$；$D = B - T$；$E = F = G = J ≈ H/2$；其他未注明尺寸可根据前述酌情自行给出。

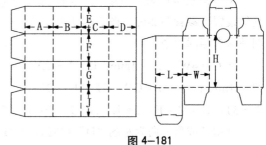

图 4—181

二、手袋类

1. 钩锁闭合顶侧面三角折格林里夫式锁扣底纸袋

(1) 图4-182为平面展开图，成型效果扫描本章首页二维码见图4-182a。

(2) L（长）、W（宽）、H（高）、A、B的值已知，T = 纸厚。

(3) 各个收纸位及尺寸关系见图4-182 标注。

①盒底的格林里夫式锁扣具体设置可参看图3-230介绍。

② $C = B$；$D = W/2$；$E = W - T$；$F = [20mm, 25mm]$；$G ≤ (L - F)/2$；$J = K$；$∠1 = ∠2 = ∠3 = ∠4$。

③其他未注明尺寸可根据前述酌情自行给出。

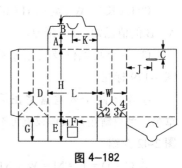

图 4—182

2. 双侧襟黏合带插片提手包底型纸袋

⑴ 图 4-183 为平面展开图，成型效果扫描本章首页二维码见图 4-183a。

⑵ L（长）、W（宽）、H（高）的值及提手已知，T = 纸厚。

⑶ 各个收纸位及尺寸关系见图 4-183 标注。

①B = A；C = W/2；D = W/2 - T；E = W/2。

②其他未注明尺寸可根据前述酌情自行给出。

③本图的单件均上下对称，绘制 1/2 然后镜像复制即可。

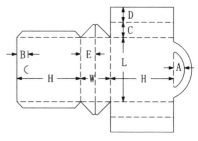

图 4-183

3. 双侧襟黏合带插片三角形纸袋

⑴ 图 4-184 为平面展开图，成型效果扫描本章首页二维码见图 4-184a。

⑵ L（长）、W（宽）、H（高）的值已知。

⑶ 各个收纸位及尺寸关系见图 4-184 标注。

①压翼插扣部分具体设置可参看第一章第一节介绍。

②A = D = H - T；B = L - 2T；C = W - T；E = W - T。

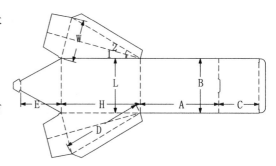

图 4-184

③锚锁插扣设置参看图 2-48 介绍；其他未注明尺寸可根据前述酌情自行给出。

4. 可收束外挂扣自动扣底盒

⑴ 图 4-185 为平面展开图，成型效果扫描本章首页二维码见图 4-185a。

⑵ L（长）、W（宽）、H（高）、A、B 的值已知。

⑶ 各个收纸位及尺寸关系见图 4-185 标注。

①自动扣底部分具体设置可参看第一章第三节介绍。

②C = L/2；D = A - T；E = B；F = L/2；G = W/2；∠1 = ∠2 = ∠3 = ∠4。

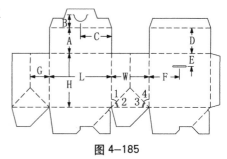

图 4-185

5. 蝴蝶扣三角收口自动扣底盒

⑴ 图 4-186 为平面展开图，成型效果扫描本章首页二维码见图 4-186a。

⑵ L（长）、W（宽）、H（高）、A、B、C、D 值及开窗已知，T = 纸厚。

⑶ 各个收纸位及尺寸关系见图 4-186 标注。

①自动扣底部分设置可参看第一章第三节介绍。

② E = W/2；F = B；G = C；J = D - 2T；∠1 = ∠2。

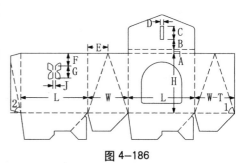

图 4-186

6. 带插扣翼三角收口自动扣底盒

(1) 图 4-187 为平面展开图，成型效果扫描本章首页二维码见图 4-187a。

(2) L（长）、W（宽）、H（高）、A、B 的值已知，T=纸厚。

(3) 各个收纸位及尺寸关系见图 4-187 标注。

① 自动扣底部分具体设置可参看第一章第三节介绍。

② C≤W/2-T；D=W/2；∠1=∠2=∠3=∠4。

③ 其他未注明尺寸可根据前述酌情自行给出。

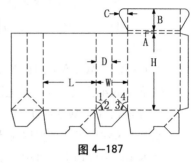

图 4-187

7. 外钩扣带提手三角收口自动扣底盒

(1) 图 4-188 为平面展开图，成型效果扫描本章首页二维码见图 4-188a。

(2) L（长）、W（宽）、H（高）、A、B 的值及提手位已知，T=纸厚。

(3) 各个收纸位及尺寸关系见图 4-188 标注。

① 自动扣底部分具体设置可参看第一章第三节介绍。

② C=L/2-T；E=W/2；F=D；G=B；J=L/2；∠1=∠2。

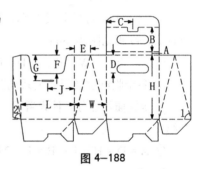

图 4-188

8. 收束顶带提手及锚锁襟片扣底纸袋

(1) 图 4-189 为平面展开图，成型效果扫描本章首页二维码见图 4-189a。

(2) L（长）、W（宽）、H（高）、A 的值及提手位已知，T=纸厚。

(3) 各收纸位及尺寸关系见图 4-189 标注。

① 双挂型扣底结构具体设置可参看第一章第二节介绍。

② B=L/2；C=W/2；D=L/2；E=A；∠1=∠2。

③ 锚锁插扣设置参看图 2-48 介绍。

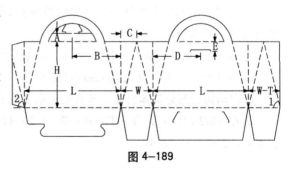

图 4-189

9. 六边形底纸袋

(1) 图 4-190 为平面展开图，成型效果扫描本章首页二维码见图 4-190a。

(2) L（长）、W（宽）、H（高）的值已知，T=纸厚。

(3) 各个收纸位及尺寸关系见图 4-190 标注。

① A = B ≈ L/2 + 6mm；C=W/2；D=W/2；∠1=∠2=∠3=45°。

② 其他未注明尺寸可根据前述酌情自行给出。

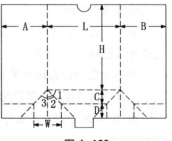

图 4-190

10. 三角撑收穿绳提手纸袋

(1) 图 4-191 为平面展开图,成型效果扫描本章首页二维码见图 4-191a。

(2) L(长)、W(宽)、H(高)的值已知,T = 纸厚。

(3) 各个收纸位及尺寸关系见图 4-191 标注。

① A = [30mm,40mm];B = [90mm,120mm];C = A;D = E = W/2;F ≥ W/2 + 6;∠1 = ∠2 = ∠3 = 45°。其他未注明尺寸可根据前述酌情自行给出。

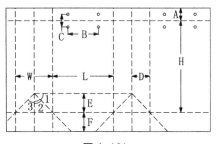

图 4-191

11. 侧底三角黏合提手纸袋

(1) 图 4-192 为平面展开图,成型效果扫描本章首页二维码见图 4-192a。

(2) L(长)、W(宽)、H(高)、A、B 的值及提手位已知,T = 纸厚。

(3) 各个收纸位及尺寸关系见图 4-192 标注。

① D = W/2 - T;E = W/2;F = W - T;G = B;J = C;∠1 = ∠2 = ∠3 = ∠4 = 45°。

②其他未注明尺寸可根据前述酌情自行给出。

③本图结构上下对称,只须绘制 1/2 然后镜像复制即可。

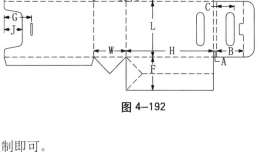

图 4-192

12. 底区三角黏合提手纸袋

(1) 图 4-193 为平面展开图,成型效果扫描本章首页二维码见图 4-193a。

(2) L(长)、W(宽)、H(高)、A 的值及提手位已知,T = 纸厚。

(3) 各个收纸位及尺寸关系见图 4-193 标注。

① B ≤ W/2 - T;C = D = W/2;E = A;F ≤ W/2 - T;∠1 = ∠2 = ∠3 = ∠4 = 45°。

②其他未注明尺寸可根据前述酌情自行给出。

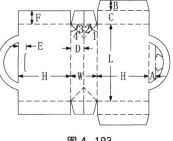

图 4-193

三、间壁类包装结构

1. 二分区间壁提篮盒

(1) 图 4-194 为平面展开图,成型效果扫描本章首页二维码见图 4-194a。

(2) L(长)、W(宽)、H(高)、A 的值及提手位已知,T = 纸厚。

(3) 各收纸位及尺寸关系见图 4-194 标注。

①扣底部分设置可参看第一章第二节介绍。

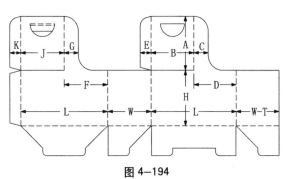

图 4-194

②$B = W - T$；$C = G \approx L/5$；$D = F = L/2 - T$；$E = K \leqslant C - T$。

③其他未注明尺寸可根据前述自行给出。

2. 四分区间壁提篮盒

(1) 图 4-195 为平面展开图，成型效果扫描本章首页二维码见图 4-195a。

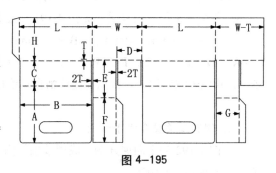

(2) L（长）、W（宽）、H（高）、A 的值及提手位已知，T = 纸厚。

(3) 各个收纸位及尺寸关系见图 4-195 标注。

① $B = L - 2T$；$C = W/2 - T$；$D = W/2$；$E = L/2$；$F = H - T$；$G = W/2 - 2T$。

②其他未注明尺寸可根据前述酌情自行给出。

图 4-195

3. 四区块间壁十字提篮盒

(1) 图 4-196 为平面展开图，成型效果扫描本章首页二维码见图 4-196a。

(2) L（长）、H（高）、A 的值及提手位已知，T = 纸厚。

(3) 各个收纸位及尺寸关系见图 4-196 标注。

①自动扣底部分具体设置可参看第一章第三节介绍。

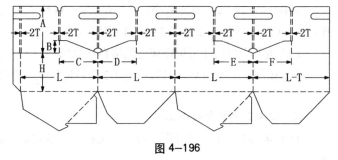

② $B \geqslant 20$ mm；$C = D = E = F = L/2$。其他未注明尺寸可根据前述酌情自行给出。

③本图主体部分相同，只须绘制 1/2 然后水平复制即可。

图 4-196

4. 六区块间壁提篮盒

(1) 图 4-197 为平面展开图，成型效果扫描本章首页二维码见图 4-197a。

(2) L（长）、W（宽）、H（高）、A、a、b 的值及提手位已知，T = 纸厚。

(3) 各个收纸位及尺寸关系见图 4-197 标注。

①自动扣底部分具体设置可参看第一章第三节介绍。

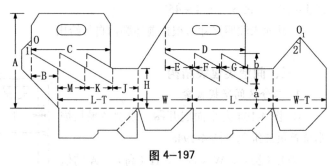

图 4-197

② $B = E = F = G = W/2 - T$；$C = L - 2T$；$D = L - T$；$J = K = M = (L - T)/3$；$\angle 1 \leqslant \angle 2$；$O$ 点低于 O_1 点。

③其他未注明尺寸可根据前述自行给出。

5. 多区间间壁扣底包装盒

（1）图 4-198 为平面展开图，成型过程扫描本章首页二维码见图 4-198a，成型效果同样扫码见图 4-198b。

（2）L（长）、W（宽）、H（高）、a、b 的值已知，T = 纸厚。

（3）各个收纸位及尺寸关系见图 4-198 标注。

①扣底部分设置可参看第一章第二节介绍；压翼插扣盒盖设置可参看第一章第一节介绍。

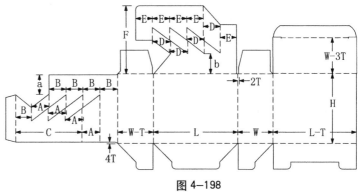

图 4-198

②A = D =（W - 6T）/ 2；（当 A ≠ D 时，需保证 A + D = W - 6T）。

③B = E =（L - 2T）/ 5；C = B × 4；F = H - 5T。

④其他未注明尺寸可根据前述酌情自行给出。

6. 多区间间壁压翼插扣包装盒

（1）图 4-199 为平面展开图，成型过程扫描本章首页二维码见图 4-199a，成型效果同样扫码见图 4-199b。

（2）L（长）、W（宽）、H（高）、A、B、C 的值已知，T = 纸厚。

（3）各收纸位及尺寸关系见图 4-199 标注。

①盒型主体压翼插扣结构设置可参看第一章第一节介绍。

②本图盒型与图 4-198 类似：D = H - 5T；E =（W - 6T）/ 2；F = L/6。

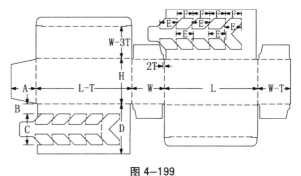

图 4-199

7. 医用针水瓶包装间壁盒

（1）图 4-200 为平面展开图，成型效果扫描本章首页二维码见图 4-200a。

（2）L（长）、W（宽）、H（高）、A、B、C 的值及孔位已知（A + B + C < H - T），T = 纸厚。

（3）收纸位尺寸关系见图 4-200 标注。

①压翼插扣盒盖结构设置可参看第一章第一节介绍，黏合盒底结构设置可参看第一章第四节介绍。

②D = L - 8T；E = L - 6T；F = W - 4T；G = W - 3T；J = A + C + 2T；K = B - T。

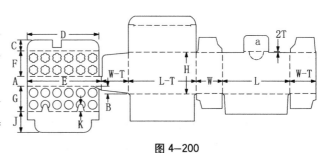

图 4-200

③ "F" 与 "G" 所在部位针水瓶孔位的设置应保证两层孔位垂直对应。

④ "a" 所在部分为显开痕盖：显开痕盖即盒盖开启后不能恢复原状且留下明显痕迹，以引起经销人员和消费者警惕。为了能够及时显示盒盖开启痕迹，防止非法开启包装而换之以有危害性物品，保证消费者生命与健康安全，保护商品信誉，对于与公众生命息息相关的食品与医药包装可采用显开痕盖。

⑤其他未注明尺寸可根据前述酌情自行给出。

8. 注射用药水瓶间壁盒

(1) 图 4-201 为平面展开图，成型过程扫描本章首页二维码见图 4-201a，成型效果同样扫码见图 4-201b。

(2) L（长）、W（宽）、H（高）、A、B、C、F 的值及孔位已知，T = 纸厚。

(3) 各收纸位及尺寸关系见图 4-201 标注。

①本图盒盖拉链刀结构也是"显开痕盖"设置，拉链刀设置可参看图 1-49 介绍；防尘翼设置可参看第一章第一节介绍；黏合盒底结构设置可参看第一章第四节介绍。

② D = W - 4T；E = H - 4T - C；G = W - 5T；J = F - T；K = L - 4T；M > N > Q。

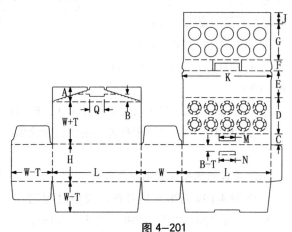

图 4-201

③ "D" 与 "G" 所在部位针水瓶孔位的设置应保证两层孔位垂直对应。

④其他未注明尺寸可根据前述酌情自行给出。

9. 纵向成型注射用药水瓶间壁盒

(1) 图 4-202 为平面展开图，成型效果扫描本章首页二维码见图 4-202a，成型过程同样扫码见图 4-202b、图 4-202c。

(2) L（长）、W（宽）、H（高）、A、B、C、D 的值及孔位已知，T = 纸厚。

(3) 各收纸位及尺寸关系见图 4-202 标注。

①本图盒盖拉链刀结构也是"显开痕盖"设置，拉链刀设置可参看图 1-49 介绍；外盒主体设置可参看图 3-195 介绍。

② E = W - 4T；F = W - 5T；G = H - C - D - 2T；J = L - 4T；K > M > N。

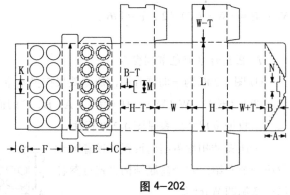

图 4-202

③ "E" 与 "F" 所在部位针水瓶孔位的设置应保证两层孔位垂直对应。

④其他未注明尺寸可根据前述酌情自行给出。

⑤本图上下对称，只须绘制 1/2 然后镜像复制即可。

10. 六瓶装压翼插扣提手盒

(1) 图 4-203 为平面展开图,成型效果扫描本章首页二维码见图 4-203a。

(2) L(长)、W(宽)、H(高)、A、B 的值及孔位、提手已知,T = 纸厚。

(3) 各个收纸位及尺寸关系见图 4-203 标注。

① 两端压翼插扣盒盖结构设置可参看第一章第一节介绍。

② C > D + T;E = H - 2T;F = W/2;G = A + 2T;J = N = H - 2T;K = M = W/2 - T。

③ 其他未注明尺寸可根据前述酌情自行给出。

④ 本图上下左右对称,只须绘制 1/4 然后镜像复制即可。

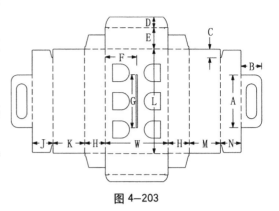

图 4-203

11. 手动封底 2×3 间隔盒

(1) 图 4-204 为平面展开图,成型效果扫描本章首页二维码见图 4-204a。

(2) L(长)、W(宽)、H(高)、A、B 的值已知,T = 纸厚。

(3) 各个收纸位及尺寸关系见图 4-204 标注。

① C = W/2 + 1mm;D = H - T;E = [25mm, 30mm];F = E + 2mm;G = B - F;K = N = A + T;M = L - 2A - 2T;P = W - 2T;J = W/2 - T。

② 其他未注明尺寸可根据前述酌情自行给出。

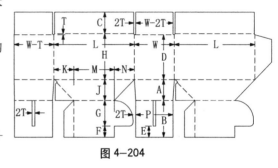

图 4-204

12. 手动封底 3×2 间隔盒

(1) 图 4-205 为平面展开图,成型效果扫描本章首页二维码见图 4-205a、图 4-205b。

(2) L(长)、W(宽)、H(高)、A、B、C 的值已知,T = 纸厚。

(3) 各个收纸位及尺寸关系见图 4-205 标注。

① 盒盖部分压翼插扣结构设置可参看第一章第一节介绍。

② D ≤ H - 2T;E = W - 2A;F = H - P;G = L/2 - T;J = W - 2T;K = L - 2T;M = B + T;N = L - 2C;P = B/2;Q = L/2。

③ 其他未注明尺寸可根据前述自行给出。

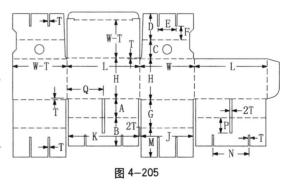

图 4-205

13. 手动封底 3×2 间隔盒

（1）图 4-206 为平面展开图，成型效果扫描本章首页二维码见图 4-206a。

（2）L（长）、W（宽）、H（高）、A、B 的值已知，T = 纸厚。

（3）各个收纸位及尺寸关系见图 4-206 标注。

①盒盖部分压翼插扣结构设置可参看第一章第一节介绍。

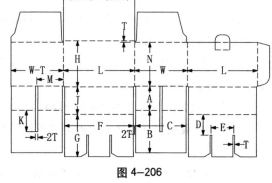

图 4-206

②$C = W - 2T$；$D = B/2 - T$；$E = L - 2A$；$F = L - 2T$；$G = B + T$；$J = W/2 - T$；$K = B/2 + T$；$M = W/2$；$N = H - 2T$。

③保险插扣设置可参看图 3-8、图 3-9、图 3-10 介绍；其他未注明尺寸可根据前述酌情自行给出。

14. 手动封底 3×2 间隔盒

（1）图 4-207 为平面展开图，成型效果扫描本章首页二维码见图 4-207a。

（2）L（长）、W（宽）、H（高）、A、B 的值已知，T = 纸厚。

（3）各个收纸位及尺寸关系见图 4-207 标注。

①盒盖部分压翼插扣结构设置可参看第一章第一节介绍。

②$C = W - 2T$；$D = B/2 - T$；$E = L - 2A$；$F = L - 2T$；$G = B + T$；$J = W/2 - T$；$K = B/2 + T$；$M = W/2$；$N = H$。

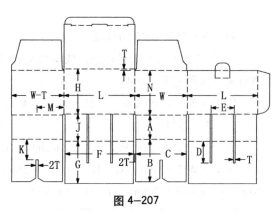

图 4-207

③保险插扣设置可参看图 3-8、图 3-9、图 3-10 介绍；其他未注明尺寸可根据前述酌情自行给出。

15. 自锁封底 3×2 型间壁盒

（1）图 4-208 为平面展开图，成型效果扫描本章首页二维码见图 4-208a。

（2）L（长）、W（宽）、H（高）、A、B 的值已知，T = 纸厚。

（3）各个收纸位及尺寸关系见图 4-208 标注。

①盒盖部分压翼插扣结构设置可参看第一章第一节介绍。

②$C = B$；$D = W/2 - T$；$E = B/2 + 1mm$；$F = H - 2T$；$G = K = A + T$；$J = L - 2A - 2T$；$M = W/2 - T$；$N = B/2 - 1mm$；$P = A - 1$；$Q = W - 2T$。

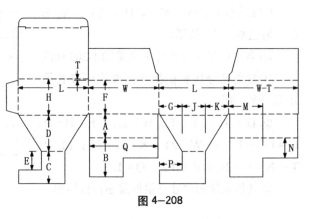

图 4-208

③其他未注明尺寸可根据前述酌情自行给出。

④本图主体部分相同，只须绘制 1/2 然后水平复制即可。

16. 3×2 型自锁封底间壁盒

(1) 图 4-209 为平面展开图，成型效果扫描本章首页二维码见图 4-209a。

(2) L（长）、W（宽）、H（高）、A、B 的值已知，T＝纸厚。

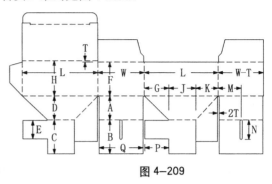

(3) 各个收纸位及尺寸关系见图 4-209 标注。

①盒盖部分压翼插扣结构设置可参看第一章第一节介绍。

② C＝B ；D＝W/2－T ；E＝B/2－1mm ；F＝H－2T ；G＝K＝A＋Tmm ；J＝L－2A－2T ；M＝W/2 ；N＝B/2＋1mm ；P＝A－1mm ；Q＝W－2T 。其他未注明尺寸可根据前述自行给出。

图 4-209

17. 2×2 型自锁封底间壁盒

(1) 图 4-210 为平面展开图，成型效果扫描本章首页二维码见图 4-210a。

(2) L（长）、W（宽）、H（高）、A、B 的值已知，T＝纸厚。

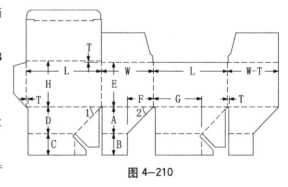

(3) 各个收纸位及尺寸关系见图 4-210 标注。

①盒盖部分压翼插扣结构设置可参看第一章第一节介绍。

② C＝B ；D＝W/2－T ；E＝H－2T ；F＝W/2＋T ；G＝L－A－T ；∠1＝∠2＝45° 。

图 4-210

18. 提梁对向移动叠合底部黏封二分区提篮盒

(1) 图 4-211 为平面展开图，成型效果扫描本章首页二维码见图 4-211a，成型过程同样扫码见图 4-211b、图 4-211c。

(2) L（长）、W（宽）、H（高）、A 的值及提手位已知，T＝纸厚。

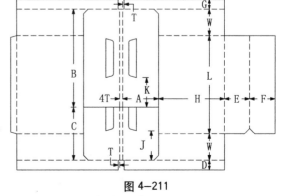

(3) 各个收纸位及尺寸关系见图 4-211 标注。

①本图盒型是后面即将介绍的"间壁提篮盒"的框架，掌握本图的成型规则是理解后文盒型的基础。

图 4-211

② B＝L ；C＝W×2 ；D＝G＝[15mm，20mm] ；E＝W ；F＝W－T ；J＝K 。（EF 为盒底部分，F 右侧与盒型最左侧接头位襟片粘接。）

③其他未注明尺寸可根据前述酌情自行给出。

19. 提梁折转叠合底部黏封二分区提篮盒

(1) 图 4-212 为平面展开图，成型效果扫描本章首页二维码见图 4-212a，成型过程同样扫码见图 4-212b、图 4-212c。

(2) L（长）、W（宽）、H（高）、A 的值及提手位已知，T = 纸厚。

(3) 各个收纸位及尺寸关系见图 4-212 标注。

①本图盒型是后面即将介绍的"间壁提篮盒"的框架，掌握本图的成型规则是理解后文盒型的基础。

②B = L；C = W × 2；D = G = [15mm，20mm]；E = W；F = W - T；J = K。（EF 为盒底部分，F 右侧与盒型最左侧接头位襟片粘接。）

③其他未注明尺寸可根据前述酌情自行给出。

④本图主体部分左右对称，只须绘制 1/2 然后镜像复制即可。

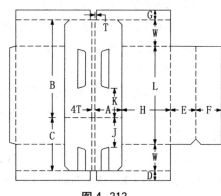

图 4-212

20. "H" 型提梁底部黏封二分区提篮盒

(1) 图 4-213 为平面展开图，成型效果扫描本章首页二维码见图 4-213a，成型过程同样扫码见图 4-213b、图 4-213c。

(2) L（长）、W（宽）、H（高）、A 的值及提手位已知，T = 纸厚。

(3) 各个收纸位及尺寸关系见图 4-213 标注。

①本图盒型是后面即将介绍的"间壁提篮盒"的框架，掌握本图的成型规则是理解后文盒型的基础。

② B = L - 2T；C = W/2 - T；D = G = [15mm，20mm]；E = W；F = W - T。（EF 为盒底部分，F 右侧与盒型最左侧接头位襟片粘接。）

③其他未注明尺寸可根据前述酌情自行给出。

④本图主体部分左右对称，只须绘制 1/2 然后镜像复制即可。

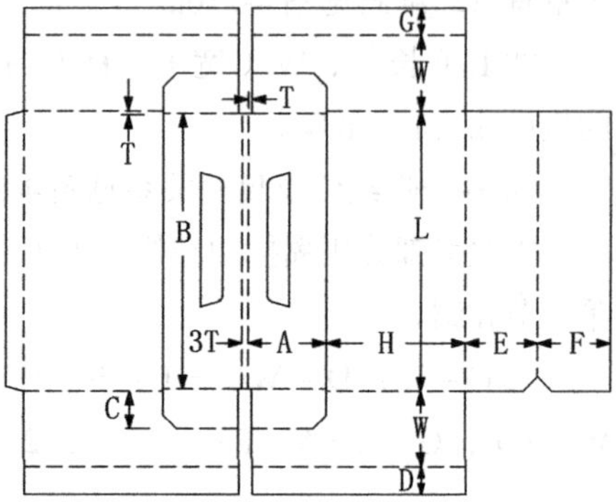

图 4-213

21. 四区间间壁提篮盒（四区间全隔断）

(1) 图 4-214 为平面展开图，成型效果扫描本章首页二维码见图 4-214a。

(2) L（长）、W（宽）、H（高）、A 的值及提手位已知，T = 纸厚。

(3) 各个收纸位及尺寸关系见图 4-214 标注。

①本图盒型是在图 4-211 基础上左右两侧增加延长板，并设置了中间横纵向间壁板。

②B = W - T；C = L/2 - T；D = W；E = W - T；F = L/2；G = J；K = M = N；P = H - T

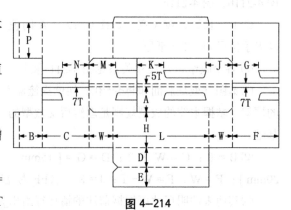

图 4-214

（DE 为盒底部分，E 下侧与盒型最上侧接头位襟片粘接）。

③其他未注明尺寸可根据前述自行给出。

22. 四区间间壁提篮盒（两区间全隔断，两区间半隔断）

⑴图 4-215 为平面展开图，成型效果扫描本章首页二维码见图 4-215a。

⑵L（长）、W（宽）、H（高）、A 的值及提手位已知，T = 纸厚。

⑶各个收纸位及尺寸关系见图 4-215 标注。

①本图盒型是在图 4-212 基础上右侧增加延长板，并设置了中间横纵向间壁板。

②B = W − T；C = L/2；D = W；E = W − T；F = G；J = K；M = H − T。（DE 为盒底部分，E 下侧与盒型最上侧接头位襟片粘接。）

③其他未注明尺寸可根据前述酌情自行给出。

④本图主体部分上下对称，只须绘制 1/2 然后镜像复制即可。

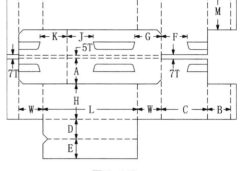

图 4-215

23. 四区间镂空间壁提篮盒

⑴图 4-216 为平面展开图，成型效果扫描本章首页二维码见图 4-216a。

⑵L（长）、W（宽）、H（高）、A 的值及提手位已知，T = 纸厚。

⑶各个收纸位及尺寸关系见图 4-216 标注。

①本图盒型是在图 4-212 基础上单侧增加延长板，并设置了中间横纵向间壁板。（"G"所在部分折转。）

②B = L − 2T；C = L − 3T；D = W；E = W − T；F = G > H；J = L/2；K = W − T；M = N；P + Q = L − 2T。

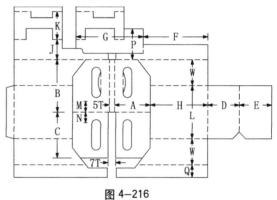

图 4-216

24. 六区间镂空间壁提篮盒（单侧延长板）

⑴图 4-217 为平面展开图，成型效果扫描本章首页二维码见图 4-217a。

⑵L（长）、W（宽）、H（高）、A 的值及提手位已知，T = 纸厚。

⑶各个收纸位及尺寸关系见图 4-217 标注。

①本图盒型是在图 4-212 基础上单侧增加延长板，并设置了中间横纵向间壁板。

②B = L − 2T；C = W；D = W − T；E = （L − 2T）/3；F = W − T；J = （L − 2T）/3。

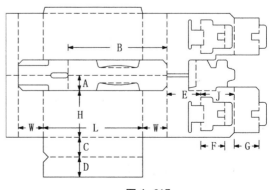

图 4-217

25. 六区间间壁提篮盒（两侧延长板）

(1) 图 4-218 为平面展开图，成型效果扫描本章首页二维码见图 4-218a。

(2) L（长）、W（宽）、H（高）、A 的值及提手位已知，T = 纸厚。

(3) 各个收纸位及尺寸关系见图 4-218 标注。

① 本图盒型类似图 4-214，是在图 4-212 基础上两侧增加延长板，并设置了中间横纵向间壁板。

② B = L - 2T；C = L - 3T；D = W - T；E =（L - 2T）/ 3；F = W；G = W - T；J =（L - 2T）/ 3；K = W - T。

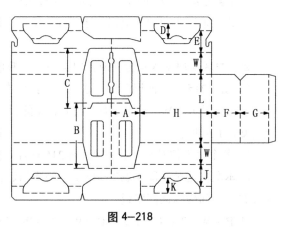

图 4-218

26. 六区间正向架空间壁提篮盒

(1) 图 4-219 为平面展开图，成型效果扫描本章首页二维码见图 4-219a。

(2) L（长）、W（宽）、H（高）、A 的值及提手位已知，T = 纸厚。

(3) 各个收纸位及尺寸关系见图 4-219 标注。

① 本图盒型是在图 4-211 基础上，不增加延长版而是盒身增加横向裁切线，并通过与纵向压痕的配合形成架空的间壁板。

② B = L/2；C = L/2；D = W - T；E = W - T；F = W；G = W - T。

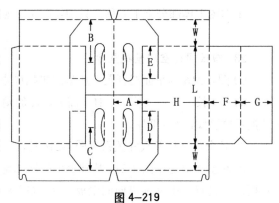

图 4-219

27. 六区间斜向架空间壁提篮盒

(1) 图 4-220 为平面展开图，成型效果扫描本章首页二维码见图 4-220a。

(2) L（长）、W（宽）、H（高）、A 的值及提手位已知，T = 纸厚。

(3) 各个收纸位及尺寸关系见图 4-220 标注。

① 本图盒型是在图 4-211 基础上，不增加延长板而是盒身增加斜向裁切线，并通过与纵向压痕的配合形成架空的间壁板。

② B = L/2；C = L/2；D = W - T；E = W - T；F = W；G = W - T。

③ 其他未注明尺寸可根据前述酌情自行给出。

④ 本图主体部分左右对称，只须绘制 1/2 然后镜像复制即可。

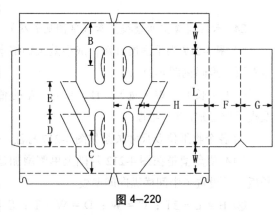

图 4-220

28. 八区间间壁提篮盒

(1) 图 4-221 为平面展开图，成型效果扫描本章首页二维码见图 4-221a。

(2) L（长）、W（宽）、H（高）、A 的值及提手位已知，T = 纸厚。

(3) 各个收纸位及尺寸关系见图 4-221 标注。

①本图盒型是在图 4-213 基础上单侧增加延长板，并设置了中间横纵向间壁板。

②B = C = D = L/4；E = F = G = W - T；J = W；K = W - T；M = N = L/2。

③其他未注明尺寸可根据前述自行给出。

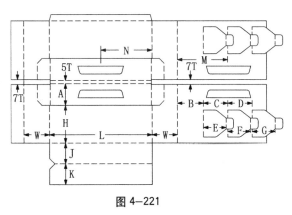

图 4-221

第五节　展示陈列类包装结构

一、支撑类结构

1. 画架型展示支架

(1) 图 4-222 为平面展开图，成型效果扫描本章首页二维码见图 4-222a。

(2) L（长）、W（宽）、H（高）、∠1 的值已知，T = 纸厚。

(3) 各个收纸位及尺寸关系见图 4-222 标注。

①本图结构简单，只需留意 $OO_1 = OO_2$、∠2 = 90° 即可。

②其他未注明尺寸可根据前述酌情自行给出。

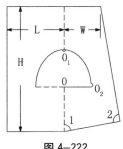

图 4-222

2. 托盘卡位架型展示支架

(1) 图 4-223 为平面展开图，成型效果扫描本章首页二维码见图 4-223a。

(2) L（长）、H（高）的值已知，T = 纸厚。

(3) 各个收纸位及尺寸关系见图 4-223 标注。

①本图为组装型支架，所有数据均需给出，唯一的配合关系是卡槽的深度，只需保证 A = B、C = D 即可。

②其他未注明尺寸可根据前述酌情自行给出。

③本图上下对称，只须绘制 1/2 然后镜像复制即可。

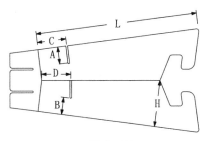

图 4-223

3. 斯科蒂展示支架

(1) 图 4-224 为平面展开图，成型效果扫描本章首页二维码见图 4-224a、图 4-224b。

(2) L（长）、W（宽）、H（高）、∠1 的值已知，T = 纸厚。

(3) 各个收纸位及尺寸关系见图 4-224 标注。

①当 A = B×2.26、D = C×1.6 时，支撑页折转 90° 后弹开端与面板平

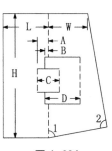

图 4-224

齐，另外∠2＝90°。

②其他未注明尺寸可根据前述酌情自行给出。

4. 双翼单扣展示支架

(1) 图4-225为平面展开图，成型效果扫描本章首页二维码见图4-225a。

(2) L（长）、W（宽）、H（高）、∠1的值已知，T＝纸厚。

(3) 各个收纸位及尺寸关系见图4-225标注。

①本图结构简单，只需留意 $OO_1 = OO_2$、∠2＝90°即可。

②其他未注明尺寸可根据前述酌情自行给出。

图4-225

5. 前伸脚双翼单扣展示支架

(1) 图4-226为平面展开图，成型效果扫描本章首页二维码见图4-226a。

(2) L（长）、W（宽）、H（高）、∠1的值已知，T＝纸厚。

(3) 各个收纸位及尺寸关系见图4-226标注。

①本图结构简单，只需留意 $OO_1 = OO_2$、∠2＝90°即可。

②其他未注明尺寸可根据前述酌情自行给出。

③本图左右对称，只须绘制1/2然后镜像复制即可。

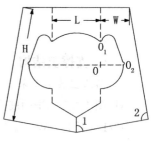

图4-226

6. 可折叠高度的双翼双扣展示支架（切斯特菲尔德）

(1) 图4-227为平面展开图，成型效果扫描本章首页二维码见图4-227a。

(2) L（长）、W（宽）、H（高）、A、B、∠1的值已知，T＝纸厚。

(3) 各个收纸位及尺寸关系见图4-227标注。

①本图结构简单，只需留意 $OO_1 = OO_2$、$PP_1 = PP_2$、∠2＝90°即可。

②其他未注明尺寸可根据前述酌情自行给出。

③本图左右对称，只须绘制1/2然后镜像复制即可。

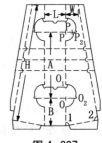

图4-227

7. 单翼双扣带面板展示支架

(1) 图4-228为平面展开图，成型效果扫描本章首页二维码见图4-228a。

(2) L（长）、W（宽）、H（高）、A、B、C、∠1的值已知，T＝纸厚。

(3) 各个收纸位及尺寸关系见图4-228标注。

①本图简单，只需留意 $OO_1 = OO_2$、$PP_1 = PP_2$、∠2＝90°即可。

②其他未注明尺寸可根据前述酌情自行给出。

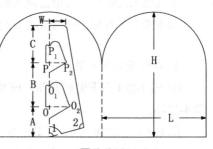

图4-228

8. 双翼双扣展示支架

(1) 图 4-229 为平面展开图，成型效果扫描本章首页二维码见图 4-229a。

(2) L（长）、W（宽）、H（高）、A、B、∠1 的值已知，T = 纸厚。

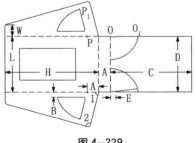

(3) 各个收纸位及尺寸关系见图 4-229 标注。

① $C = H - A - T$；$D = L - 2T$；$E = B + T$；$OO_1 = PP_1$；$\angle 2 = 90°$。

②其他未注明尺寸可酌情自行给出。

图 4-229

9. 穿插锁袋式支架

(1) 图 4-230 为平面展开图，成型效果扫描本章首页二维码见图 4-230a。

(2) L（长）、W（宽）、H（高）、H1、A、B、C、D 的值已知，T = 纸厚。

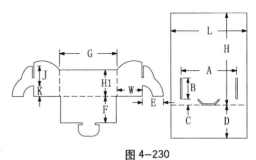

(3) 各个收纸位及尺寸关系见图 4-230 标注。

① $E < D$；$F = W$；$G = A$；$J = B$；$K > C$。

②锚锁插扣设置参看图 2-48 介绍，其他未注明尺寸可根据前述酌情自行给出。

图 4-230

10. 插扣式带盛放盒双翼展示两件套支架

(1) 图 4-231 为平面展开图，成型效果扫描本章首页二维码见图 4-231a。

(2) L（长）、W（宽）、H（高）、A、B、C、D、∠1 的值已知，T = 纸厚。

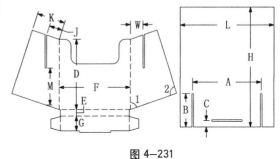

(3) 各个收纸位及尺寸关系见图 4-231 标注。

① $E = C$；$F = A$；$G = J$；$K \approx W \times 2$；$M = B$；$\angle 2 = 90°$。

②其他未注明尺寸可根据前述自行给出。

图 4-231

11. 带盛放盒双翼连体展示支架

(1) 图 4-232 为平面展开图，成型效果扫描本章首页二维码见图 4-232a、图 4-232b。

(2) L（长）、W（宽）、H（高）、A、B、C、D、∠1 的值已知，T = 纸厚。

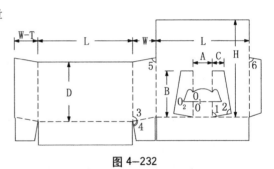

(3) 各个收纸位及尺寸关系见图 4-232 标注。

① 本图所有数据均给出，$OO_1 = OO_2$；$\angle 3 = \angle 5 = \angle 6 = \angle 1$；$\angle 2 = \angle 4 = 90°$。

②其他未注明尺寸可根据前述酌情自行给出。

图 4-232

12. 连体型展示支架

(1) 图 4-233 为平面展开图，成型效果扫描本章首页二维码见图 4-233a。

(2) L（长）、W（宽）、H（高）的值已知，T = 纸厚。

(3) 各个收纸位及尺寸关系见图 4-233 标注。

留意：$A \approx L/2$；$B \geqslant W/2$；$C \leqslant A - 2T$；$D \approx W + B + 20$；$E \geqslant B + T$；$F = D + T - E$。

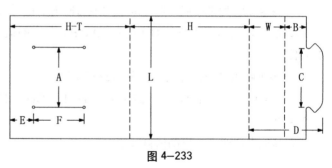

图 4-233

13. 连体型展示支架

(1) 图 4-234 为平面展开图，成型效果扫描本章首页二维码见图 4-234a。

(2) L（长）、W（宽）、H（高）的值已知，T = 纸厚。

(3) 各个收纸位及尺寸关系见图 4-234 标注。

留意：$A \approx L/2$；$B = [20\text{mm}, 25\text{mm}]$；$\angle 1 = \angle 2 =$ 腰长为"H"底边为"2W"的等腰三角形的底角。

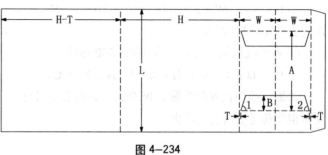

图 4-234

14. 连体型展示支架

(1) 图 4-235 为平面展开图，成型效果扫描本章首页二维码见图 4-235a。

(2) L（长）、W（宽）、H（高）、A、B 的值已知，T = 纸厚。

(3) 各个收纸位及尺寸关系见图 4-235 标注。

留意：$C = W - A$；$D \approx W - A + 20\text{mm}$；锚锁插扣的设置参看图 2-48 介绍。

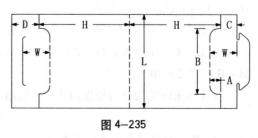

图 4-235

15. 连体型四格架

(1) 图 4-236 为平面展开图，成型过程扫描本章首页二维码见图 4-236a，成型效果同样扫码见图 4-236b。

(2) L（长）、H（高）、A 的值已知，T = 纸厚。

(3) 各个收纸位及尺寸关系见图 4-236 标注。

① $B = A + T$；$C = A + T$；$R = A + T$。

② 其他未注明尺寸可根据前述酌情自行给出。

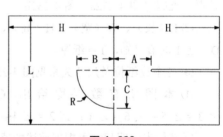

图 4-236

16. 连体型六格架

(1) 图 4-237 为平面展开图，成型效果扫描本章首页二维码见图 4-237a。

(2) L（长）、H（高）、A 的值已知，T = 纸厚。

(3) 各个收纸位及尺寸关系见图 4-237 标注。

① B = A + T；C = A + T；R = A + T。

②其他未注明尺寸可根据前述酌情自行给出。

③本图左右对称，只须绘制 1/2 然后镜像复制即可。

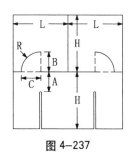

图 4-237

二、悬挂类结构

1. 连体式悬挂展示陈列架

(1) 图 4-238 为平面展开图，成型效果扫描本章首页二维码见图 4-238a。

(2) L（长）、W（宽）、H（高）、A、B、∠1 的值已知，T = 纸厚。

(3) 各个收纸位及尺寸关系见图 4-238 标注。

①本图结构简单，只需留意 C = W - T、∠2 = 90°即可。

②陈列格可以按需设置，并不限于本图所示的四个。

③其他未注明尺寸可根据前述酌情自行给出。

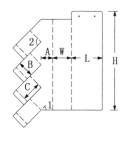

图 4-238

2. 连体式悬挂展示陈列盒

(1) 图 4-239 为平面展开图，成型效果扫描本章首页二维码见图 4-239a。

(2) L（长）、W（宽）、H（高）、A、B、C、D、∠1 的值已知，T = 纸厚。

(3) 各个收纸位及尺寸关系见图 4-239 标注。

①本图主体结构是对插盒，可参看第一章第一节介绍设置，只需留意 E = A + T、∠2 = 90°即可。

②陈列格可以按需设置，并不限于本图所示三个。

③其他未注明尺寸可根据前述酌情自行给出。

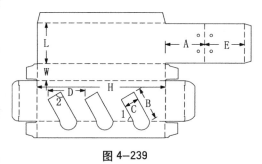

图 4-239

3. 连体式悬挂展示陈列盒

(1) 图 4-240 为平面展开图，成型效果扫描本章首页二维码见图 4-240a。

(2) L（长）、W（宽）、H（高）、A、B、C、D、E 的值已知，T = 纸厚。

(3) 各个收纸位及尺寸关系见图 4-240 标注。

①本图条件均给出，只需留意 ∠2 + ∠3 ≤ ∠1 即可。

②陈列格可以按需设置，并不限于本图所示三格。

③插扣设置参看图 2-48 介绍；其他未注明尺寸可根据前述酌情自行给出。

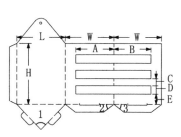

图 4-240

4. 组装式悬挂展示陈列架

(1) 图 4-241 为平面展开图，成型效果扫描本章首页二维码见图 4-241a（左图正面，右图背面）。

(2) L（长）、W（宽）、H（高）、A、B、C、∠1 的值已知，T = 纸厚。

(3) 各个收纸位及尺寸关系见图 4-241 标注。

① D = A - 1mm；E = W；F = B；G = B - T；J = [10mm，15 mm]；K = J - 1mm；M = B + 1mm。

② 陈列格可以按需设置，并不限于本图所示三格。

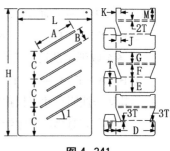

图 4-241

5. 组装式悬挂展示陈列架

(1) 图 4-242 为平面展开图，成型效果扫描本章首页二维码见图 4-242a。

(2) L（长）、W（宽）、H（高）、A、B、C、D、∠1 的值已知，T = 纸厚。

(3) 各个收纸位及尺寸关系见图 4-242 标注。

① E = B；F = A；G = D - T。

② 陈列格可以按需设置，并不限于本图所示四格。

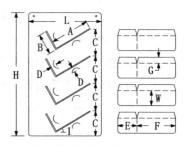

图 4-242

6. 组装式悬挂展示陈列架

(1) 图 4-243 为平面展开图，成型效果扫描本章首页二维码见图 4-243a。

(2) L（长）、W（宽）、H（高）、A、B、C、∠1 的值已知，T = 纸厚。

(3) 各个收纸位及尺寸关系见图 4-243 标注。

① 两个相同插扣在悬挂板上扣底小盒的设置参看第一章第二节介绍；D = A - 1mm。

② 陈列格可以按需设置，并不限于本图所示两格。

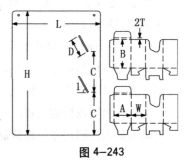

图 4-243

7. 组装式悬挂展示陈列托盘

(1) 图 4-244 为平面展开图，成型效果扫描本章首页二维码见图 4-244a。

(2) L（长）、W（宽）、W1、H（高）、H1、H2、A 的值及开窗已知，T = 纸厚。

(3) 各收纸位及尺寸关系见图 4-244 标注。

① 两个相同黏合在悬挂板上斜口托盘盒的设置参看图 2-80、图 2-82 介绍；B = L - 2T - 2mm；C = H1 - A - T；D = W - 5T；E = L - 6T。

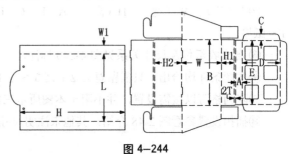

图 4-244

8. 组装式悬挂展示陈列托盘

（1）图 4-245 为平面展开图，成型效果扫描本章首页二维码见图 4-245a。

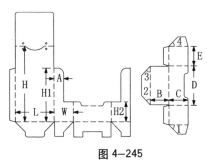

（2）L（长）、W（宽）、H（高）、H1、H2、A 的值已知，T = 纸厚。

（3）各个收纸位及尺寸关系见图 4-245 标注。

①主体扣底盒设置参看第一章第二节介绍；B = E = W - T；C = H2；D = L - 2T；∠1 = ∠2 = ∠3 = ∠4 ≤ 45°。

图 4-245

9. 串联组合式悬挂展示陈列盒

（1）图 4-246 为平面展开图，成型效果扫描本章首页二维码见图 4-246a。

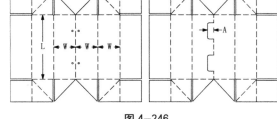

（2）L（长）、W（宽）的值已知，T = 纸厚。

（3）各个收纸位及尺寸关系见图 4-246 标注。

①主体盒的设置参看图 4-123 介绍；A ≈ W/2。

图 4-246

②其他未注明尺寸可根据前述自行给出。

10. 钩扣组合式悬挂展示陈列盒

（1）图 4-247 为平面展开图，成型效果扫描本章首页二维码见图 4-247a。

（2）L（长）、W（宽）、H（高）、H1 的值及开窗已知，T = 纸厚。

（3）各个收纸位及尺寸关系见图 4-247 标注。

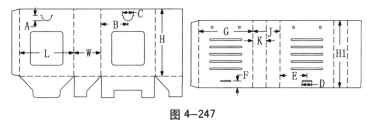

①主体扣底盒的设置参看第一章第二节介绍；

图 4-247

②A ≈ 10mm；B = L/2；C = 2A；D = C + 2mm；E = G/2；F > A；G = L + 2T + 2mm；J = W + 2T + 2mm；K = J/2。

③其他未注明尺寸可根据前述酌情自行给出。

11. 抽拉折转支撑展示套盒

（1）图 4-248 为平面展开图，成型效果扫描本章首页二维码见图 4-248a。

（2）L（长）、W（宽）、H（高）、A、B 的值已知，T = 纸厚。

（3）各个收纸位及尺寸关

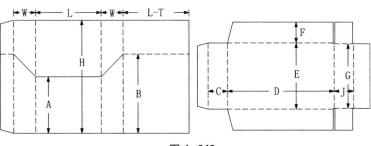

图 4-248

系见图 4-248 标注。

①$C = W - 2T - 1$；$D = H$；$E = L - 2T - 1$；$F = W - 2T$；$G = E - 2T$；$J = C$。

②其他未注明尺寸可根据前述自行给出。

12. 翻盖折转支撑展示套盒

(1) 图 4-249 为平面展开图，成型效果扫描本章首页二维码见图 4-249a，展示效果同样扫码见图 4-249b。

(2) L（长）、W（宽）、H（高）、A、B 的值已知，$T = $ 纸厚。

(3) 各个收纸位及尺寸关系见图 4-249 标注。

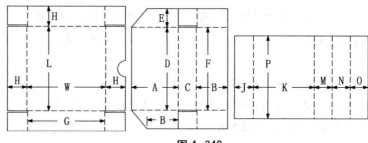

图 4-249

①$C = H - 4T$；$D = L - 2T - 1mm$；$E = C - 2T$；$F = D - 2T$；$G = W - 2T$；$J = H - T$。

②$K \approx 3 \times W/4$；$M = W - K - 4T - 1mm$；$N = C + T$；$O = A - B$；$P = L - 2T - 1mm$。

③其他未注明尺寸可根据前述酌情自行给出。

④本图上下对称，绘制 1/2 然后镜像复制即可。

13. 带分隔插片孔设置的陈列展示盒

(1) 图 4-250 为平面展开图，成型效果扫描本章首页二维码见图 4-250a。

(2) L（长）、W（宽）、H（高）、H1 的值及插片孔已知，$T = $ 纸厚。

(3) 各个收纸位及尺寸关系见图 4-250 标注。

①主体斜口盘式盒的设置参看图 2-80 介绍。

②其他未注明尺寸可根据前述酌情自行给出。

③本图上下对称，只须绘制 1/2 然后镜像复制即可。

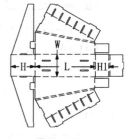

图 4-250

14. 带宣传册插孔设置的陈列展示盒

(1) 图 4-251 为平面展开图，成型效果扫描本章首页二维码见图 4-251a。

(2) L（长）、W（宽）、H（高）、H1、A、B、C、D、E、F 的值已知，$T = $ 纸厚。

(3) 各个收纸位及尺寸关系见图 4-251 标注。

①四壁华克锁设置参看图 2-42 介绍；缺口斜边华克锁设置参看图 2-81 介绍。

②$G = E - 2T$；$J = L - 4T$；$K \leqslant L/2 - 2T$；$M = (A - F)/2$；$N = E - 2T$。

③其他未注明尺寸可根据前述酌情自行给出。

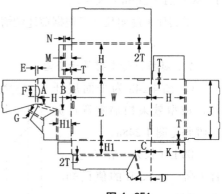

图 4-251

15. 平顶半盖斜口陈列展示盒

(1) 图4-252为平面展开图，成型效果扫描本章首页二维码见图4-252a。

(2) L（长）、W（宽）、W1、H（高）、H1的值已知，T＝纸厚。

(3) 各个收纸位及尺寸关系见图4-252标注。

①四壁华克锁设置参看图2-42介绍；缺口斜边华克锁设置参看图2-81介绍。

② $A \approx L/4$ ；$B = L/2$ ；$C = A$ ；$D = W1 - T$ ；$E = W - 2T$ ；$F = H - T$ 。

③亚瑟扣的设置参看图2-63、图2-64介绍，其他未注明尺寸可根据前述酌情自行给出。

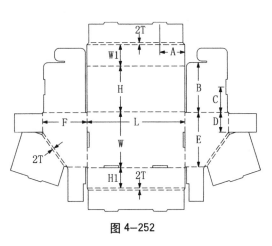

图4-252

16. 斜前端展示包裹两用盒

(1) 图4-253为平面展开图，成型效果扫描本章首页二维码见图4-253a。

(2) L（长）、L1、W（宽）、W1、H（高）、H1、A、∠1的值已知，T＝纸厚。

(3) 各个收纸位及尺寸关系见图4-253标注。

① $B = L1 - A$ ；$C = A - B$ ；$D = W - 2 \times W1$ ；$E = W - 2T - 1mm$ ；F可计算；$G = [25mm，30mm]$ ；$J \approx W/4$ 。

② $K = W/2 - W1 - 1mm$ ；$M = H1 - T$ ；$N = W - J$ ；$P = G - 2mm$ ；$Q = F$ 。

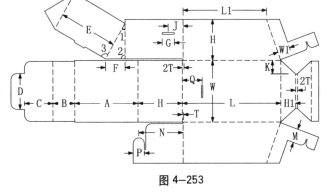

图4-253

③亚瑟扣的设置参看图2-63、图2-64介绍，其他未注明尺寸可根据前述酌情自行给出。

17. 空壁运输箱／敞口陈列盒

(1) 图4-254为平面展开图，成型效果扫描本章首页二维码见图4-254a。

(2) L（长）、W（宽）、H（高）、A、B、C、D、E、F的值已知，T＝纸厚。

(3) 各个收纸位及尺寸关系见图4-254标注。

① $G = A - 2T$ ；$K = (W - D - 2T)/2 - G$ ；$M = N$ ；$O = L - 4T$ ；$P = F$ ；$J = F - T$ 。

② $Q = A$ ；$S = L - 4T$ ；$U = E$ ；$V = A - 2T$ ；$W = E - T$ ；$X = (W - D - 2T)/2 - V$ 。

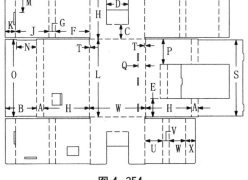

图4-254

③华克锁的设置参看图2-42介绍，其他未注明尺寸可根据前述酌情自行给出。

18. 连体式两间隔陈列盒

(1) 图 4-255 为平面展开图，成型效果扫描本章首页二维码见图 4-255a。

(2) L（长）、W（宽）、H（高）、H1、A、B、C、E、F 的值已知，T = 纸厚。

(3) 各个收纸位及尺寸关系见图 4-255 标注。

① $G = L/4 - T$；$J = H - T$；$K = L/2 - T$；$M = L/4$；$N = L/2 - G$；$O = H - T$；$P = M$；$Q = L - 2F$；$U = W - T$；$S = H1 - T$。

② 华克锁的设置参看图 2-42 介绍；其他未注明尺寸可根据前述酌情自行给出。

③ 本图左右对称，只须绘制 1/2 然后镜像复制即可。

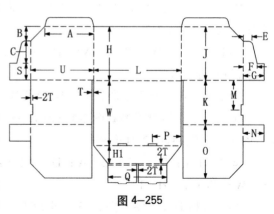

图 4-255

19. 套件式两间隔陈列盒

(1) 图 4-256 为平面展开图，成型效果扫描本章首页二维码见图 4-256a、图 4-256b。

(2) L（长）、W（宽）、H（高）、H1、A、B、C、D、E、F、G 的值已知，T = 纸厚。

(3) 各个收纸位及尺寸关系见图 4-256 标注。

① $J = C$；$K = A$；$M = H1 - T$；$N = W - 2T$；$O \leqslant L/2$；$P \geqslant B$；$Q \geqslant F$；$S \geqslant E/2$；$U = F - 1mm$。

② $V = (E - 2T)/2 - 1mm$；$X = H1 - T$；$Y = D - T$；$Z = H - T$；$R1 = R2$。

③ 华克锁的设置参看图 2-42 介绍；斜边华克锁设置参看图 2-81 介绍；其他未注明尺寸可根据前述酌情自行给出。

④ 本图两个单件均左右对称，只须绘制 1/2 然后镜像复制即可。

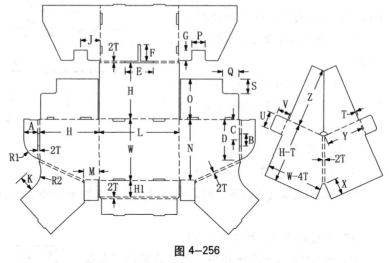

图 4-256

20. 带阶梯型插件展示套盒

(1) 图 4-257 为平面展开图，尺寸计算参考图见图 4-258，成型效果扫描本章首页二维码见图 4-257a。

(2) L（长）、W（宽）、H（高）、H1、A、B、C、D、E、∠1、∠2 的值已知，T = 纸厚。

(3) 各个收纸位及尺寸关系见图 4-257 标注。

① 图 4-257 中所标 F、G、J、K、M、N 的数值均可通过绘制的参考图图 4-258 中量取。

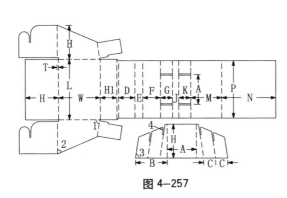

图 4-257

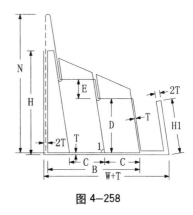

图 4-258

②P=L-2T-1mm；∠3=∠1；∠4=∠2。

③亚瑟扣的设置参看图 2-63、图 2-64 介绍。

④其他未注明尺寸可根据前述酌情自行给出。

⑤本图两个单件均为对称图，只须绘制 1/2 然后镜像复制即可。

21. 带插孔可堆叠陈列展示盒

（1）图 4-259 为平面展开图，成型效果扫描本章首页二维码见图 4-259a、图 4-259b。

（2）L（长）、L1、W（宽）、H（高）、H1、A 的值已知，T=纸厚。

（3）各个收纸位及尺寸关系见图 4-259 标注。

①B=A；C=H1-T；D=L-4T；E=W-2T；F=[25mm，30mm]；J≤（L-G）/2；K=H-T；G=F+2mm；M=L-4T；N=H-T。

②华克锁的设置参看图 2-42 介绍，其他未注明尺寸可根据前述酌情自行给出。

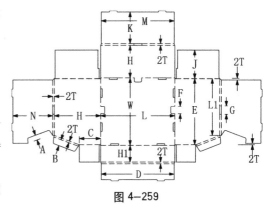

图 4-259

22. 角部加固带插孔可堆叠陈列展示盒

（1）图 4-260 为平面展开图，成型效果扫描本章首页二维码见图 4-260a、图 4-260b。

（2）L（长）、W（宽）、H（高）、H1、A、B、C、D 的值已知，T=纸厚。

（3）各个收纸位及尺寸关系见图 4-260 标注。

①E≈（W-D）/6；F≈（W-D）/4；G=F；J=E-2T；K=M=N=（W-D）/4；O=1.4×N；P=H-N-O；Q=H+T；S=（W-D）/2。

②华克锁的设置参看图 2-42 介绍。

③本图上下左右对称，只须绘制 1/4 然后镜像复制即可。

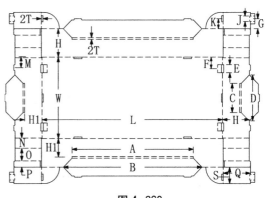

图 4-260

23. 堆叠陈列架

（1）图 4-261 为平面展开图，成型效果扫描本章首页二维码见图 4-261a、图 4-261b。

（2）L（长）、W（宽）、H（高）、H1、A、B 的值已知，T = 纸厚。

（3）各个收纸位及尺寸关系见图 4-261 标注。

① $C = W - 2T$；$D \leqslant L/2$；$E = (L - A)/2$；$G = E - 2T$；$J = (W - B)/2 - 2T$。

② $K = H1 - T$；$M = H1 - T$；$N = H - T$。F = 直角边为"J""G"的直角三角形斜边长。

③华克锁的设置参看图 2-42 介绍，其他未注明尺寸可根据前述酌情自行给出。

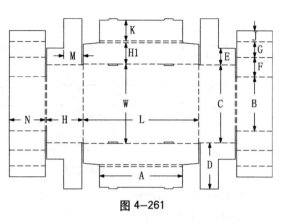

图 4-261

24. 两件套可堆叠陈列架

（1）图 4-262 为平面展开图，成型效果扫描本章首页二维码见图 4-262a、图 4-262b。

（2）L（长）、W（宽）、H（高）、H1、A、B 的值已知，T = 纸厚。

（3）各个收纸位及尺寸关系见图 4-262 标注。

① $C = L/2$；

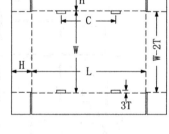

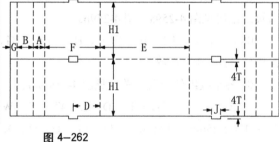

图 4-262

$D = L/4 - T$；$E = W - 4T$；$F = L/2 - 2T - 2mm$；$G = [12mm，15mm]$；$J = [25mm，30mm]$。

②其他未注明尺寸可根据前述酌情自行给出。

③本图两个单件均为对称图，只须绘制 1/2 然后镜像复制即可。

25. 带广告宣传牌的陈列展示盒

（1）图 4-263 为平面展开图，单组成型过程扫描本章首页二维码见图 4-263a，成型效果同样扫码见图 4-263b、图 4-263c。

（2）L（长）、W（宽）、H（高）、H1 的值已知，T = 纸厚。

（3）各个收纸位及尺寸关系见图 4-263 标注。

① $A = W - T$；$B = L - 2T$；$C = L - 4T$；$D = E$；$F =$

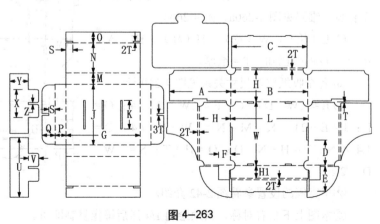

图 4-263

$H1-T$；$G=L-5T-2mm$；$J=W-5T-2mm$；$K=J/2$；$M=H1-3T-1mm$。

②$N=J/2-T$；$O=M-T$；$P=M-T$；$Q=[15mm，20mm]$；$S=Q/2$；$U=J$；$V=M-T$；$X=U/2$；$Y=H-H1$；$Z=2T+1mm$。

③华克锁设置参看图 2-42 介绍，其他未注明尺寸可根据前述酌情自行给出。

26. 后支撑两层斜平台展示架

(1) 图 4-264 为平面展开图，成型效果扫描本章首页二维码见图 4-264a、图 4-264b。

(2)L（长）、W（宽）、H（高）、A、B、C、∠1 的值已知，T=纸厚。

(3) 各个收纸位及尺寸关系见图 4-264 标注。

①盒底压翼插扣结构参看第一章第一节及第三章第一节介绍。

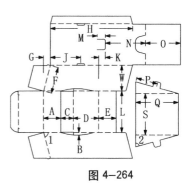

图 4-264

②$D=F$（可通过∠1 与 W 的值计算出）；$E=A$；G（可通过∠1 与 W 的值计算出）；$J≈H/3$；$K=G$；$M=C+T$；$N=O$；$P=J$；$Q≥H/2$；$S=L$；∠2=∠1。

27. 斜平台展示架

(1) 图 4-265 为平面展开图，成型过程扫描本章首页二维码见图 4-265a，成型效果同样扫码见图 4-265b。

(2)L（长）、W（宽）、H（高）、A、B、C、∠1 的值已知，T=纸厚。

(3) 各收纸位及尺寸关系见图 4-265 标注。

①背后支撑结构设置参看图 4-222 介绍。

②$D=W-T$；$E=W-B-T$；$F=L-4T$；$G=W$；$J=L-2T$；$K=L-4T$；$M≈B/2$；$N=W-T$；$O=L-4T$。

③其他未注明尺寸可酌情自行给出。

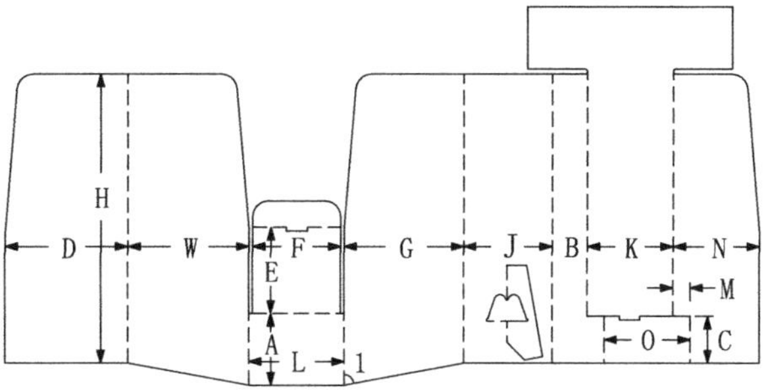

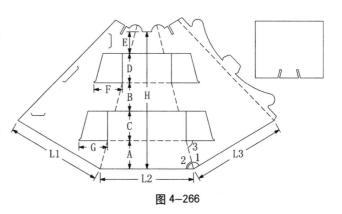

图 4-265

28. 带广告宣传牌的三角展示架

(1) 图 4-266 为平面展开图，成型效果扫描本章首页二维码见图 4-266a。

(2)图中参数 L1、L2、L3、H、A、B、∠1、∠2、∠3 的值已知，T=纸厚。

(3) 各个收纸位及尺寸关系见图 4-266 标注。

①本图类似双翼双扣结构可看图 4-227 介绍。

图 4-266

②D＝F；C＝G；其他未注明尺寸可根据前述酌情自行给出。

③本图主体部分（除锚锁插扣外）左右对称，只须绘制 1/2 然后镜像复制即可。

29. 落地式展示陈列架底座

(1) 图 4-267 为平面展开图，成型效果扫描本章首页二维码见图 4-267a。

(2) L（长）、W（宽）、H（高）、A、B、C、D、∠1、∠2、∠3 的值已知，T＝纸厚。

(3) 各个收纸位及尺寸关系见图 4-267 标注。

①本图结构中的 OO_1、PP_1 与横向双压痕均为运输收叠线（类似于黏合作业线），在成型中不起作用。

②E＝B＋T；F＝D－T；G＝L/2；∠4≤45°；∠5＝90°；其他未注明尺寸可根据前述酌情自行给出。

③本图左右对称，只须绘制 1/2 然后镜像复制即可。

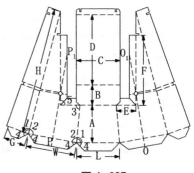

图 4-267

30. 落地式展示陈列架底座

(1) 图 4-268 为平面展开图，成型效果扫描本章首页二维码见图 4-268a。

(2) L（长）、W（宽）、H（高）、H1、A、B、C、D、∠1 的值已知，T＝纸厚。

(3) 各个收纸位及尺寸关系见图 4-268 标注。

①本图结构中的 OO_1、PP_1 为运输收叠线（类似于黏合作业线），在成型中不起作用。

②E＝C－T；F＝L；G＝W/2；J≥L/2＋10mm；∠2＝90°；其他未注明尺寸可自行给出。

③本图左右对称，绘制 1/2 然后镜像复制即可。

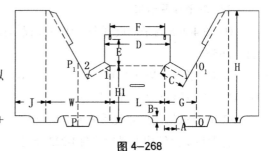

图 4-268

31. 曲壁落地式展示陈列架底座

(1) 图 4-269 为平面展开图，成型效果扫描本章首页二维码见图 4-269a。

(2) L（长）、W（宽）、H（高）、A、B、C、D、E、∠1 的值已知，T＝纸厚。

(3) 各个收纸位及尺寸关系见图 4-269 标注。

①F＝D；G＝C；J≥L/2＋10mm；∠2＝90°。

②其他未注明尺寸可根据前述酌情自行给出。

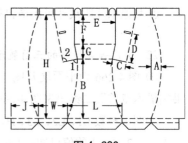

图 4-269

32. 多阶梯瀑布式展示陈列架

(1) 图 4-270 为平面展开图，成型效果扫描本章首页二维码见图 4-270a。

(2) L（长）、W（宽）、H（高）、H1、A、B、C、D、E、F、G、∠1 的值已知，T＝纸厚。

（3）各个收纸位及尺寸关系见图4-270标注。

①$J = C + T$；$K = E + T$；$M = B + T$；$N = D + T$；$O = L$；$P = A$；$\angle 3 = \angle 4 \leqslant 45°$；$\angle 2 = 90°$。

②其他未注明尺寸可根据前述自行给出。

③本图左右对称，绘制1/2镜像复制即可。

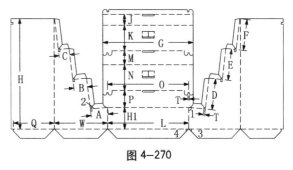

图 4-270

33. 落地式多框格展示陈列架

（1）图4-271为平面展开图，成型效果扫描本章首页二维码见图4-271a。

（2）L（长）、L1、W（宽）、W1、H（高）、H1、A、B、C、$\angle 1$的值及多框格布局尺寸已知（图4-272），$T =$纸厚。

（3）各个收纸位及尺寸关系见图4-271标注。

①底座部分结构前面讲解过，只需留意：$D = B$；$\angle 2 = 90°$。

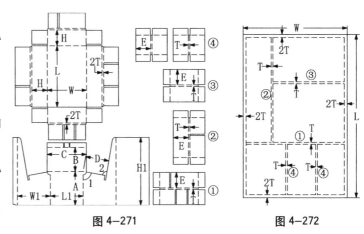

图 4-271　　　　　　　　图 4-272

②多框格展示架部分结构须参看图4-272给出的已知条件：按图中对应标注的"①②③④"量取尺寸（包括卡位开口），再绘制图4-271中对应的"①②③④"配件图。

34. 落地式多框格展示陈列架

（1）图4-273为底座平面展开图，图4-274为多框格展示架平面展开图，成型效果扫描本章首页二维码见图4-273a。

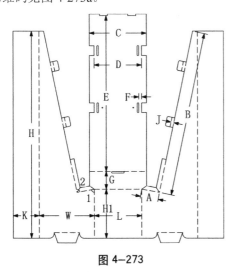

图 4-273

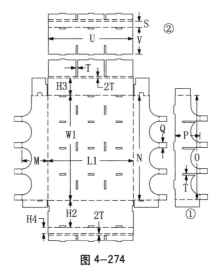

图 4-274

（2）图中参数L、L1、W、W1、H、H1、H2、H3、H4、A、B、C、$\angle 1$的值已知，$T =$纸厚。

(3) 各个收纸位及尺寸关系见图 4-273、图 4-274 标注。

①底座部分结构前面讲解过，需留意 $D=L-T$ 、$E=B$ 、$F=J-T\geqslant 10mm$ 、$G=A-T$ 、$K\geqslant L/2+10mm$ 、$\angle 2=90°$ 。

②多框格展示架部分结构如图 4-274：图中标注的"①"部件为纵向分隔件，应设两个，安装对应主体盒底的两列纵向插孔；图中标注的"②"部件为横向分隔件，应设三个，安装对应主体盒底的三行横向插孔；需留意 $M=H2-T$ 、$N=O=W1-2T$ 、$P=H2-2T$ 、$Q=H4-2T$ 、$S=H4$ 、$U=L1-2T$ 、$V=H2-T$ 。

35. 三件套落地式展示陈列架

(1) 图 4-275 为平面展开图，组件成型过程扫描本章首页二维码见图 4-275a，成型效果同样扫码见图 4-275b。

(2) L（长）、L1、L2、W（宽）、W1、W2、H（高）、H1、H2、H3、A、B、C、$\angle 1$、$\angle 2$ 值已知，T＝纸厚。

(3) 各个收纸位及尺寸关系见图 4-275 标注。

①左侧底座部分结构：$D=E=L-T$；$F\approx W1\times 2/3$；锚锁插扣参看图 2-48 介绍。

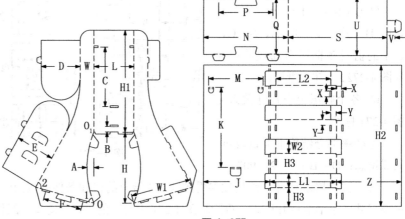

图 4-275

②右上图为底座储物盖板：$N=W1$；$P=F$；$Q=L$；$S=$ 左图中弧 OO_1 长；$U\geqslant L+10mm$；$V=B$ 。

③右下图为挂扣在底座上的陈列架：$J=L1-T$；$K=C$；$M=L-2T$；$X=[15mm,20mm]$；$Y=[15mm,20mm]$；$Z=L-T$ 。

36. 多层式展示陈列架

(1) 图 4-276 为平面展开图，成型效果扫描本章首页二维码见图 4-276a。

(2) L（长）、W（宽）、H（高）、A、B 的值已知，T＝纸厚。

(3) 各个收纸位及尺寸关系见图 4-276 标注。

①主体扣底部分结构参看第一章第二节介绍。盒盖压翼插扣部分结构参看第一章第一节介绍。

②$C=B-T$；$D=C-T$；$E=W-2T$；$F=L-2T$；$G=F+2C$；$J=C-T$ 。

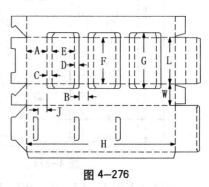

图 4-276

③其他未注明尺寸可根据前述酌情自行给出。

37. 展示陈列架底座

(1) 图 4-277 为平面展开图，成型效果扫描本章首页二维码见图 4-277a。

(2) L（长）、W（宽）、H（高）、H1、A、B 的值已知，T = 纸厚。

(3) 各个收纸位及尺寸关系见图 4-277 标注。

①本图结构简单，只需留意 C = D = H1/2 + 1mm。

②其他未注明尺寸可根据前述酌情自行给出。

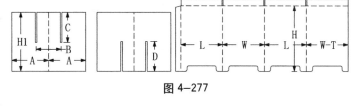

图 4-277

38. 陈列展示台或展示架底座

(1) 图 4-278 为平面展开图，成型效果扫描本章首页二维码见图 4-278a。

(2) L（长）、L1、W（宽）、H（高）、A 的值已知，T = 纸厚。

(3) 各个收纸位及尺寸关系见图 4-278 标注。

① B = A + T；C = [15mm，20mm]；D = L - 2T；E = 2T；F = C - 1mm。

②其他未注明尺寸可根据前述酌情自行给出。

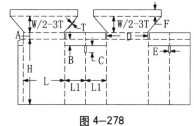

图 4-278

39. 分隔式陈列展示台

(1) 图 4-279 为平面展开图，各配件成型过程扫描本章首页二维码见图 4-279a，成型效果同样扫码见图 4-279b。

(2) L（长）、H（高）、H1、H2、H3、H4 的值已知，T = 纸厚。

(3) 各个收纸位及尺寸关系见图 4-279 标注。

① A ≤ L/2；B = L - T；C = D = H2/2 + 1mm；E = L × 2.4；F ≈ E/2；G = H2 - H3；J = F × 3/4。

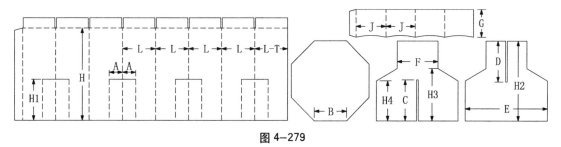

图 4-279

②其他未注明尺寸可根据前述酌情自行给出。

40. 叠架式陈列展示台

(1) 图 4-280 为平面展开图，成型效果扫描本章首页二维码见图 4-280a。

（2）L（长）、W（宽）、H（高）、H1、H2、A、B、C、D 的值已知，T = 纸厚。

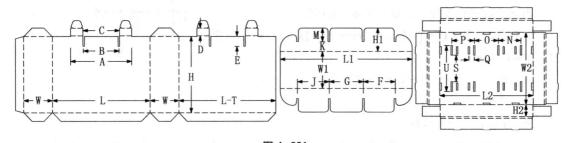

图 4—280

（3）各个收纸位及尺寸关系见图 4-280 标注。

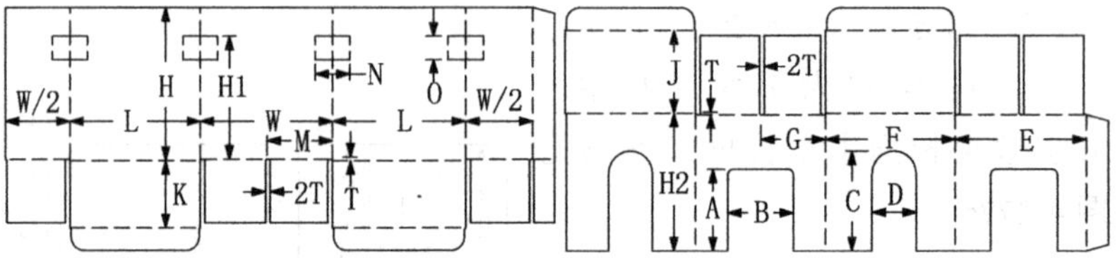

① E = W － 2T － 2mm；F = L － 2T － 2mm；G = E/2；J = E/2 － T；K = W/2 － T；M = W/2；N = [40mm，50mm] ；O = N/2 。

②其他未注明尺寸可根据前述酌情自行给出。

41. 插扣式陈列展示台

（1）图 4-281 为平面展开图，成型过程扫描本章首页二维码见图 4-281a，成型效果同样扫码见图 4-281b。

（2）L（长）、L1、L2、W（宽）、W1、W2、H（高）、H1、H2 的值已知，T = 纸厚。

（3）各个收纸位及尺寸关系见图 4-281 标注。

图 4—281

①右图双壁华克锁盘式盒主体结构参看第二章第一节介绍。

② A = W1 + 60mm；B = W1；C = B + 2T；D = [20mm，25mm]；E = H1/2 + 1mm；F = W；G ≈ （L1 － 2W）/ 2 。

③ J = W；K = M = H1/2；N = P = W；O = G；Q = D；S = C － 2mm；U = A + 2mm 。

④其他未注明尺寸可根据前述酌情自行给出。

⑤本图后两个单件均为上下对称图，只须绘制 1/2 然后镜像复制即可。

42. 反棱柱竖井展示盒

（1）图 4-282 为平面展开图，成型效果扫描本章首页二维码见图 4-282a。

（2）L（长）、L1、H（高）、H1、A 的值已知，T = 纸厚。

（3）各个收纸位及尺寸关系见图 4-282 标注。

①左图绘制方法：先根据已知 L、H 绘制出四个相同的等腰三角形；再根据

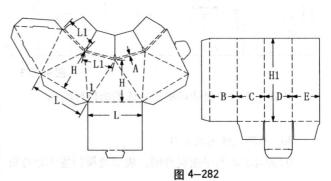

图 4—282

L1 的值可计算出∠1 的值；再按∠1 的值旋转其中三个等腰三角形，然后连接四个等腰三角形的顶点，可得主体盒型的八个侧壁；再添加底部襟片、内部襟片、底边防尘翼襟片、接头襟片；最后添加锚锁插扣（参看图 2-48 介绍设置插扣）。

②右图的压翼插扣结构参看第一章第一节介绍设置；B＝C＝D＝L1－2A－T－1mm；E＝L1－2A－1mm。

43. 三件套落地式展示陈列台

(1) 图 4-283 为平面展开图，成型效果扫描本章首页二维码见图 4-283a。

(2) 图 4-283 中 L、L1、L2、L3、L4、W、W1、H、H1、H2 的值已知，T＝纸厚。

(3) 各个收纸位及尺寸关系见图 4-283 标注。

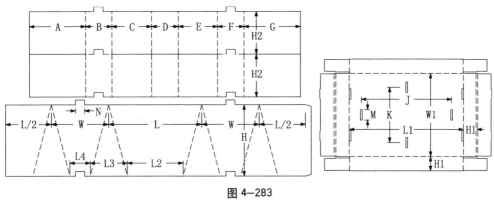

图 4-283

①左下图为底座部分，已知条件充足。右图为展示陈列台托盘部分，主体结构参看图 2-43 介绍设置。左上图为展示陈列台分隔部分。

② A＝L1/2－3T－1mm；B＝（W1－8T）/2；C＜A；D＝B；E＝C；F＝B；G＝A；J＝L；K＝2B；M＝[25mm，30mm]；N＝M－2mm。

③其他未注明尺寸可根据前述酌情自行给出。

44. 旋转支撑结构展示陈列架底座

(1) 图 4-284 为平面展开图，成型效果扫描本章首页二维码见图 4-284a。

(2) L（长）、L1、W（宽）、H（高）的值已知，T＝纸厚。

(3) 各个收纸位及尺寸关系见图 4-284 标注。

①本图旋转支撑结构底座造型优美但构造简单，无特殊需注意的配合关系。

② A＝L；B＝L；C≈L/2；D＝C－2mm。

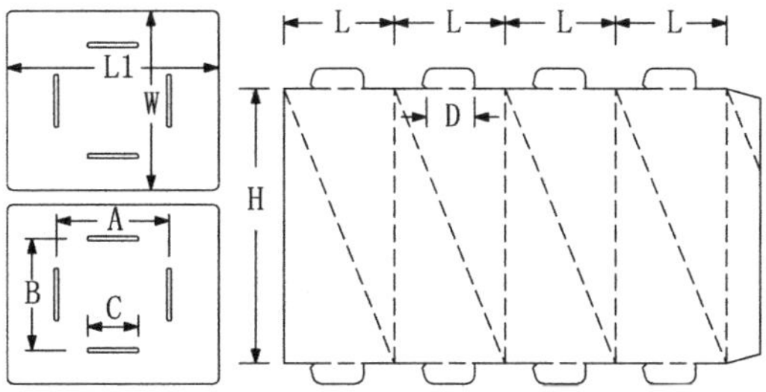

图 4-284

45. 两件套落地式展示陈列台

(1) 图 4-285 为平面展开图，成型效果扫描本章首页二维码见图 4-285a。

(2) L（长）、L1、W（宽）、W1、H（高）、H1、A、B、∠1、∠2值已知，T=纸厚。

(3) 各个收纸位及尺寸关系见图 4-285 标注。

① C = L - 2T；D = W - T；E = A - T；F = H1；∠3 = 90°。

②其他未注明尺寸可根据前述酌情自行给出。

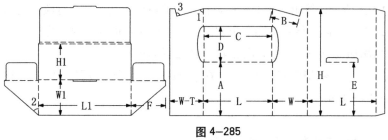

图 4-285

46. 连体式落地展示陈列台

(1) 图 4-286 为平面展开图，成型效果扫描本章首页二维码见图 4-286a。

(2) L（长）、W（宽）、H（高）、H1、A 的值已知，T=纸厚。

(3) 各个收纸位及尺寸关系见图 4-286 标注。

①扣底结构参看第一章第二节介绍设置。

② B = W - 4T；C = L - 2T；D = T + 1mm；E = L - 2T；F = H - H1 + A。

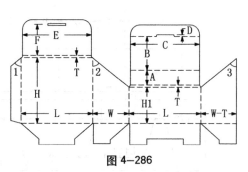

图 4-286

47. 全开放塔式展示陈列架

(1) 图 4-287 为平面展开图，成型效果扫描本章首页二维码见图 4-287a。

(2)图 4-287 中 L、H、A、B、C、∠1、R1、R2、R3 的值已知，T=纸厚。

(3) 各收纸位及尺寸关系见图 4-287 标注。

① D = （H - A - B - C）/ 2；E = F + 1mm；G = D + 1mm；J = [15mm，20mm]；K = 点 O 至 O_1 的距离；M = 点 P 至 P_1 的距离；N = 点 Q 至 Q_1 的距离。

②其他未注明尺寸可根据前述酌情自行给出。

③本图中各个单件均为左右对称图，只须绘制 1/2 然后镜像复制即可。

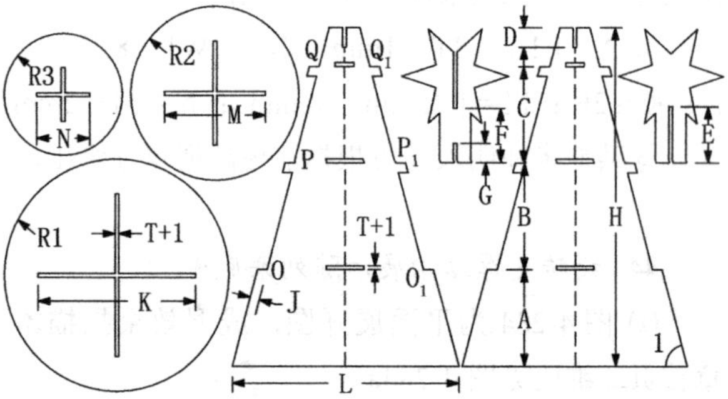

图 4-287

第六节　趣味、创意类包装结构

本部分介绍的趣味包装盒、创意包装盒大多不是折叠纸盒，是指不便设置黏合作业线的非常规包装盒；本部分内容包括两类，一是异型、趣味、创意类包装盒；二是不常见的凸多面体纸盒。

1. 连续窝进封口的角锥型包装盒

(1) 图 4-288 为平面展开，成型效果扫描本章首页二维码见图 4-288a，成型后向内按压效果同样扫码见图 4-288b。

(2) L（边长）、H（侧高）的值已知，T = 纸厚。

(3) 各收纸位及尺寸关系见图 4-288 中标注。

① 本图结构类似图 3-224，可以理解为图 3-224 的底部延长至相交。O 点为盒盖的花冠折页交汇点。

② A 的取值由成型后花冠交点超出盒盖的高度决定（当交点超出盒盖的高度 =X，则 A 的长 = 两直角边分别为"L""X"的直角三角形的斜边长）。

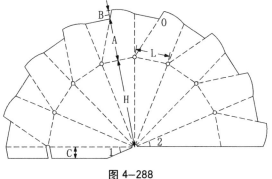

图 4—288

③ B ≈ A/4；C = [12mm，15mm]；∠ 1 < ∠ 2；其他未注明尺寸可根据前述酌情自行给出。

2. 压翼插扣封口的角锥型包装盒

(1) 图 4-289 为平面展开，成型效果扫描本章首页二维码见图 4-289a、图 4-289b。

(2) L（边长）、H（侧高）的值已知，T = 纸厚。

(3) 各个收纸位及尺寸关系见图 4-289 中标注。

① 本图结构简单，主要留意收纸位：右侧的六边形由边长为"L"的正六边形各边向内偏移"T"而得。左侧的六边形盒盖则先绘制边长为"L"的正六边形，再将边"OO₁""PP₁"向内偏移"T"而得。

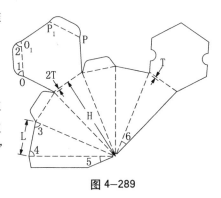

图 4—289

② ∠ 1 < ∠ 3；∠ 2 < ∠ 4；∠ 5 < ∠ 6。

3. 钩扣式角锥型包装盒

(1) 图 4-290 为平面展开，成型效果扫描本章首页二维码见图 4-290a、图 4-290b。

(2) L（长）、H（高）、H1（盒盖侧高）、A、B 的值已知，T = 纸厚。

(3) 各个收纸位及尺寸关系见图 4-290 中标注。

① 本图结构简单，主要留意收纸位：盒底的六边形由边长为"L"的正六边形各边向内偏移"2T"而得。

② C = [15mm，25mm]；D = C；E ≤ A；∠ 3 < ∠ 1；∠ 2 ≤ ∠ 1。其他未注明尺寸可根据前述酌情自行给出。

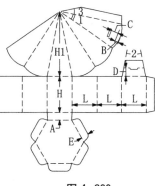

图 4—290

4. 扭转伸缩盒

(1) 图 4-291 为平面展开，成型效果扫描本章首页二维码见图 4-291a，扭转效果同样扫码见

图 4-291b，扭转压缩效果同样扫码见图 4-291c。

（2）L（长）、H（高）、A、B 的值已知，T＝纸厚。

（3）各个收纸位及尺寸关系见图 4-291 中标注。

①扣底结构设置参看第一章第二节介绍。

②本图成型的关键是 C＝L、∠1＝45°。此外，O 点的高度决定其下方折线成型的角度。

③其他未注明尺寸可根据前述酌情自行给出。

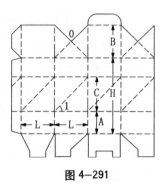

图 4-291

5. 合体六边型盒（1）

（1）图 4-292 为平面展开图，成型效果扫描本章首页二维码见图 4-292a、图 4-292b。

（2）L（长）、H（高）的值及开窗已知，T＝纸厚。

（3）各个收纸位及尺寸关系见图 4-292 中标注。

①本图盒型需留意：左侧的六边形由边长为"L"的正六边形各边向内偏移"T"而得。中间的六边形则由边长为"L"的正六边形分中拉开"2T"设置双线而得。

②A＝2L；B＝C；D＝E＝F＝G＝M＝N≈B/3；J＝[3mm，5mm]；K＝J。

③其他未注明尺寸可根据前述酌情自行给出。

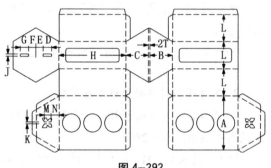

图 4-292

6. 合体六边型盒（2）

（1）图 4-293 为平面展开图，成型效果扫描本章首页二维码见图 4-293a。

（2）L（长）、H（高）的值及开窗已知，T＝纸厚。

（3）各个收纸位及尺寸关系见图 4-293 中标注。

①本图与图 4-292 的差异在于闭合方向：上侧盒盖的六边形由边长为"L"的正六边形各边向内偏移"T"而得。

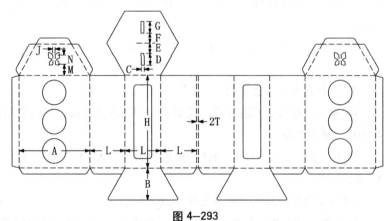

图 4-293

下方盒底的等腰梯形由边长为"L"的正六边形各边向内偏移"T"后按对角线中分而得。

②A＝2L；C＝[3mm，5mm]；D＝E＝F＝G＝M＝N≈B/3；J＝C。

③其他未注明尺寸可根据前述酌情自行给出。

7. 八棱柱斜切面盒

（1）图 4-294 为平面展开图，图 4-295 为辅助参考图，成型效果扫描本章首页二维码见图 4-294a。

（2）L（长）、H（高）、H1 的值已知，T＝纸厚。

（3）各个收纸位及尺寸关系见图 4-295 中标注。（A 的值可测知）

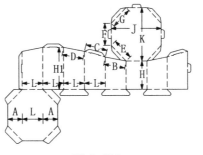

①本图盒型底面是正八边形，难点在于上端各边线的角度及边长、盒盖不等边八边形的确定。

②各边线的角度及边长：通过绘制辅助参考图 4-295 可知，通过"H1－H"与底面长"L＋2A"则斜切面盒盖与底面的夹角 a 可得；通过"夹角 a"与"A"

图 4-294　　　　图 4-295

可轻易得出"OO₁""PP₁"的值。将该值代入图 4-294 轻易得出"B""C"的值（即边长及角度），留意 D＝B。

③盒盖的确定：通过参考图 4-295 可轻易得出图 4-294 中斜切面盒盖总长 K 的值（与得出夹角 a 方法同），而斜切面盒盖总宽 J＝A＋L＋A（与底面同），盒盖除两水平边为"L"外，其他边 E＝B；F＝C；G＝D＝B＝E。则盒盖可看作左右两个相等的等腰梯形（已知四边、高＝A）＋中间矩形（L×K）。

④其他未注明尺寸可根据前述酌情自行给出。

8. 扭转八棱柱斜切面盒

（1）图 4-296 为平面展开图，成型效果扫描本章首页二维码见图 4-296a。

（2）L（长）、H（高）、H1 的值已知，T＝纸厚。

（3）各个收纸位及尺寸关系见图 4-296 中标注。

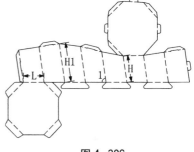

①本图盒型与图 4-294 盒型的差异在于棱线倾斜带来侧面的扭曲。

②本图盒型底面是正八边形，难点同样在于上端各边线的角度及边长、盒盖不等边八边形的确定。

图 4-296

③可以先按图 4-294 绘制方法得出正棱柱斜切面盒，再改变棱线倾斜角度。具体操作不再详述。

9. 棱边扭曲边壁褶皱盒

（1）图 4-297 为平面展开图，成型效果扫描本章首页二维码见图 4-297a。

（2）图 4-297 中的 L（长）、L1、L2、L3、W（宽）、W1、W2、W3、H（高）的值已知，T＝纸厚。

（3）各个收纸位及尺寸关系见图 4-297 中标注。

①本图盒型褶皱之间并无配合关系。

②A＝W1；B＝L1；C＝W；D＝W3；E＝L3；F＝W2。

③其他未注明尺寸可根据前述酌情自行给出。

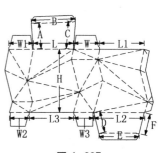

图 4-297

10. 弧侧六底转三盖窝进封口盒

(1) 图 4-298 为平面展开图，成型效果扫描本章首页二维码见图 4-298a、图 4-298b。

(2) L（长）、H（高）的值已知，T = 纸厚。

(3) 各个收纸位及尺寸关系见图 4-298 中标注。

① 本图盒型盒底正六边形压翼插扣结构参看图 3-59 至图 3-64 介绍。

② A = 2L；B = L + T；D = L/2；C 的取值由成型后盒盖交点超出盒盖的高度决定（例如：当交点在盒盖平面上，则 C 的长为 A × 0.3；当交点超出盒盖的高度 = a，则 C 的长 = 两直角边分别为 "A × 0.3" "a" 的直角三角形的斜边长）。

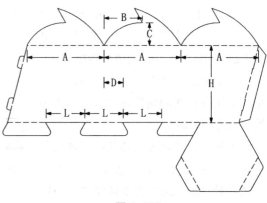

图 4-298

11. 棱边扭转五棱台盒（1）

(1) 图 4-299 为平面展开图，成型效果扫描本章首页二维码见图 4-299a。

(2) L（长）、L1、H（高）、∠1、∠2 的值已知，T = 纸厚。

(3) 各个收纸位及尺寸关系见图 4-299 中标注。

① 本图盒型盒底盒盖均为正五边形。

② A = L；B = L1；所有侧棱长均 = H；∠3 = ∠4 = ∠5 = ∠6 ≤ 54°。

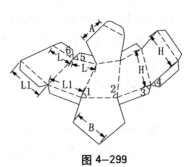

图 4-299

12. 棱边扭转五棱台盒（2）

(1) 图 4-300 为平面展开图，成型效果扫描本章首页二维码见图 4-300a。

(2) L（长）、L1、H（高）、∠1、∠2 的值已知，T = 纸厚。

(3) 各个收纸位及尺寸关系见图 4-300 中标注。

① 本图盒型与图 4-299 的区别在于各侧壁是与盒底相连的，盒底盒盖均为正五边形。

② 绘图设置与图 4-299 相同；所有侧棱长均 = H。

13. 双曲线棱边扭转五棱柱盒

(1) 图 4-301 为平面展开图，成型效果扫描本章首页二维码见图 4-301a。

(2) L（长）、H（高）、A、∠1 的值已知，T = 纸厚。

(3) 各个收纸位及尺寸关系见图 4-301 中标注。

① 本图盒型盒底盒盖均为正五边形，绘制步骤：先绘制正五棱柱压翼插扣盒；再根据 ∠1 的值调整盒盖与盒底的水平错位；再按已知的值绘制盒身弧线，替换掉直线边棱即可。

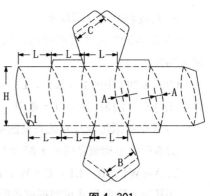

图 4-301

②B＝C＝L；所有侧壁相同；所有双曲线棱边均相同。

③其他未注明尺寸可根据前述酌情自行给出。

14. 扭转五棱台盒

(1) 图 4-302 为平面展开图，成型效果扫描本章首页二维码见图 4-302a、图 4-302b。

(2) L（长）、L1、H（高）的值已知，T＝纸厚。

(3) 各个收纸位及尺寸关系见图 4-302 中标注。

①本图盒型盒底盒盖均为正五边形，绘制步骤：先按宽为 L 绘制正五棱柱压翼插扣盒；按上底为 L1 下底为 L 高为 H 绘制等腰梯形，得出∠1 的值；再按∠1 值旋转复制盒身各侧面主线与防尘翼；再按梯形对角线添加扭转斜线即可。

②其他未注明尺寸可根据前述酌情自行给出。

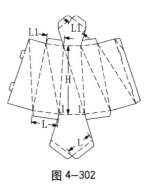

图 4-302

15. 斜立五棱台棱边扭转盒

(1) 图 4-303 为平面展开图，成型效果扫描本章首页二维码见图 4-303a。

(2) 图 4-303 中所标参数 L（长）、L1、H（高）、H1、H2、∠1、∠2、∠3、∠4、∠5 的值已知，T＝纸厚。

(3) 各个收纸位及尺寸关系见图 4-303 中标注。

①本图盒型盒底盒盖均为正五边形，绘制步骤：先按上底为 L1 下底为 L 腰为 H 绘制等腰梯形及上下盒盖盒底；再按已知角度及 H1、H2 的值绘制盒身各侧面；再按梯形对角线添加扭转斜线即可。

②其他未注明尺寸可根据前述酌情自行给出。

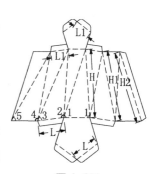

图 4-303

16. 双曲面六棱台盒

(1) 图 4-304 为平面展开图，成型效果扫描本章首页二维码见图 4-304a。

(2) L（长）、L1、H（高）、A、B、C、D 值已知，T＝纸厚。

(3) 各个收纸位及尺寸关系见图 4-304 中标注。

①本图盒型盒底盒盖均为正六边形，绘制步骤：先按宽为 L 绘制正六棱柱压翼插扣盒；按上底为 L1 下底为 L 高为 H 绘制等腰梯形，得出∠1 的值；再按∠1 值旋转复制盒身各侧面主线与防尘翼；再按已知的值绘制盒身弧线，替换掉直线边棱即可。（本图直线边棱 OO_1 可作为黏合作业线存在）

②其他未注明尺寸可根据前述酌情自行给出。

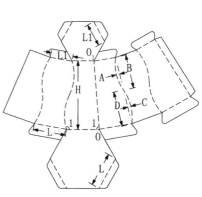

图 4-304

17. 伸缩盒

(1) 图 4-305 为平面展开图，风琴折成型后内部状态扫描本章首页二维码见图 4-305a，外部压缩状态同样扫码见图 4-305b。

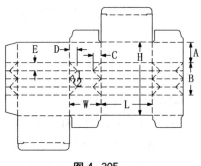

(2) L（长）、W（宽）、H（高）、A、B 的值及风琴折数 N 已知，T = 纸厚。

(3) 各个收纸位及尺寸关系见图 4-305 中标注。

①本图盒型主体的绘制可按第一章第一节所述完成。

②风琴折的绘制：按图 4-305 所示，C = D = E = B/N；∠1 = ∠2 = 45°。

图 4-305

③其他未注明尺寸可根据前述酌情自行给出。

18. 可伸缩提手盒

(1) 图 4-306 为平面展开图，成型效果扫描本章首页二维码见图 4-306a。

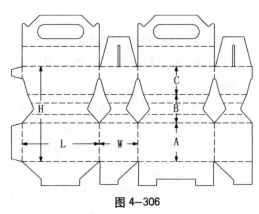

(2) L（长）、W（宽）、H（高）、A、B、C 的值已知，T = 纸厚。

(3) 各个收纸位及尺寸关系见图 4-306 中标注。

①该盒型结构利用纸张的弹性，使盒体的上半部分可以拉起及按进，只是增加包装盒的趣味性，无其他特殊作用，多用于食品类包装，卡纸与瓦楞纸均适用。

图 4-306

②盒盖部分及挂孔翼细节可参看图 3-88 设置；盒底结构设置可参看第一章第二节介绍。

19. 面底六边形伸缩盒

(1) 图 4-307 为平面展开图，外部压缩状态扫描本章首页二维码见图 4-307a，成型后状态同样扫码见图 4-307b。

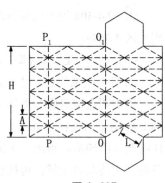

(2) L（边长）、H（总高）、A 的值已知，T = 纸厚。

(3) 各个收纸位及尺寸关系见图 4-307 中标注。

①本图盒型结构固定，几乎无配合关系，具体绘制：根据 L、A 的值绘制盒身菱形；添加盖底正六边形即可。

②本图直线 OO_1、PP_1 是黏合作业线；其他未注明尺寸可根据前述酌情自行给出。

③本图结构上下对称，只须绘制 1/2 然后镜像复制即可。

图 4-307

20. 面底十边形伸缩盒

(1) 图 4-308 为平面展开图，外部压缩状态扫描本章首页二维码见图 4-308a，成型后状态同样扫码见图 4-308b。

（2）L（边长）、H（总高）、A 的值已知，T = 纸厚。

（3）各个收纸位及尺寸关系见图 4-308 中标注。

①本图盒型结构固定，几乎无配合关系，具体绘制：根据 L、A 的值绘制盒身菱形；添加盖底正十边形即可。

②本图直线 OO_1、PP_1 是黏合作业线；其他未注明尺寸可根据前述酌情自行给出。

③本图结构上下对称，只须绘制 1/2 然后镜像复制即可。

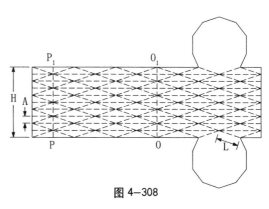

图 4-308

21. 揿压变形六棱台盒

（1）图 4-309 为平面展开图，成型后内部效果扫描本章首页二维码见图 4-309a，成型后状态同样扫码见图 4-309b。

（2）L（边长）、H（总高）、A、B、C 的值已知，T = 纸厚。

（3）各个收纸位及尺寸关系见图 4-309 中标注。

①本图盒型与图 4-307、图 4-308 不同，盒身在成型后是不可压缩的。

②本图盒型绘制步骤：先绘制正六棱柱压翼插扣盒；再按已知 A、B、C 的值绘制盒身凹凸折线，替换掉直线边棱即可。

③请思考下如何添加黏合作业线，其他未注明尺寸可根据前述酌情自行给出。

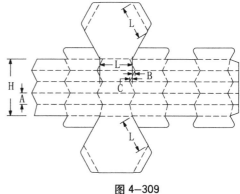

图 4-309

22. 层叠凹面圆筒盒

（1）图 4-310 为平面展开图，成型后内部效果扫描本章首页二维码见图 4-310a，成型后状态见图 4-310b。

（2）L（边长）、W（总宽）、H（总高）、∠1 的值已知，T = 纸厚。

（3）各个收纸位及尺寸关系见图 4-310 中标注。

①本图盒型与图 4-307、图 4-308 不同，盒身在成型后是不可压缩的。

②本图盒型绘制步骤：先按已知 L（边长）、∠1 的值绘制盒身菱形；再添加正十边形盒盖、盒底；再添加防尘翼及舌锁即可。

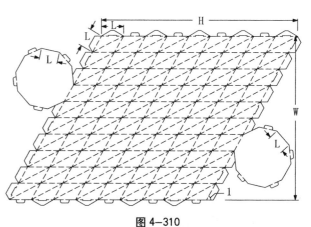

图 4-310

23. 方体叠加连体盒

(1) 图4-311为平面展开图，成型效果扫描本章首页二维码见图4-311a。

(2) L（边长）、A的值已知，T=纸厚。

(3) 各个收纸位及尺寸关系见图4-311中标注。

①图4-311盒型底部为凹进的三角锥：B=L×1.4+T；$\angle 1=\angle 2=\angle 3=\angle 4=\angle 5=\angle 6=\angle 7=\angle 8=45°$。

②本图盒型绘制步骤：根据已知L按图4-311绘制，注意纸张层叠关系及收纸位。

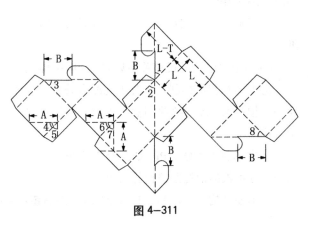

图4-311

24. 凹凸壁楔形盒

(1) 图4-312为平面展开图，成型后内部效果扫描本章首页二维码见图4-312a，成型效果同样扫码见图4-312b。

(2) L（长）、W（宽）、H（高）、A、B的值已知，T=纸厚。

(3) 各个收纸位及尺寸关系见图4-312中标注。

①盒盖、盒底的压翼插扣结构可按第一章第一节所述绘制。

②本图盒型绘制步骤：根据已知L、W、H按常规绘制盒身，再根据A、B的值添加凹凸壁斜折线，最后去掉直线边棱即可；$\angle 1 \leqslant \angle 3$；$\angle 2 \leqslant \angle 4$。

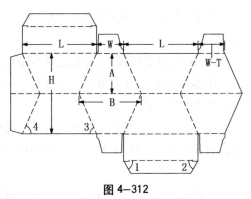

图4-312

25. 四角锥台盒

(1) 图4-313为平面展开图，成型后内部效果扫描本章首页二维码见图4-313a，成型效果同样扫码见图4-313b。

(2) L（长）、L1、W（宽）、W1、H（盖盒高）、H1（底盒高）的值已知（见左图a），T=纸厚。

(3) 各个收纸位及尺寸关系见图4-313中标注。

①A的值=直角边分别为H1、（W1-W）/2的直角三角形的斜边长；B的值=直角边分别为（L1-L）/2、H1的直角三角形的斜边长；C的值=直角边分别为W1/2、H的直角三角形的斜边长；D的值=直

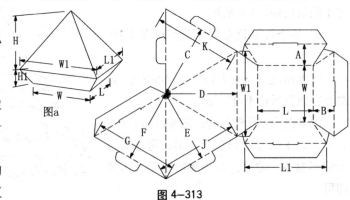

图a

图4-313

角边分别为 L1/2、H 的直角三角形斜边长；E ＝ C；F ＝ D；G ＝ W1；J ＝ K ＝ L1。得出这些数值后便可绘制盒底侧面的四个等腰梯形与盒盖的四个等腰三角形。

②舌锁的设置参看图 2-48 介绍。

③其他未注明尺寸可根据前述酌情自行给出。

26. 四角反棱台盒

(1) 图 4-314 为平面展开图，成型后内部效果扫描本章首页二维码见图 4-314a，成型效果同样扫码见图 4-314b。

(2) L（顶边长）、L1（底边长）、H（侧高）的值已知，T ＝ 纸厚。

(3) 各个收纸位及尺寸关系见图 4-314 中标注。

①本图盒型的盒底、盒盖均为正方形。当盒底为长方形时，反棱台盒盖则为平行四边形，计算较为复杂。

②盒底、盒盖可按第一章第一节所述绘制。盒身由 2 种等腰三角形组成：先根据 L1、H 绘制其中一个尺寸的等腰三角形；再根据腰长相等与 L 绘制出另一等腰三角形；拼接可得盒身。

③∠1 ＝ ∠2 ＜ ∠3；∠4 ＜ ∠5；∠7 ＝ ∠8 ＜ ∠6。

④其他未注明尺寸可根据前述酌情自行给出。

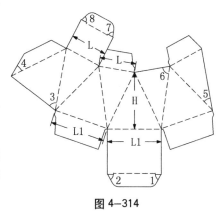

图 4-314

27. 楔形六面盒

(1) 图 4-315 为平面展开图，成型效果扫描本章首页二维码见图 4-315a、图 4-315b。

(2) L（长）、A、H（高）、∠1 ＝ 90° 的值已知（见左图 a），T ＝ 纸厚。

(3) 各个收纸位及尺寸关系见图 4-315 中标注。

①本图盒型的盒底可以看作正方形切去一个角：B ＝ L × 1.4/2；C、D 的值可以根据 A 值测量出；E 的值可以根据 A 与 ∠1 的值得出；F ＝ 直角边为 H、C 的直角三角形的斜边长；G ＝ 直角边为 H、B 的直角三角形的斜边长；J ＝ 直角边为 H、L/2 的直角三角形的斜边长；∠2 可通过 J、G 的值得出；通过 ∠3 ＝ 90°、M ＝ E、∠2、G、L 的值可得出 K 值（通过直角梯形可更简单得出）；N ＝ K；O ＝ E。

②其他未注明尺寸可根据前述酌情自行给出。

图a

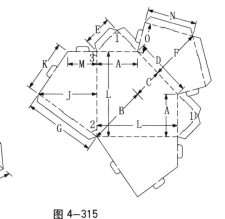

图 4-315

28. 撤压曲边六棱台盒

(1) 图 4-316 为平面展开图，成型效果扫描本章首页二维码见图 4-316a、图 4-316b。

(2) L（长）、L1、H（侧高）、A、B、C 的值已知，T = 纸厚。

(3) 各个收纸位及尺寸关系见图 4-316 中标注。

①先绘制直棱六棱台盒：按上底为 L、下底为 L1、高为 H 绘制等腰梯形，再以两腰的夹角复制梯形完成盒身六个侧面，再以 L1、L 为边长绘制正六边形做盒底、盒盖，然后添加防尘翼与接头黏位，完成直棱六棱台盒。

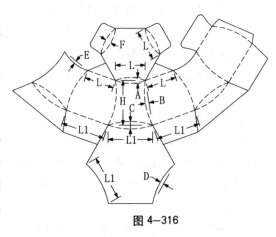

图 4-316

②按已知 A、B、C 的值绘制弧线曲边，添加完弧线曲边后去掉直线边棱即可。

③D = C/2；E = A/2；F = A。

29. 柱孔封合六角锥台盒

(1) 图 4-317 为平面展开图，成型过程扫描本章首页二维码见图 4-317a，成型效果同样扫码见图 4-317b。

(2) L（长）、L1、H（侧高）的值已知，T = 纸厚。

(3) 各个收纸位及尺寸关系见图 4-317 中标注。

①本图盒型绘制：按上底为 L、下底为 L1、高为 H 绘制等腰梯形，再以 L 为边长绘制正六边形做盒底，然后以正六边形中心为基点旋转复制等腰梯形，连接梯形角点设置角平分线完成蹼襟。最后按 A、B 的值添加盒盖。

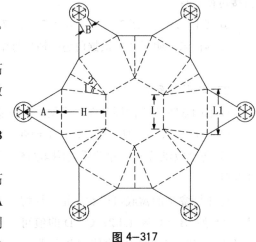

图 4-317

②A 的取值由成型后盒盖交点超出边线 L1 的高度决定（例如：当交点在边线 L1 同一平面上，则 A 的长为 L1 × 0.88；当交点超出盒盖的高度 = a，则 A 的长 = 两直角边分别为 "L1 × 0.88" "a" 的直角三角形的斜边长）。B 的值需设置向外偏移量以避免盒盖漏缝。

③∠1 = ∠2。其他未注明尺寸可根据前述酌情自行给出。

30. 两端花型锁盒

(1) 图 4-318 为平面展开图，成型效果扫描本章首页二维码见图 4-318a。

(2) L（长）、H（高）、A（弧高）的值已知，T = 纸厚。

(3) 各个收纸位及尺寸关系见图 4-318 中标注。

①本图盒型绘制：按边长为 L、高为 H 绘制正六边形盒身，按 A 的值绘制弧线，按 ∠1 = 59° 绘制盒盖斜折线，

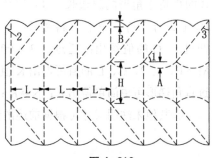

图 4-318

最后根据 B 的值添加花边即可。

②∠2≤∠3。其他未注明尺寸可根据前述自行给出。

31. 特制鸡蛋盒

(1) 图 4-319 为平面展开图，底盒成型效果扫描本章首页二维码见图 4-319a，整体成型效果同样扫码见图 4-319b。

(2) L（底盒上边长）、L1（底盒下边长）、H（底盒侧高）、H1（盖高）的值已知，T = 纸厚。

(3) 各个收纸位及尺寸关系见图 4-319 中标注。

①本图盒型底盒由 3 个部件叠置形成一个六分隔无底盒（图 4-319a），盖盒是一个六边形双壁盘式盒。

②底盒绘制：底盒外盒见图中"①"部分，按上底为 L、下底为

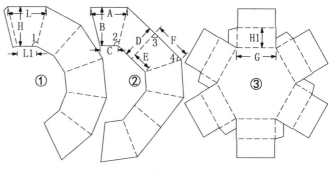

图 4-319

L1、高为 H 绘制等腰梯形，再以两腰的夹角复制梯形完成盒身六个侧面，添加接头黏位即完成。底盒内分隔见图中"②"部分，留意有相同的两个；A = L - 1.2T；B = H - 2T；C = L1 - 1.2T；D = 斜边长为"H"直角边为"（L-L1）/1.15"的直角三角形的另一直角边长；E = L1 - 2T；F = L - 2T；∠2 = ∠1；∠3 = 90°。

③盖盒（见图中"③"部分）绘制可参看第二章第一节内容；G = L + 2.5T + 1mm。

④其他未注明尺寸可根据前述酌情自行给出。

32. 花形封底绳系收口六棱盒

(1) 图 4-320 为平面展开图，盒底效果扫描本章首页二维码见图 4-320a，整体效果同样扫码见图 4-320b。

(2) L（边长）、H（盒身高）、A（盒盖侧高）的值已知，T = 纸厚。

(3) 各个收纸位及尺寸关系见图 4-320 中标注。

①盒底设置参看图 3-224 介绍。

②B ≈ A/4；R = [2mm，3mm]；∠2 = ∠1；其他未注明尺寸可根据前述酌情自行给出。

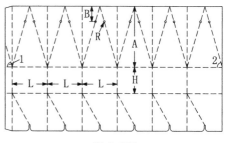

图 4-320

33. 多格鸳鸯碗型盒

(1) 图 4-321 为平面展开图，分隔收叠效果扫描本章首页二维码见图 4-321a，分隔张开效果同样扫码见图 4-321b。

(2) L1（盒口边长）、L（盒底边长）、H（盒身侧高）的值已知，T = 纸厚。

(3) 各个收纸位及尺寸关系见图 4-321 中标注。

①本图盒型由2层盒壁叠置形成可收放带分隔盒。

②外盒壁绘制：见图中"②"部分，按上底为L1、下底为L、高为H绘制等腰梯形，再以上底为W1、下底为W、高为H绘制等腰梯形，然后以最外两腰的夹角复制梯形完成盒身十个侧面。分别以L、W为间隔边长绘制十边形盒底（内角均为135°），最后添加盒身接头黏位及盒底黏位襟片即完成。

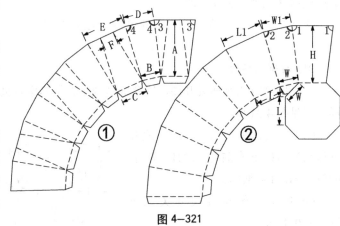

图4-321

③内盒分隔见图中"①"部分，绘制方法同上：$A = H - 2T$；$B = W - 0.83 \times T$；$C = L - 0.83T$；$D = W1 - 0.83 \times T$；$E = L1 - 0.83 \times T$；$F \approx L1/3$；$\angle 3 = \angle 1$；$\angle 4 = \angle 2$。

34. 翻斗储物柜式组盒

(1) 图4-322为平面展开图，单个盒效果扫描本章首页二维码见图4-322a，组合效果同样扫码见图4-322b。

(2) L（长）、W（宽）、H（高）、∠1的值已知，T=纸厚。

(3) 各个收纸位及尺寸关系见图4-322中标注。

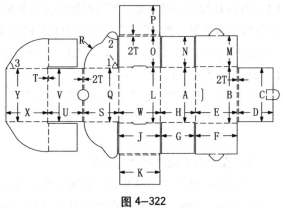

①$A = L - 2T$；$B = L + 2T$；$C = L - 6T$；$D = W - T$；$E = W$；$F = W$；$G = H - 2T$；$J = W$；$K = W - 2T$。

②$M = H$；$N \leqslant W - T$；$O = H$；$P = H - T$；$Q = L - 6T$；$S = H - 2T$；$U = H - 3T$；$V = L - 10T$；$X = W - T$；$Y = L - 8T$；$\angle 2 = \angle 3 = 90° - \angle 1$。

图4-322

③其他未注明尺寸可根据前述酌情自行给出。

④本图上下对称，只须绘制1/2然后镜像复制即可。

35. 组合式提篮盒

(1) 图4-323为平面展开图，组合效果扫描本章首页二维码见图4-323a、图4-323b。

(2) L（长）、W（宽）、H（高）、A、B、C、D的值及提手已知，T=纸厚。

(3) 各个收纸位及尺寸关系见图4-323中标注。

①本图盒型是由一个外封页加两个内分隔部件相互卡位构成。

②$E \approx D/2 + 10$；$F = D/2$；$G = (H - 3T) / 2 + 1$；$J = K = H - 3T$；$M = N = [12mm，15mm]$；$O = P = [25mm，30mm]$；$Q = (L - 3B) / 2$。

③其他未注明尺寸可根据前述酌情自行给出。

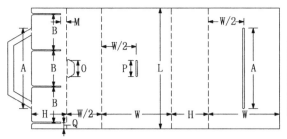

图 4-323

36. 鸳鸯盒

(1) 图 4-324 为平面展开图,打开效果扫描本章首页二维码见图 4-324a、图 4-324b(俯视图)。

(2) L(长)、W(宽)、H(高)、A、B 的值已知,T = 纸厚。

(3) 各个收纸位及尺寸关系见图 4-324 中标注。

①本图盒型是由一个连体外盒加两个相同分隔内盒构成。图中标示"①"的两个为分隔内盒。

图 4-324

②C = L − A − B;D ≤ H/2;E = A + T;F = W + 2T;G = W − T;J = A + T;K = O = L/2 − A + 10mm;M = W − 2T − 1mm;N = H − 2T − 1mm。

③其他未注明尺寸可根据前述酌情自行给出。

④本图局部对称,绘制时可选准基点镜像复制。

37. 两端绳系收口包装

(1) 图 4-325 为平面展开图,成型过程扫描本章首页二维码见图 4-325a,下端收口效果同样扫码见图 4-325b。

(2) L(长)、W(宽)、H(高)、A、R 的值已知,T = 纸厚。

(3) 各个收纸位及尺寸关系见图 4-325 中标注。

①本图是由一整张纸切孔与压痕构成,结构简单,无配合关系需要特殊说明。

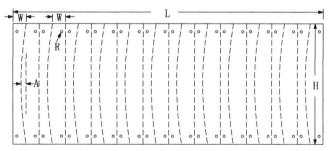

图 4-325

38. 多节连体盒

(1) 图 4-326 为平面展开图,成型效果扫描本章首页二维码见图 4-326a。

(2) L(长)、W(宽)、H(高)、A 的值已知,T = 纸厚。

(3) 各个收纸位及尺寸关系见图 4-326 中标注。

①本图盒型是一款由多个"双斜顶液体包装黏封盒"组成

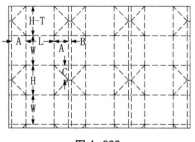

图 4-326

的连体盒。

②B＝[10mm，16mm]；C＝H/2；其他未注明尺寸可根据前述酌情自行给出。

39. 折纸型三角包装

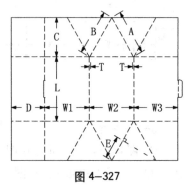

(1) 图4-327为平面展开图，成型过程扫描本章首页二维码见图4-327a，成型效果同样扫码见图4-327b。

(2) L（长）、W1（宽）、W2、W3的值已知，T＝纸厚。

(3) 各个收纸位及尺寸关系见图4-327中标注。

①本图结构简单，需说明的配合关系有：A＝W3－T；B＝W1－T；C＝边长为A、B、W2的三角形的高；D≤E－T。

②其他未注明尺寸可根据前述酌情自行给出。

图4-327

40. 扭转隔断三角盒

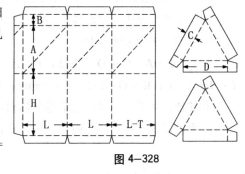

(1) 图4-328为平面展开图，成型后内部效果扫描本章首页二维码见图4-328a，成型效果同样扫码见图4-328b。

(2) L（长）、H（高）、A、B的值已知，T＝纸厚。

(3) 各个收纸位及尺寸关系见图4-328中标注。

①本图结构简单，盒盖盒底的尺寸及结构相同，设置可参看图2-36介绍，其配合关系有：C≥B；D＝L＋4T。

②其他未注明尺寸可根据前述酌情自行给出。

图4-328

41. 两端开启束腰盒

(1) 图4-329为平面展开图，开盒效果扫描本章首页二维码见图4-329a，成型效果同样扫码见图4-329b。

(2) 图4-329中所标参数L（长）、L1、W（宽）、H（高）、W1、H1、W2、H2的值已知，T＝纸厚。

(3) 各收纸位及尺寸关系见图4-329中标注。

①本图盒型的已知条件给出了后端面尺寸W、H，腰部截面尺寸W1、H1，前端面尺寸W2、H2，以及后端底面长L与前端底面长L1。

②绘制：按上底为W1，下底为W，高为L绘制等腰梯形，再以相同的腰长绘制上底为H1，下底为H的等腰梯形，将这两个等腰梯形置于长宽为W、H矩形相邻的两个边，再以矩形的中心为基点旋转或镜像复制这两个等腰梯

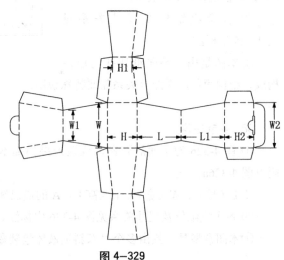

图4-329

形即完成盒型后端主体的绘制；同理绘制上底为 W1，下底为 W2，高为 L1 的等腰梯形、相同的腰长上底为 H1 下底为 H2 的等腰梯形、以及长宽为 W2、H2 矩形，按图示拼接即完成盒型前端主体的绘制；最后添加黏位襟片。

③其他未注明尺寸可根据前述酌情自行给出。

42. 提手饮料杯盒

(1) 图 4-330 为平面展开图，成型效果扫描本章首页二维码见图 4-330a。

(2) L（长）、W（宽）、H（高）的值及开窗、提手已知，T = 纸厚。

(3) 各个收纸位及尺寸关系见图 4-330 中标注。

①本图结构简单，已知条件均给出，需注意的配合关系有：弧 OO_1 与弧 PP_2 对应（包括舌锁插扣

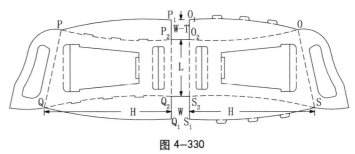

图 4-330

位）；弧 OO_2 与弧 PP_1 对应。弧 QQ_1 与弧 SS_2 对应；弧 QQ_2 与弧 SS_1 对应（包括舌锁插扣位）。

②其他未注明尺寸可根据前述酌情自行给出。

43. 提手餐盒

(1) 图 4-331 为平面展开图，成型运输效果扫描本章首页二维码见图 4-331a，成型使用效果扫描本章首页二维码见图 4-331b。

(2) L（长）、W（宽）、H（高）、A 的值及提手已知，T = 纸厚。

(3) 各个收纸位及尺寸关系见图 4-331 中标注。

①本图结构简单，已知条件均给出，需注意的配合关系有：B = A - T；C = L/2 - T。

②其他未注明尺寸可根据前述酌情自行给出。

③本图左右上下对称，只需绘制 1/4 然后镜像复制即可。

图 4-331